Hans Benker

Wirtschaftsmathematik mit dem Computer

Vieweg

Hans Benker

Wirtschafts- mathematik mit dem Computer

Eine praktische Einführung in die Arbeit
mit Computeralgebra-, Mathematik- und
Tabellenkalkulationsprogrammen

Der Verlag Vieweg ist ein Unternehmen der Bertelsmann Fachinformation GmbH.

Gedruckt auf säurefreiem Papier

ISBN-13: 978-3-528-05563-9   e-ISBN-13: 978-3-322-88903-4
DOI: 10.1007/978-3-322-88903-4

Vorwort

Der *Hauptzweck* des *Buches* besteht darin, dem Anwender aufzuzeigen, wie man *Probleme* der *Wirtschaftsmathematik* einfach mit dem *Computer* unter Verwendung von *universellen Computeralgebra-* und *Mathematikprogrammen* (am Beispiel von DERIVE, MAPLE, MATHCAD und MATHEMATICA) und von *Tabellenkalkulationsprogrammen* (am Beispiel von EXCEL) lösen kann.

Obwohl bereits eine Reihe von Büchern zur Wirtschaftsmathematik existieren (siehe Literaturverzeichnis), sind dem Autor keine deutsch- oder englischsprachigen Bücher bekannt, die bekannte Computeralgebra-, Mathematik- und Tabellenkalkulationsprogramme zur Lösung der ganzen Palette der Grundprobleme der Wirtschaftsmathematik heranziehen. Es gibt nur einige wenige Bücher, die einzelne Programmsysteme zur Lösung spezieller Aufgaben verwenden.

Das vorliegende Buch soll dazu beitragen, die vorhandene *Lücke* in der Literatur über die Lösung von Problemen der Wirtschaftsmathematik mit dem Computer zu *schließen*.

Nach Ansicht des Autors werden zur *Lösung mathematischer Probleme* in den *Wirtschaftswissenschaften* in Zukunft verstärkt *Computeralgebra-, Mathematik-* und *Tabellenkalkulationsprogramme* herangezogen, um die immer *umfangreicheren Rechnungen* mit einem vertretbaren Aufwand unter Verwendung von Computern bewältigen zu können. Dies wird dadurch untermauert, daß Taschenrechner überall durch Computer (Personalcomputer) ersetzt werden, auf denen derartige Programme installiert sind.

Das vorliegende *Buch* ist aus Vorlesungen entstanden, die der Autor an der Universität Halle gehalten hat, und *wendet sich* sowohl an *Studenten* und *Lehrkräfte* der

* *Mathematik,*
* *Wirtschaftsmathematik,*
* *Wirtschaftswissenschaften*

von *Fachhochschulen* und *Universitäten* als auch in der *Praxis* tätige

* *Mathematiker* ,

* *Wirtschaftswissenschaftler.*

Die behandelten *Programmsysteme* existieren mit Ausnahme von DERIVE für *verschiedene Computerplattformen*, so u.a. für IBM-kompatible Personalcomputer, Workstations unter UNIX und APPLE-Computer. Wir verwenden im Buch die *aktuellen Programmversionen* für IBM-*kompatible Personalcomputer* (kurz als PCs bezeichnet), die unter WINDOWS laufen.

Da sich der Aufbau der Benutzeroberfläche und die Kommandostruktur der Programmsysteme für die einzelnen Computertypen nur unwesentlich unterscheiden, können die im Buch gegebenen Grundlagen für beliebige Computer angewendet werden. Dies ist auch der Hauptgrund, daß im Titel des Buches *Computer* steht und nicht PC.

Im folgenden werden noch einige Hinweise zur Gestaltung des Buches gegeben:

* Neben den *Überschriften* werden *Kommandos*, *Menüs* und *Befehle* der Programmsysteme und *Vektoren* und *Matrizen* im *Fettdruck* dargestellt.

* *Programm-*, *Datei-* und *Verzeichnisnamen* werden in *Großbuchstaben* geschrieben.

* *Beispiele* und *Abbildungen* werden in jedem Kapitel mit 1 beginnend *durchnumeriert*, wobei die erste Zahl die Kapitelnummer angibt. So bezeichnet **Beispiel 2.8** das Beispiel Nr.8 aus Kapitel 2.

* *Wichtige Textstellen* werden *kursiv* dargestellt.

* *Wichtige Hinweise* und *Bemerkungen* werden durch das *Zeichen*

  markiert.

Abschließend möchte ich mich bei allen *bedanken*, die mich bei der *Erstellung* des *Buches unterstützt* haben:

* Herrn Dr. Klockenbusch vom Verlag Vieweg für die schnelle Aufnahme des Buchtitels in das Verlagsprogramm und die Unterstützung bei der Erstellung des Manuskripts.

* Meiner Tochter Uta für die kritische Durchsicht des Manuskripts.

- Meiner Gattin Doris für ihr Verständnis für meine Arbeit an den Wochenenden und im Urlaub.

Merseburg, im November 1996 Hans Benker

Inhaltsverzeichnis

1 Einleitung

Obwohl es schon eine Vielzahl von *Lehrbüchern* zur *Wirtschaftsmathematik* gibt (eine Auswahl findet man im Literaturverzeichnis), sind dem Autor keine derartigen Bücher bekannt, die verschiedene *Computeralgebra-*, *Mathematik-* und *Tabellenkalkulationsprogramme* zur Lösung der behandelten Aufgaben heranziehen. Es gibt nur wenige (meistens englischsprachige) Bücher, die mit einem Programmsystem spezielle Probleme der Wirtschaftsmathematik lösen (siehe [11] , [12] , [14] bis [19]).

Computeralgebra-, *Mathematik-* und *Tabellenkalkulationsprogramme* werden in Zukunft bei der *Lösung* von *Aufgaben* der *Wirtschaftsmathematik* an *Bedeutung gewinnen*, da die *Komplexität* der *Aufgaben zunimmt*, so daß diese nicht mehr per Hand gelöst werden können. Mittels *Computer* lassen sich die anfallenden oft umfangreichen *Rechnungen* jedoch in Sekundenschnelle *erledigen*, wenn man vorhandene *Programmsysteme heranzieht*. Dies wird dadurch untermauert, daß Taschenrechner überall durch Computer (Personalcomputer) ersetzt werden, auf denen derartige Programmsysteme installiert sind.

Deshalb soll das vorliegende Buch mit dazu beitragen, die *Anwendung* dieser *Programmsysteme* zur *Lösung* von *Problemen* der *Wirtschaftsmathematik* aufzuzeigen.

♦

Da man eine Reihe von *Problemen* der Wirtschaftsmathematik auf dem *Computer* mittels *Tabellenkalkulationsprogrammen* lösen kann, benötigt man nicht immer Computeralgebra- oder Mathematikprogramme. Deshalb behandeln wir im Buch zusätzlich das bekannte *Tabellenkalkulationsprogramm* EXCEL, das auf vielen Bürocomputern installiert ist, so daß keine zusätzlichen Kosten für den Kauf neuer Programme entstehen.

♦

Das vorliegende *Buch* ist *folgendermaßen aufgebaut*:

I. Im *ersten Teil* wird eine *Einführung* in die verwendeten *Programmsysteme* gegeben:

- Dazu werden im

  * *Kap.* 2 für die vier verwendeten *Computeralgebra - bzw. Mathematik – Programmsysteme* DERIVE, MAPLE, MATHCAD und MATHEMATICA,

  * *Kap.* 3 für das *Tabellenkalkulationsprogramm* EXCEL

  Installation, *Aufbau* und *Funktionsweise* ausführlich behandelt, so daß der Anwender in der Lage ist, diese Programme ohne große Schwierigkeiten zu bedienen.

  Es ist hierbei aber nicht möglich, ein bestes Programm zu empfehlen. Jedes Programm hat Vor- und Nachteile. Auch spielen Preis und Anwendungszweck eine wesentliche Rolle. Dieses Buch soll mit dazu beitragen, daß sich jeder Anwender sein optimales Programmsystem auswählen kann.

- Im *Kap.* 4 wird die *Verarbeitung* von *Daten* in den einzelnen Programmsystemen besprochen, die bei der Lösung ökonomischer Probleme eine große Rolle spielt.

- Im *Kap.* 5 wird für den fortgeschrittenen Anwender ein kurzer Einblick in die *Programmiermöglichkeiten* im Rahmen der einzelnen Programmsysteme gegeben. Mit den behandelten Befehlen ist ein Anwender in der Lage, selbst einfache Programme zu erstellen, falls für ein zu lösendes Problem keine Standardkommandos existieren. Außerdem kann er mit den gegebenen Programmierhinweisen bereits vorhandene Zusatzprogramme besser verstehen und seinem konkreten Problem anpassen.

II. Im *Hauptteil* des Buches (Kap. 8 bis 22) wird die Lösung der bei praktischen Problemen in der *Wirtschaft* auftretenden *mathematischen Aufgaben* mittels der in den Kap. 2 bis 7 besprochenen Programmsysteme ausführlich behandelt und an Beispielen diskutiert.

Um den Umfang des Buches in Grenzen zu halten, wurde für die *Kapitel* des *Hauptteils* der folgende *Aufbau* gewählt :

- Die *mathematische Theorie* wird nur kurz dargestellt (ohne Beweise). Dafür werden *Möglichkeiten* zur *exakten Lösung* der betrachteten Aufgaben diskutiert, da dies für die Anwendung der Computeralgebra-Programme wichtig ist.

- Der *Schwerpunkt* liegt auf der *Umsetzung* der zu lösenden Probleme in die *Sprache* der *Programmsysteme* und der *Interpretation* der gelieferten *Ergebnisse*.

- Die *Handhabung* der *Programmsysteme* sowohl bei der *exakten* (*symbolischen*) als auch *numerischen* (*näherungsweisen*) *Lösung* der besprochenen mathematischen Probleme wird ausführlich erläutert und an Beispielen illustriert.

- Charakteristische *ökonomische Beispiele* werden mit den Programmsystemen gelöst. Die Lösung dieser Beispiele zeigt dem Anwender die *Möglichkeiten* und *Grenzen* der Programmsysteme auf.

Das *vorliegende Buch* kann als

* begleitendes *Nachschlage–* und *Übungsbuch* für *Studenten* zu den *Vorlesungen*,

* *Handbuch* für *Lehrkräfte* und *Praktiker*

dienen, um sich mit der *Anwendung* des *Computers* zur *Lösung* grundlegender *Aufgaben* der *Wirtschaftsmathematik* vertraut zu machen.

Zusätzlich kann es als *Nachschlagewerk* zu grundlegenden *Begriffen*, *Definitionen* und *Sachverhalten* der *Wirtschaftsmathematik* verwendet werden, da diese zu jedem Gebiet gegeben und an Beispielen erläutert werden.

Falls für eine zu *lösende Aufgabe* ein *Programmsystem nicht erwähnt* wird, so bedeutet dies, daß die Lösung des gegebenen Problems mit diesem System nicht unmittelbar möglich ist, d.h., es existieren keine intgrierten Lösungskommandos. Das betrifft vor allem EXCEL, das nicht alle besprochenen mathematischen Aufgaben lösen kann.

In der *Literaturübersicht* werden wichtige *Bücher* getrennt nach *Computeralgebra-* und *Mathematikprogrammen*, dem *Tabellenkalkulationsprogramm* EXCEL und der *Wirtschaftsmathematik* zusammengestellt. Bis auf die englischsprachigen Bücher zur Anwendung von Computern in der Wirtschaftsmathematik werden hauptsächlich deutschsprachige Titel aufgeführt. Auf die Aufzählung von Artikeln in wissenschaftlichen Zeitschriften wird verzichtet.

◆

1.1   Gebiete der Wirtschaftsmathematik

Mathematische Modelle für *ökonomische Probleme* bestehen aus einer Reihe von *Relationen* und *Gleichungen*, die im Rahmen der Wirtschaftswissenschaften aufgestellt werden.

Die *Wirtschaftsmathematik*

* beschäftigt sich mit der *Lösung* der *Relationen* und *Gleichungen*, die für das *mathematisches Modell* eines *wirtschaftlichen Problems* gegeben sind,

* *umfaßt* alle *mathematischen Gebiete*, die zur Lösung von Aufgaben der Wirtschaft (Ökonomie) benötigt werden,

* ist ein *weitgefächertes Gebiet* und gewinnt bei der Lösung ökonomischer Probleme zunehmend Bedeutung

* und muß natürlich auch bei der *Aufstellung* der *mathematischen Modelle* mitwirken.

♦

Die *wachsende Bedeutung* der *Wirtschaftsmathematik* zeigt sich u.a. daran, daß immer mehr *Universitäten* und *Fachhochschulen*

* die Fachrichtung *Wirtschaftsmathematik* in ihr Ausbildungsprogramm für Mathematik aufnehmen,

* Studenten der Wirtschaftswissenschaften verstärkt *Lehrveranstaltungen* zur *Wirtschaftsmathematik* anbieten.

♦

Aufgrund der Komplexität ökonomischer Modelle *benötigt* die *Wirtschaftsmathematik* zahlreiche *mathematische Gebiete* :

* *klassische Gebiete* der *Mathematik*, wie

  Lineare Algebra, Differentialrechnung, Integralrechnung, Differenzengleichungen, Differentialgleichungen,

* *Spezialgebiete* der *Mathematik*, wie

  Statistik- und *Wahrscheinlichkeitsrechnung, Operations Research* (u.a. *Optimierungstheorie*), *Finanzmathematik, Versicherungsmathematik,*

für die im folgenden unter Verwendung der betrachteten Computeralgebra-, Mathematik- und Tabellenkalkulationsprogramme Lösungsmöglichkeiten mittels Computer aufgezeigt werden.

♦

1.2   Mathematik mit dem Computer

Auch die *Wirtschaftsmathematik* kommt in Zukunft nicht umhin, zur *Lösung* der anfallenden *Probleme Computer heranzuziehen.* Um die Anwendung des Computers zur Lösung mathematischer Aufgaben für breite Anwenderkreise zu ermöglichen, benötigt man leicht bedienbare und effektive Programme. Deshalb wurden in den letzten zehn Jahren Programmsysteme für die Mathematik entwickelt, die ohne große Computerkenntnisse (Programmierkenntnisse) anwendbar sind.

Bei der Lösung von Aufgaben der Wirtschaftsmathematik beschränken wir uns aus der Vielzahl vorhandener Programmsysteme auf die Anwendung der vier bekanntesten und verbreitesten *universellen Computeralgebra-* und *Mathematikprogramme* DERIVE, MAPLE, MATHCAD und MATHEMATICA.

Da man bereits eine Reihe von *Problemen* der *Wirtschaftsmathematik* mittels *Tabellenkelkulationsprogrammen* auf dem *Computer* lösen kann, benötigt man nicht immer Computeralgebra-Programme. Deshalb behandeln wir im Buch zusätzlich das *Tabellenkalkulationsprogramm* EXCEL, das auf vielen Bürocomputern installiert ist.

♦

Wenn man mit den besprochenen Programmsystemen vertraut ist, kann man ohne große Mühe weitere hier nicht besprochene Programme unter Verwendung der mitgelieferten Handbüchern meistern, da sich die zugrundeliegenden Prinzipien ähneln, wie man bereits an den im Buch betrachteten Programmen erkennt.

♦

Für die *praktischen Bedürfnisse* eines Anwenders ist es völlig ausreichend, wenn er weiß, *welche Probleme* mittels der besprochenen Programmsysteme *lösbar* sind und wie sich die *Handhabung* dieser *Programme* gestaltet, d.h., er braucht sich nicht mit dem theoretischen Hintergrund dieser Programme zu beschäftigen, der nicht zum Gegenstand dieses Buches gehört.

♦

Die verwendeten *Programmsysteme* existieren für *verschiedene Computerplattformen,* so u.a. für IBM-kompatible Personalcomputer, Workstations unter UNIX und APPLE-Computer. Wir verwenden die *Versionen* für IBM-*kompatible Personalcomputer* (kurz als PCs bezeichnet), die unter DOS bzw. WINDOWS 3.1 und 95 laufen. Da sich der Aufbau der Benutzeroberfläche und die Kommandostruktur

der Programmsysteme für die einzelnen Computertypen nur unwesentlich unterscheiden, können die in diesem Buch gegebenen
Grundlagen für beliebige Computer angewendet werden.

♦

Da sich die Struktur der Kommandos auch bei zukünftigen Versionen nicht wesentlich ändern wird (es verbessert sich nur die Effektivität), kann das vorliegende Buch auch in den nächsten Jahren als
eine Anleitung zum Lösen von Problemen der Wirtschaftsmathematik mittels der besprochenen Programmsysteme verwendet werden.

2 Anwendung von Computeralgebra- und Mathematikprogrammen am Beispiel von DERIVE, MAPLE, MATHCAD und MATHEMATICA

2.1 Einführung

2.1.1 Gegenstand der Computeralgebra

Die *symbolische (formelmäßige, d.h. exakte) Verarbeitung mathematischer Ausdrücke* auf einem Computer bezeichnet man als *Computeralgebra* oder *Formelmanipulation*. Beide Begriffe werden *synonym* verwandt, wobei die Bezeichnung *Formelmanipulation* aus nachfolgend genannten Gründen den Sachverhalt besser trifft:

* Der Begriff *Computeralgebra* könnte leicht zu dem Mißverständnis führen, daß man sich nur mit der Lösung algebraischer Probleme beschäftigt. Die Bezeichnung *Algebra* steht nur für die verwendeten Methoden zur *symbolischen Manipulation mathematischer Ausdrücke*, d.h., die Algebra liefert im wesentlichen das Werkzeug zum Auflösen von Ausdrücken und zur Entwicklung von Algorithmen.

* Es lassen sich nur solche mathematischen Probleme behandeln, für die nach *endlich vielen Schritten (Manipulationen)* die *exakte Lösung* gefunden wird, d.h. es muß ein *endlicher Lösungsalgorithmus* existieren. Der Grund hierfür liegt in dem Sachverhalt, daß alle *Berechnungen exakt (symbolisch)* ausgeführt werden.

Den *Gegensatz* zur *Computeralgebra* bilden die *numerischen Verfahren (Näherungsverfahren)* zur Lösung mathematischer Probleme:

* Sie rechnen mit *gerundeten Gleitkommazahlen* und liefern deshalb nur *Näherungswerte* für die Lösung. Die auftretenden *Rundungsfehler* resultieren aus der endlichen Rechengenauigkeit des Computers.

* Sie müssen immer nach einer *endlichen Anzahl* von *Schritten abgebrochen* werden (als Beispiel sei das bekannte Newton-Verfahren zur Nullstellenbestimmung erwähnt), obwohl noch nicht das exakte Ergebnis erreicht wurde. So treten neben den *Rundungsfehlern* noch *Abbruchfehler* auf.

* Sie können *falsche Ergebnisse* liefern, da sie nicht immer konvergieren, d.h. gegen die Lösung streben.

Erläutern wir den *Unterschied* zwischen *Computeralgebra* und *Numerik* am *Beispiel* der *Integralrechnung* (siehe Abschn. 15.2):
Ein Computeralgebra-Programm ist nicht in der Lage, jedes *unbestimmte Integral* $\int f(x)\,dx$ zu berechnen.

Es lassen sich nur diejenigen berechnen, bei denen die *Stammfunktionen* $F(x)$ der Funktion $f(x)$ (d.h. $F'(x) = f(x)$) nach *endlich vielen Schritten* in *exakter* (analytischer) *Form* angebbar ist (z.B. durch *partielle Integration, Substitution, Partialbruchzerlegung*). In diesen Fällen liefert die *Computeralgebra* die *Stammfunktion* als *analytischen Ausdruck* (Formel) und zeigt einen großen *Vorteil gegenüber numerischen Verfahren*, die nur eine Folge von Zahlen als Näherungen für die Funktionswerte der Stammfunktion in einzelnen Punkten liefern können.

Der *Vorteil* der *Numerik* liegt darin, daß hiermit *jedes* gegebene *Integral näherungsweise berechnet* werden kann.

Betrachten wir die *Lösungsproblematik* für die *Integralrechnung* im folgenden Beispiel.

Beispiel 2.1:

Zur *Berechnung* des *Integrals* $\int x \cdot \sin x\,dx$

wird bei dem Computeralgebra-Programm

* MAPLE das *Kommando* **integrate** (x * sin (x) , x) ;

* MATHEMATICA das *Kommando* **Integrate** [x * Sin [x] , x]

eingegeben.

Dieses *Integral* ist durch *partielle Integration berechenbar*, so daß die *Programmsysteme* auf dem Bildschirm unmittelbar das *Ergebnis* in der *Form* sin (x) − x · cos (x) anzeigen.

Dagegen liefert die *Berechnung* des *Integrals* $\int e^{x^2}\,dx$ *mittels*

* des MAPLE-*Kommandos* **integrate** (E^(x^2) , x) ;

* des MATHEMATICA-*Kommandos* **Integrate** [E^(x^2) , x]

kein Ergebnis, da für die *Funktion* e^{x^2} *keine Stammfunktion* bekannt ist, die aus elementaren Funktionen besteht. In diesem Fall führen *numerische Verfahren* der Computeralgebra-Programme zum Erfolg, die aber nur eine *Näherungslösung* für die Stammfunktion liefern (siehe Beispiel 2.3 und Abschn. 15.2).

◆

Obwohl die *Computeralgebra* stark von der *Algebra* beeinflußt ist und hierfür viele Probleme löst (z.B. *Matrizenrechnung, Determinantenberechnung, Gleichungsauflösung*), zeigt bereits das vorangehende Beispiel der Integralberechnung, daß auch Probleme der *mathematischen Analysis* (u.a. *Differential-* und *Integralrechnung, Differentialgleichungen*) und darauf aufbauende Anwendungen mittels Computeralgebra gelöst werden können.

Ein *typisches Beispiel* hierfür liefert die *Differentiation* von Funktionen. Durch Kenntnis der *Regeln* für die *Ableitung* der *elementaren Funktionen* (x^n, sin x, e^x usw.) und der bekannten *Differentiationsregeln* (Produkt-, Quotienten- und Kettenregel) läßt sich die *Differentiation* jeder noch so komplizierten (differenzierbaren) Funktion *exakt durchführen*, die sich aus Elementarfunktionen zusammensetzt. Dies kann als eine algebraische Behandlung der Differentiation verstanden werden.

Zur *Berechnung* gewisser *Klassen* von *Integralen* und gewisser *Typen* von *Differentialgleichungen* lassen sich ebenfalls endliche Lösungsalgorithmen formulieren, so daß diese Aufgaben im Rahmen der Computeralgebra lösbar sind.

Zusammenfassend kann zur *Anwendung* des *Computers* in der *Mathematik* und damit auch in der *Wirtschaftsmathematik folgendes bemerkt* werden:

- Um *mathematische Aufgaben* mit dem *Computern* zu *lösen*, bestehen *zwei Möglichkeiten*:

  I.   Anwendung der *Computeralgebra*,

  II. Anwendung *numerischer Verfahren*

- Die *Gegenüberstellung* von *Computeralgebra* und *numerischen Verfahren* liefert folgende *Vor-* und *Nachteile*:

  * Die *Vorteile der Computeralgebra* liegen in der *formelmäßigen Eingabe* des zu lösenden Problems. Das *Ergebnis* wird ebenfalls wieder als *Formel* geliefert. Daher rührt auch die Bezeichnung *Formelmanipulation*. Diese Vorgehensweise ist der manuellen Lösung mit Papier und Blei-

stift angepaßt und deshalb ohne große Programmierkenntnisse anwendbar. Da mit Zahlen ebenfalls symbolisch gerechnet wird, treten keine *Rundungsfehler* auf.

* Der einzige (aber nicht unwesentliche) *Nachteil* der *Computeralgebra* besteht darin, daß sich nur solche Probleme lösen lassen, für die ein *endlicher Lösungsalgorithmus* existiert. Anderenfalls ist man auf *numerische Methoden* (*Näherungsmethoden*), d.h. die *Numerische Mathematik* (*Numerik*) als einzige Alternative angewiesen.

* Der *Vorteil* der *Numerik* besteht darin, daß ihre Methoden *universell einsetzbar* sind.

* Um einen *numerischen Algorithmus* auf dem Computer zu realisieren, muß man erst ein *Programm* (in einer Programmiersprache) *schreiben* oder auf vorhandene *Programmbibliotheken* zurückgreifen. Dies erfordert bedeutend tiefere Informatikkenntnisse und einen größeren Aufwand als die Anwendung der Computeralgebra-Programme.

Weitere *Nachteile* der *Numerik* bestehen im folgenden:

$\Rightarrow$ Es treten *Rundungsfehler* auf.

$\Rightarrow$ Das *Ergebnis* wird in *Form* von *Zahlenwerten* geliefert, wodurch die Anschaulichkeit verlorengeht.

$\Rightarrow$ Es werden i.a. nur *Näherungswerte* für das *Ergebnis* geliefert, da das Verfahren auch im Falle der Konvergenz nach *endlich vielen Schritten abgebrochen* werden muß.

$\Rightarrow$ Die *Konvergenz* eines numerischen Verfahren läßt sich nicht für jede zu lösende Aufgabe im voraus nachweisen, so daß das gelieferte Ergebnis falsch sein kann.

◆

Betrachten wir zwei weitere *Beispiele*, um die *Unterschiede* zwischen *Computeralgebra* und *Numerik* zu veranschaulichen.

Beispiel 2.2:
a) $\sqrt{2}$ oder π

werden bei der *Eingabe* von einem *Computeralgebra-Programm* nicht durch eine *Gleitkommazahl*

$\sqrt{2} \approx 1.414214$ bzw. $\pi \approx 3.141593$

approximiert, wie dies bei numerischen Verfahren erforderlich ist, sondern *symbolisch erfaßt*, so daß z.B. bei einer weiteren Rechnung für

$$(\sqrt{2})^2$$

als exakter Wert 2 folgt.

b) An der Lösung des einfachen *linearen Gleichungssystems*

$$x + a \cdot y = 1$$

$$b \cdot x - y = 1$$

das zwei *frei wählbaren Parameter* a und b enthält, läßt sich ebenfalls der typische Unterschied zwischen Computeralgebra und Numerik zeigen. Ein Vorteil der Computeralgebra liegt darin, daß derartige Aufgaben lösbar sind, während bei der Anwendung *numerischer Methoden* für a und b *Zahlenwerte* gegeben sein müssen. Alle Computeralgebra-Programme liefern die Lösung (*formelmäßige Lösung*)

$$x = \frac{a+1}{b \cdot a + 1} \,, \quad y = \frac{b-1}{b \cdot a + 1}$$

Der Anwender muß lediglich erkennen, daß die Formeln für a·b = −1 nicht gelten, da das Gleichungssystem in diesem Fall keine Lösung besitzt.

♦

Die Bestrebungen in der *Weiterentwicklung* der *Computermathematik* gehen dahin, die *Vorteile* von *Computeralgebra* und *Numerik* zu *kombinieren*. So besitzen die Computeralgebra-Programme *Kommandos* zur *numerischen Berechnung*, die man anwenden kann, wenn die exakte Berechnung mittels Computeralgebra scheitert (siehe Beispiel 2.3).

♦

Beispiel 2.3:

Alle Programmsysteme besitzen zur Lösung mathematischer Standardaufgaben (Gleichungslösung, Integration,...) neben *Kommandos* zur *exakten* auch *Kommandos* zu *näherungsweisen Berechnung*.

So sind für *bestimmte Integrale* $\int_a^b f(x)\,dx$ in

- MAPLE

  die *Kommandos*

* **int** (f(x) , x = a .. b) ;

  zur *exakten* (*symbolischen*) Berechnung

* **evalf** (**int** (f(x) , x = a .. b)) ;

  zur *näherungsweisen* (*numerischen*) Berechnung

- MATHEMATICA

  die *Kommandos*

  * **Integrate**[f[x] , { x , a , b }]

    zur *exakten* (*symbolischen*) Berechnung

  * **NIntegrate**[f[x] , { x , a , b }]

    zur *näherungsweisen* (*numerischen*) Berechnung

enthalten.

Die *Kommandos* zur *numerischen Berechnung* liefern für das *nicht exakt berechenbare Integral*

$$\int_1^2 e^{x^2}\, dx$$ den *Näherungswert* 14 , 989 976 01

♦

Methoden der *Computeralgebra* werden auch erfolgreich in der *Numerik* verwendet. So ersetzt man z.B. die ungenaue *numerische Differentiation* durch die *exakte* (*symbolische*).

♦

2.1.2   Funktionsweise von Computeralgebra-Programmen

In der *Computeralgebra* werden *rationale Zahlen* (wenn möglich auch *reelle Zahlen* wie z.B. $\sqrt{2}$ und π) *exakt* dargestellt (d.h. durch ein Symbol) und nicht in gerundeter Form wie in der Numerik. Der *Hauptschwerpunkt* der *Computeralgebra* liegt folglich in *algebraischen Umformungen* im Gegensatz zu den *arithmetischen Operationen* der *Numerik*.

Während einfache *numerische Algorithmen* schon bei Grundkenntnissen einer Programmiersprache (z.B. BASIC) für den *Computer programmiert* werden können, erfordert das Erstellen eines *Computeralgebra-Programmsystems* tiefe *algebraische Kenntnisse*. So wurden die sich auf dem Markt befindlichen Systeme von Wissenschaftlergruppen im Verlaufe mehrerer Jahre erstellt und werden laufend verbessert (neue Versionen).

Für den *Anwender* verhält sich der Sachverhalt gerade umgekehrt. Die *Anwendung* eines vorhandenen *Computeralgebra-Programms* gestaltet sich wesentlich *einfacher* und anschaulicher als die Erstellung eines fehlerfreien Computerprogramms für einen numerischen Algorithmus mittels einer Programmiersprache. Selbst die *Anwendung* eines *vorhandenen Numerikprogramms* aus einer Programmbibliothek erfordert mehr Computerkenntnisse als die Anwendung eines Computeralgebra-Programms.

Dies liegt vor allem darin begründet, daß *Computeralgebra-Programme interaktiv* arbeiten (d.h. im laufenden Dialog zwischen Nutzer und Computer) im Gegensatz zu den herkömmlichen Programmiersprachen (BASIC, C, FORTRAN, PASCAL usw.), die ausschließlich das prozedurale Programmieren unterstützen. Des weiteren sind in den Computeralgebra-Programmen umfangreiche Hilfefunktionen enthalten, die dem Nutzer bei Unklarheiten Unterstützung geben.

◆

Beim *interaktiven Arbeiten* mit einem *Computeralgebra-Programm* steht der *Nutzer* mittels Bildschirm im laufenden *Dialog* mit dem *Computer*, wobei sich der folgende *Zyklus* wiederholt:

Eingabe	*Berechnung*	*Ausgabe*
(der Aufgabe	(durch das	(der Ergebnisse
durch den Nutzer)	Programm)	auf dem Bildschirm)

◆

Die Arbeit mit den zur Zeit zur Verfügung stehenden Computeralgebra-Programmsystemen wird dadurch erleichtert, daß sie eine leicht zu bedienende *Benutzeroberfläche* (*Benutzerschnittstelle / Benutzerinterface / Front End*) besitzen, über die man mit dem System in den Dialog tritt. MAPLE, MATHCAD und MATHEMATICA verfügen über eine WINDOWS-Version, deren Benutzeroberflächen einen ähnlichen Aufbau haben. Diese Oberflächen gestatten in ihren Arbeitsfenstern, die durchgeführten Rechnungen so in Form von *Arbeitsblättern/Rechenblättern* zu gestalten, wie es bei Rechnungen per Hand üblich ist. Für diese *Arbeitsblätter/Rechenblätter* werden dem allgemeinen Trend folgend in deutschsprachigen Büchern zu Computeralgebra-Programmen häufig die englischsprachige Bezeichnungen *Worksheet* (Arbeitsblatt/Notizblatt), *Notebook* (Notizbuch) oder *Scratchpad* (Notizblock) verwendet.

◆

Die *Struktur* der *Computeralgebra-Programme* hat die folgende Gestalt:

Benutzeroberfläche (englisch: *front end*)	*Kern* (englisch: *kernel*)	*Zusatzpakete* (englisch: *packages*)

wobei

* die *Benutzeroberfläche* den *Dialog* zwischen *Nutzer* und *Programmsystem* realisiert,

* im *Kern*, der bei jeder Anwendung geladen wird, die *mathematischen Grundoperationen* realisiert sind,

* die *Zusatzpakete* speziellere Anwendungen enthalten und nur bei Bedarf geladen werden müssen. Diese so gegebene Struktur hat wesentlichen Anteil bei der Einsparung von Speicherplatz im RAM und läßt laufende Erweiterungen durch den Nutzer zu.

Für *Benutzeroberfläche*, *Kern* und *Zusatzpakete* wird in der deutschsprachigen Computerliteratur häufig die entsprechende englische Bezeichnung (mit großem Anfangsbuchstaben) verwendet.

◆

Wir wollen nicht versäumen, auf die folgende *Problematik* bei der Arbeit mit *Computeralgebra-Programmen* hinzuweisen:

Da die Algorithmen der Computeralgebra aufwendig sind, kann die Berechnung für hochdimensionale (umfangreiche) Probleme unvertretbar lange dauern oder wegen Speichermangel abgebrochen werden. Dies bedeutet, daß die Berechnung fehlschlägt, obwohl das Problem exakt (symbolisch) lösbar ist, d.h. im Sinne der Computeralgebra.

◆

2.1.3   Haupteinsatzgebiete von Computeralgebra-Programmen

Da der *Hauptinhalt* der *Computeralgebra* in der *Umformung* (Manipulation) von *Ausdrücken* besteht, sind u.a. die folgenden *typischen Anwendungsgebiete* in den *universellen Programmsystemen* DERIVE, MAPLE, MATHCAD und MATHEMATICA realisiert.

2.1.3.1   Verwendung als wissenschaftlicher (intelligenter) Taschenrechner

In den *Computeralgebra-Programmen* sind sämtliche *Taschenrechnerfunktionen* integriert, wobei die übliche *Notation* $+\,,\,-\,,\,*\,,\,/$

für die *Grundrechenarten* und $\wedge$ für das *Potenzieren* verwendet werden.

Bei allen *Berechnungen* ist zu *beachten*, daß

* ohne besondere Vorkehrungen das *Grundprinzip* der *exakten Arithmetik* gilt:

  So liefert z.B. die *Addition* $\frac{1}{2} + \frac{1}{3}$ das *Ergebnis* $\frac{5}{6}$

  (wieder als Bruch dargestellt) und bei der Eingabe *reeller Zahlen* wie z.B. $\sqrt{2}$ und π erfolgt keine weitere Umformung.

* alle Programme die Möglichkeit besitzen, *rationale* und *reelle Zahlen* durch *Gleitkommazahlen* mit vorgegebener Genauigkeit *anzunähern*.

2.1.3.2   Umformung von Ausdrücken

Die *Umformung* von *Ausdrücken* gehört zu den Grundfunktionen der Computeralgebra-Programme (siehe Kap. 8).

Im einzelnen zählen hierzu:

* *Vereinfachung* von *Ausdrücken*,

* *Partialbruchzerlegung*,

* *Potenzieren* von *Ausdrücken*,

* *Multiplikation* von *Ausdrücken*,

* *Faktorisierung* von *Polynomen* und damit verbundene *Nullstellenbestimmung*,

* *Ausdrücke* auf einen *gemeinsamen Nenner* bringen.

Beispiel 2.4:

Bei Verwendung der entsprechenden *Kommandos* werden in den einzelnen Programmsystemen *Umformungen* der folgenden Art gelöst (siehe Kap. 8):

$$\frac{a^4 - b^4}{a^2 - b^2} \qquad \text{ergibt die } \textit{Vereinfachung} \qquad a^2 + b^2$$

$$\frac{x + 3}{x^2 + 3 \cdot x + 2} \qquad \text{ergibt die } \textit{Partialbruchzerlegung} \qquad \frac{2}{x + 1} - \frac{1}{x + 2}$$

$$(a + b)^4 \qquad \text{ergibt die } \textit{Potenzierung}$$

$$a^4 + 4 \cdot a^3 \cdot b + 6 \cdot a^2 \cdot b^2 + 4 \cdot a \cdot b^3 + b^4$$

$$a^2 + 2 \cdot a \cdot b + b^2 \qquad \text{ergibt die } \textit{Faktorisierung} \qquad (a + b)^2$$

$$x^3 + x^2 - 4 \cdot x - 4 = 0 \qquad \text{ergibt die } \textit{Nullstellen}$$

$$x1 = -1 \ , \ x2 = -2 \ , \ x3 = 2$$

$$x^3 + x^2 - 4 \cdot x - 4 \qquad \text{ergibt die } \textit{Faktorisierung} \quad (x+1)(\ x+2)(\ x-2)$$

♦

2.1.3.3 Lineare Algebra

Außer der Addition, Multiplikation, Transponierung und Inversion von Matrizen, lassen sich mit den Programmsystemen Eigenwerte, Eigenvektoren und Determinanten berechnen und lineare Gleichungssysteme lösen.

2.1.3.4 Verarbeitung von Funktionen

Alle Programmsysteme kennen die gesamte Palette der *elementaren Funktionen* und gestatten die *Definition* neuer *Funktionen*.

Gegebene *Funktionen* kann man *differenzieren* und im Rahmen anwendbarer Lösungsverfahren *integrieren*. Des weiteren lassen sich u.a. gewisse Klassen von *Differentialgleichungen lösen, Grenzwerte berechnen* und *Taylorentwicklungen angeben*.

2.1.3.5 Programmierung

Die *Programme* MAPLE und MATHEMATICA besitzen eine eigene *Programmiersprache*. Damit können *Zusatzpakete* (-dateien) erstellt werden, die die Lösung umfangreichere Probleme erlauben.

2.1.3.6 Grafische Darstellungen

Die behandelten Programme gestatten die Erstellung zwei- und dreidimensionaler *Grafiken*, d.h., *Funktionen* einer oder zweier Variablen lassen sich *grafisch darstellen*. Alle Grafiken können vielfältig gestaltet werden.

2.1.3.7 Numerische Berechnungen

Die behandelten Computeralgebra-Programme besitzen *Numerikkommandos*, die beim Versagen der exakten Berechnung mittels Computeralgebra (Formelmanipulation) die *näherungsweise Berechnung* eines vorliegenden Problems gestatten.

2.2 Installation und Aufbau der Programmsysteme

2.2.1 DERIVE

DERIVE existiert in der aktuellen DOS-*Version* 3 (von 1994) mit einer zusätzlichen *Variante* XM (für PCs ab 80386 Prozessor und mindestens 2 MByte RAM) zur Ausnutzung des *Erweiterungsspeichers* (extended memory) und wird bisher auschließlich für PCs angeboten. Es findet auf einer Diskette (3½"-HD) in unkomprimierter Form Platz.

Eine *besondere Installation* ist bei DERIVE *nicht erforderlich*, da die *Dateien nicht komprimiert* sind:

- DERIVE kann *direkt* von der *Diskette gestartet* werden,
- Es wird *empfohlen*, die *Dateien* von DERIVE in ein *Verzeichnis* der *Festplatte* (z.B. mit DERIVE bezeichnet) zu *kopieren* und DE-RIVE hieraus zu starten (mit der Datei DERIVE.EXE). Dies beschleunigt die Arbeit mit DERIVE wesentlich.

Von allen Computeralgebra-Programmen besitzt DERIVE den geringsten Umfang und stellt die bescheidensten Speicherplatzanforderungen.

Deshalb bietet sich DERIVE bereits zur Installation auf Taschenrechnern an. Den ersten Taschenrechner mit DERIVE hat zu Beginn des Jahres 1996 die Firma TEXAS-INSTRUMENTS auf den Markt gebracht (Modell TI-92).

◆

Neben der englischsprachigen Version gibt es neuerdings von DERIVE auch eine deutschsprachige.

◆

Die dem Autor zur Verfügung stehende Programmvariante von DERIVE besteht aus 42 Dateien, die auf der Festplatte 795 180 Bytes belegen. Es sind dies:

- **Programm-Dateien**
  * DERIVE.EXE (zum *Starten* des *Programms*)
  * DERIVE.HLP (enthält die *Hilfedatei*)
  * DERIVE.INI (*Initialisierungsdatei:* enthält die aktuellen *Einstellungen* von DERIVE)

- **Demonstrations-Dateien**

  Demonstrations-Dateien besitzen die Endung .DMO und enthalten *Beispiele* aus Gebieten, die der Dateiname bezeichnet: z.B. enthält die Datei MATRIX.DMO *Beispiele* zu *Vektoren* und *Matrizen*.

- **Mathematik- und Grafik-Dateien**

  Mathematik- und Grafik-Dateien besitzen die Endung .MTH und enthalten Beispiele bzw. weitere zusätzliche Funktionen.

◆

Dateien der beiden letzten Gruppen mit Endungen .DMO und .MTH werden mit dem Menü **Transfer** *geladen* (siehe Abschn. 2.2.1.2).

♦

Betrachten wir die *Benutzeroberfläche* für die DOS-Version, die sich nach dem Start von DERIVE.EXE ergibt (siehe Abb. 2.1). Man muß sich erst an die gelieferte Oberfläche gewöhnen, die noch nicht den SAA-Standard besitzt, sondern älteren Textverarbeitungsprogrammen ähnelt (z.B. WORD 5.0).

Eine WINDOWS-Version von DERIVE erscheint demnächst.

Abb.2.1.
Benutzer-
oberfläche
der DOS-
Version von
DERIVE nach
dem Pro-
grammstart

```
DERIVE XM
                A Mathematical Assistant
                    Version  3.00


            Copyright (C) 1988 through 1994 by
                Soft Warehouse, Inc.
                3660 Waialae Avenue, Suite 304          Arbeitsfenster
                Honolulu, Hawaii, 96816-3236, USA

If you have received this product as "shareware" or "freeware", you have an
unauthorized copy, because it is a violation of our copyright to distribute
DERIVE on a free trial basis.


To obtain a licensed copy, or if you know of any person or company distributing
DERIVE as shareware or freeware, please contact us at the above address or fax
(808) 735-1105.


                Press H for help
--------------------------------------------------------------------------
COMMAND: Author Build Calculus Declare Expand Factor Help Jump soLve Manage
        Options Plot Quit Remove Simplify Transfer moVe Window approX       Menüzeile
Enter option                                Derive XM                       Nachrichtenzeile
                        Free:100%           Algebra                         Statuszeile
```

2.2.1.1   Benutzeroberfläche

Die *Benutzeroberfläche* (DERIVE-Bildschirm) teilt sich von oben nach unten in die folgenden Bereiche auf (siehe Abb. 2.1 und 2.2):

- **Arbeitsfenster (- bereich)**

  Das *Arbeitsfenster* nimmt den größten Teil des Bildschirms ein und zeigt

  * vom Nutzer mittels des *Menüs* **Author:** *eingegebene Ausdrük-ke*

  * von DERIVE *erzielte Ergebnisse*

  an.

  Ein Beispiel für das Aussehen dieses Fensters während einer Arbeitssitzung findet man in Abb. 2.2.

Das Arbeitsfenster ist offensichtlich einem *Arbeitsblatt/Rechenblatt* für mathematische Rechnungen per Hand nachempfunden:

Eingabe der zu lösenden *Aufgabe* → *Ausgabe* der *Lösung*

Aufgabe und Lösung stehen bei DERIVE allerdings in zwei aufeinanderfolgenden Zeilen im Arbeitsfenster.

◆

Alle *Ein-* und *Ausgaben* werden *durchnumeriert*, so daß später leicht darauf zurückgegriffen werden kann, indem man im *Menü* **Author:** hinter dem Zeichen # die Nummer des gewünschten Ausdrucks eingibt.

Der zuletzt eingegebene Ausdruck (*aktueller Ausdruck*) erscheint im Arbeitsfenster mit einem *Balken* (*Auswahlbalken*) *markiert*. Möchte man einen anderen Ausdruck *markieren*, so geschieht dies unter Verwendung der *Kursortasten*.

◆

- **Menüleiste**

  Die *Menüleiste* (*Menüzeile*) besteht aus maximal zwei Zeilen und enthält zu Beginn den Titel (Aufgabenbereich), der durch Doppelpunkt von den verfügbaren Menüs (Kommandos, Befehlen) oder Optionen getrennt ist.

  In der Abb. 2.1 sieht man das am häufigsten benutzte *Kommando-Menü* COMMAND:, zu dem die 19 *Menüs*

  Author, Build, Calculus, Declare, Expand, Factor, Help, Jump, soLve, Manage, Options, Plot, Quit, Remove, Simplify, Transfer, moVe, Window, approX

  gehören.

Die *Auswahl* des gewünschten *Menüs* geschieht durch *Eingabe* des *Großbuchstabens* aus dem *Menünamen* oder durch *Bewegen* des *Auswahlbalkens* mittels der Tasten [⎵] oder [⇥] (Rückwärtsbewegung mittels [⇦]). Jede Auswahl wird mit der [↵]-Taste (Enter/Return/Eingabe-Taste) abgeschlossen. Eine Reihe von Menüs enthalten *Untermenüs* (möchte man hier nichts auswählen, gelangt man mit der [Esc]-Taste wieder in das übergeordnete Menü zurück).

◆

In DERIVE werden die meisten *Rechenoperationen* über die *Menüleiste* aktiviert, die damit zur wichtigsten Zeile bei der Arbeit wird. Hierin besteht ein wesentlicher *Unterschied* zu MAPLE und MATHEMATICA, bei denen die Rechenoperationen durch *Kommandos* mit entsprechenden Argumenten im Arbeitsfenster realisiert werden.

◆

Mathematische Ausdrücke

* werden mit dem *Menü* **Author:** *eingegeben*, erscheinen nach Betätigung der ⏎-Taste im *Arbeitsfenster* und werden *fortlaufend numeriert*,

* die schon im *Arbeitsfenster* stehen und *markiert* sind, werden mit der F3- oder F4- Taste wieder in das *Menü* **Author:** *kopiert*,

* die im Arbeitsfenster stehen und *markiert* sind, können mittels der Menüs des Kommando-Menüs (COMMAND:) *verarbeitet* werden.

Mit dem *Menü* **Quit** wird DERIVE *verlassen*.

Weitere wichtige Menüs werden bei den einzelnen Berechnungen und im Abschn. 2.2.1.2 erläutert.

- **Nachrichtenleiste**

Die *Nachrichtenleiste* befindet sich unterhalb der Menüleiste und gibt an, welche Arbeit DERIVE gerade erledigt oder welche Aktivitäten vom Nutzer erwartet werden. So bedeutet in Abb. 2.1 die Nachricht *Enter option*, daß ein Menü aus der Menüleiste ausgewählt werden kann. Weiterhin wird angezeigt, daß man mit DERIVE XM arbeitet.

- **Statusleiste**

Die *Statusleiste* bildet die letzte Zeile der Benutzeroberfläche und zeigt den momentanen *Zustand* (*Status*) von DERIVE an, der sich natürlich im Verlauf einer Arbeitssitzung ändert.

So sieht man z.B. auf dem Eingangsbildschirm (Abb. 2.1):

* *Free: 100%:* bezeichnet den Anteil des Speichers, der noch zur Verfügung steht

* *Algebra:* bedeutet, daß das aktuelle Fenster ein *Algebrafenster* darstellt. Weiterhin gibt es noch *Grafikfenster*, die mittels des Menüs *Plot* erzeugt werden (mit 2D-*plot* für zweidimensionale und 3D-*plot* für dreidimensionale Grafiken – siehe Abschn. 12.2).

2.2.1.2 Kommando-Menüleiste

Im folgenden geben wir eine *Kurzbeschreibung* der am häufigsten verwendeten *Menüs* aus der *Kommando-Menüleiste* COMMAND:, die über den *Auswahlbalken* oder den im *Menünamen* enthaltenen *Großbuchstaben aufgerufen* und mit anschließender Betätigung der ↵ -Taste aktiviert werden und die Untermenüs enthalten können. Manche Menüs enthalten *Auswahlfelder* (*Eingabefelder*), zwischen denen mit der ⇆ -Taste umgeschaltet wird:

- **Author :**

  Hier wird der zu *berechnende Ausdruck eingegeben*. Dies kann für bestimmte Rechnungen zusätzlich mit einem vorhandenen *Rechenkommando* geschehen.

  Beispiel 2.5:

  Bei einer Reihe von Rechenoperationen gestattet DERIVE zwei Möglichkeiten zur Lösung eines gegebenen Problems, wie am Beispiel der Integralberechnung (siehe Abschn. 15.2) demonstriert wird:

  Das *bestimmte Integral* $\int_{1}^{2} x \cdot \sin x \, dx$

  kann mit DERIVE auf eine der folgenden *zwei Arten berechnet* werden:

  I. durch die *Menüfolge*

     Author: x * sin (x) → **Calculus** ⇒ **Integrate** ⇒ **Simplify**

     (mit Angabe der *Integrationsvariablen* x und der *Grenzen* 1 und 2 in den angezeigten *Auswahlfeldern*)

  II. durch die *Menüfolge*

     Author: int (x * sin (x) , x , 1 , 2) ⇒ **Simplify**

     mit dem *Integrationskommando* **int**

     ◆

Erläuternder Text zu den einzelnen Rechnungen ist mittels

Author: " Text " einzugeben und erscheint nach Betätigung der ↵ -Taste im Arbeitsfenster.

   ◆

- **Build**

Dieses Menü dient zum *Verknüpfen* (Multiplizieren, Addieren usw.) von zwei *Ausdrücken*. Nach dem Aufruf ergibt sich die *Eingabereihenfolge:*

I.   *Nr.* des *ersten Ausdrucks* im Arbeitsfenster
II. *Operationssymbol*
III. *Nr.* des *zweiten Ausdrucks* im Arbeitsfenster
IV. *Done*

Beispiel 2.6:

Aus den sich im Arbeitsfenster unter der Nr.1 und 2 befindlichen Ausdrücken

1:        $3 \cdot x + 2$

2:        $x - 4$

läßt sich mit dem *Operationssymbol* / (für die Division) der Ausdruck

3:        $\dfrac{3 \cdot x + 2}{x - 4}$

bilden.

◆

- **Calculus**

  Calculus ist ein häufig verwendetes *Rechenmenü* und bewirkt Differentiation (*Differentiate*), Integration (*Integrate*), Grenzwertbildung (*Limit*), Produktbildung (*Product*), Summenbildung (*Sum*) oder Taylorentwicklung (*Taylor*) des im Arbeitsfenster stehenden Ausdrucks. In dieser Reihenfolge sind die Menüs in dem zu *Calculus* gehörenden Untermenü enthalten.

- **Declare**

  Dieses Menü wird zur *Vereinbarung* von Funktionen (*Function*), Variablen (*Variable*), Matrizen (*Matrix*) und Vektoren (*vectoR*) über das erscheinende Untermenü und die darin enthaltenen Eingabefelder verwendet.

- **Expand**

  Expand kann zur *Entwicklung* von *Ausdrücken* herangezogen werden.

  Beispiel 2.7:

  Der Ausdruck $(a+b)^4$ wird durch *Expand* in

  $$a^4 + 4 \cdot a^3 \cdot b + 6 \cdot a^2 \cdot b^2 + 4 \cdot a \cdot b^3 + b^4$$

umgewandelt, d.h. ausmultipliziert.

♦

- **Factor**

  Factor kann einen Ausdruck in *Faktoren zerlegen* (*Faktorisierung*).

  Beispiel 2.8:

  Der Ausdruck $a^4 + 4 \cdot a^3 \cdot b + 6 \cdot a^2 \cdot b^2 + 4 \cdot a \cdot b^3 + b^4$ wird durch *Factor* in $(a + b)^4$ umgewandelt.

  ♦

- **Help**

  Help liefert englischsprachige *Hilfen* für *Editing* (Zeileneditierung), *Functions* (Bedeutung der integrierten Funktionen), *Algebra* (gibt Kapitelnummern des Benutzerhandbuches), 2D–*plot* (gibt entsprechende Kapitelnummern des Benutzerhandbuches), 3D–*plot* (gibt entsprechende Kapitelnummern des Benutzerhandbuches), *Utility* (Erläuterungen zu den mitgelieferten Dateien mit der Endung .MTH), *State* (gibt Einstellungen von DERIVE), *Resume* (bewirkt Übergang ins übergeordnete Menü).

  Die integrierten Hilfen *ersetzen* in vielen Fällen das *Handbuch*, wenn man eine Tastenkombination oder Funktion vergessen hat.

- **Jump**

  Jump wählt den *Ausdruck* im Arbeitsfenster aus, dessen *Nummer* man *eingibt*, d.h., der gewählte Ausdruck wird durch einen Auswahlbalken markiert und damit zum aktuellen Ausdruck.

- **solVe**

  solVe löst *Gleichungen* und bestimmt *Nullstellen* von Ausdrücken, die sich im Arbeitsfenster befinden.

- **Manage**

  Manage dient bei der Umformung von Ausdrücken zur Festlegung der *Umformungsrichtung*.

- **Options**

  Mittels *Options* können *Optionen* von DERIVE durch folgende *Untermenüs* festgelegt werden:

  * **Color**   Gestattet die *farbliche Gestaltung* des Bildschirms.

  * **Display**   Gestattet die Umschaltung zwischen *Text*- und *Grafikmodus*.

* **Execute**   Gestattet das *Wechseln* zu DOS.

* **Input**   Gestattet die Umschaltung zwischen *Buchstaben–* (*Character*) und *Worteingabe* (*Word*), um mehrbuchstabige Variablennamen eingeben zu können.

* **Mute**   Gestattet die Abschaltung des *Warntons* bei fehlerhaften Eingaben.

* **Notation**   Gestattet die Einstellung der *Zahlendarstellung*.

* **Precision**   Gestattet das *Umschalten* von *exakter* zu *näherungsweiser Rechnung*.

* **Radix**   Gestattet die *Veränderung* der *Zahlenbasis*. So wandelt die Einstellung

  Input:10   **Output:**2
  Dezimalzahlen nach der Eingabe in Dualzahlen um.

- **Plot**

  Plot erfüllt *zwei Aufgaben* :

  I. Wenn man sich im *Algebrafenster* befindet, legt *Plot* die *Lage* des *Grafikfensters* für zwei- und dreidimensionale Grafiken fest:

  Beside und *Under* teilen das Arbeitsfenster in *Algebra-* und *Grafikfenster*, die *nebeneinander* bzw. *untereinander* liegen, während durch *Overlay* das Algebrafenster vom Grafikfenster *überlagert* wird. Dabei geschieht die *Umschaltung* zwischen den Fenstern mit der F1-Taste bei zweigeteiltem Fenster und mit der F2-Taste bei Überlappung der Fenster.

  II. Nach der Umschaltung in das *Grafikfenster* läßt sich mittels *Plot* in diesem Fenster die *grafische Darstellung* des im Algebrafenster markierten Ausdrucks realisieren.

- **Quit**

  Quit bewirkt das *Verlassen* von DERIVE.

- **Remove**

  Remove löscht Ausdrücke im Algebrafenster.

- **Simplify**

  Simplify dient im *Algebrafenster*

  * der *Vereinfachung* von Ausdrücken (siehe Kap. 8)

* der *Ausführung* von im Fenster befindlichen *symbolischen Darstellungen* von *mathematischen Operationen*, wie aus dem folgenden *Beispiel* ersichtlich ist.

Beispiel 2.9:

Hat man eine *Funktion* f(x) über **Author:** f(x) *eingegeben* und über **Calculus** $\Rightarrow$ **Differentiate** die *Differentiation veranlaßt*, so erscheint im Arbeitsfenster noch nicht das Ergebnis, sondern nur die *symbolische Darstellung* der *Differentiation*

$$\frac{\mathrm{d}}{\mathrm{dx}}\,f(x)$$

Erst die abschließende *Aktivierung* des *Menüs* **Simplify** *liefert* das *Ergebnis*.

♦

- **Transfer**

  Transfer gestattet das *Laden* und *Speichern* (*Drucken*) von Dateien. So können mit

  * **Transfer** $\Rightarrow$ **Load** $\Rightarrow$ **Derive** (bzw. **Utility**)

  Dateien mit der *Endung* .MTH

  * **Transfer** $\Rightarrow$ **Demo**

  Dateien mit der *Endung* .DMO

  * **Transfer** $\Rightarrow$ **Load** $\Rightarrow$ **daTa**

  numerische Dateien mit der *Endung* .DAT

  in das aktuelle *Algebrafenster geladen* werden.

  Die *Menüfolge*

  * **Transfer** $\Rightarrow$ **Print**

  bewirkt das *Drucken* von *Ausdrücken* aus dem Algebrafenster.

  * **Transfer** $\Rightarrow$ **Save**

  dient zum *Speichern*, so speichert

  ♦ **Transfer** $\Rightarrow$ **Save** $\Rightarrow$ **Derive**

  den *Inhalt* des *Algebrafensters* in das Verzeichnis von DE-RIVE auf der Festplatte (in eine zu benennende Datei mit der Endung .MTH)

  ♦ **Transfer** $\Rightarrow$ **Save** $\Rightarrow$ **State** den *aktuellen Zustand* von DERIVE in die *Initialisierungsdatei* DERIVE.INI

- **moVe**

  moVe bewirkt die *Verschiebung* von *Ausdrücken* im Algebrafenster. So werden für die konkreten Eingabefelder

  Before: 2   **Start:** 5   **End:** 8

  die Ausdrücke Nr. 5 – 8 vor dem Ausdruck Nr. 2 eingefügt, aber die ursprüngliche Numerierung der Ausdrücke beibehalten.

- **Window**

  Window dient u.a. zum *Schließen* (*Close*), zur *Typdeklarierung* (*Designate:* 2D–plot, 3D–plot, *Algebra*), *Wechseln* (*Goto*), *Teilen* (*Split: Horizontal, Vertical*) des Arbeitsfensters von DERIVE.

- **approX**

  approX approximiert einen Zahlenausdruck, z.B. wird $\sqrt{2}$ mittels dieses Menüs durch 1.414214 angenähert.

♦

Die gegebene Zusammenstellung der wichtigsten Menüs genügt, um mit DERIVE arbeiten zu können. Auf die meisten dieser Menüs kommen wir ausführlicher im Hauptteil des Buches (Kap. 8–22) zurück.

♦

Es bleibt noch das *Editieren* von *Ausdrücken*, d.h. die *Korrektur* bzw. *Veränderung* bereits eingegebener Ausdrücke. Dieses Editieren eines Ausdrucks A geschieht im Menü **Author:** A Ein hier stehender *Ausdruck* A wird folgendermaßen *korrigiert:*

* Mit ⌫ wird wie gewohnt das links vom Kursor stehende Zeichen gelöscht.

* Falls man mit den Kursortasten den Kursor nicht nach links oder rechts bewegen kann, ohne die Zeichen zu löschen, so gelingt dies mit den Tastenkombinationen ⟨Strg⟩ ⟨S⟩ bzw. ⟨Strg⟩ ⟨D⟩. Danach kann man im *Einfüge* (*Insert*)- oder *Überschreibemodus* (*Overwrite*) korrigieren.

Soll ein bereits im *Arbeitsfenster* stehender *Ausdruck verändert* werden, so ist er mit dem *Auswahlbalken* (mit Hilfe der Kursortasten) zu *markieren*. Anschließend wird er mittels der Funktionstasten ⟨F3⟩ oder ⟨F4⟩ in das Menü *Author* geholt und korrigiert.

♦

Abb.2.2.
Die Benut-
zeroberflä-
che von DE-
RIVE nach
einer Arbeits-
sitzung
(Beispiel 2.4)

```
#1:  "Umformung von Ausdrücken (aus Beispiel 2.4)"

#2:  "1) Man berechne die folgende Potenz"

            4
#3:  (a + b)

       4     3       2 2       3     4
#4:  a  + 4·a·b + 6·a·b  + 4·a·b  + b

#5:  "2) Man vereinfache den folgenden Ausdruck"

       4    4
      a  - b
#6:  ---------
       2    2
      a  - b

       2    2
#7:  a  + b

-------------------------------------------------------------------
COMMAND: Author Build Calculus Declare Expand Factor Help
Jump soLve Manage Options Plot Quit Remove Simplify Transfer
moVe Window approX
Enter option                                              Derive XM
User                              Free:100%                 Algebra
```

2.2.2   MAPLE

Im folgenden legen wir die Version MAPLE V *Release* 4 für WIN-
DOWS von 1996 zugrunde, die ebenso wie die vorhergehenden
Versionen nur in englischer Sprache vorliegt.

2.2.2.1   Installation

Die *Installation* auf einem PC ab 80486-Prozessor (Koprozessor ist
nicht erforderlich, beschleunigt aber die Rechnungen), 4MByte RAM
und mindestens 18 MByte Platz (eine vollständige Installation mit
DOS- und WINDOWS-Version benötigt 30 MByte) auf der Festplatte
vollzieht sich in der *folgenden Weise*:

- Da sich auf den zehn gelieferten Programmdisketten sowohl die
  DOS- als auch die WINDOWS-Version befindet, kann man
  MAPLE unter DOS oder WINDOWS installieren.

- Man *startet* die *Installation* von *Diskette* 1 mit der Datei INSTALL.EXE.

- Das weitere *Vorgehen* erfolgt *menügesteuert.*

- In dem *Anfangsmenü* wird vorgeschlagen, das Programm auf der Festplatte C im *Verzeichnis* MAPLEV4 zu speichern. Weiterhin kann man hier festlegen, ob man die DOS- und/oder die WINDOWS-Version, die Beispiele (*Examples*), die Hilfedateien (*Tutorial*) und eine Shareware-Bibliothek (Sammlung von Sharewareprogrammen für MAPLE– *Share Library*)) installieren möchte.

- Danach wird durch Anklicken des Knopfes *OK to install Maple* die Installation fortgeführt, indem nach Aufforderung durch das Menü die restlichen neun Programmdisketten eingelegt werden.

- Hat man die WINDOWS-Version installiert, so öffnet sich unter WINDOWS 95 nach der Eingabefolge **Start** $\Rightarrow$ **Programme** das *Programmfenster*, indem sich jetzt der neue Eintrag (*Programmgruppe*) *Maple V Release 4* befindet. Nach Anklicken dieses Eintrags erscheint die Programmgruppe, in der man 15 Einträge vorfindet. Das eigentliche Programm wird durch Anklicken von *Maple V Release 4* aktiviert.

Nach der *Installation* befindet sich MAPLE auf der Festplatte im Verzeichnis C:\MAPLEV4. Hier stehen eine Reihe von *Unterverzeichnissen* (die unbedingt notwendigen sind BIN und LIB), aus denen man die typische Aufteilung von MAPLE in *Kern* und *Zusatzpakete* (*Zusatzprozeduren*) erkennen kann:

- Im *Unterverzeichnis* BIN stehen die Dateien für den *Kern*, so die Programmdateien (mit Endung .EXE).

- Das *Unterverzeichnis* LIB enthält die *Bibliotheksdateien* MAPLE.LIB und MAPLE.HDB mit den *Zusatzpaketen* und *–prozeduren*, die nur bei Bedarf geladen und als *Standardpakete* bzw. *–prozeduren* bezeichnet werden.

- Im Unterverzeichnis EXAMPLES befinden sich (*Worksheet/Notebook-*) Dateien mit der Endung .MWS, die Beispiele für MAPLE-Anwendungen enthalten und Dateien für die in MAPLE enthaltene Hilfe. Es empfiehlt sich, eigene Rechnungen als *Worksheet/Notebook-Dateien* mit der Endung .MWS in dieses Unterverzeichnis LIB abzuspeichern.

- Das *Unterverzeichnis* SHARE enthält weitere Shareware-Programme außerhalb der Bibliotheksdatei für eine Vielzahl von Anwendungen.

- Im *Unterverzeichnis* MWSHELP steht die Datei MAPLE.HDB mit den Hilfefunktionen zu MAPLE.

2.2.2.2   Benutzeroberfläche

Nach dem *Starten* von MAPLE ergibt sich die in Abb. 2.3 dargestellte *Benutzeroberfläche* der WINDOWS-Version von MAPLE, die häufig unter Verwendung der englischsprachigen Bezeichnungen *Worksheet-Oberfläche* , *Worksheet-Interface, Notebook-Oberfläche* oder *Notebook-Interface* genannt wird.

Abb.2.3.
Benutzer-
oberfläche
(Worksheet-
Interface)
der WIN-
DOWS-Ver-
sion von
MAPLE

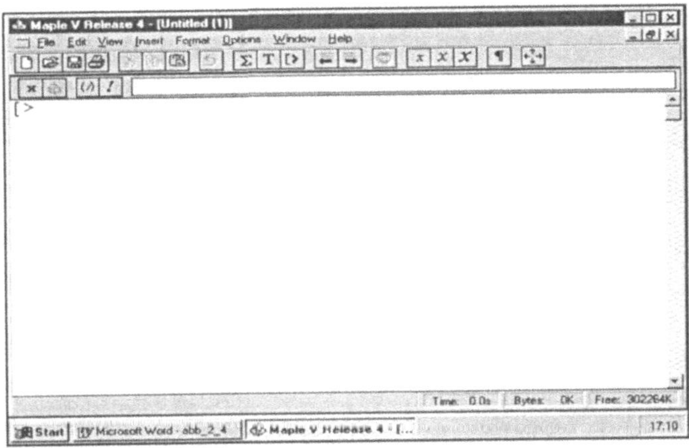

Die *Benutzeroberfläche teilt* sich *wie folgt auf:*

I. Die *Menüleiste* (englisch: *Menu bar*) befindet sich am oberen Rand und enthält folgende Menüs:

File – Edit – View – Insert – Format – Options – Window – Help

Die einzelnen *Menüs* erlauben den Zugriff auf:

- **File**

   File enthält u.a. die bei WINDOWS-Programmen üblichen *Dateioperationen:*

   * **New:**   *Neue Datei öffnen*

   * **Open:**   *Öffnen* einer *vorhandenen Datei*

   * **Save:**   *Sichern* einer *aktuellen Datei*

    * **Save as:**   *Sichern* einer *aktuellen Datei* unter einem *neuen Namen*

    * **Print:**   *Drucken* einer *aktuellen Datei*

- **Edit**

  Edit enthält u.a. die bei WINDOWS-Programmen üblichen *Editieroperationen*:

  * **Cut:**   *Ausschneiden*
  * **Copy:**   *Kopieren*
  * **Paste:**   *Einfügen*
  * **Delete:**   *Löschen* von *markierten Bereichen*

- **View**

  View dient u.a. zur *Ein-* bzw. *Ausschaltung* der *Symbol-, Kontext-* und *Statusleiste* (*Tool Bar, Context Bar, Status Line*) mittels Mausklick und der Größe der Darstellung im Arbeitsfenster (*Zoom Factor*).

- **Insert**

  Insert dient u.a. zur *Umschaltung* von *Texteingabe/Textmodus* (*Text Input*) in *Formeleingabe/Formelmodus* (*Maple Input*).

- **Format**

  Format dient u.a. zur *Gestaltung* des *Arbeitsfensters* (Bestimmung der Schriftarten und –größen).

- **Options**

  Hier können Optionen eingestellt werden.

- **Window**

  Window dient zur *Aufteilung* des *Arbeitsfensters*, wenn man *mehrere Notebooks* (*Worksheets*) geöffnet hat.

- **Help**

  Hier findet man Hilfen zu allen in MAPLE enthaltenen Menüs, Kommandos und Funktionen.

II. Die *Symbolleiste* (englisch: *Tool bar*) befindet sich unterhalb der *Menüleiste*. Sie besitzt eine Reihe schon aus anderen WINDOWS-Programmen bekannten *Symbolen* (z.B. für Drucken, Speichern usw.) und weitere MAPLE-*Symbolen* wie

- das STOP-*Symbol*

zum *Abbruch* laufender *Rechnungen,*

- das *Symbol*

  zur *Umschaltung* in den *Formelmodus* (für die Eingabe von Aufgaben/Formeln),

- das *Symbol*

  zur *Umschaltung* in den *Textmodus* (für die Eingabe von Text).

III. Die *Kontextleiste* (englisch: *Context bar*) befindet sich als *weitere Leiste* unter der *Symbolleiste*.

Die *Kontextleiste*

- dient im *Texteingabemodus* zur *Einstellung* von *Schriftart* und *–größe,*

- enthält im *Formeleingabemodus Symbole*, die

  * zur *Umwandlung* der eingegebenen *Rechenkommandos* in die *mathematische Standardschreibweise* mittels des *ersten Symbols*

  * zum Übergang in den *Textmodus* mittels des *zweiten Symbols* (*Ahornblatt-Symbols*)

  dienen.

Im *Textmodus* wird die Kontextleiste durch eine *Schriftartleiste* ersetzt, in der man *Schriftart* und *-größe* einstellen kann.

IV. Das *Arbeitsfenster* schließt sich an die Kontextleiste an und nimmt den größten Teil der Benutzeroberfläche ein.

V. Die *Nachrichtenleiste* (*Statusleiste*) befindet sich unterhalb des Arbeitsfensters am unteren Bildschirmrand.

Durch die *Trennung* in *Text-* und *Kommandobereiche* (mittels Text- bzw. Formelmodus) läßt sich das MAPLE-*Arbeitsfenster* ebenso wie bei DERIVE, MATHCAD und MATHEMATICA als *Arbeitsblatt/Rechenblatt* gestalten, für das häufig die englischsprachigen Bezeichnungen *Worksheet* (Notizblatt) oder wie bei MATHEMATICA *Notebook* (Notizblock) verwendet werden. Man kann hier *Rechenkom-*

mandos und *erläuternden Text* eingeben. In Abb. 2.4 ist die *Gestaltung* eines solchen *Worksheets* dargestellt.

Die *Umschaltung* zwischen *Rechnung* (*Formelmodus*) und *Text* (*Textmodus*) kann auf eine der folgenden drei Arten erfolgen:

I. In der *Menüleiste* mittels des Menüs *Insert* durch *Maple Input* (für Formelmodus) oder *Text Input* (für Textmodus).

II. In der *Symbolleiste* mittels des *Symbols*

zur *Umschaltung* in den *Formelmodus*, und mittels des *Symbols*

zur *Umschaltung* in den *Textmodus*.

III. In der *Kontextleiste* mittels des *Ahornblatt-Symbols*

zur Umschaltung zwischen Formel- und Textmodus.

♦

Die *Kommandos* zur *Lösung* der einzelnen *Aufgaben* (*Rechenkommandos*) werden in *Kleinbuchstaben* im Modus *Maple Input* (Menü *Insert*) in das *Arbeitsfenster* nach dem *Eingabe-Prompt* > eingegeben (das *Argument* in *runde Klammern* eingeschlossen), mit *Semikolon* abgeschlossen und mit ⏎ aktiviert.

So führt z.B. das Rechenkommando (*Differentiationskommando*)

diff (f(x) , x) ; die Differentiation der Funktion f(x) durch.

♦

Abb.2.4.
Worksheet-
Interface von
MAPLE nach
einer Arbeits-
sitzung (Bei-
spiel 2.4)

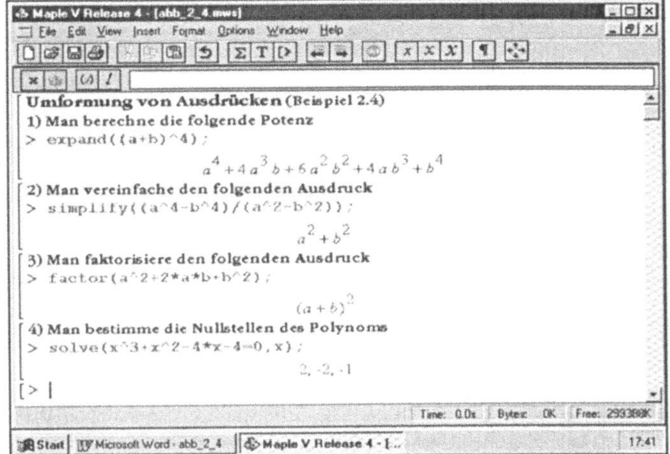

$$a^4 + 4a^3b + 6a^2b^2 + 4ab^3 + b^4$$

$$a^2 + b^2$$

$$(a+b)^2$$

$$2, -2, -1$$

In der neuen Version 4 von MAPLE ist es erstmals wie bei MATH-
CAD möglich, *mathematische Formeln* in der üblichen *Standardnotation* darzustellen. Dies geschieht *nach Eingabe* des *Rechenkommandos* oder *Ausdrucks* (mit Semikolon) durch *Mausklick* auf das
Symbol

in der *Kontextleiste.*

So werden auf diese Weise

* der *eingegebene Ausdruck*

  (x^2–1)/(x+1) ;

  in die *mathematische Standardnotation*

  $$\frac{x^2 - 1}{x + 1}$$

* das *eingegebene Differentiationskommando*

  diff (x^2 , x) ;

  in die *mathematische Standardnotation*

  $$\frac{\partial}{\partial x} x^2$$

* das *eingegebene Integrationskommando*

  int (x^2 , x) ;

  in die *mathematische Standardnotation*

$$\int x^2 \, dx$$

umgeformt, wie aus Abb. 2.5 zu ersehen ist.

♦

Abb.2.5.
Benutzero-
berfläche
(Worksheet-
Interface)
von MAPLE
nach einer
Arbeitssit-
zung (mit
mathemati-
scher Stan-
dardnota-
tion)

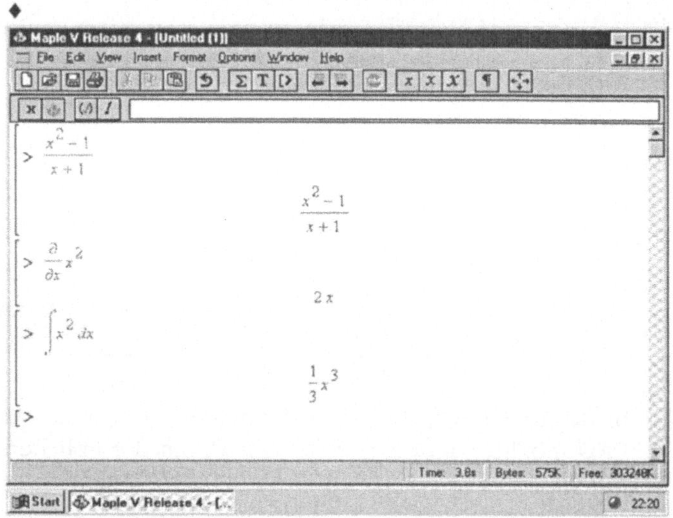

Bereits früher eingegebene *Kommandos/Ausdrücke* können *korrigiert* und wieder ausgeführt/berechnet werden, indem der Kursor an der entsprechenden Stelle positioniert, anschließend korrigiert und die Operation mit der ⏎-Taste beendet wird.

♦

Möchte man bei Kommandos auf *Ausdrücke* aus *vorhergehenden Ausgaben* (Berechnungen) *zurückgreifen,* so schreibt man im Argument des Kommandos anstatt des Ausdrucks folgendes:

*   "   für den Ausdruck der letzten Ausgabe

*   " "   für den Ausdruck der vorletzten Ausgabe

*   " " "   für den Ausdruck der drittletzten Ausgabe

Auf weiter zurückliegende Ausgaben kann nicht zurückgegriffen werden.

♦

Aus der MAPLE-Bibliothek werden *Zusatzpakete* durch das *Kommando* **with** (Paketname) ; *geladen.* So bewirkt z.B. **with** (linalg) ; das Laden des Pakets *Lineare Algebra. Zusatzprozeduren lädt* man mittels **readlib** (Prozedurname) ;♦

Das *Arbeitsblatt/Rechenblatt* (*Notebook/Worksheet*) einer Arbeitssitzung mit MAPLE läßt sich als *Datei* (mit *Endung* .MWS) durch die *Menüfolge* **File ⇒ SaveAs ⇒ Dateiname:**

beispielsweise in das Verzeichnis LIB von MAPLE *abspeichern* und bei späteren Sitzungen durch die *Menüfolge*

File ⇒ Open ⇒ Dateiname:

wieder *einlesen.*

♦

2.2.3   MATHCAD

Im folgenden wird die *Version 6.0 PLUS* für WINDOWS von 1995 zugrunde gelegt, die in englischer und deutscher Sprache vorliegt. Wir beschreiben den Aufbau der englischen Version. Wir stellen absichtlich die englische Version in den Vordergrund, da jede neu entwickelte Version zuerst in englisch erscheint. Die *Version 6.0 PLUS* besitzt den gleichen Aufbau und die gleiche Benutzeroberfläche wie die *Version 6.0*, sie ist nur u.a. um die folgenden *Leistungsmerkmale erweitert*:

* erweiterte symbolische Funktionen,

* mehr numerische Rechenfunktionen,

* erweiterte Matrixfunktionen,

* zusätzliche Lösungsfunktionen für Differentialgleichungen,

* integrierbare C/C++–Funktionen,

* statistische Funktionen,

* Integraltransformationen,

* erweiterte Grafikfunktionen,

* erweiterte Programmiermöglichkeiten.

Die leistungsstärkere Version 6.0 PLUS (mit erweitertem Funktionsumfang) ist für diejenigen Anwender gedacht, die eine größere Auswahl an mathematischer Funktionalität benötigen.

Das Programmsystem MATHCAD wird zügig weiterentwickelt. So wurden innerhalb von zwei Jahren die Versionen 4 (1993), 5 (1994) und 6 (1995) erstellt. Für den kleinen Geldbeutel wird noch eine mit dem Namen MATHCAD 99 bezeichnete Version mit verringertem Funktionsumfang (entspricht der Vollversion 3.1) in deutscher Sprache angeboten.

MATHCAD war ursprünglich ein reines System für *numerische Rechnungen*. Die neueren Versionen unter WINDOWS besitzen jedoch eine *Lizenz* von MAPLE für *exakte* (*symbolische*) *Rechnungen* (Computeralgebra).

♦

2.2.3.1   **Installation**

Die *Installation* auf einem PC ab 80486-Prozessor (ein Koprozessor ist nicht erforderlich, aber empfehlenswert), mindestens 8 MByte RAM, ca. 20 MByte Platz auf der Festplatte und einer 12 Mbyte WINDOWS-Swap-Datei (für die Version 6.0 benötigt man eine 8 Mbyte Swap-Datei) geschieht *folgendermaßen:*

- Von der Diskette 1 wird das Programm SETUP.EXE gestartet. Dies ist sowohl unter DOS als auch unter WINDOWS (Version 3.1 oder 95) möglich.

- Das weitere Vorgehen erfolgt *menügesteuert,* wobei das Verzeichnis C:\WINMCAD6 für die Speicherung des Systems auf der Festplatte vorgeschlagen wird. Nach Bestätigung oder Abänderung des Verzeichnisnamens wird die Installation fortgeführt, indem nach Aufforderung durch das Menü die restlichen sieben Programmdisketten eingelegt werden.

- Nach erfolgreicher Installation erscheint eine Meldung *Installation was successful* (Installation war erfolgreich).

Unter WINDOWS 95 öffnet sich nach der Eingabefolge

Start ⇒ Programme

das *Programmfenster,* indem sich jetzt der neue Eintrag (*Programmgruppe*) *MathSoftApps* befindet. Nach Anklicken von *MathSoftApps* erscheint die *Programmgruppe,* aus der man u.a. folgendes aktivieren kann:

- * *Desktop Reference* (Elektronisches Buch)

- * *Mathcad Book Sampler* (Elektronisches Buch)

- * *Mathcad PLUS 6.0* (das Programm MATHCAD)

- * *Mathcad Tutorial* (Einführung in MATHCAD)

Auf die zwei mitgelieferten sogenannten *Elektronischen Bücher* (Handbücher) gehen wir im weiteren noch ein. Dabei versteht man unter einem *Elektronischen Buch* (Handbuch) eine Sammlung von MATHCAD-*Dokumenten,* die Verfahren, Texte und Formeln aus verschiedenen Wissenschaftsgebieten enthalten.

♦

Nach der *Installation* befindet sich MATHCAD auf der Festplatte im *Verzeichnis* C:\WINMCAD6:

* Hier stehen u.a. die Dateien MCAD.EXE (*ausführbare Programmdatei – Kern* von MATHCAD), MCAD.INI (*Initialisierungsdatei*), MCAD.HLP (*Hilfedatei*) und die Unterverzeichnisse CLIPS, EFI, HANDBOOK, MAPLE, QSHEET, SPELL und USEREFI.

* Im Unterverzeichnis HANDBOOK stehen die *Handbuchdateien* mit der Endung .HBK, die die jeweiligen Dateien (Dokumente) in den dazugehörigen Unterverzeichnissen DESKREF und SAMPLER aufrufen. In diesen Unterverzeichnissen befinden sich vor allem Dateien mit der Endung .MCD. Diese enthalten mitgelieferte MATHCAD-*Dokumente*. In der neuen Version 6.0 PLUS sind eine Reihe derartiger Dateien in den bereits erwähnten beiden Elektronische Bücher *MathSoft Book Sampler* und *Desktop Reference* enthalten. Neben diesen Elektronischen Büchern, die bei der Installation eingerichtet werden, existieren noch mehr als 40 weitere für die Bereiche *Elektrotechnik, Maschinenbau, Hoch- und Tiefbau, Chemie, Physik, Mathematik* und *Naturwissenschaften*, die jedoch zusätzlich gekauft werden müssen. Für die *Mathematik* sind dies die *Elektronischen Bücher*, die Dateien (Dokumente) für *höhere Mathematik, numerische Methoden* und *Statistik* enthalten.

Die Elektronischen Bücher werden laufend erweitert und für neue Gebiete erstellt. Das Prinzip der Elektronischen Bücher entspricht in MAPLE und MATHEMATICA den Zusatzpaketen (Packages).

* Im *Unterverzeichnis* MAPLE befindet sich eine aus MAPLE übernommene abgerüstete Variante des *Symbolprozessors* (Dateien MAPLE.IND, MAPLE.LIB), der die Durchführung *exakter (symbolischer) Berechnungen* erlaubt.

2.2.3.2   **Benutzeroberfläche**

Nach dem *Starten* von MATHCAD erhält man die in Abb. 2.6 dargestellte *Benutzeroberfläche* für die WINDOWS-Version.

Abb.2.6.
Benutzer-
oberfläche
der WIN-
DOWS-Ver-
sion von
MATHCAD
6.0 PLUS

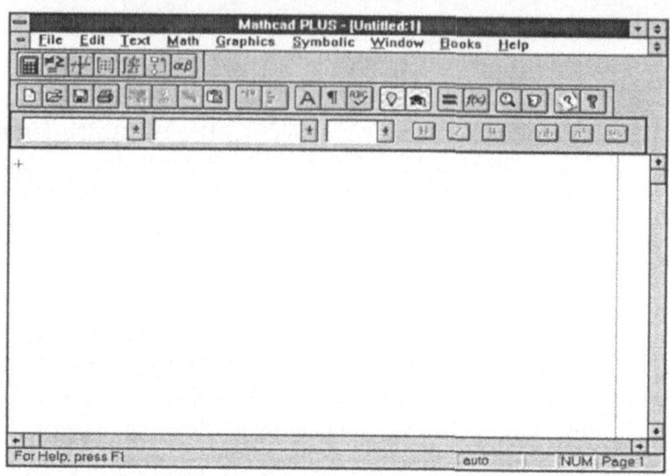

Die *Benutzeroberfläche teilt* sich *wie folgt auf:*

I. Die *Menüleiste* (englisch: *Menu bar*) befindet sich am oberen Rand und enthält folgende Menüs:

File–Edit–Text–Math–Graphics–Symbolic–Window–Books–Help

Die einzelnen *Menüs* beinhalten u.a. folgendes:

- **File**

  File enthält die bei WINDOWS-Programmen üblichen *Dateioperationen* (siehe MAPLE).

- **Edit**

  Edit enthält die bei WINDOWS-Programmen üblichen *Editieroperationen* (siehe MAPLE).

- **Text**

  Das Menü *Text* verwendet man u.a.

  * zur *Umschaltung* von *Formel-* in *Texteingabe* durch Anklicken von **Create Text Region** in der dazugehörigen *Dialogbox.*

  Dieses Prinzip haben wir schon bei MAPLE und MATHEMATICA kennengelernt und dient zur Gestaltung des MATHCAD-Arbeitsfensters als *Arbeitsblatt/Rechenblatt* (Berechnungen und erläuternder Text), das sich in dieser Form abspeichern läßt (als Datei mit der Endung .MCD z.B. in das Unterverzeichnis HANDBOOK von MATH-

CAD). Ein Arbeitsblatt/Rechenblatt wird bei MATHCAD als *Dokument* (englisch: *document*) bezeichnet.

Beim *Start* ist man automatisch im *Berechnungsmodus* (*Formelmodus*) und kann zu berechnende Ausdrücke eingeben. Man erkennt diesen Modus am *Einfügekreuz +*. Möchte man in den *Textmodus umschalten*, d.h., erläuternden Text eingeben, so geschieht dies wie eben beschrieben oder durch *Eingabe von "* oder *Anklicken* des *Symbols* in der Symbolleiste

Das *Verlassen* der *Texteingabe* (und damit wieder *Übergang* zur *Formeleingabe*) geschieht mittels Mausklick außerhalb des Textes.

* Zur *Einstellung* der *Schriftart* mittels

   Change Default Font

* Zur *Änderung* der *Schriftart* mittels **Change Font**

- **Math**

  Hier können u.a.

  * das *Format* bei *Zahlenrechnungen*

     Numerical Format

  * die *Schriftart* für die Formeleingabe

     Apply Font Tag..., Modify Font Tag...

  * die *automatische Berechnung* eines Dokuments

     Automatic Mode:

     (in der Nachrichtenzeile erscheint die Meldung *auto*)

     eingestellt und

  * *Matrizen* mittels **Matrices** *definiert* werden.

  Weiterhin können

  * *Maßeinheiten* mittels **Units**

  * *Funktionsbezeichnungen* mittels **Insert Function...** *eingefügt* werden.

- **Graphics**

  Graphics dient u.a. zur *grafischen Darstellung* von

  * *Kurven* mittels **Create X–Y Plot**

  * *Flächen* mittels **Create Surface Plot**

einschließlich der Festlegung der zu verwendenden *Koordinatensysteme*.

- **Symbolic**

  In diesem Menü befinden sich die *folgenden Untermenüs* (Befehle) zur *exakten (symbolischen) Berechnung* mittels des von MAPLE übernommenen Symbolprozessors:

  * *Evaluate* (Berechnen)

  * *Simplify* (Vereinfachen)

  * *Expand Expression* (Ausdruck entwickeln)

  * *Collect on Subexpression* (in Teilausdrücken zusammenfassen)

  * *Polynomial Coefficients* (Polynomkoeffizienten)

  * *Differentiate on Variable* (nach Variablen differenzieren)

  * *Integrate on Variable* (nach Variablen integrieren)

  * *Solve for Variable* (nach Variablen auflösen)

  * *Substitute for Variable* (Variablen substituieren)

  * *Expand to Series* (in Reihe entwickeln)

  * *Convert to Partial Fraction* (in Partialbrüche zerlegen)

  * *Matrix Operations* (Matrixoperationen)

  * *Transforms* (Laplace-, Fourier- und Z-Transformationen)

- **Window**

  Window dient zur Einteilung und farblichen *Gestaltung* des *Arbeitsfensters* :

  * Sind *mehrere Dokumente* (Arbeitsfenster) geöffnet, so können diese mit **Tile** *nebeneinander* und **Cascade** *überlappend* angeordnet werden.

  * *Leisten* können aus der Anzeige *ausgeblendet* werden z.B. mittels **Hide Tool Bar** die *obere Symbolleiste*.

- **Books**

  Books dient zum *Öffnen* der integrierten (*Book Sampler* und *Desktop Reference*) oder zusätzlich gekauften und installierten *Elektronischen Bücher*.

- **Help**

  Help beinhaltet die *Hilfefunktion* von MATHCAD. ◆

II. Die Leiste der *Operatorpaletten* (englisch: *Operator palette* oder *Symbol palette*) mit sieben Symbolen befindet sich unterhalb der Menüleiste. Durch Mausklick auf ein Symbol erscheint im Arbeitsfenster eine Palette mit den entsprechenden Operatoren, die durch anschließenden Mausklick an der vorgesehenen Stelle im Arbeitsfenster eingefügt werden können. Die geöffneten Operatorpaletten bleiben im Arbeitsfenster, wenn man sie nicht wieder schließt. So kann man alle Operatorpaletten öffnen, wie in Abb. 2.7 zu sehen ist. Da bei allen geöffneten Operatorpaletten im Arbeitsfenster nur noch wenig Platz verbleibt, gibt es die Möglichkeit, diese Operatorpaletten mit gedrückter Maustaste in die Nachrichtenleiste zu ziehen, wie in Abb. 2.8 zu sehen ist.

Die sieben Operatorpaletten enthalten die gängigen *mathematischen Symbole/Operatoren* (u.a. Differentiationssymbol, Integralzeichen, Summenzeichen, Matrixsymbol, Wurzelzeichen). Diese *Operatoren* dienen sowohl zur Durchführung *exakter* als auch *numerischer Rechnungen.*

III. Die *Symbolleiste* (englisch: *Tool bar*) befindet sich unterhalb der Operatorpalette und enthält schon aus anderen WINDOWS-Programmen bekannte Symbole (z.B. für Drucken, Speichern usw.) und weitere MATHCAD-Symbole, auf die wir im Laufe des Buches eingehen.

IV. Die *Schriftartleiste* (englisch: *Font bar*) liegt unter der Symbolleiste und dient zur *Einstellung* der *Schriftarten.*

V. Das *Arbeitsfenster* nimmt den *Hauptteil* der *Benutzeroberfläche* ein und liegt unterhalb der eben besprochenen Leisten I – IV.

VI. Die *Nachrichtenleiste* (Statusleiste) liegt unter dem Arbeitsfenster und ist aus vielen WINDOWS-Programmen bekannt. Aus der Nachrichtenleiste erhält man u.a. Informationen über die aktuelle Seitennummer, die gerade durchgeführte Operation, den Berechnungsmodus (z.B. *auto*).

Abb.2.7.
Aktivierte
Operatorpa-
letten Nr.1-7
von MATH-
CAD 6.0
PLUS

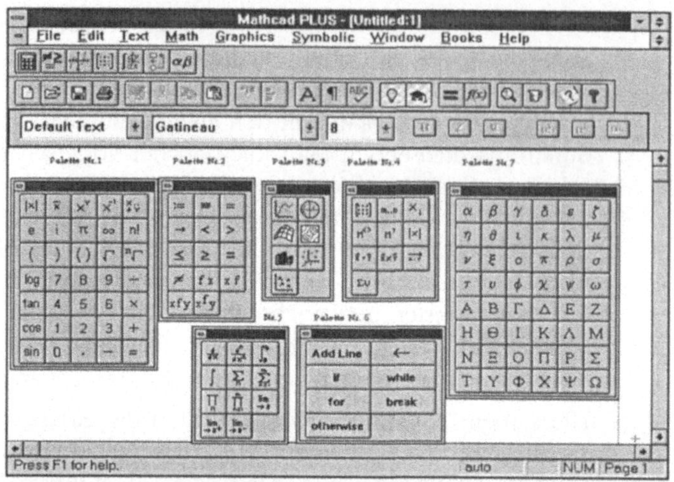

Abb.2.8.
Operatorpa-
letten in der
Nachrich-
tenleiste von
MATHCAD
6.0 PLUS

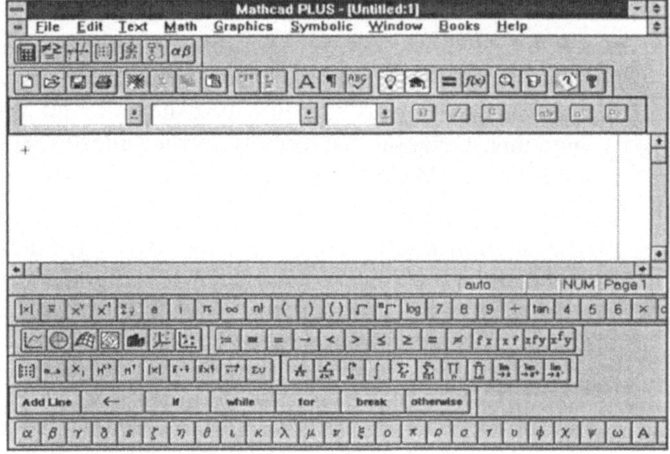

Das Arbeitsfenster kann wie ein *Arbeitsblatt/Rechenblatt* nach den obigen Regeln gestaltet und durch die *Menüfolge*

File ⇒ Save Document As ⇒ Dateiname:

als *Dokument* (Datei mit Endung .MCD) abgespeichert werden. Ein derart gestaltetes Fenster ist in Abb. 2.9 zu sehen.

♦

Ein *Vorteil* von MATHCAD gegenüber anderen Programmsystemen liegt in der *Gestaltung* des *Arbeitsblattes*. *Text* und *mathematische Rechnungen* lassen sich an jeder beliebigen Stelle des Arbeitsfensters positionieren. Dabei kann man die *Formeln* dank der umfangreichen Operatorpaletten in der *mathematischen Standardnotation* erstellen, so daß MATHCAD auch zusätzlich als Schreibprogramm für wissenschaftliche Texte verwendet werden kann.

♦

Für die *Durchführung exakter (symbolischer) Berechnungen* benötigt man den aus MAPLE integrierten *Symbolprozessor,* der automatisch beim Start von MATHCAD geladen wird. Die *Anzeige* des *Ergebnisses* von *exakten Rechnungen* läßt sich durch die *Menüfolge*

Symbolic ⇒ Derivation Format...

gestalten. Es erscheint eine *Dialogbox,* in der man bestimmen kann, ob das Ergebnis neben oder unterhalb der eingegebenen Aufgabe erscheint und ob ein kurzer Text über die durchgeführte Operation **Show derivation comments** angezeigt werden soll.

♦

Bei konkreten *exakten* oder *numerischen Berechnungen* geht man *folgendermaßen* vor:

- Der zu *berechnende Ausdruck* wird in das *Arbeitsfenster eingegeben* (unter Zuhilfenahme der Operatorpaletten) und er erscheint an der Stelle, an der sich der Kursor (Einfügekreuz +) befindet. *Frühere Eingaben* können *verändert* werden, indem der Kursor an der entsprechenden Stelle des Arbeitsfensters positioniert und anschließend korrigiert wird.

- Je nach durchzuführender *Rechnung* muß eine *Variable* des *Ausdrucks markiert* oder der *gesamte Ausdruck* mittels einer *Selektionsbox umrahmt* werden, bevor man das entsprechende *Rechenmenü* aus dem Menü *Symbolic* aktiviert bzw. das *symbolische* (für exakte Berechnungen) oder *numerische Gleichungszeichen* (für numerische Berechnungen) eingibt. Die genaue Vorgehensweise wird in den Kap. 8 – 22 angegeben.

♦

Bei MATHCAD existieren drei *Formen* für den *Kursor* :

- *Einfügekreuz +*

  Mit ihm kann man die Position im Arbeitsfenster festlegen, an der die Eingabe des zu berechnenden Ausdrucks stattfinden soll.

- *Einfügebalken |*

  Er ist schon aus Textverarbeitungsprogrammen bekannt und dient zum Einfügen oder Löschen von Zahlen und Buchstaben und zum Markieren von Variablen bei symbolischen Berechnungen (hier muß er vor oder hinter einer Variablen eingefügt werden).

Beispiel 2.10:

Wenn der *Ausdruck* $x^2 + \sin(x) + 1$

bzgl. x symbolisch *differenziert* oder *integriert* werden soll, muß die Variable x vor dem Aufruf des entsprechenden Menüs einmal markiert werden, d.h.

$|x^2 + \sin(x) + 1$ oder $x^2 + \sin(|x) + 1$

Anschließend kann das entsprechende *Untermenü* (für die Differentiation bzw. Integration) aus dem *Symbolic-Menü aktiviert* werden.

♦

• *Selektionsbox*

Die *Selektionsbox* dient einerseits zum *Markieren* ganzer *Ausdrücke* für die *symbolische* oder *numerische Berechnung*, andererseits benötigt man sie zum *Eingeben mathematischer Ausdrücke*. *Erzeugt* wird diese *Selektionsbox* durch *Mausklick* oder *Betätigung* der ⬆– oder ⬜ –Tasten. Da eine derartige Box bei den anderen Computeralgebra-Programmen nicht vorkommt, empfehlen sich einige Übungen.

Beispiel 2.11:

Wir möchten den *Ausdruck*

$$\frac{x+y}{x-y} + e^{x+y} + 5$$

eingeben.

Wir beginnen wie gewohnt mit

(x+y)/(x−y)

und erhalten

$$\frac{x+y}{x-y|}$$

Um

$$e^{x+y}$$

zu addieren, muß durch dreimaliges Drücken der ⬆-Taste oder einmaliges Drücken der ⬜–Taste der Ausdruck

$$\frac{x + y}{x - y}$$

durch eine *Selektionsbox umrahmt* werden. Jetzt kann man
+ e^x+y

eingeben und erhält

$$\frac{x + y}{x - y} + e^{x+y}|$$

Um noch 5

addieren zu können, muß e^{x+y} durch dreimaliges Drücken der
$\boxed{\uparrow}$-Taste oder zweimaliges Drücken der $\boxed{}$-Taste mit einer
Selektionsbox umrahmt werden. Jetzt kann man +5 eingeben.
Die Selektionsbox dient hier dazu, um wieder in das gewünschte
Niveau des Ausdrucks zurückzukehren.

♦

Abb.2.9.
Benutzer-
oberfläche
von MATH-
CAD 6.0
PLUS nach
einer Arbeits-
sitzung (Bei-
spiel 2.4)

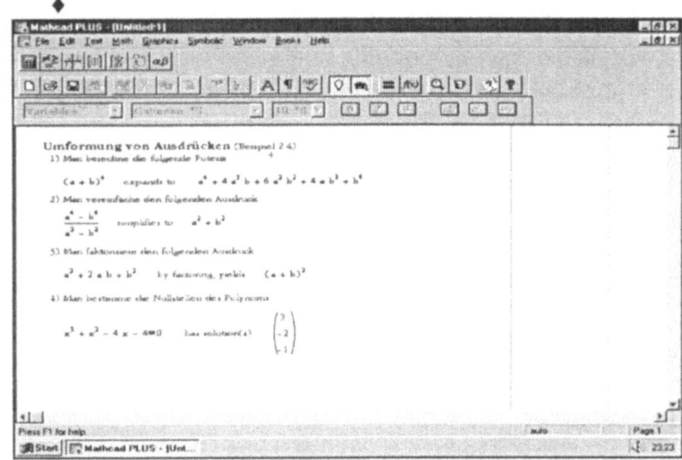

2.2.3.3   Das symbolische Gleichheitszeichen

Im Unterschied zu den anderen betrachteten Programmsystemen
lassen sich in MATHCAD eine Reihe von eingegebenen *Aufgaben
lösen*, indem man abschließend das

* *symbolische Gleichheitszeichen* → (für *exakte Berechnungen*)

* *numerische Gleichheitszeichen* = (für *numerische Berechnungen*)

eingibt.

Während man das numerische Gleichheitszeichen am einfachsten
über das Gleichheitszeichen der Tastatur eingibt, hat man für die

Eingabe des *symbolische Gleichheitszeichen* → die folgenden zwei Möglichkeiten:

I. Anwendung des *Operators*

 aus der *Operatorpalette* Nr.2 (*Berechnungspalette*) 

II. Eingabe der *Tastenkombination* [Strg][.]

Wenn man nach Eingabe des symbolischen Gleichheitszeichens außerhalb des Ausdrucks mit der Maus klickt (oder Taste [F9] drückt), so wird die *exakte* (*symbolische*) *Berechnung* ausgelöst, wenn man sich im *Automatikmodus* (**Math ⇒ Automatic Mode**) befindet.

Das *symbolische Gleichheitszeichen* erspart die Aktivierung des entsprechenden Kommandos aus dem Menü *Symbolic*. Es stellt für die Berechnung gewisser Ausdrücke die einzige Möglichkeit zur exakten Berechnung dar. Mit dem symbolischen Gleichheitszeichen kann man auch Funktionswerte exakt berechnen.

Über die Anwendung des symbolischen Gleichheitszeichens zur Lösung der verschiedenen Aufgaben wird in den Kap. 8 – 22 ausführlicher eingegangen.

♦

Das *symbolische Gleichheitszeichen* kann auf folgende zwei Arten *deaktiviert* (ausgeschaltet) bzw. wieder *aktiviert* (eingeschaltet) werden:

I. Durch Aktivierung der *Menüfolgefolge* **Math ⇒ Live Symbolics**

II. *Anklicken* des *Symbols*

Das *symbolische Gleichheitszeichen* ist beim Start von MATHCAD *automatisch aktiviert*.

♦

Das *symbolische Gleichheitszeichen* kann in Verbindung mit sogenannten Schlüsselwörtern verwendet werden, wie in [2] ausführlich erläutert wird.

♦

2.2.4   MATHEMATICA

Im folgenden legen wir die *Version* 2.2.3 für WINDOWS 3.1 von 1994 zugrunde, die ebenso wie die vorhergehenden Versionen nur in englischer Sprache vorliegt. Der Kern von MATHEMATICA ist ein

32-Bit-Programm und läuft unter dem Win 32s-System. Es ist eine *neue Version* 3.0 für WINDOWS 95 angekündigt, die für PCs Ende 1996 erscheinen wird. Aus der vorhandenen *Beta-Version* ist ersichtlich, daß

* alle unter der Version 2.2.3 erstellten Problemlösungen ohne Einschränkungen laufen,

* die Eingaben der Aufgaben in mathematischer Standardnotation analog wie bei MATHCAD möglich ist,

* der Funktionsumfang gegenüber der Version 2.2.3 erweitert wurde.

2.2.4.1   Installation

Die *Installation* auf einem PC ab 80486-Prozessor mit Koprozessor, ab 4 MByte RAM (8 Mbyte werden empfohlen), ca. 13 MByte Platz auf der Festplatte und einer 8 Mbyte WINDOWS-Swap-Datei geschieht unter WINDOWS 3.1 *wie folgt* :

* Die Installation beginnt mit dem Aufruf der Datei SETUP.EXE von Diskette Nr.1. Die weitere Installation erfolgt *menügesteuert.*

* Auswahl zwischen *Default Installation* oder *Custom Installation*, wobei erstere alle Dateien installiert und die zweite eine Auswahl durch den Nutzer zuläßt.

* Auswahl des Verzeichnisses, in das installiert werden soll (vorgeschlagen wird C:\WNMATH22).

* Zum Einlegen der weiteren vier Programmdisketten wird im folgenden aufgefordert.

* Abschließend werden ein Fenster MATHEMATICA und ein Fenster MATHEMATICA NOTEBOOK im Programmanager eingerichtet, die folgende Symbole enthalten:

  * MATHEMATICA-Fenster: Enthält das Symbol *Mathematica 2.2* zum Starten von MATHEMATICA, das Symbol *Mathematica Kernel* zum Starten des Kerns und weitere Symbole zum Aktivieren von Informationen für die neue Version.

  * MATHEMATICA NOTEBOOK-*Fenster* : Enthält die Symbole zur Aktivierung der installierten Notebook-Dateien, die hauptsächlich Beispiele zur Grafikdarstellung enthalten.

Beim ersten Aufruf von MATHEMATICA muß das auf den Disketten stehende Paßwort eingegeben werden, um im weiteren mit dem Programm arbeiten zu können.

Nach der *Installation* befindet sich MATHEMATICA auf der Festplatte im Verzeichnis C:\WNMATH22, in dem man wieder die typische Aufteilung in *Kern und Zusatzpakete* erkennen kann. So stehen hier u.a. die Datei FRONTEND.EXE zum Starten von MATHEMATICA und folgende *Unterverzeichnisse:*

- DOCS

  Enthält hauptsächlich Dateien mit Informationen zur vorliegenden Version.

- NOTEBOOK

  Enthält Notebook-Dateien (Dateinamen mit Endung .MA) mit Beispielen vor allem zur Grafik. Auf Notebooks werden wir später noch zurückkommen.

- PACKAGES

  Hier befinden sich weitere Unterverzeichnisse mit Dateien (Dateinamen mit Endung .M), die als *Pakete* (*Packages*) bezeichnet werden. Mittels dieser Pakete können *zusätzliche* (nicht im Kern befindliche) *Funktionen* realisiert werden. Falls man neben den mitgelieferten Paketen (*Standardpakete*) weitere benötigt, so müssen diese ebenfalls in diesem Verzeichnis abgespeichert werden.

Zum *Aufruf* eines *Paketes* existieren *zwei Möglichkeiten*, die wir am Beispiel erklären wollen:

Das Paket zur beschreibenden (deskriptiven) *Statistik* kann auf eine der folgenden Arten aufgerufen werden:

I. << Statistics`Descript`

II. **Needs** ["Statistics`Descript`"]

Dabei bezeichnet STATISTICS das entsprechende Unterverzeichnis im Verzeichnis PACKAGES, in dem sich das *Paket* zur *deskriptiven Statistik* befindet. Es wird i.a. empfohlen, Pakete mittels *Needs* aufzurufen.

◆

2.2.4.2   Benutzeroberfläche

Nach dem Starten von MATHEMATICA ergibt sich die in Abb. 2.10 dargestellte *Benutzeroberfläche* der WINDOWS-Version, für die häufig die Bezeichnungen *Notebook-Oberfläche, Notebook-Frontend* bzw. *Notebook-Interface* verwendet werden.

Abb.2.10.
Benutzer-
oberfläche der
WINDOWS-
Version von
MATHEMA-
TICA

Die *Benutzeroberfläche teilt* sich *wie folgt auf*:

I. Die *Menüleiste* (englisch: *Menu bar*) befindet sich am oberen
    Rand und enthält mit

    File   Edit   Options   Help

    Menüs, die auch bei MAPLE und MATHCAD vorkommen und
    ähnliche Aufgaben erfüllen. Hinzukommen u.a. noch die weite-
    ren Menüs:

    - **Cell**

        Dient zur Einteilung des Notebooks in Abschnitte, die als *Zel-
        len* bezeichnet werden.

    - **Style**

        Dient zur Festlegung der *Schriftarten* und *-stile*.

    - **Window**

        Dient zur *Fensteraufteilung* (mehrere geöffnete Nootebooks
        können gleichzeitig betrachtet werden).

II. Die *Symbolleiste* (*Tool bar*) befindet sich unterhalb der *Menülei-
    ste* und enthält

    - schon aus anderen WINDOWS-Programmen bekannte Sym-
        bole (z.B. für Drucken, Speichern usw.),

    - weitere MATHEMATICA-Symbole wie das Hand-Symbol zum
        Abbruch laufender Rechnungen und das ?-Symbol zum Auf-
        ruf der Hilfefunktionen.

III. Das *Zeilenlineal* (*Ruler bar*) liegt unter der Symbolleiste.

IV. Das *Arbeitsfenster* schließt sich an die Kontextleiste an und
    nimmt den größten Teil der Benutzeroberfläche ein.

V. Die *Nachrichtenleiste / Statusleiste* (*Status bar*) befindet sich am unteren Bildschirmrand (unterhalb des Arbeitsfensters).

Die drei *Leisten* (*Symbolleiste, Zeilenlineal, Statusleiste*) lassen sich über das *Menü* **Options** durch Anklicken von

* **Tool Bar** (*Symbolleiste*),

* **Ruler Bars** (*Zeilenlineal*),

* **Status Bar** (*Statusleiste*)

entfernen.

♦

Das *Arbeitsfenster* von MATHEMATICA ist ebenso wie das von DERIVE, MAPLE und MATHCAD einem *Arbeitsblatt/Rechenblatt* (Berechnungen und erläuternder Text) nachempfunden und wird bei MATHEMATICA als *Notebook* (Notizblock) bezeichnet. Man kann *Rechenkommandos* und erläuternden *Text* eingeben. Die *Umschaltung* erfolgt in der Symbolleiste durch

* *Input* (für Kommandoeingabe)

* *Text* (für Texteingabe)

nachdem die entsprechende Zelle durch Mausklick aktiviert wurde.

Die Einteilung des Notebooks in *Zellen* (Abschnitte) geschieht mittels eckiger Klammern am rechten Rand des Arbeitsfensters und läßt sich durch das Menü **Cell** steuern. *Aktiviert* wird eine *Zelle* durch Mausklick auf die sie markierende eckige Klammer.

♦

Jede Arbeitssitzung mit MATHEMATICA läßt sich analog wie bei den anderen Programmsystemen in Form einer *Notebook-Datei* (Dateinamen hat Endung .MA) durch die *Menüfolge*

File ⇒ SaveAs ⇒ Dateiname:

auf die Festplatte (z.B. in das Unterverzeichnis NOTEBOOK) oder auf Diskette *abspeichern* und mittels der *Menüfolge*

File ⇒ Open ⇒ Dateiname:

bei späteren Sitzungen wieder *einlesen*.

Im *Verzeichnis* NOTEBOOK von MATHEMATICA befinden sich eine Reihe von Notebooks zu ausgewählten Problemen. Dieses Verzeichnis bietet sich deshalb zur Sammlung selbst erstellter oder neu erhaltener Notebooks an.

♦

Die *Kommandos* zur *Lösung* von *Aufgaben* sind im *Input-Modus* in das *Arbeitsfenster einzugegeben* und mit der (Einfg)-Taste zu aktivieren. Dabei müssen die Kommandos mit einem Großbuchstaben beginnen und im weiteren bis auf zusammengesetzte Kommandos in Kleinbuchstaben geschrieben werden, wobei die Argumente in eckige Klammern einzuschließen sind (*Achtung* : Am Ende des Kommandos darf kein Semikolon stehen).

So führt z.B. das *Rechenkommando* (*Differentiationskommando*)

D [f[x] , x]

die Differentiation der Funktion f(x) durch.

Der im Argument manchmal vorkommende *Pfeil* $\rightarrow$ wird durch Eingabe von − (Bindestrich) und > (Größerzeichen) realisiert. Bereits *früher eingegebene Kommandos/Ausdrücke* können *korrigiert* und wieder ausgeführt /berechnet werden, indem der Kursor an der entsprechenden Stelle positioniert, anschließend korrigiert und die Operation mit der (Einfg)-Taste beendet wird.

♦

MATHEMATICA *numeriert Ein-* und *Ausgaben* fortlaufend und versieht diese mit den Bezeichnungen *In* bzw. *Out*.

Möchte man *Ausdrücke* aus *vorhergehenden Ausgaben* weiter *verwenden*, so kann man im Argument des entsprechenden Kommandos anstatt des Ausdrucks folgendes schreiben:

* %   für den Ausdruck der letzten Ausgabe,

* % %   für den Ausdruck der vorletzten Ausgabe,

* % n   für den Ausdruck der Ausgabe Nr. n.

♦

In Abb. 2.11 werden Gestaltungsmöglichkeiten eines Notebooks an einem Beispiel demonstriert.

Abb.2.11.
Notebook-
Oberfläche
von MATHE-
MATICA
nach einer
Arbeitssit-
zung (Bei-
spiel 2.4)

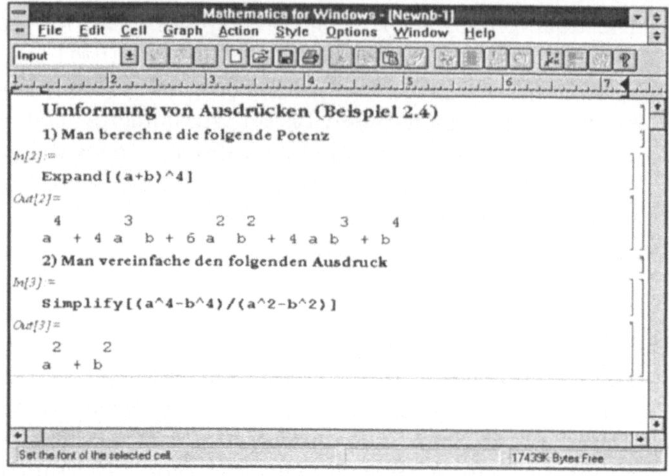

2.3   Arbeit mit den Programmsystemen

Die *Berechnung* eines *mathematischen Ausdrucks* (*Problems*) geschieht in den einzelnen Programmsystemen mittels

I.   *Kommandos*, die in das Arbeitsfenster einzugeben sind,

II. *Auswahl* einer *Menüfolge* aus der *Menüleiste* mittels *Mausklick*.

Bei einer Reihe von Aufgaben lassen sich beide Möglichkeiten anwenden, d.h. man kann sie sowohl mittels eines Kommandos als
auch mittels einer Menüfolge lösen. Wir werden in den einzelnen
Kapiteln darauf hinweisen.

Betrachten wir zuerst *Kommandos*, die bei MAPLE und MATHEMA-
TICA die *dominierende Rolle* spielen:

- Zur Lösung des gleichen mathematischen Problems verwenden
  die Programmsysteme *unterschiedliche Schreibweisen* (Bezeichnungen) für die einzugebenden *Kommandos*. Des weiteren besitzen die Kommandos in den einzelnen Programmen eine verschiedene Anordnung und Anzahl der benötigten Argumente
  und liefern die Ergebnisse in unterschiedlicher Form. Deswegen
  geben wir im folgenden (Kap. 8–22) die *Kommandos* zur Lösung
  der einzelnen Aufgaben für *jedes Programm* an.

- Die *auszuführenden Kommandos* bzw. *Eingaben* von *Ausdrükken* müssen bei MATHEMATICA mit der (Einfg)-Taste und bei allen anderen Programmen mit der (↵)-Taste abgeschlossen werden, auch wenn dies im weiteren nicht besonders vermerkt
  wird. Die für die Kommandos und Funktionen benötigten *Ar-*

gumente sind bei MATHEMATICA in *eckige Klammern* und bei allen *anderen Programmen* in *runde Klammern* einzuschließen.

* Möchte man bei MAPLE oder MATHEMATICA *mehrere Kommandos*

  Kommando_1 , Kommando_2 , ... , Kommando_n

  nacheinander ausführen (*Kommandofolge*), so besteht die Möglichkeit, diese alle einzugeben und erst nach der Eingabe des letzten (n-ten) Kommandos die Eingabe abzuschließen. Die einzelnen Kommandos müssen durch *Trennzeichen* separiert werden. Dazu verwenden MAPLE Doppelpunkt oder Semikolon (hier werden zusätzlich die Ergebnisse der einzelnen Kommandos angezeigt) und MATHEMATICA das Semikolon, d.h.

  * bei MAPLE

    Kommando_1 : Kommando_2 : ... Kommando_n ; ⏎

    oder

    Kommando_1 ; Kommando_2 ; ... Kommando_n ; ⏎

  * bei MATHEMATICA

    Kommando_1 ; Kommando_2 ; ... Kommando_n Einfg

* Falls bei der Eingabe eines Kommandos (einer Kommandofolge) bzw. eines Ausdrucks ein *Zeilenwechsel* erforderlich wird, so geschieht dies

  * bei MAPLE mittels ⇧ ⏎

  * bei MATHCAD mittels des *Operators*

     aus der *Operatorpalette* Nr.1 (*Arithmetikpalette*) 

  * bei MATHEMATICA mittels ⏎

Die genaue Vorgehensweise bei der *Lösung* einer gegebenen *Aufgabe mittels Kommandofolgen* wird in den einzelnen Kapiteln ausführlich erläutert.

♦

Die Lösung von Aufgaben mittels *Menüfolgen* tritt vor allem bei DERIVE und MATHCAD auf:

* Die *Durchführung* von *Berechnungen* unter Verwendung von Menüs geschieht über die entsprechende *Menüleiste*.

* Dabei benötigt man meistens eine *Folge* von *Menüs* bzw. *Untermenüs*, die wir in der folgenden Form schreiben

Menü_1 $\Rightarrow$ Menü_2 $\Rightarrow$ ... $\Rightarrow$ Menü_n

wobei der *Pfeil* jeweils für einen *Mausklick* steht.

Die genaue Vorgehensweise bei der *Lösung* einer gegebenen *Aufgabe* mittels *Menüfolgen* wird in den einzelnen Kapiteln ausführlich erläutert.

◆

MATHCAD war ursprünglich eine reines Programmsystem für näherungsweise (numerische) Rechnungen. Erst ab der Version 3 wurde eine Version des Symbolprozessors von MAPLE übernommen.

Um mit dem Programmsystem MATHCAD *exakte (symbolische) Rechnungen* durchführen zu können, benötigt man den aus MAPLE übernommenen *Symbolprozessor*, der automatisch geladen wird. Damit sind alle Untermenüs des Menüs *Symbolic* zur *symbolischen Rechnung* anwendbar.

Zusätzlich kann man die ausgeführte Berechnung durch einen kurzen Kommentar anzeigen lassen, indem man zu Beginn der Rechnungen die *Menüfolge* **Symbolic $\Rightarrow$ Derivation Format... $\Rightarrow$ Show derivation comments** *aktiviert.*

Des weiteren kann man im Untermenü *Derivation Format* festlegen, ob das Ergebnis neben oder unter dem eingegebenen Ausdruck erscheint.

◆

Bei der Anwendung der Programme möchte man häufig die erhaltenen *Ergebnisse* in folgenden Rechnungen *weiterverwenden*. Für die dafür benötigten *Zuweisungen (Lösungszuweisungen)* stellen die Programme Hilfsmittel zur Verfügung. Dabei sind zwei grundlegende Fälle zu unterscheiden. Das *Ergebnis* liegt entweder in Form von *Zahlenwerten* oder in *Funktionsform* vor. Wie man bei *Funktionen* vorgeht, wird ausführlich im Abschn. 12.3 beschrieben. *Zahlenwerte* treten häufig bei der Lösung von Gleichungen auf. Wie man diese weiterverwendet, findet man in [1].

Als *Zuweisungsoperator* (siehe Abschn. 5.1) verwenden die Programme den Operator := . MATHCAD und MATHEMATICA lassen zusätzlich noch die Operatoren $\equiv$ bzw. = zu.

◆

Falls ein Programm bei der *Berechnung* eines Problems *keine Lösung* findet, so kann sich dies auf verschiedene Weise äußern:

I. Es wird eine *Meldung ausgegeben*, daß keine Lösung gefunden wurde.

II. Das *Rechenkommando* wird *unverändert zurückgegeben*.

III. Die *Rechnung* wird *nicht* in angemessener Zeit *beendet*.

Möchte man im letzten Fall III. die *Rechnung abbrechen*, so geschieht dies mit

* der (Esc)-Taste bei DERIVE und MATHCAD,

* dem STOP-Symbol aus der Symbolleiste bei MAPLE,

* dem HAND-Symbol aus der Symbolleiste bei MATHEMATICA.

♦

Für die *Grundrechenarten* verwenden alle Programmsysteme die folgenden *Operationssymbole* (einige lassen noch zusätzliche Schreibweisen zu, so z.B. das Leerzeichen für die Multiplikation bei DERIVE und MATHEMATICA):

> + (*Addition*), − (*Subtraktion*), * (*Multiplikation*), / (*Division*), ∧ (*Potenzierung*), ! (*Fakultät*)

Dabei gelten die üblichen *Prioritäten* für die Durchführung der Operationen, d.h., zuerst wird potenziert, dann multipliziert (dividiert) und zuletzt addiert (subtrahiert). Ist man sich über die Reihenfolge der durchgeführten Operationen nicht sicher, so empfiehlt sich das Setzen zusätzlicher Klammern.

♦

Bei *Dezimalzahlen* muß in den Programmsystemen statt des Kommas der *Dezimalpunkt* verwandt werden.

♦

Bereits bei den *Grundrechenoperationen* zeigt sich das *Grundprinzip* der Computeralgebra: *das exakte Rechnen*.

So erhält man z.B. für $\dfrac{1}{3} + \dfrac{1}{4}$ das *exakte Ergebnis* $\dfrac{7}{12}$

und nicht die *Gleitkommanäherung* 0.58333....

♦

Möchte man als Ergebnis einer Rechnung eine *Gleitkommazahl* erhalten, so ist wie unten angegeben ein *Numerikkommando* anzuwenden. ♦

Die *elementaren Funktionen* werden durch folgende Symbole eingegeben (bei MATHEMATICA muß der erste Buchstabe ein Großbuchstabe sein und bei den Umkehrfunktionen auch noch der Buchstabe der Funktion, z.B. *ArcTan*), wobei das *Argument* bis auf MATHEMATICA (hier eckige Klammern) in runde Klammern einzuschließen ist:

> *Quadratwurzel* – **sqrt**, *e-Funktion* – **exp**, *Logarithmusfunktion* – **ln** oder **log**, *Betrag* – **abs**, *trigonometrische Funktionen* – **sin**, **cos**, **tan**, **cot**, **arcsin**,...(bei DERIVE und MATHCAD **asin**,...), *hyperbolische Funktionen* – **sinh**, **cosh**, **tanh**, **coth**, **arcsinh**,...(bei DERIVE und MATHCAD **asinh**,...).

Falls Unklarheiten wegen der Schreibweise bestehen, so kann man die Hilfen in den einzelnen Programmen konsultieren. Ausführlicher werden diese Funktionen im Kap. 7 behandelt.

♦

Falls *numerische Funktionswerte* benötigt werden, sind die unten gegebenen Kommandos zum Erhalt einer Gleitkommazahl zu benutzen.

♦

Weiterhin sind den Programmen u.a. folgende *Größen* bekannt (die zu verwendende Bezeichnung steht in Klammern):

* $\pi = 3.14159...$ (pi – DERIVE, Pi – MAPLE und MATHEMATICA, π aus der Operatorpalette Nr.1 – MATHCAD),

* $e = 2.718281...$ (ê – DERIVE, E – MAPLE und MATHEMATICA, e – MATHCAD),

* $i = \sqrt{-1}$ (î – DERIVE, I – MAPLE und MATHEMATICA, 1i – MATHCAD),

* ∞ (inf – DERIVE, infinity – MAPLE, Infinity – MATHEMATICA, ∞ aus der Operatorpalette Nr.1 – MATHCAD).

♦

Die *Vorgehensweise* zur *exakten Berechnung* eines *Zahlenausdrucks* A mittels der einzelnen Programme ist folgende (siehe auch Kap. 6):

DERIVE   Der Ausdruck A wird mittels **Author:** A eingegeben und mittels **Simplify** berechnet, d.h., es ist die *Menüfolge* **Author:** A $\Rightarrow$ **Simplify** *anzuwenden*.

MAPLE Der *Ausdruck* A wird *eingegeben* und mit einem *Semikolon abgeschlossen*, d.h. A ; . Abschließend wird die ⏎–Taste gedrückt.

MATHCAD Der *Ausdruck* A wird *eingegeben* und mit einer *Selektionsbox umrahmt*. Danach bestehen *drei Berechnungsmöglichkeiten* :

I. Aktivierung der *Menüfolge* **Symbolic** ⇒ **Simplify**

II. Aktivierung der *Menüfolge* **Symbolic** ⇒ **Evaluate** ⇒ **Evaluate Symbolically**

III. Eingabe des *symbolischen Gleichheitszeichens* →

MATHEMA-TICA Der *Ausdruck* A wird *eingegeben* und abschließend wird die Einfg-Taste gedrückt.

♦

Falls bei einem Programm das Kommando (die Menüfolge) zur exakten (symbolischen) Berechnung eines *Ausdrucks* (Zahlenausdrucks) kein Ergebnis liefert, kann ein *Numerikkommando* zur *näherungsweisen Berechnung* herangezogen werden (siehe auch Kap. 6), das folgende Form hat:

DERIVE Das *Menü* **Simplify** ist durch **approX** ersetzen, wenn kein gesondertes Numerikkommando existiert. So *berechnet* z.B.

Author: $\exp(x\wedge 2)$ ⇒ **Calculus** ⇒ **Integrate (expression: #... variable:** x **Lower limit:** 1 **Upper limit:** 2) ⇒ **approX**

das nicht exakt berechenbare *bestimmte Integral*

$$\int_1^2 e^{x^2}\, dx\ \textit{näherungsweise.}$$

MAPLE Es ist zusätzlich das Numerikkommando *evalf* in der Form

* **evalf** (Kommando zur exakten Berechnung) ;

  einzugeben, wenn das Kommando zur exakten Berechnung kein Ergebnis liefert

* **evalf** (") ;

  an das Kommando zur exakten Berechnung anzuschließen, wenn man das erhaltene exakte Ergebnis als Gleitkommazahl benötigt.

So *berechnet* z.B. **evalf** (**integrate** ($\exp(x\wedge 2)$, x = 1 .. 2)) ;

das nicht exakt berechenbare *bestimmte Integral*

$$\int_1^2 e^{x^2}\, dx\ \textit{näherungsweise.}$$

MATHCAD Der zu berechnende *Ausdruck* ist

I. unter Verwendung der Operatorpaletten *einzugeben,*

II. mit einer *Selektionsbox* zu *umrahmen.*

III. Abschließend ist entweder das *numerische Gleichheitszeichen* =
einzutippen oder die folgende *Menüfolge* zu *aktivieren*:

Symbolic ⇒ Evaluate ⇒ Floating Point Evaluation

So *berechnet* z.B.

$$\int_1^2 e^{\left(x^2\right)}\, dx\ =\ 14.98997602103329\quad \blacksquare$$

das bestimmte Integral $\int_1^2 e^{x^2}\, dx$ *näherungsweise.*

MATHEMA- Man muß entweder **N** vor oder **//N** hinter das symbolische Kom-
TICA   mando setzen, um eine numerische Berechnung zu veranlassen.

So *berechnen* z.B.

* **NIntegrate** [Exp[x^2] , { x , 1 , 2 }]

* **Integrate** [Exp[x^2] , { x , 1 , 2}] // **N**

das nicht exakt berechenbare *bestimmte Integral*

$$\int_1^2 e^{x^2}\, dx\ \textit{näherungsweise.}$$

◆

Durch Anwendung der behandelten *Numerikkommandos* zur Berechnung eines Zahlenausdrucks erhält man als *Näherung* (Approximation) eine *Gleitkommazahl,* deren *Stellenzahl* mittels der folgenden *Kommandos* eingestellt werden kann (siehe auch Kap. 6):

DERIVE Die Eingabe der *Menüfolge*

Option ⇒ Precision ⇒ Approximate ⇒ Digits: *Anzahl der Stellen*

bestimmt die *Anzahl* der ausgegebenen *Dezimalstellen.*

MAPLE Die Eingabe des *Kommandos*

Digits:= *Anzahl der Stellen* ;

bestimmt die *Anzahl* der ausgegebenen *Dezimalstellen.*

MATHCAD   Die Eingabe der *Menüfolge*

Math $\Rightarrow$ **Numerical Format**: *Anzahl der Stellen* (max. 15)

bestimmt die *Anzahl* der ausgegebenen *Dezimalstellen.*

MATHEMA-TICA   Mittels des *Numerikkommandos* **N** [A , S] wird die Anzahl der gewünschten *Dezimalstellen* S für die Berechnung des Ausdrucks A bestimmt.

♦

Weitere Operationen für *mathematische Ausdrücke (Funktionsausdrücke)* wie z.B. *Umformen, Differenzieren, Integrieren* bilden den Gegenstand des Hauptteils des Buches (ab Kap. 8).

3 Anwendung von Tabellenkalkulationsprogrammen am Beispiel von EXCEL

3.1 Einführung

Tabellenkalkulation kann als eine *Verallgemeinerung* des *betriebswirtschaftlichen Rechnens* unter *Verwendung* von *Formularen* angesehen werden. Deshalb wird sich jeder Wirtschaftswissenschaftler (vor allem der Betriebswirt) intensiver mit Programmsystemen zur Tabellenkalkulation beschäftigen müssen. Es existieren eine Reihe derartiger Systeme, die jedoch in ihren Grundfunktionen viele Gemeinsamkeiten besitzen. Zu den bekanntesten gehören EXCEL und LOTUS 1-2-3.

Die größeren *Programmsysteme* zur *Tabellenkalkulation* gestatten *mathematische Berechnungen* und *grafische Darstellungen* von *Funktionen*. Wir werden dies im Laufe dieses Buches am Beispiel des weitverbreiteten *Tabellenkalkulationsprogramms* EXCEL demonstrieren. Bei anderen Programmsystemen zur Tabellenkalkulation ist die Vorgehensweise analog. So findet man z.B. in allen Systemen eine Reihe von *Funktionen* zur *Finanzmathematik* und *Statistik*.

♦

Da EXCEL auf vielen *Bürocomputern installiert* ist, sollen dem Anwender im vorliegenden Buch Möglichkeiten aufgezeigt werden, wie hiermit anfallende mathematische Aufgaben gelöst werden können, wenn keine Computeralgebra- und Mathematikprogramme zur Verfügung stehen.

Bei den in den Kap. 8 bis 22 behandelten mathematischen Gebieten werden wir jeweils darauf hinweisen, falls *Lösungsmöglichkeiten* mittels EXCEL bestehen.

Effektive Lösungsmöglichkeiten bietet EXCEL vor allem für die folgenden in der *Wirtschaftsmathematik wichtigen Aufgaben*:

* *Matrizenrechnung*,

* *lineare* und *nichtlineare Gleichungen,*

* *Finanzmathematik,*

* *lineare* und *nichtlineare Optimierung,*

* *Wahrscheinlichkeitsrechnung* und *Statistik*

♦

Bei der Anwendung von EXCEL ist zu beachten, daß EXCEL im Gegensatz zu den Computeralgebra-Programmen *nicht exakt* (symbolisch) sondern nur *numerisch rechnet,* d.h., nur *Näherungswerte* für die Lösung einer mathematischen Aufgabe *liefert.*

♦

Im vorliegenden Buch wird die *Version* EXCEL 7.0 für WINDOWS 95 verwendet, die ebenso wie die vorhergehenden Versionen in deutscher Sprache existiert. Wir können im Rahmen dieses Buches keine vollständige Beschreibung von EXCEL geben, sondern beschränken uns auf diejenigen Funktionen, die für mathematische Rechnungen nötig sind.

♦

3.2   Installation

Die *Installation* von EXCEL auf einem PC ab 80486-Prozessor (Koprozessor ist nicht erforderlich, beschleunigt aber die Rechnungen), 8MByte RAM und ca. 17 MByte Platz auf der Festplatte (für eine *Standardinstallation*) vollzieht sich bei der CD–ROM–*Version wie folgt* :

* Man *startet* die *Installation* mit der Datei SETUP.EXE aus dem *Unterverzeichnis* DISK1 der CD–ROM.

  In dem *Anfangsmenü* werden *drei Installationsarten* vorgeschlagen:

  * *Standardinstallation* : hier werden die gängigsten Programmteile installiert.

  * *benutzerdefinierte Installation* : hier kann der Nutzer selbst auswählen, welche Programmteile installiert werden sollen.

  * *Minimalinstallation* : hier werden nur die notwendigsten Programmdateien installiert, so daß der geringste Speicherplatz auf der Festplatte benötigt wird.

- Die *weitere Installation* erfolgt *menügesteuert*. Dabei wird vorgeschlagen, EXCEL in das Verzeichnis C:\EXCEL95 auf der Festplatte zu installieren.

3.3 Benutzeroberfläche

In der Abb. 3.1 sieht man die WINDOWS–*Benutzeroberfläche*, die nach dem Start von EXCEL auf dem Bildschirm erscheint.

Abb. 3.1:
Benutzeroberfläche von EXCEL 7.0 für WINDOWS 95

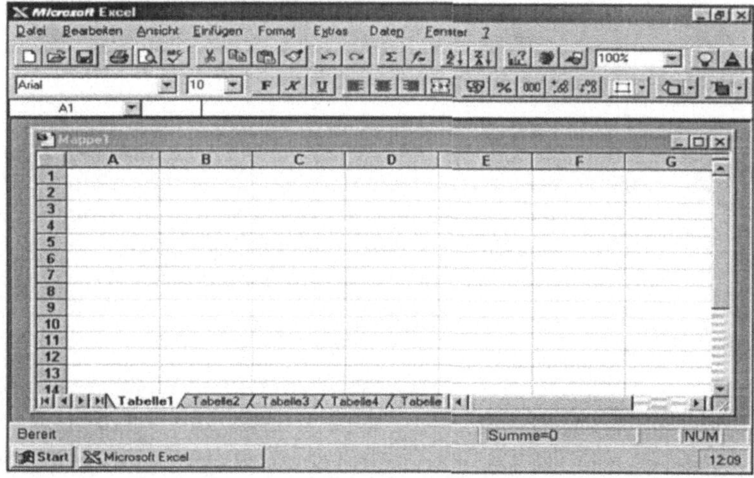

Die *Benutzeroberfläche* von EXCEL setzt sich aus *folgenden Teilen* zusammen:

- Die *erste Zeile* enthält das *Menü* und wird als *Menüleiste* bezeichnet :

  Die einzelnen *Menüs*

  Datei-Bearbeiten-Ansicht-Einfügen-Format-Extras-Daten-Fenster-?

  enthalten viele bereits aus anderen WINDOWS-Programmen bekannte Operationen. Wir besprechen sie im Verlaufe des Buches nur soweit sie für mathematische Berechnungen benötigt werden. Wer eine komplette Beschreibung braucht, muß das zu EXCEL mitgelieferte Handbuch konsultieren.

- Die *zweite Zeile* enthält eine *Symbolleiste*, die auch als *Standardsymbolleiste* bezeichnet wird. Der größere Teil dieser Symbolleiste besteht aus bekannten *standardisierten Symbolen*

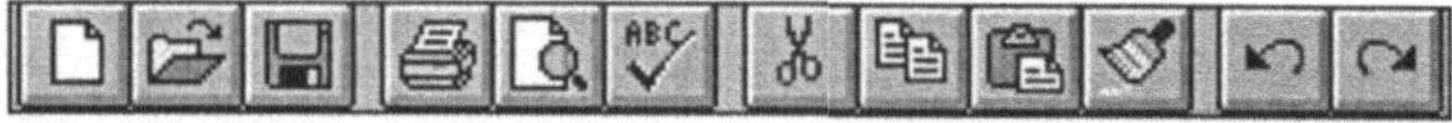

die in vielen WINDOWS-Programmen vorkommen und immer die gleiche Bedeutung haben. Für *mathematische Rechnungen* benötigt man noch die in dieser Zeile befindlichen *Symbole*

mit deren Hilfe man *Summen* berechnen und den *Funktions-Assistenten* bzw. *Diagramm-Assistenten* aufrufen kann, wie wir im Verlaufe des Buches besprechen (siehe Kap. 7, 10 bzw. 12).

- Die *dritte Zeile* enthält eine weitere *Symbolleiste*, die als *Format-symbolleiste* bezeichnet wird, die u.a. der Auswahl von Schriftarten, Zahlenformaten und Farbmustern dient. Eine Reihe von Funktionen dieser Leiste sind aus vielen WINDOWS-Programmen bekannt, so daß wir auf eine nähere Beschreibung verzichten.

- Nach der dritten Zeile schließt sich das *Arbeitsblatt* an, das als erste Zeile eine *Bearbeitungsleiste* der folgenden Form

enthält, aus der man die *Adresse* der *aktuellen Zelle* (hier A1) und deren *Inhalt* (Formel oder Text) erkennt. In der gegebenen Abbildung wurde die Quadratwurzel von 2 als Formel eingegeben.

Hauptsächlich dient diese Leiste zur Bearbeitung (Korrektur/Veränderung) des aktuellen Zelleninhalts. Nachdem der Ausdruck in dieser Leiste mit der Maus angeklickt wurde, kann er korrigiert/verändert werden.

Mit dem in dieser Leiste im Formelmodus befindlichen *Symbol*

kann man ebenfalls den *Funktions-Assistenten* (siehe Kap. 7) aufrufen.

- Das *Arbeitsblatt* nimmt den größten Teil des Bildschirms ein, wird in EXCEL als *Arbeitsmappe* bezeichnet und besteht aus mehreren *Blättern*. Da die *Tabelle* das *wichtigste Blattformat* darstellt, bezeichnet man die einzelnen Blätter als *Tabellenblätter* oder kurz als *Tabellen*. Eine *Arbeitsmappe* besteht aus *maximal 16 Tabellenblättern*, die unterschiedliches Format haben können. Der Name des gerade *aktiven Tabellenblatts* ist aus der vorletzten Bildschirmzeile ersichtlich.

- Unter dem Arbeitsblatt befindet sich eine Leiste der folgenden Form

die die Nummern (1–16) der Tabellen des Arbeitsblatts enthält und zum Umschalten zwischen den einzelnen Tabellen dient. Die aktuelle Tabelle ist in dieser Leiste hervorgehoben (in der Abb. – Tabelle1).

- Als letzte Leiste findet man die aus WINDOWS-Programmen bekannte *Nachrichtenleiste* (Statusleiste/Meldungszeile).

Die *Funktionen* der einzelnen *Symbole* (Schaltflächen) der beiden *Symbolleisten* kann man sich *anzeigen* lassen, indem der Mauszeiger auf das entsprechende Symbol gerichtet wird. Durch Anklicken eines Symbols wird die entsprechende Funktion ausgelöst.

♦

Die *Gestalt* einer *Tabelle* ist aus Abb. 3.1 ersichtlich. *Tabellen* besitzen folgende *charakteristische Eigenschaften* :

* Die *Tabelle* hat die Form einer *Matrix*, d.h., sie ist in *Zeilen* und *Spalten* aufgeteilt, wobei die Zeilen mit natürlichen Zahlen 1,2,... numeriert und die Spalten mit großen Buchstaben A, B, ... bezeichnet sind.

* Die einzelnen *Kästchen* einer *Tabelle* werden *Zellen* genannt und lassen sich in der Form *Großbuchstabe Zahl* adressieren. So bezeichnet z.B. die Adresse C6 die Zelle in der 6. Zeile und C-ten Spalte. Aus der *Bearbeitungsleiste* am oberen Rand einer Tabelle erkennt man die *Adresse* der *aktuellen Zelle* und *ihren Inhalt* (Zahl, Formel oder Text).

* Eine *Zelle* läßt sich *markieren*, in dem sie mit dem Mauszeiger bei gedrückter Maustaste überstrichen wird. Eine gesamte Zeile/Spalte läßt sich markieren, indem man mit der Maus den Zeilenkopf/Spaltenkopf anklickt.

* Einer *Zelle* läßt sich ein *Name* (*Variablenname*) mittels der *Menüfolge* **Einfügen** $\Rightarrow$ **Namen** $\Rightarrow$ **Festlegen**

  zuordnen. Die *Zuordnung* (*Bezug*) geschieht in der erscheinenden *Dialogbox* und ist *absolut*.

♦

Für die Durchführung *mathematischer Berechnungen* benötigt man die *Zellen* der *aktuellen Tabelle* zur *Eingabe* von

* *Zahlen* und *Text* (*Textmodus*)

* *Formeln* und *Funktionen* (*Formelmodus*) :

Diese gibt man ein, indem man ein *Gleichheitszeichen = voran-stellt.* Damit erkennt EXCEL, daß es sich nicht um Text, sondern um eine mathematische Formel/Funktion handelt.

Im *Beispiel 6.5* wird demonstriert, wie man mittels EXCEL einen *Zahlenausdruck berechnet,* d.h., wie man EXCEL als *Taschenrechner* verwenden kann.

◆

Weitere *Details* zur Arbeit mit Tabellen und zur *Anwendung* von EXCEL für die *Lösung konkreter Aufgaben* der *Wirtschaftsmathematik* werden in den folgenden Kapiteln gegeben.

4 Verarbeitung von Daten

Bei Berechnungen ist es häufig vorteilhaft, *mehrere Größen* als eine *Gesamtheit* zu betrachten und hiermit zu rechnen wie mit einem einzigen Objekt. Diese Größen stellen meistens *Zahlen, Variablen, Ausdrücke* oder *Gleichungen* dar und werden im folgenden zusammenfassend als *Daten* bezeichnet.

Bei Problemen der *Wirtschaftsmathematik* spielen *Daten* eine große Rolle, da in vielen mathematischen Modellen der Ökonomie *Zahlen, Tabellen, Matrizen* und *Gleichungen* auftreten.

♦

Die Programmsysteme stellen eine oder mehrere *Datentypen* und *Rechenoperationen* hierfür zur Verfügung, um mit den anfallenden Daten einfacher rechnen zu können. Die in den einzelnen Programmsystemen zugelassenen Datentypen werden in den folgenden Abschnitten kurz vorgestellt und an Beispielen erläutert. Benötigte Rechenoperationen mit den erforderlichen Datentypen werden in den einzelnen Kapiteln des Hauptteils (ab Kap.8) behandelt.

4.1 Datentypen

Die einzelnen *Programmsysteme* verwenden *keine einheitlichen Datentypen*. Während MATHEMATICA und DERIVE alle Daten als *Listen* darstellen, verwendet MAPLE neben dem Listenkonzept noch vier *weitere Datentypen* (*Felder, Folgen, Mengen* und *Tabellen*). Hinzu kommt noch der Nachteil, daß für den gleichen Datentyp der Liste in den einzelnen Programmen unterschiedliche Schreibweisen verwendet werden.

Da MATHCAD alle Rechnungen in der mathematischen Standardnotation durchführt, benötigt man hier keine Datentypen. Dies trifft auch auf EXCEL zu, das Arbeitsblätter in Tabellenform besitzt und damit die Verarbeitung der Daten in Matrixform gestattet.

♦

4.1.1   Listen

Den Datentyp der *Liste* verwenden DERIVE, MAPLE und MATHE-MATICA zur Darstellung von *Matrizen*. Dabei stellt eine *Matrix* **A** vom *Typ* (m,n) in der Mathematik ein *rechteckiges Schema* (mit m Zeilen und n Spalten) von Größen (Zahlen) dar (siehe Abschn. 9.1), d.h.

$$
\mathbf{A} = \begin{pmatrix}
a_{11} & a_{12} & \cdots & a_{1n} \\
a_{21} & a_{22} & \cdots & a_{2n} \\
\vdots & \vdots & \vdots & \vdots \\
a_{m1} & a_{m2} & \cdots & a_{mn}
\end{pmatrix}
$$

Um in den Programmsystemen DERIVE, MAPLE und MATHEMATI-CA mit Matrizen rechnen zu können, muß eine *Matrix* **A** als *Liste* eingegeben werden.

♦

Für die einzelnen *Computeralgebra-Programme* haben die *Listen* folgende *Form* :

* DERIVE: $[\, a_1,...,a_n \,]$

* MAPLE: $[\, a_1,...,a_n \,]$

* MATHEMATICA: $\{\, a_1,...,a_n \,\}$

d.h., DERIVE und MAPLE verwenden *eckige* und MATHEMATICA *geschweifte Klammern* zur Darstellung von Listen.

Dabei können die *Listenelemente* $a_1,...,a_n$ *wieder Listen* sein, d.h., Listen können *geschachtelt* werden.

So schreibt sich die *Matrix* **A** als *geschachtelte Liste* in der Form

* $[\, [\, a_{11},...,a_{1n} \,] ,..., [\, a_{m1},...,a_{mn} \,] \,]$

  bei DERIVE und MAPLE,

* $\{\, \{\, a_{11},...,a_{1n} \,\} ,..., \{\, a_{m1},...,a_{mn} \,\} \,\}$

  bei MATHEMATICA,

d.h., die Listenelemente sind die Zeilenvektoren der Matrix **A**, die ihrerseits die Elemente einer Zeile zu einer Liste zusammenfassen.

MATHCAD und EXCEL benötigen keine Listen, um Matrizen darstellen zu können. In MATHCAD werden Matrizen in der üblichen mathematischen Schreibweise eingegeben und verwendet (siehe Abschn. 9.1). Die in EXCEL vorhandenen Arbeitsblätter in Tabellenform gestatten ebenfalls Rechnungen mit Matrizen ohne Verwendung von Listen (siehe Abschn. 9.1).♦

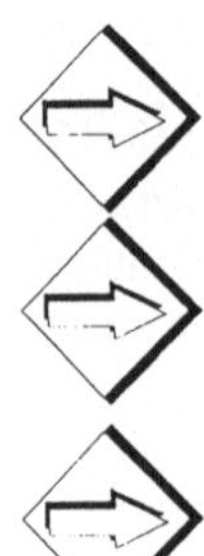

Des weiteren verwenden MATHEMATICA und DERIVE *Listen* für die *Eingabe* von *Gleichungen* (siehe Abschn. 9.2).

♦

Rechenoperationen mit *Listen* werden in der linearen Algebra (Kap. 9) betrachtet.

♦

Der mögliche *Zugriff* auf einzelne *Listenelemente* in MAPLE und MATHEMATICA ist aus dem folgenden Beispiel 4.1 ersichtlich.

♦

Beispiel 4.1:

a) MAPLE gestattet Zugriffe auf Listenelemente in folgender Form:

  a1)Für die *definierte Liste*

   liste1:=[2 , 1 , 7 , 2 , 4 , 5 , 4 , 1 , 2] ;

   geschieht der *Zugriff* auf das i-te Element mittels **liste1**[i] ;

  a2)Für die als *Liste*

   liste2:=[[2 , 1 , 3] , [4 , 3 , 7] , [6 , 1 , 5]] ;

   definierte *dreireihige Matrix*

$$A = \begin{pmatrix} 2 & 1 & 3 \\ 4 & 3 & 7 \\ 6 & 1 & 5 \end{pmatrix}$$

   empfiehlt sich die anschließende *Definition* als *Matrix* (siehe Abschn. 9.1) mittels

   A:= **array** (liste2) ;   oder   **A**:= **matrix** (liste2) ;

   auf deren Elemente a_{ik} man mit **A** [i , k]; zugreifen kann. Das Kommando *matrix* kann nur angewandt werden, wenn vorher das Paket *Lineare Algebra* mittels **with** (linalg) ; geladen wurde.

b) MATHEMATICA gestattet *Zugriffe* auf *Listenelemente* in folgender Form:

  b1)Für die definierte Liste

   liste1:={ 2 , 1 , 7 , 2 , 4 , 5 , 4 , 1 , 2 }

   geschieht der *Zugriff* auf das i-te Element mittels **liste1**[[i]]

  b2)Für die als *Liste*

   A:={ { 2 , 1 , 3 } , { 4 , 3 , 7 } , { 6 , 1 , 5 } }

definierte *dreireihige Matrix* **A** aus Beispiel a) geschieht der Zugriff auf das Element a_{ik} mittels **A** [[i , k]]

♦

4.1.2   Folgen

Folgen werden nur von MAPLE *verwendet*, und zwar zur Darstellung endlicher *mathematischer Folgen.*

Die *Erzeugung* von *Folgen* und den *Zugriff* auf *Folgenelemente* zeigen wir für MAPLE im folgenden Beispiel 4.2.

♦

Beispiel 4.2:

a) Für die *definierte Folge* **folge1** := 1 , 3 , 2 , 5 , 4 , 8 ;

geschieht in MAPLE der *Zugriff* auf das i-te *Folgenelement* mittels **folge1**[i] ;

b) Für die mit dem Kommando *seq* definierte *Folge*

folge2 := **seq** (i , i=1 .. 10) ;

berechnet MAPLE die *Folge* 1 , 2 , 3 , 4 , 5 , 6 , 7 , 8 , 9 , 10 d.h., es wird die Schrittweite 1 verwandt.

c) Für die mit dem Kommando *seq* definierte *Folge*

folge3:= **seq** (**seq** (i + k , i = 1 .. 3) , k = 1 .. 3) ;

berechnet MAPLE die *Folge* 2 , 3 , 4 , 3 , 4 , 5 , 4 , 5 , 6

♦

4.1.3   Mengen

Für *Mengen* wird nur von MAPLE eine besondere Bezeichnung *verwendet*, und zwar u.a.

* für die *Eingabe* von linearen und nichtlinearen *Gleichungen* (siehe Abschn. 9.2 und Kap. 13),

* zur Durchführung von Rechnungen in der *mathematischen Mengenlehre.*

Mengen werden bei MAPLE im Unterschied zur Liste mittels *geschweifter Klammern* gebildet. Dies ist aber nicht der einzige *Unterschied* zwischen *Mengen* und *Listen.* Bei *Mengen*

* werden mehrfach auftretende gleiche Elemente nur einmal angegeben,

* wird die Reihenfolge der einzelnen Elemente willkürlich festgelegt.

Der *Zugriff* auf einzelne *Mengenelemente* geschieht analog zu Listen.

♦

Für *Mengen* stehen in MAPLE die aus der *Mengenlehre* bekannten *Operationen* **union** (*Vereinigung* von Mengen), **intersect** (*Durchschnitt* von Mengen), **minus** (*Differenz* von Mengen) zur Verfügung.

♦

Betrachten wir einige *Beispiele* für *Mengenoperationen*.

Beispiel 4.3:

MAPLE liefert bei der Anwendung von *Mengenoperationen* folgendes:

a) { 2 , 3 , 1 } **union** { 2 , 3 , 4 } ;

   ergibt die *Vereinigungsmenge* { 1 , 2 , 3 , 4 }

b) { { 1 , 2 , 3 } , { 2 , 3 } } **intersect** { { 2 , 4 , 5 } , { 2 , 3 } , { 1 } } ;

   ergibt die *Durchschnittsmenge* { { 2 , 3 } }

c) Für die definierte Menge **menge1**:={ 1 , 4 , 6 , 3 } ; geschieht der *Zugriff* auf das *zweite Element* mittels **menge1**[2] ; und liefert als Ergebnis 3, d.h., MAPLE führt die definierte Menge in der Form { 1 , 3 , 4 , 6 }

d) Für die *definierte Menge* **menge2**:={ { 2 , 4 , 5 } , { 2 , 3 } , { 1 } }; geschieht der *Zugriff* auf das *zweite Element* mittels **menge2**[2]; und liefert als Ergebnis { 2 , 4 , 5 } , da MAPLE die Menge in der Form { { 2 , 3 } , { 2 , 4 , 5 } , { 1 } } führt.

e) Die *definierte Menge* **menge3**:={ 2, 2, 4, 5, 4, 6, 7, 5, 6 } ; wird von MAPLE in der Form { 2 , 4 , 5 , 6 , 7 } geführt, d.h., MAPLE läßt mehrfach vorhandene Zahlen weg und sortiert die übrigbleibenden der Größe nach.

♦

Die Beispiele 4.3c),d),e) zeigen, daß MAPLE die *Reihenfolge* von *Elementen* definierter Mengen *verändert*. Dies muß man bei Rechenoperationen mit diesen Mengen beachten.

♦

In DERIVE und MATHEMATICA werden *mathematische Mengen* (in der Mengenlehre) als *Listen* dargestellt (siehe Abschn. 4.1.1).

♦

4.1.4   Tabellen

Tabellen werden nur von MAPLE und EXCEL *verwendet* und stellen die allgemeinsten Datentypen dar. Wie werden diesen Datentyp bei MAPLE nicht verwenden, so daß wir Interessenten auf das MAPLE-Handbuch verweisen. Für EXCEL haben wir Tabellen im Kap. 3 besprochen.

4.1.5   Felder

Felder werden nur von MAPLE *verwendet* und stellen einen *Spezialfall* von *Tabellen* dar. Sie werden hauptsächlich zur Definition von Matrizen (mittels *array*) verwendet, wie im Beispiel 4.1a2) und Abschn. 9.1 gezeigt wird.

4.2   Integrierte Funktionen zur Dateneingabe und -ausgabe

Ein– und *Ausgabefunktionen* (auch als *Lese–* und *Schreibfunktionen* bezeichnet) für *Daten* bezeichnet man in den Programmsystemen als *Dateizugriffsfunktionen*.

Wir betrachten im folgenden ausschließlich *Daten* in *Zahlenform* (*Zahlendateien*) und unterscheiden zwischen *unstrukturierten* und *strukturierten Dateien*.

Der *Unterschied* zwischen *unstrukturierten* und *strukturierten Zahlendateien* besteht im folgenden:

* Bei *unstrukturierten Dateien* werden die *Zahlen hintereinander* angeordnet und durch *Trennzeichen/Separatoren* (Leerzeichen, Komma, Tabulator, Zeilenvorschub) getrennt. Bei *Dezimalzahlen* muß der *Dezimalpunkt* (mit Ausnahme von EXCEL) verwendet werden, da das Komma als Trennzeichen interpretiert wird.

* *Strukturierte Dateien* unterscheiden sich nur durch die *Anordnung* der *Zahlen* von *unstrukturierten Dateien*. Die *Zahlen* müssen in *strukturierter Form* (*Matrixform* mit *Zeilen* und *Spalten*) angeordnet sein, d.h., in jeder Zeile muß die gleiche Anzahl von Zahlen stehen, die durch *Trennzeichen/Separatoren* (Leerzeichen, Komma, Tabulator) getrennt sind. Das Trennzei-

chen *Zeilenvorschub* wird hier zur Kennzeichnung der Zeilen benötigt.

♦

Die *Verwendung* der *Dateizugriffsfunktionen* wird an einer Reihe von *Beispielen* demonstriert. Da die hier verwendeten *Matrizen* erst im Abschn. 9.1 eingeführt werden, ist bei Unklarheiten vorher dieser Abschnitt durchzuarbeiten.

♦

Die einzelnen *Programmsysteme* stellen folgende *Dateizugriffsfunktionen* zur Verfügung:

DERIVE   DERIVE kann *Zahlendateien* von/auf Diskette oder Festplatte *lesen* oder *speichern*, die im ASCII-*Format* vorliegen und aus *Zahlen* bestehen, die durch *Trennzeichen* (Kommas, Leerzeichen oder Zeilenumbrüche) voneinander getrennt sind. Dafür ist *folgende Vorgehensweise erforderlich*:

- Mittels der *Menüfolge* aus der *Kommando-Menüleiste* COMMAND

  Transfer ⇒ Load ⇒ daTa ⇒ file: DATEN.DAT

  läßt sich eine auf Diskette oder Festplatte vorhandene *strukturierte* oder *unstrukturierte Datei* DATEN.DAT *einlesen*.

- Eine im *Arbeitsfenster* unter der *Nummer* #n befindliche *Liste* wird mittels der *Menüfolge* aus der *Kommando-Menüleiste* COMMAND

  Transfer ⇒ Save ⇒ Derive (Start: n   End: n) ⇒ file: DATEN.DAT

  in die Datei DATEN.DAT *abgespeichert*, wenn vorher mittels der *Menüfolge* **Transfer ⇒ Save ⇒ Options ⇒ Some** eingestellt wurde, daß nicht das gesamte Arbeitsfenster gespeichert werden soll.

Demonstrieren wir die *Ein-*und *Ausgabe* von *Zahlendateien* an konkreten *Beispielen*.

Beispiel 4.4:

a) Die auf Diskette (im Laufwerk A) befindliche *unstrukturierte* ASCII–*Datei* DATEN.DAT

- * von den durch *Komma getrennten Zahlen* 1 , 2 , 3 , 4 , 5 , 6 , 7 , 8 , 9

- * von den durch *Leerzeichen getrennten Zahlen* 1 2 3 4 5 6 7 8 9 wird mit der *Menüfolge*

Transfer ⇒ Load ⇒ daTa ⇒ file: A:\DATEN.DAT

in das *Algebrafenster* in der Form [1 2 3 4 5 6 7 8 9] *geladen.*

b) Die im *Arbeitsfenster* unter der *Nummer* #n befindliche *Liste* (*Vektor*) [1 , 2 , 3 , 4 , 5 , 6 , 7 , 8 , 9] wird mittels der *Menüfolge*

Transfer ⇒ Save ⇒ Derive (Start: n   **End:** n **) ⇒ file:** A:\DATEN.DAT

auf *Diskette* im Laufwerk A in die Datei DATEN.DAT in der Form [1 , 2 , 3 , 4 , 5 , 6 , 7 , 8 , 9] *abgespeichert,* wenn vorher mittels der *Menüfolge* **Transfer ⇒ Save ⇒ Options ⇒ Some** eingestellt wurde, daß nicht das gesamte Arbeitsfenster gespeichert werden soll.

c) Die auf *Diskette* (in Laufwerk A) *befindliche* folgende *strukturierte* ASCII–*Datei* DATEN.DAT von durch *Komma* oder *Leerzeichen getrennten Zahlen* der Form

1,5		1 5
2,6		2 6
3,7	bzw.	3 7
4,8		4 8

wird mittels der *Menüfolge*

Transfer ⇒ Load ⇒ daTa ⇒ file: A:\DATEN.DAT

als *Matrix* der Form

$$\begin{pmatrix} 1 & 5 \\ 2 & 6 \\ 3 & 7 \\ 4 & 8 \end{pmatrix}$$

eingelesen, die in DERIVE durch

[[1 , 5] , [2 , 6] , [3 , 7] , [4 , 8]] dargestellt wird.

d) Die im *Arbeitsfenster* unter der *Nummer* #n befindliche *Liste* (Matrix) [[1 , 5] , [2 , 6] , [3 , 7] , [4 , 8]] wird mittels der *Menüfolge*

Transfer ⇒ Save ⇒ Derive (Start: n   **End:** n **) ⇒ file:** A:\DATEN.DAT

auf *Diskette* im Laufwerk A in die Datei DATEN.DAT in der Form
[[1 , 5] , [2 , 6] , [3 , 7] , [4 , 8]]

abgespeichert, wenn vorher mittels der *Menüfolge*

Transfer ⇒ Save ⇒ Options ⇒ Some

eingestellt wurde, daß nicht das gesamte Arbeitsfenster gespeichert werden soll.

◆

MAPLE   MAPLE besitzt mehrere Kommandos zum Einlesen und Ausgeben
von Daten, die im ASCII-*Format* vorliegen. Wir behandeln im folgenden nur die beiden am häufigsten verwendeten *Kommandos* zur
Ein– und *Ausgabe* von *Zahlendateien* von/auf Diskette oder Festplatte:

- das *Lese–Kommando* **readdata** (*Dateiname* , *Option*, n) ;

  liest die *strukturierte Datei*, deren Name als *Dateiname* eingetragen ist und die n *Spalten* besitzt. Die betreffende Datei muß im
  reinen ASCII-*Format* vorliegen und die enthaltenen Zahlen müssen durch *Trennzeichen/Separatoren* (Leerzeichen oder Zeilenumbrüche) voneinander getrennt sein. Kommas und Semikolons
  sind hier als Trennzeichen nicht erlaubt.

  Die genaue *Vorgehensweise* bei der *Anwendung* von *readdata*
  wird im Beispiel 4.5c) demonstriert.

  Im Argument *Option* kann man die Zahlenart *float* (Dezimalzahl)
  oder *integer* (ganze Zahl) angeben. *Fehlt* die *Option*, so werden
  die eingelesenen Zahlen als *Deziamalzahlen* (mit Dezimalpunkt)
  dargestellt.

  Fehlt im Argument von *readdata* die *Anzahl* n der *Spalten,* so
  wird *nur* die *erste Spalte eingelesen.*

  ◆

  Die zu lesende Datei muß sich im *Unterverzeichnis* EXAMPLES
  von MAPLE befinden.

  ◆

- Das *Schreib–Kommando* **writedata** (*Dateiname* , A) ;

  speichert die im MAPLE-Arbeitsfenster definierte Matrix **A** in die
  strukturierte ASCII–*Datei* unter dem bei *Dateinname* angegebenen Namen auf die Festplatte in das *Unterverzeichnis* EXAMPLES
  von MAPLE.

Die genaue Vorgehensweise bei der *Anwendung* von *writedata* wird im Beispiel 4.5a) und b) demonstriert.

Es ist zu beachten, daß *Vektoren* (Zeilen– oder Spaltenvektoren) immer *als Spaltenvektoren abgespeichert* werden.

♦

Der Nachteil beim *Lesen* und *Speichern* von *Dateien* besteht in MAPLE darin, daß man nicht direkt von/auf Diskette lesen/speichern kann.

Durch Probieren wurde gefunden, daß MAPLE nur in das Unterverzeichnis EXAMPLES abspeichert bzw. hieraus einliest.

♦

Beispiel 4.5:

a) Wir *definieren* eine dreireihige *Matrix* **A** mittels

A := **array** ([[1 , 2 , 3] , [3 , 4 , 5] , [5 , 6 , 7]]) ;

Die *Ausgabe* von MAPLE auf dem Bildschirm lautet nach dieser Zuweisung

$$A := \begin{bmatrix} 1 & 2 & 3 \\ 3 & 4 & 5 \\ 5 & 6 & 7 \end{bmatrix}$$

Diese Matrix *speichern* wir mittels des *Kommandos*

writedata (DATEN , A) ;

in die *strukturierte* ASCII–*Datei* mit dem *Namen* DATEN auf die Festplatte in das *Unterverzeichnis* EXAMPLES von MAPLE.

Die *Datei* DATEN enthält die *abgespeicherte Matrix* in der *Form*

1 2 3

3 4 5

5 6 7

wobei die Zahlen durch Leerzeichen getrennt sind.

b) Der *Spaltenvektor*

$$\mathbf{a} = \begin{pmatrix} 1 \\ 2 \\ 3 \\ 4 \\ 5 \end{pmatrix}$$

und der *Zeilenvektor* $\mathbf{b} = (1,2,3,4,5)$,

die man in MAPLE durch die *Zuweisungen*

a := [[1] , [2] , [3] , [4] , [5]] ;   bzw.   b := [1 , 2 , 3 , 4 , 5] ;

bildet, werden durch das *Schreib–Kommando*

writedata (DATEN , a) ;   bzw.   **writedata** (DATEN , b) ;

in die ASCII–*Datei* DATEN in Form *einer Spalte*

1

2

3

4

5

abgespeichert.

c) Möchte man eine Datei in das MAPLE-Arbeitsfenster einlesen, so
    muß diese vorher in das *Unterverzeichnis* EXAMPLES von MAP-
    LE gespeichert werden.

Nehmen wir an, daß sich die *strukturierte* ASCII–*Datei* (mit drei
Spalten) mit dem *Namen* DATEN aus Beispiel a) in diesem Unterverzeichnis befindet. Mittels des *Lese–Kommandos*

A := **readdata** (DATEN, integer, 3) ;

wird die *Datei* DATEN *eingelesen* und A in der folgenden Form

A := [[1 , 2 , 3] , [3 , 4 , 5] , [5 , 6 , 7]]

als Liste zugeordnet. Die Option *integer* im Argument von *readdata* bewirkt, daß die Zahlen als *ganze Zahlen* (ohne Dezimalpunkt) dargestellt werden.

Möchte man, daß MAPLE die *eingelesene Datei* in *Matrixschreib-
weise* darstellt, so ist das *Lese–Kommando* in der *Form*

A := **array** (**readdata** (DATEN , integer, 3)) ;

einzugeben und MAPLE zeigt das Ergebnis der Zuweisung in der
folgenden Matrixform an:

$$A := \begin{bmatrix} 1 & 2 & 3 \\ 3 & 4 & 5 \\ 5 & 6 & 7 \end{bmatrix}$$

Verwendet man das *Lese-Kommando* in der *Form*

A := **readdata** (DATEN) ;

so wird *nur* die *erste Spalte* der Matrix A in der Form A := [1. , 3. , 5.] *eingelesen*, wobei die Zahlen als Dezimalzahlen (mit Dezimalpunkt) dargestellt werden.

◆

MATHCAD   MATHCAD besitzt von allen Programmsystemen die *umfangreichsten Möglichkeiten* zur *Ein–* und *Ausgabe* von *Daten* (im ASCII-*Format*) von/auf Diskette oder Festplatte.

Dateizugriffsfunktionen, gestatten in MATHCAD das *Einlesen* und *Ausgeben* von *Daten* (Zahlen) aus bzw. in *unstrukturierte(n)/strukturierte(n) Dateien*. *Unstrukturierte Dateien* werden durch die *Endung* .DAT und *strukturierte* durch die *Endung* .PRN gekennzeichnet.

◆

MATHCAD kann *Zahlendateien lesen*, die im reinen ASCII-*Format* vorliegen und deren Zahlen durch *Trennzeichen/Separatoren* (Kommas, Leerzeichen oder Zeilenumbrüche) voneinander getrennt sind.

◆

Die am häufigsten verwendeten *Dateizugriffsfunktionen* sind :

- **READ** (daten)

  liest eine Zahl aus der *unstrukturierten Datei* DATEN.DAT

- **WRITE** (daten)

  schreibt eine Zahl in die neue *unstrukturierte Datei* DATEN.DAT

- **APPEND** (daten)

  fügt eine Zahl an die vorhandene *unstrukturierte Datei* DATEN.DAT an

- **READPRN** (daten)

  liest die *strukturierte Datei* DATEN.PRN in eine Matrix. Jeder Zeile bzw. Spalte der Matrix wird eine Zeile bzw. Spalte der Datei zugeordnet.

- **WRITEPRN** (daten)

  schreibt eine Matrix in die *strukturierte Datei* DATEN.PRN. Jeder Zeile bzw. Spalte der Datei wird eine Zeile bzw. Spalte der Matrix zugeordnet.

- **APPENDPRN** (daten)

fügt eine Matrix an die vorhandene, *strukturierte Datei* DATEN.PRN an. Jeder Zeile bzw. Spalte der Matrix wird eine neue Zeile bzw. Spalte der Datei zugeordnet.

Mit den *vordefinierten Variablen* (*Built-In Variables*) **PRNCOLWIDTH** und **PRNPRECISION** aus dem Menü *Math* lassen sich für die Funktion WRITEPRN die verwendete Spaltenbreite (Standardwert 8) bzw. Stellengenauigkeit (Standardwert 4) festlegen.

♦

Es ist zu beachten, daß die *Dateizugriffsfunktionen* in *Großbuchstaben* und die *Dateinamen* in *Kleinbuchstaben* zu schreiben sind.

♦

Beim *Lesen* und *Schreiben* von Dateien muß man natürlich wissen, wo/wohin MATHCAD die *gewünschte Datei lesen/schreiben* kann. Ohne weitere Vorkehrungen sucht bzw. schreibt MATHCAD die Datei im *Standardverzeichnis*. Dies ist das Verzeichnis, aus dem das aktuelle MATHCAD-Dokument geladen oder in das es zuletzt gespeichert wurde. Wenn sich die *Datei* in einem *anderen Verzeichnis* befindet, so muß man dies MATHCAD mittels der folgenden *Menüfolge* **File ⇒ Associate Filename...** mitteilen, indem man in der erscheinenden *Dialogbox* das entsprechende *Verzeichnis* einstellt und die betrachtete Datei mit Namen und Endung in das Feld *Dateiname* einträgt. Als *Argument* der *Dateizugriffsfunktionen* wird nur der Name der Datei verwendet, der in das Feld *Mathcad variable* einzutragen ist.

♦

Beispiel 4.6:

Für die im folgenden verwendeten *Matrizen* haben wir als *Startwert* für die *Indizierung* den *Wert* 1 eingestellt und setzen voraus, daß jeweils der *Standort* der *Datei* mittels der *Menüfolge*

File ⇒ Associate Filename... eingestellt wurde.

a) Wenn die *strukturierte* ASCII-*Datei* DATEN.PRN die Form

   1

   2

   3

   4

   5

hat, so liefert das *Einlesen*

A := READPRN (daten)

$$A = \begin{bmatrix} 1 \\ 2 \\ 3 \\ 4 \\ 5 \end{bmatrix} .$$

Für die *strukturierte* ASCII-*Datei* DATEN.PRN 1,2,3,4,5

liefert das *Einlesen*

A := READPRN (daten)   A = (1 2 3 4 5) ∎

Verwendet man die Funktion READ zum *Lesen* von *unstruktu-rierten Dateien*, so liefert

a:= READ(daten)

den Wert a=1, d.h., es wird immer das erste Element eingelesen.

b) Wenn die *strukturierte* ASCII-*Datei* DATEN.PRN die Form

1 2 3
3 4 5
5 6 7

hat, so liefert das *Einlesen*
A:= READPRN(daten)

$$A = \begin{pmatrix} 1 & 2 & 3 \\ 3 & 4 & 5 \\ 5 & 6 & 7 \end{pmatrix} .$$

Befindet sich die Matrix **A** im MATHCAD–Arbeitsfenster, so liefert das *Schreiben*

WRITEPRN (daten) := A

die *strukturierte* ASCII-*Datei* DATEN.PRN in der folgenden Form:

1 2 3
3 4 5
5 6 7

♦

MATHEMA-TICA   MATHEMATICA besitzt *mehrere Kommandos* zum *Einlesen* und *Ausgeben* von ASCII–*Dateien* von/auf Diskette oder Festplatte.

Wir behandeln im folgenden nur die beiden am häufigsten verwen-deten *Kommandos* zur *Ein–* und *Ausgabe* von *Zahlendateien:*

- das *Lese–Kommando*

  ReadList [*"Dateiname"* , *Number* , *Optionen*]

  liest die *strukturierte Datei*, deren Name als *Dateiname* eingetragen ist. Die betreffende Datei muß im reinen ASCII-*Format* vorliegen und die enthaltenen Zahlen müssen durch *Trennzeichen/Separatoren* (Leerzeichen oder Zeilenumbrüche) voneinander getrennt sein. Kommas und Semikolons sind als Trennzeichen nicht erlaubt.

Das Argument *Number* muß unbedingt angegeben werden, damit MATHEMATICA erkennt, daß es sich um eine *Zahlendatei* handelt.

♦

Im Argument *Optionen* kann man mittels *RecordLists–>True* das *zeilenweise Einlesen* (d.h. als *Matrix*) der *Datei* veranlassen. *Fehlt* diese *Option*, so wird die *Matrixstruktur* der einzulesenden Datei *nicht beibehalten*. Die *eingelesenen Zahlen* werden alle *nacheinander* in einen *Vektor* (Liste) angeordnet (siehe Beispiel 4.7a).

♦

Falls sich die zu lesende Datei nicht im *Hauptverzeichnis* von MATHEMATICA befindet, muß im Argument *"Dateiname "* das *Verzeichnis* mit *angegeben* werden. So liest z.B. "A:\DATEN.ASC " die Zahlendatei DATEN.ASC von der Diskette im Laufwerk A ein.

♦

Die genaue *Vorgehensweise* bei der *Anwendung* von *ReadList* wird im Beispiel 4.7a) demonstriert.

- Die *Schreib–Kommandofolge*

  stream=**OpenWrite** [*"Dateiname"*] ;

  write [stream , A]

  speichert die im MATHEMATICA-Arbeitsfenster definierte Matrix **A** in die *strukturierte* ASCII–*Datei* unter dem bei *"Dateiname"* im Kommando *OpenWrite* angegebenen Namen auf die Festplatte in das *Hauptverzeichnis* von MATHEMATICA.

Falls man eine zu speichernde Datei nicht ins *Hauptverzeichnis* von MATHEMATICA speichern möchte, muß im Argument *"Dateiname"* des Kommandos *OpenWrite* das *Verzeichnis* mit *angegeben* werden. So speichert z.B. der *Dateinname*

A:\DATEN.ASC die gegebene Zahlendatei unter dem Namen DATEN.ASC auf die Diskette im Laufwerk A.

♦

Es ist zu beachten, daß *Vektoren* (Zeilen, oder Spaltenvektoren) immer als *Spaltenvektoren abgespeichert* werden.

♦

Die genaue Vorgehensweise bei der *Anwendung* von *Write* wird im Beispiel 4.7b) demonstriert.

Beispiel 4.7:

a) In der *strukturierten* ASCII–*Datei* MATRIX.ASC befinden sich die durch Leerzeichen getrennten *Zahlen* einer *Matrix* in drei Zeilen (durch Zeilenwechsel getrennt) in der Form

1 2 3

4 5 6

7 8 9

Diese Datei wird mittels des *Lesekommandos*

* A = **ReadList** ["MATRIX.ASC" , Number]

eingelesen und A wird die folgende Liste zugewiesen

{ 1 , 2 , 3 , 4 , 5 , 6 , 7 , 8 , 9 }

d.h., die Matrixstruktur der einzulesenden Datei wird nicht beibehalten. Die eingelesenen Zahlen werden alle nacheinander in einen *Vektor* (Liste) angeordnet.

* A = **ReadList** ["MATRIX.ASC" , Number, RecordLists–>True]

eingelesen und A wird die folgende Liste zugewiesen

{ { 1 , 2 , 3 } , { 4 , 5 , 6 } , { 7 , 8 , 9 } }

d.h., durch die Option *RecordLists–>True* wird die *eingelesene Datei* A als *Matrix* (geschachtelte Liste) *zugewiesen.*

b) Für die *Abspeicherung* einer im MATHEMATICA-Arbeitsfenster befindlichen *Matrix* auf Diskette oder Festplatte gibt es *zwei Möglichkeiten*:

I. *Abspeicherung als Liste*

Die im MATHEMATICA–Arbeitsfenster A mittels

A = { { 1 , 2 , 3} , { 4 , 5 , 6 } , { 7 , 8 , 9 } }

zugewiesene *Matrix*

$$\begin{pmatrix} 1 & 2 & 3 \\ 4 & 5 & 6 \\ 7 & 8 & 9 \end{pmatrix}$$

wird mittels der *Schreib-Kommandofolge*

stream = **OpenWrite**["A:\MATRIX.ASC"] ; **Write** [stream , A]

auf die Diskette im Laufwerk A in der folgenden *Listenform* *gespeichert* { { 1 , 2 , 3} , { 4 , 5 , 6 } , { 7 , 8 , 9 } }

II. *Abspeicherung als strukturierte Datei (Matrixform)*

Die im MATHEMATICA–Arbeitsfenster A mittels

A = { { 1 , 2 , 3} , { 4 , 5 , 6 } , { 7 , 8 , 9 } } //**MatrixForm**

zugewiesene *Matrix*

$$\begin{pmatrix} 1 & 2 & 3 \\ 4 & 5 & 6 \\ 7 & 8 & 9 \end{pmatrix}$$

wird mittels der *Schreib-Kommandofolge*

stream = **OpenWrite** ["A:\MATRIX.ASC"] ;

SetOptions [stream , FormatType $\to$ OutputForm] ;

Write [stream , A]

auf die Diskette im Laufwerk A in der folgenden *Matrixform* *gespeichert*

1 2 3

4 5 6   d.h. als *strukturierte* ASCII-*Datei.*

7 8 9

♦

EXCEL EXCEL kann *Zahlendateien* von Diskette oder Festplatte *lesen,* die im ASCII-*Format* vorliegen und aus *Zahlen* bestehen, die durch *Trennzeichen* (Kommas, Leerzeichen oder Zeilenumbrüche) voneinander getrennt sind. Dafür ist zum Einlesen einer Datei DATEN.DAT *folgende Vorgehensweise erforderlich:*

I. Durch Aktivierung der *Menüfolge* **Datei $\Rightarrow$ Öffnen...** erscheint eine *Dialogbox,* in der das entsprechende *Laufwerk,* der *Dateiname* DATEN.DAT und der *Dateityp* (z.B. Alle Dateien) eingetragen werden.

II. In dem anschließend erscheinenden *Text–Assistenten* werden

* im *Schritt* 1 von 3 *Getrennt* angeklickt und im *Dateiursprung* DOS oder Windows eingestellt,

* im *Schritt* 2 von 3 die zwischen den Zahlen verwendeten *Trennzeichen* (Tabulator, Semikolon, Leerzeichen oder Komma) angekreuzt,

* im *Schritt* 3 von 3 der *Datentyp* für jede Spalte (Standard) angekreuzt.

III. Abschließend erscheint in der aktuellen Tabelle die eingelesene Datei in einer Zeile (bei *unstrukturierten Dateien*) bzw. in zusammenhängenden Zellen (in Matrixform – bei *strukturierten Dateien*).

Das *Abspeichern* von *Zahlendateien* kann in EXCEL nur über das das *Abspeichern* der gesamten *aktuellen Tabelle* mittels der bekannten *Menüfolge* **Datei** $\Rightarrow$ **Speichern unter...** geschehen.

♦

Beispiel 4.8:

a) Die auf Diskette (im Laufwerk A) befindliche *unstrukturierte* ASCII–*Datei* DATEN.DAT

* von durch *Komma getrennten Zahlen* 1 , 2 , 3 , 4 , 5 , 6 , 7 , 8 , 9

* von durch *Leerzeichen getrennten Zahlen* 1 2 3 4 5 6 7 8 9

wird nach den Schritten I. bis III. in eine Zeile der aktuellen Tabelle *geladen*.

b) Die auf *Diskette* (im Laufwerk A) *befindliche* folgende *strukturierte* ASCII–*Datei* DATEN.DAT von durch *Leerzeichen getrennten Zahlen* der Form

1   2   3

4   5   6

7   8   9

wird nach den Schritten I. bis III. in neun zusammenhängende Zellen (drei Zeilen und drei Spalten, d.h. in *Matrixform*) der aktuellen Tabelle *geladen*.

5 Programmiermöglichkeiten innerhalb der Programmsysteme

Bei der *Lösung praktischer Probleme* ist es manchmal erforderlich, daß man *eigene Programme* (*Pakete, Dateien, Dokumente*) *schreiben* muß, um diejenigen Probleme lösen zu können, für die man kein passendes Kommando in dem vorhandenen Programmsystem gefunden hat.

Deshalb geben wir im folgenden eine kurze *Einführung* in die umfangreichen *Programmiermöglichkeiten* im Rahmen der Programmsysteme. Eine umfassende Behandlung der Problematik ist in unserer Einführung aber nicht möglich. Hierfür muß auf die Literatur verwiesen werden.

Um ähnliche Programme schreiben zu können, wie man es von den Programmiersprachen BASIC, C, FORTRAN und PASCAL gewöhnt ist (*prozedurale Programmierung*), benötigt man

* *Zuweisungen* (*Zuordnungen*)

* *Schleifen*

* *Verzweigungen*

Diese Programmiermöglichkeiten findet man in den besprochenen Programmsystemen, wie wir im Verlaufe dieses Kapitels sehen werden. Zusätzlich ist die *Ineinanderschachtelung* von *Schleifen* und *Verzweigungen* erlaubt, wie man es von den Programmiersprachen her gewöhnt ist.

Die mit der *prozeduralen Programmierung* in den ComputeralgbraProgrammen erstellten Programme sind aber nicht die schnellsten und effektivsten. Deshalb werden neben der *prozeduralen Programmierung* in den Computeralgebra-Programmen MAPLE und MATHEMATICA weitergehende Programmiermöglichkeiten (z.B. *Listenverarbeitung, regelbasierte* und *funktionale Programmierung*) geboten, die das Erstellen effektiver und schneller Programme gestatten. Dies sind aber Aufgaben für den fortgeschrittenen Programmierer, der Anregungen in den Handbüchern zu den Programmsystemen findet. Man bezeichnet MAPLE und MATHEMATICA nicht zu Unrecht als *Programmiersprachen*, die ohne weiteres mit modernen Programmiersprachen wie BASIC, C, FORTRAN, PASCAL,... konkurrieren können. Wenn Aufgaben mathematischer Natur zu lösen sind, besitzen beide sogar Vorteile, da die gesamte Palette der integrierten Kommandos mit verwendet werden kann.

Wir beschränken uns im folgenden auf die *prozedurale Programmierung*, da diese zum Schreiben einfacher Programme ausreicht. Wenn man hiermit genügend Erfahrung gewonnen hat, sollten dann die weiterführenden Programmiermöglichkeiten genutzt werden. Kenntnisse in der Programmierung sind auch nützlich, wenn man sich vorhandene Pakete ansehen will, um diese eventuell den eigenen Erfordernissen anzupassen.

DERIVE und MATHCAD besitzen nicht so umfassende Programmiermöglichkeiten wie MAPLE und MATHEMATICA.

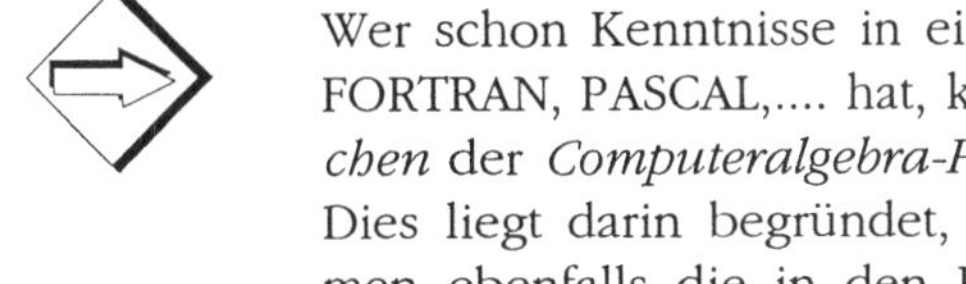

Wer schon Kenntnisse in einer Programmiersprache wie BASIC, C, FORTRAN, PASCAL,.... hat, kann ohne große Mühe mittels der *Sprachen* der *Computeralgebra-Programme* eigene Programme erstellen. Dies liegt darin begründet, daß in den Computeralgebra-Programmen ebenfalls die in den Programmiersprachen verwendeten *Zuweisungen, Schleifen, Verzweigungen* und *Unterprogramme* bekannt sind, die zur Erstellung einfacher Programme ausreichen.

Die beiden *Programmiersprachen* MAPLE und MATHEMATICA *unterscheiden sich* voneinander. Erste Unterschiede sind schon aus den im folgenden gegebenen Befehlen zur prozeduralen Programmierung ersichtlich. Beim tieferen Eindringen in beide Programmiersprachen ergeben sich weitere Unterschiede, so daß erstellte Programme nicht austauschbar sind.

Im folgenden möchten wir eine erste Vorstellung vermitteln, welche zusätzlichen Möglichkeiten sich durch eigene Programmierung ergeben·

*   Dazu beschäftigen wir uns zuerst im Abschn. 5.1 mit *Zuweisungen*, die jeder Anwender beherrschen sollte, da diese die Arbeit mit den Computeralgebra-Programmen wesentlich erleichtern.

* In den daran anschließenden Abschn. 5.2 und 5.3 besprechen wir die *grundlegenden Befehle* (Anweisungen) zu *Schleifen* und *Verzweigungen*, um einfache Programme schreiben zu können.

* Im letzten Abschnitt 5.4 geben wir Hinweise zur Erstellung von Programmen und analysieren kurz *Struktur* und *Aufbau* von *Zusatzpaketen* und *-dateien* in den einzelnen Programm-Systemen.

5.1 Zuweisungen

Zuweisungen von *Werten* (*Zahlen* oder *Konstanten*) an *Variable* werden häufig bei den durchzuführenden Rechnungen benötigt. Sie werden folgendermaßen realisiert:

* In DERIVE und MAPLE durch den *Operator* :=

* Bei MATHCAD unterscheidet man zwischen *lokalen* und *globalen Zuweisungen*, die durch die *Operatoren*

 bzw. 

aus der *Operatorpalette* Nr.2 (*Berechnungspalette*)

gebildet werden.

Durch diese beiden verschiedenen Zuweisungsarten lassen sich analog zu den Programmiersprachen *lokale* und *globale Variablen* definieren. MATHCAD analysiert bei einer Abarbeitung eines Dokuments (von links oben nach rechts unten) zuerst alle globalen Variablen. Erst danach werden die vorhandenen Ausdrücke berechnet. Bei *numerischen Rechnungen* müssen alle *Variablen* und *Parameter* vorher durch eine dieser Zuweisungen definiert sein. Nichtdefinierte Variablen werden invertiert (durch schwarzes Kästchen) dargestellt.

* Bei MATHEMATICA ist der Sachverhalt etwas komplizierter. Hier existieren *drei Zuweisungsoperatoren*:

  I.   :=

  II.   =

  III. →

Da das *Gleichheitszeichen* durch == dargestellt wird, steht der *Operator* = neben := ebenfalls für *Zuweisungen* zur Verfügung.

Der *Unterschied* zwischen den beiden *Operatoren* = und := besteht darin, daß der *Operator* = den zugewiesenen *Ausdruck sofort berechnet* und danach zuweist, während beim *Operator* := der Ausdruck nur formal zugewiesen und erst bei weiterer Verwendung berechnet wird (*verzögerte Zuweisung*).

Hinzu kommt noch der *Zuweisungsoperator* → der mittels – und > eingegeben wird. Dieser Operator wird beispielsweise bei Optionen oder in Kombinationen mit anderen Kommandos eingesetzt.

Aus den im Buch gegebenen Beispielen kann man ersehen, wann welcher Operator anzuwenden ist. Treten bei der Verwendung der Operatoren = oder := Probleme auf, so sollte man es mit dem jeweils anderen versuchen.

* Bei EXCEL geht man bei der *Zuweisung* von *Werten* an *Variable folgendermaßen* vor:

I. In eine *freie Zelle* einer Zeile der aktuellen *Tabelle* wird der *Name* der *Variablen* eingetragen und in die *darunterliegende Zelle* die zuzuweisende *Zahl / Konstante*.

II. Anschließend *markieren* wir die ausgefüllten beiden *Zellen* und aktivieren die *Menüfolge*

Einfügen ⇒ Namen ⇒ Übernehmen...

und *kreuzen* in der erscheinenden *Dialogbox* das Feld *Namen aus Oberster Zeile* an.

Diese Vorgehensweise ordnet der Variablen die eingegebene Zahl/Konstante zu.

In den Beispielen 9.13, 9.15d), 13.9, 18.6, 18.11 wird die Vorgehensweise illustriert.

Die eben behandelten *Zuweisungsoperatoren* finden auch bei *Funktionsdefinitionen* Anwendung (siehe Abschn. 12.3).

♦

5.2   Schleifen

Schleifen dienen zur Wiederholung von Befehlsfolgen und werden meistens mit den Befehlen **for** und **while** gebildet (*Laufanweisung*).

Zur Programmierung von *Schleifen* stellen die einzelnen Programmsystemen die *folgende Befehle* bereit:

DERIVE Zur *Schleifenbildung* kann der Befehl *iterates* herangezogen werden: Die *Menüfolge*

Author: iterates (f(x) , x , a) $\Rightarrow$ **approX**

wiederholt die *Zuweisung* x := f(x) solange, bis x gleich einem der vorherigen Werte wird, wobei mit x = a (*Startwert*) begonnen wird.

Mit einem zusätzlichen vierten Argument n, d.h. mit der *Menüfolge*

Author: iterates (f(x) , x , a , n) $\Rightarrow$ **approX**

kann die Anzahl n der Wiederholungen (Iterationen) festgelegt werden.

Der Befehl *iterates* gibt alle Zuweisungen auf dem Bildschirm aus, während er in der Schreibweise *iterate* (statt *iterates*) nur den letzten Wert ausgibt.

Bei beiden Befehlen *iterate* existiert noch ein fünftes Argument. Diese Variable k bezeichnet die aktuelle Iterationsanzahl und startet mit 1. Damit lautet die *Menüfolge*

Author: iterate (f(x) , x , a , n , k) $\Rightarrow$ **approX**

für die allgemeine *Iteration*

$$x^{k+1} = f(x^k) \quad \text{mit} \quad x^1 = a \quad \text{und} \quad k = 1 , \dots , n$$

Die Anwendungsmöglichkeiten dieses Befehls für Iterationen und zur Schleifenbildung sind aus dem folgenden Beispiel ersichtlich.

Beispiel 5.1:

a) Ein konvergentes *Iterationsverfahren* zur *Berechnung* der *Quadratwurzel* $\sqrt{a}$ (a > 0) hat die Form

$$x^{k+1} = \frac{1}{2} \cdot \left(x^k + \frac{a}{x^k} \right) \quad \text{mit} \quad k = 1, 2, \dots \quad \text{und} \quad x^1 \text{ beliebig} \left(> \frac{a}{3} \right)$$

und läßt sich in DERIVE mittels der *Menüfolge*

Author: iterate ((x + a/x)/2 , x , a) $\Rightarrow$ **approX**

realisieren.

b) Die *Berechnung* der *Summe* $\displaystyle\sum_{k=1}^{10} \frac{1}{k}$

ergibt sich am einfachsten mit dem *Standardkommando*

Author: $\Rightarrow$ **sum** (1/k , k , 1 , 10) $\Rightarrow$ **Simplify**

Mit dem Befehl *iterate* kann man diese Berechnung in DERIVE mittels

Author: iterate (s+1/k , s , 0 , 10 , k) $\Rightarrow$ **approX**

durchführen. Leider funktionierte der Befehl *iterate* mit dem fünften Argument nicht bei der vorliegenden Version 3 von DERIVE, obwohl er im Handbuch dokumentiert ist.

Für das im Handbuch gegebene Beispiel

Author: iterate (a*k , a , 1 , n , k) $\Rightarrow$ **approX**

zur Berechnung von n! wurde z.B. für n=10 das falsche Ergebnis k^{10} geliefert, d.h., k wird nicht wie angegeben als laufende Iterationsnummer (k = 1 , 2 , ... , n), sondern als Konstante interpretiert.

♦

MAPLE

Zur *Schleifenbildung* stehen zwei Befehle zur Verfügung:

* **while** *Bedingung* **do** *Anweisungen* **od** ;

* **for** *Index* **from** *Startwert* **by** *Schrittweite* **to** *Endwert* **do** *Anweisungen* **od** ;

Beim Befehl *while* werden die *Anweisungen* solange ausgeführt, solange die *Bedingung* wahr ist.

Beim Befehl *for* werden die *Anweisungen* solange ausgeführt, bis der *Index* den *Endwert* erreicht hat. Falls man *by* (d.h. die *Schrittweite*) oder *from* (d.h. den *Startwert*) wegläßt, wird hierfür jeweils der Wert 1 verwendet.

Wenn *mehrere Anweisungen* nacheinander stehen, so sind diese durch *Semikolon* oder *Doppelpunkt* zu trennen.

Die gegebenen *Befehle* können *verschachtelt* werden.

♦

Beispiel 5.2:

Zur *Berechnung* der *Summe* aus Beispiel 5.1b) kann einer der folgenden Befehle verwendet werden:

a) S := 0 **: for** k **from** 1 **by** 1 **to** 10 **do** S := S+1/k **od** : S ;

b) S := 0 **: for** k **to** 10 **do** S := S+1/k **od** : S ;

c) S := 0 : k := 1 **: while** k <= 10 **do** S := S+1/k : k := k+1 **od** : S ;

d) S := **sum** (1/k , k=1..10) : S ;

Für praktische Rechnungen wird man natürlich das Standardkommando aus d) verwenden. Die Beispiele a) – c) dienen nur zur Veranschaulichung der besprochenen Befehle.

♦

MATHCAD

Schleifen lassen sich durch die *Operatoren*

 und 

aus der *Operatorpalette* Nr.6 (*Programmierungspalette*)

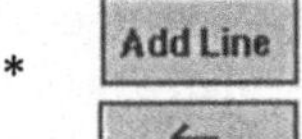 *bilden.*

Durch *Anklicken* dieser *Operatoren* lassen sich *while–* und *for–Schleifen* bilden. Im Arbeitsfenster erscheinen

* while ∎

   ∎   für *while–Schleifen*

* for ∎ ∈ ∎

   ∎   für *for–Schleifen*

Die Anwendung dieser beiden Schleifen wird im folgenden Beispiel demonstriert.

Beispiel 5.3:

Die *Summe* aus Beispiel 5.1b) kann folgendermaßen berechnet werden, wobei zusätzlich die *Operatoren* aus der *Operatorpalette* Nr.6

* **Add Line**   zum *Einfügen* einer *zusätzlichen Zeile*

* **←**   zur *Zuweisung* von *Werten*

verwendet werden:

a) Unter *Verwendung* einer *while–Schleife*

$$S := \left| \begin{array}{l} k \leftarrow 0 \\[1mm] S \leftarrow 0 \\[1mm] \text{while } k \leq 9 \\[1mm] \quad \left| \begin{array}{l} k \leftarrow k + 1 \\[2mm] S \leftarrow S + \dfrac{1}{k} \end{array} \right. \end{array} \right.$$

b) Unter *Verwendung* einer *for–Schleife*

$$S := \left| \begin{array}{l} S \leftarrow 0 \\[1mm] \text{for } k \in 1..10 \\[1mm] \quad \left| \begin{array}{l} S \leftarrow S + \dfrac{1}{k} \end{array} \right. \end{array} \right.$$

Mittels a) oder b) wird S=2.9289683 berechnet. ♦

Wie *Iterationsverfahren* mittels der Schleifen *programmiert* werden, findet man im *Beispiel* 5.13

♦

MATHEMA-TICA

Zur *Schleifenbildung* dienen die folgenden drei Befehle:

* **Do** [*Anweisungen* , { *Index* , *Startwert* , *Endwert* , *Schrittweite* }]

  Die *Anweisungen* werden hier solange ausgeführt, bis der *Index* den *Endwert* erreicht hat.

* **While** [*Bedingung* , *Anweisungen*]

  Die *Anweisungen* werden hier ausgeführt, solange die *Bedingung* wahr ist.

* **For** [*Startanweisungen* , *Bedingung* , *Schrittweitenanweisung* , *Anweisungen*]

  Zuerst werden hier die *Startanweisungen* ausgeführt. Anschließend werden die *Anweisungen* solange ausgeführt, bis die *Bedingung* nicht mehr wahr ist, wobei bei jedem Durchlauf die *Schrittweitenanweisung* wirksam wird.

Für die *Schrittweitenanweisung* gibt es die Möglichkeiten (zur *Schrittweitenerhöhung*):

* k ++   falls die *Schrittweite* 1 ist,

* k + = dk   falls die *Schrittweite* dk ist.

Betrachten wir die Wirkungsweise dieser Befehle an einem Beispiel.

Beispiel 5.4:

Zur Berechnung der *Summe* aus Beispiel 5.1b) bieten sich die folgenden Befehle an:

a) **For** [{ S = 0 , k = 1 } , k <= 10 , k++ , S = S + 1/k] ; S

b) S = 0 ; **Do** [S = S + 1/k , { k , 1 , 10 , 1 }] ; S

c) S = 0; k = 1 ; **While** [k <= 10 , { S = S + 1/k , k = k + 1 }] ; S

d) Am einfachsten berechnet sich die Summe natürlich mit dem Standardkommando *Sum*: S = **Sum** [1/k , { k , 1 , 10 }]

Innerhalb der Befehle *Do, For* und *While* muß die *Zuweisung* mittels = erfolgen, während der *Anfangswert* für k und S mit = oder := *zugewiesen* werden kann.

♦

5.3   Verzweigungen

Verzweigungen werden meistens mit dem Befehl **if** gebildet und liefern in *Abhängigkeit* von *Bedingungen* verschiedene Resultate (*bedingte Anweisung*). Die vorkommenden *Bedingungen* bestehen aus *logischen Ausdrücken*, wie zum Beispiel $x \leq y$, $x \neq y$, $x < a$ **and** $x > b$, $x \geq c$ **or** $x \leq d$, wobei **and** für das *logische* UND, **or** für das *logische* ODER und **not** für das *logische* NICHT stehen.

Die *Ungleichheitszeichen* $\leq$ und $\geq$ werden in den Programmsystemen durch <= bzw. >= dargestellt.

Für die Programmierung von *Verzweigungen* werden in den einzelnen Programmsystemen *folgende Befehle* bereitgestellt:

DERIVE

Verzweigungen lassen sich mit dem Befehl *if* realisieren, der die *Form*

if (*Bedingung* , *Ergebnis_1* , *Ergebnis_2* , *Ergebnis_3*)

besitzt, d.h., falls die *Bedingung* wahr ist, wird das *Ergebnis_1*, falls sie falsch ist, das *Ergebnis_2* ausgegeben. Kann die Gültigkeit der Bedingung nicht festgestellt werden, so wird das *Ergebnis_3* ausgegeben. Statt der Ausgabe von Ergebnissen können auch Befehle (Anweisungen) ausgeführt werden. Diese Befehle dürfen ebenfalls den Befehl *if* enthalten, d.h., dieser kann verschachtelt werden (siehe Aufgabe a) aus Beispiel 5.5).

Beispiel 5.5:

a) Für die *Definition* der *Funktion*

$$f(x) = \begin{cases} x - 2 & \text{für} & x \geq 1 \\ -1 & \text{für} & -1 \leq x \leq 1 \\ -x - 2 & \text{für} & x \leq -1 \end{cases}$$

benötigt man *drei Verzweigungen*. Sie läßt sich unter Verwendung des *if*–Befehls folgendermaßen definieren:

f(x) := **if** (x <= –1 , –x – 2 , **if** (1 <= x , x – 2 , –1))

Damit haben wir ein Beispiel für die *Schachtelung* des Befehl *if.*

b) Es lassen sich auch *rekursive Funktionen* mit dem Befehl *if* definieren, wie die Funktion zur Berechnung der Fakultät n! zeigt:

fak(n) := **if** (n = 0 , 1 , n * fak(n – 1))

    ◆

MAPLE

Für *Verzweigungen* werden folgende *if* -Befehle bereitgestellt, die alle mit *fi* abgeschlossen werden müssen:

*   **if** *Bedingung* **then** *Anweisungen* **fi** **;**
*   **if** *Bedingung* **then** *Anweisungen_1* **else** *Anweisungen_2* **fi** **;**

* **if** *Bedingung_1* **then** *Anweisungen_1* **elif** *Bedingung_2* **then** *Anweisungen_2* **fi** ;
* **if** *Bedingung_1* **then** *Anweisungen_1* **elif** *Bedingung_2* **then** *Anweisungen_2* **else** *Anweisungen_3* **fi** ;

Die *Struktur* der gegebenen *Befehle* ist leicht erkennbar:

* Wenn die *Bedingung* nach *if* wahr ist, werden die *Anweisungen* nach *then* ausgeführt.

* Falls *else* vorkommt, dann werden die danach folgenden *Anweisungen* ausgeführt, wenn die *Bedingung* nicht wahr ist.

* Der Befehl *elif* ist durch Zusammenziehen von *else* und *if* entstanden.

Beispiel 5.6:

Die *Definition* der *Funktion* aus Beispiel 5.5a) läßt sich mit MAPLE folgendermaßen realisieren:

f:=x → **if** x>=1 **then** x–2 **elif** x<= –1 **then** –x – 2 **else** –1 **fi** ;

Die so *definierte Funktion* f(x) kann mittels des *Kommandos*
plot (f , –2 .. 2) ; *gezeichnet* werden.

♦

MATHCAD   *Verzweigungen* lassen sich mit einem der beiden Befehle *if* oder *until* realisieren. Wir betrachten nur den Operator *if*, der mittels des *Operators*

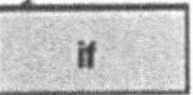

aus der *Operatorpalette* Nr.6 (*Programmierungspalette*)

gebildet wird.

Durch *Anklicken* dieses *Operators* erscheint im Arbeitsfenster
∎ if ∎

Weiterhin kann man noch den Operator *otherwise* aus der gleichen Operatorpalette erfolgreich einsetzen.

Die Bildung von Verzweigungen wird im folgenden Beispiel demonstriert.

Beispiel 5.7:

Die *Definition* der *Funktion* aus Beispiel 5.5a) läßt sich mit MATH-CAD folgendermaßen realisieren:

unter Verwendung von *otherwise*

$$f(x) := \begin{vmatrix} x - 2 & \text{if } x \geq 1 \\ -1 & \text{if } -1 \leq x \leq 1 \\ -x - 2 & \text{otherwise} \end{vmatrix}$$

ohne *otherwise*

$$f(x) := \begin{vmatrix} x - 2 & \text{if } x \geq 1 \\ -1 & \text{if } -1 \leq x \leq 1 \\ -x - 2 & \text{if } x \leq -1 \end{vmatrix}$$

♦

MATHEMA-TICA

Verzweigungen lassen sich mit den *folgenden Befehlen* realisieren:

* **If** [*Bedingung* , *Anweisungen_1* , *Anweisungen_2*]

   Die *Anweisungen_1* werden ausgeführt, wenn die *Bedingung* wahr ist, ansonsten die *Anweisungen_2*.

* **Which** [*Bedingung_1* , *Anweisungen_1* , *Bedingung_2* , *Anweisungen_2* ,...]

   Die *Bedingungen_i* (i = 1 , 2 , ...) werden der Reihe nach überprüft, bis eine *Bedingung_k* wahr ist. Anschließend werden die hierauf folgenden *Anweisungen_k* ausgeführt.

Wenn *mehrere Anweisungen* nacheinander stehen, so sind diese als *Liste* einzugeben, d.h., durch Kommas zu trennen und in { } einzuschließen.

If empfiehlt sich bei Alternativen, während man bei mehr als zwei Verzweigungen *Which* benutzen sollte.

♦

Beispiel 5.8:

Die *Definition* der *Funktion* aus Beispiel 5.5a) kann mittels MATHEMATICA *folgendermaßen* geschehen:

Sie läßt sich einfach mittels *Which* definieren:

f[x_] := **Which** [x <= −1 , −x − 2 , x <= 1 , −1 , 1 <= x , x − 2]

während man unter Verwendung des Befehls *if* diesen schachteln muß, d.h. f[x_] := **If** [x <= −1 , −x − 2 , **If** [1 <= x , x − 2 , −1]]

♦

5.4   Erstellung einfacher Programme

Im folgenden besprechen wir kurz den *strukturellen Aufbau* von *Programmen*, die

* *Zusatzdateien* (*Hilfsdateien*) bei DERIVE,
* *Zusatzpakete* bei MAPLE und MATHEMATICA,
* *Dokumente/Elektronische Bücher* bei MATHCAD

heißen.

Diese Einführung soll dazu dienen, daß vorhandene Programme analysiert und eventuell verändert bzw. einfache eigene Programme erstellt werden können.

5.4.1   DERIVE

Zusatzdateien können mit einer der *Kommandofolgen*

* **Transfer $\Rightarrow$ Load $\Rightarrow$ Derive** ($\Rightarrow$ **file:** *Name*)
* **Transfer $\Rightarrow$ Load $\Rightarrow$Utility** ($\Rightarrow$ **file:** *Name*)

geladen werden, wobei für *Name* der Name der gewünschten *Zusatzdatei* einzutragen ist. Beide Kommandofolgen unterscheiden sich dadurch, daß die erste die Zusatzdateien lädt und im Arbeitsfenster anzeigt, während die zweite nur die Zusatzdateien lädt ohne sie anzuzeigen. Nach dem Laden stehen dann alle in der Datei definierten Funktionen zur Verfügung.

Die *Zusatzdateien* von DERIVE haben die *folgende* einfache *Struktur*:

* In der *ersten Zeile* stehen i.a. als *Text* der *Name* der *Datei*, das *Erstellungsdatum* und der *Hersteller* (in " und " eingeschlossen).

* In den *weiteren Zeilen* werden *Funktionen* definiert, die Aufgaben unter Verwendung der beiden in Abschn 5.2 und 5.3 behandelten Befehle *iterates* und *if* und von *Standardkommandos* lösen. Zwischen diesen Funktionen lassen sich *erläuternde Textzeilen* (in " und " eingeschlossen) einfügen. Sämtliche Zeilen der Datei werden fortlaufend durchnumeriert (mit 1 beginnend).

Betrachten wir den Aufbau der Zusatzdateien am Beispiel einer im Programmsystem mitgelieferten Datei.

Beispiel 5.9:

Die mitgelieferte *Zusatzdatei* ODE1.MTH zur *Lösung* von *Differentialgleichungen* erster Ordnung besteht aus 34 Zeilen:

1: "File ODE1.MTH, copyright (c) 1991 by Soft Warehouse, Inc. "

$$2:\ \mathrm{LINEAR}\,(p,q,x,y,x0,y0)\ :=\ y = \frac{y0\ +\ \displaystyle\int_{x0}^{x} q\,\hat{e}^{\,\mathrm{INT}(p,x,x0,x)}\,dx}{\hat{e}^{\,\mathrm{INT}(p,x,x0,x)}}$$

$$3:\ \mathrm{LINEAR\_GEN}\,(\,p,q,x,y,c\,)\ :=\ y\ =\ \frac{c\ +\ \int q\,\hat{e}^{\int p\,dx}\,dx}{\hat{e}^{\int p\,dx}}$$

$$\vdots$$

$$34:\ \mathrm{DSOLVE1}(p,\ q,\ x,\ y,\ x0,\ y0,\ a\_)\ :=\ \mathrm{IF}\ [\dots\dots\dots\dots\dots\dots\dots\dots\dots\dots\dots]$$

Man erkennt hier sofort die oben beschriebene *Struktur*. Die erste Zeile ist eine *Textzeile* und enthält den Dateinamen und den Verfasser. Die weiteren Zeilen enthalten *Funktionsdefinitionen* zur Lösung der verschiedenen Differentialgleichunungen erster Ordnung.

So liefern die Funktion aus Zeile Nr.2 die *Lösung* der *linearen Diffe-rentialgleichung* y' + p(x)y = q(x) mit der *Anfangsbedingung* $y(x_0) = y_0$ und die Funktion aus der Zeile Nr.3 berechnet für diese Differentialgleichung die allgemeine Lösung mit der Konstanten c.

♦

Das gegebene Beispiel läßt die Vorgehensweise bei der Erstellung von *Zusatzdateien* gut erkennen:

Die *Zusatzdateien* bestehen aus einer Reihe von *Funktionsdefini-tionen*, in denen vorhandene *Standardkommandos* kombiniert und noch zusätzlich die beiden Befehle *iterates* und *if* verwendet wer-den.

Damit lassen sich eine Reihe von Aufgaben programmieren. Die Möglichkeiten sind aber infolge des geringeren Befehlsvorrates ge-genüber MAPLE und MATHEMATICA eingeschränkt.

Eine selbst verfaßte *Zusatzdatei* läßt sich mittels der *Menüfolge*

Transfer ⇒ **Save** ⇒ **Derive** ⇒ **file:** *Dateiname*

in das DERIVE-Verzeichnis oder auf Diskette *abspeichern* und hier-aus später wieder mittels der *Menüfolge*

Transfer ⇒ **Load** ⇒ **Derive** bzw. **Utility** ⇒ **file:** *Dateiname*

laden, wobei für *Dateiname* der Name für die Datei einzugeben ist.

Schreiben wir abschließend selbst eine einfache Zusatzdatei.

♦

Beispiel 5.10:

Wir erstellen eine *Zusatzdatei* zur *Kombinatorik* (Kombinationen und Variationen) , die uns die Möglichkeiten für die *Auswahl* von k (k $\leq$ n) *Elementen* aus n *Elementen* berechnet. Es gibt

* $\dfrac{n!}{(n-k)!}$ *Möglichkeiten:*

 bei *Berücksichtigung* der *Reihenfolge* (r=1) und *ohne Wiederholung* (w=0),

* n^k *Möglichkeiten:*

 bei *Berücksichtigung* der *Reihenfolge* (r=1) und *mit Wiederholung* (w=1),

* $\dbinom{n}{k}$ *Möglichkeiten:*

 ohne Berücksichtigung der *Reihenfolge* (r=0) und *ohne Wiederholung* (w=0),

* $\dbinom{n+k-1}{k}$ *Möglichkeiten:*

 ohne Berücksichtigung der *Reihenfolge* (r=0) und *mit Wiederholung* (w=1).

Diese Zusatzdatei nennen wir COMBINAT.MTH und schreiben im Stile der bereits mitgelieferten Zusatzdateien:

1: "File COMBINAT.MTH, copyright 1996 by ... "

2: "Erläuterungen: "

3: "Auswahl von k Elementen aus n Elementen"

4: "r=1: mit Berücksichtigung der Reihenfolge"

5: "r=0: ohne Berücksichtigung der Reihenfolge"

6: "w=1: mit Wiederholung"

7: "w=0: ohne Wiederholung"

8: **combinat** (n , k , r , w) := **if** (r=1, **if** (w=1 , n^k , n ! /(n – k)!), **if** (w = 1 , **comb** (n + k – 1 , k) , **comb** (n, k)))

In dieser Datei wurde neben dem Befehl *if* noch das Standardkommando *comb* zur Berechnung von Binomialkoeffizienten verwendet. Nach dem Laden dieser selbstgeschriebenen *Zusatzdatei* steht das Kommando *combinat* zur Verfügung.

So liefert z.B. **combinat** (3 , 2 , 1 , 0) $\Rightarrow$ **Simplify** als *Ergebnis* 6,
d.h., es gibt 6 Möglichkeiten für die Auswahl von 2 Elementen aus
3 gegebenen Elementen bei Berücksichtigung der Reihenfolge und
ohne Wiederholungen.

♦

5.4.2   MAPLE

Aufgrund der bereits behandelten Befehle von MAPLE läßt sich
schon erkennen, daß hier anspruchsvollere Programme möglich
sind, die auch rekursive und funktionale Programmierung zulassen.
Prozeduren (Unterprogramme) haben die folgende *Struktur:*

> *Prozedurname* := **proc** (*Parameterfolge*) ;
>
> *Vereinbarungen* ;
>
> *Befehle* ;
>
> **end** ;

Mittels **Prozedurname** (*Parameterfolge*) ; wird die Prozedur aufgerufen. Dabei kann die Anzahl der beim Prozeduraufruf verwendeten
Parameter kleiner oder größer sein, als die bei der Definition der
Prozedur (Prozedurvereinbarung) gegebenen. Es ist auch erlaubt,
daß keine Parameter bei der Definition angegeben werden. Zur
Feststellung der bei einem aktuellen Aufruf verwendeten Parameter
stehen innerhalb einer Prozedur die beiden Größen *nargs* (*number
of arguments* = Zahl der Argumente) und *args* zur Verfügung. Sie
sind aber keine Variablen, da ihnen keine Werte zugewiesen werden können:

* *nargs* gibt die *aktuelle Anzahl* der beim Prozeduraufruf verwendeten *Parameter* an.

* *args*[k] gibt den k-ten *eingegebenen Parameter*, während *args*
  [r..s] die Folge der r-ten bis s-ten Parameter bereitstellt.

Lokale Variable, die nur innerhalb einer Prozedur Gültigkeit besitzen, werden zu Beginn in den *Vereinbarungen* mittels **local** vereinbart. Die Verwendung *lokaler Variabler*, die auch in den Unterpro-
grammen der bekannten Programmiersprachen vorkommen, ist zu
empfehlen, um Komplikationen mit *globalen Variablen* außerhalb
der Prozedur zu vermeiden.

Für *Befehle* können die in den Abschn 5.1, 5.2 und 5.3 behandelten Befehle verwendet werden.

Betrachten wir die Problematik an einigen Beispielen.

Beispiel 5.11:

a) Wir schreiben eine Prozedur, die das *Minimum* von *drei* gegebenen *Zahlen* bestimmt:

min3 := **proc** (a1 , a2 , a3) ;

print (`Bestimmung des Minimums von 3 Zahlen`, a1, a2, a3) ;

if a1 <= a2 **then if** a1 <= a3 **then** a1 **else** a3 **fi elif** a2 <= a3 **then** a2 **else** a3 **fi** ;

end ;

Der *Aufruf* **min3** (3 , 2 , -6) ; liefert das *Ergebnis* –6.

b) Jetzt soll die Prozedur das Minimum von beliebig vielen Zahlen bestimmen, wofür wir *nargs* und *args* verwenden werden:

min_n := **proc**( )

local min , i ;

min := args[1] ;

for i **from** 2 **to** nargs **do if** args[i] < min **then** min := args[i] **fi** ; **od** ;

min ;

end ;

Die *Aufrufe* **min_n** (9 , 3 , 4 , 5 , 4 , 3 , 2 , 6 , 7) ; und **min_n** (9 , 2 , 1 , -5 , 6 , 9) ; liefern die *Ergebnisse* 2 bzw. -5.

Diese Prozedur haben wir nur zu Übungszwecken geschrieben. In MAPLE existieren bereits (ebenso wie in DERIVE, MATHCAD und MATHEMATICA) die *Standardkommandos*
max $(x_1, x_2, \ldots, x_n)$; und **min** $(x_1, x_2, \ldots, x_n)$;
zur *Bestimmung* des *Maximums* bzw. *Minimums* von n Zahlen
$x_1, x_2, \ldots, x_n$

c) Wir schreiben für MAPLE eine Prozedur *binvert* zur Berechnung der *Verteilungsfunktion* (siehe Abschn. 19.3)

$$\sum_{i=0}^{k} P(X = i)$$

für die *Binomialverteilung* mit

$$P(X = i) = \binom{n}{i} \cdot p^i \cdot (1 - p)^{n-i}$$

c1) Eine *erste Möglichkeit* kann folgendermaßen aussehen:

binvert := **proc** (n , k , p)

local erg , i ;

if k > n **or** p > 1 **or** p < 0 **then print** (`fehlerhaftes Argument`)

else erg := 0 ;

for i **from** 0 **to** k **do** erg := erg + **binomial** (n , i)*p^i*(1 − p)^(n − i) **od** ;

erg ; **fi** ;

end ;

c2) Eine *kürzere Form* ergibt sich bei der Verwendung des Standardkommandos *sum* :

binvert := **proc** (n , k , p)

local erg , i ;

if k > n **or** p > 1 **or** p < 0 **then print** (`fehlerhaftes Argument`)

else erg := **sum** (**binomial** (n , i)*p^i*(1 − p)^(n − i) , i = 0 .. k) ;

erg ; **fi** ;

end ;

Der *Aufruf* **binvert** (100 , 3 , 0.05) ; liefert das Ergebnis 0.258 (siehe Beispiel 19.4a1).

◆

In der Aufgabe c) des letzten Beispiels 5.11 sehen wir, daß man bei MAPLE (und den anderen Programmsystemen) neben den in den Abschn. 5.1 bis 5.3 behandelten Befehlen in ein Programm problemlos Standardkommandos (hier *binomial*) der Programmsysteme einbinden kann, die in den Kap. 8 bis 22 behandelt werden.

Die nach den gegebenen Regeln erstellten *Prozeduren* lassen sich bei MAPLE auf zwei verschiedenen Wegen *abspeichern* und später wieder *einlesen:*

*   Mittels der *Menüfolge* **File ⇒ Save as ⇒ Dateiname:**

kann man eine erstellte Prozedur als *Notebook* z.B. in das Unterverzeichnis LIB von MAPLE oder auf Diskette abspeichern und bei Bedarf mittels der *Menüfolge*

File ⇒ Open ⇒ Dateiname:

wieder *laden*. Dabei sollte der gewählte Dateiname die Endung .MWS besitzen. So kann beispielsweise die im Beispiel 5.11c) erstellte Prozedur *binvert* als Notebook BINVERT.MWS mittels der Menüfolge

File ⇒ Save as ⇒ Dateiname: BINVERT.MWS

gespeichert und mittels der *Kommandofolge* (Menüfolge)

File ⇒ Open ⇒ Dateiname: BINVERT.MWS

bei späteren Arbeitssitzungen wieder *geladen* werden.

Diese Methode hat aber den Nachteil, daß nach dem Laden der gesamte Text der Prozedur im Arbeitsfenster steht und man jede Zeile dieser Prozedur mit der ⏎-Taste aktivieren muß, ehe das durch die Prozedur definierte Kommando zur Verfügung steht.

Wenn man die Prozedur nach dem Laden nicht als Notebook auf dem Bildschirm haben möchte, so empfiehlt sich die Abspeicherung der Prozedur mittels des *Kommandos* **save** in das *interne* MAPLE-*Format*. Die Abspeicherung in dieses *interne Format* wird erreicht, indem man den Dateinamen mit der Endung .M versieht. Die Prozedur *binvert* aus der Aufgabe c) von Beispiel 5.11 kann z.B. mittels des *Kommandos*

save *binvert* , ` BINVERT.M `;

in das Unterverzeichnis LIB von MAPLE gespeichert werden. Später läßt sich eine so abgespeicherte Prozedur mittels **read** wieder *laden*. Für unser Beispiel muß dies durch

read ` BINVERT.M`;

geschehen. Diese Methode hat den Vorteil, daß nach dem Einlesen das durch die Prozedur definierte Kommando verfügbar ist, ohne daß die Prozedur auf dem Bildschirm erscheint und aktiviert werden muß.

◆

Bisher haben wir unsere kurzen Prozeduren auf den MAPLE-Arbeitsschirm geschrieben. Bei längeren Prozeduren und Paketen empfiehlt sich aber die Anwendung eines *Texteditors* (*Textverarbeitungsprogramms*). Beim Abspeichern ist hierbei nur darauf zu achten, daß man das ASCII-Format (keine Steuerzeichen) verwendet. Aufgrund des *Textformats* der Prozeduren lassen sich diese jederzeit mit einem Texteditor ansehen und ändern.

Es wurden bis jetzt nur einzelne Prozeduren geschrieben. Unter einem *Paket* (*Package*) versteht man eine *Sammlung* einzelner *Prozeduren*, die als ein Programm unter einem gemeinsamen Namen (*Paketname*) abgespeichert und auch wieder geladen werden.

Im Unterschied zu MATHEMATICA erfordert MAPLE eine unterschiedliche Vorgehensweise beim *Einlesen* von *Paketen*:

* *Standardpakete* und *-prozeduren* aus der MAPLE-Bibliothek (Datei MAPLE.LIB) werden mit dem Kommando *with* bzw. *readlib* eingelesen.

* Dagegen ist für selbsterstellte Pakete, die im internen MAPLE-Format (d.h. mit der Dateiendung .M) im Unterverzeichnis LIB gespeichert sind, das Kommando *read* zum Lesen anzuwenden. Die Vorgehensweise hierfür ist aus Beispiel 5.12 ersichtlich.

Ein Nachteil von MAPLE besteht darin, daß alle Standardpakete und -prozeduren unübersichtlich in der einen Datei MAPLE.LIB enthalten sind. Dies ist bei MATHEMATICA wesentlich vorteilhafter organisiert. Die *Standardpakete* sind übersichtlich nach Gebieten geordnet in Unterverzeichnissen des Verzeichnis PACKAGES enthalten, so daß man selbsterstellte Pakete hier problemlos abspeichern und mit den gleichen Kommandos wie bei Standardpaketen aufrufen kann.

♦

Das *Erstellen eigener* (einfacher) *Pakete* geschieht *folgendermaßen*:

* Die *Prozeduren*, die ein Paket bilden sollen, werden *nacheinander aufgeschrieben*.

* Es muß noch ein *Rahmen* (*Kopf* und *Ende*) erstellt werden, damit das Paket als solches erkennbar ist, d.h., es muß vor allem einen *Namen* (*Paketname*) erhalten.

* Es ist möglich, innerhalb des Pakets an beliebiger Stelle *erläuternden Text* einzufügen, der mit # beginnen muß. Man kann noch *Hilfetext* (Erläuterungen) zu den definierten neuen Kommandos aufnehmen. ♦

Ein *Paket* hat die folgende *Struktur*:

```
`type/Paketname` := [ ] ;
# weitere Programminformationen
# Erläuterungen zur Prozedur_1
Prozedur_1 ;
        ⋮
# Erläuterungen zur Prozedur_n
Prozedur_n ;
# Paketende
```

Erstellen wir abschließend ein kleines eigenes Paket.

Beispiel 5.12:

Wir schreiben ein *Paket* für die *diskreten Verteilungsfunktionen* der *Wahrscheinlichkeitsrechnung*, mit dessen Hilfe man die Verteilungsfunktionen für die *Binomial-*, *hypergeometrische* und *Poisson-Verteilung* berechnen kann. Dies geschieht nur zu Übungszwecken, da diese Funktionen bereits in MAPLE enthalten sind. Das *Paket* kann *folgendermaßen aussehen:*

`` `type/DISKVERT` := [ ] ; ``

DISKVERT_*Package zur Berechnung diskreter Verteilungsfunktionen F(k). Programmiert 1996 von ....*

Binomialverteilung

binvert := **proc** (n , k , p)

local erg , i ;

if k > n **or** p > 1 **or** p < 0 **then print** (`` `fehlerhaftes Argument` ``)

else erg := **sum**(**binomial** (n, i)*p^i*(1 − p)^(n − i), i = 0..k);

erg ; **fi** ;

end ;

hypergeometrische Verteilung

hypvert := **proc** (M , N , n , k)

local erg , i ;

if k > M **or** M > N **or** n > N **then print** (`` `fehlerhaftes Argument` ``)

else erg := **sum** (**binomial** (M , i)***binomial** (N − M , n − i)/**binomial** (N , n) , i = 0..k) ;

erg ; **fi** ;

end ;

Poisson-Verteilung

poisvert := **proc** (r , k)

local erg , i ;

erg := **sum** (r^i*E^(-r)/i! , i = 0..k) ;

erg ;

end ;

Ende DISKVERT_*Package*

Falls man das Paket DISKVERT im internen MAPLE-Format als Datei mit dem Namen DISKVERT und der Endung .M in das Verzeichnis LIB von MAPLE mittels

save `type/DISKVERT`,binvert , hypvert , poisvert , `DISKVERT.M`;

abspeichert, kann bei späteren Arbeitssitzungen dieses *Paket* DISK-VERT durch das *Kommando* **read** ` DISKVERT.M `; geladen werden, so daß die *Kommandos* **binvert** (n , k , p) , **hypvert** (M , N , n , k) und **poisvert** (r , k) zur Verfügung stehen.

♦

5.4.3   MATHCAD

Für die Programmierung stellt MATHCAD *Zuweisungsoperatoren*, zwei Kommandos für *Verzweigungen* (*Bedingungsfunktionen*) und *Laufanweisungen* zur Bildung einfacher *Schleifen* zur Verfügung, wie wir in den Abschn. 5.1 bis 5.3 gesehen haben. Damit sind wesentliche Hilfsmittel vorhanden, um einfache *Programme* erstellen zu können. Zusätzlich können die in MATHCAD integrierten zahlreichen Funktionen (Kommandos) mit in die Programmierung einbezogen werden.

Im *Vergleich* zu MAPLE und MATHEMATICA fallen die *Programmiermöglichkeiten* von MATHCAD etwas zurück. Hier sind für zukünftige Versionen *Verbesserungen* zu wünschen. Die gegebenen Möglichkeiten von MATHCAD reichen jedoch aus, um für eine Reihe von Anwendungen Programme erstellen zu können, die man als *Dokumente* (*Dateien* mit der *Endung* .MCD) bezeichnet.

♦

Einzelne Dokumente werden mittels der *Menüfolge*

File ⇒ Open... ⇒ Dateiname:

ins *Arbeitsfenster geladen*. Dazu muß man in der Dialogbox *Open* in das Unterverzeichnis wechseln, in dem die gewünschte Dokumente-Datei steht.

Nach dem *Laden* kann mit dem *Dokument gerechnet werden*, indem man hierin die entsprechenden Ausdrücke durch die eigenen ersetzt und im *Automatik-Modus* (Automatic-Mode) anschließend die ⏎-Taste drückt.

Falls man ein *neues Dokument* erstellen möchte, so *öffnet* man dies mittels der *Menüfolge* **File ⇒ New** während das *Abspeichern* eines fertigen Dokuments mittels der *Menüfolge*

File $\Rightarrow$ Save As... $\Rightarrow$ Dateiname: geschieht, wobei ein Dateiname mit der Endung .MCD zu verwenden ist. Geladen wird dieses Dokument bei späteren Arbeitssitzungen mit der oben gegebenen Kommandofolge.

Wir demonstrieren die *Erstellung* einfacher *Dokumente* an einem *Beispiel.*

Beispiel 5.13:

Wir öffnen ein *neues Dokument* mittels **File $\Rightarrow$ New** und *schreiben* folgendes *Dokument* zur *Berechnung* der *Quadratwurzel* einer Zahl a mittels der Iteration (*Iterationsverfahren*) x:=a , x:= (x + a/x)/2 :

$$a := 2 \quad \varepsilon := 10^{-15}$$

$$x := \begin{vmatrix} x \leftarrow a \\[2mm] \left[\begin{array}{l} \text{while} \quad \left|x^2 - a\right| > \varepsilon \\[2mm] \quad x \leftarrow \dfrac{1}{2} \cdot \left(x + \dfrac{a}{x}\right) \end{array}\right] \end{vmatrix}$$

$$x = 1.414213562373095$$

Im abgebildeten Dokument haben wir die Quadratwurzel von 2 berechnet.

Möchten man die Wurzel einer anderen Zahl berechnen, so braucht man bloß die erste Zuweisung zu ändern. Im Automatik-Modus genügt dann das Drücken der $\boxed{\leftarrow}$-Taste, um das neue Ergebnis zu erhalten.

$\blacklozenge$

5.4.4   MATHEMATICA

Im folgenden behandeln wir kurz den Aufbau von *Paketen*, die bei MATHEMATICA *Packages* heißen.

Die mitgelieferten *Standardpakete* findet man im Verzeichnis PACKAGES von MATHEMATICA, das in Unterverzeichnisse nach einzelnen Gebieten (z.B. ALGEBRA, CALCULUS, GEOMETRY, ...) gegliedert ist. Diese Unterverzeichnisse enthalten die entsprechenden Pakete (Dateien mit der Endung .M).

Eigene *Pakete speichert* man sinnvollerweise ebenfalls in diesen Unterverzeichnissen ab. *Geladen* werden die *Pakete* mit den *Kommandos*

<< oder **Needs**

mit nachfolgendem Namen des Unterverzeichnisses und des Pakets. So kann z.B. das Paket zur beschreibenden (deskriptiven) *Statistik* auf eine der folgenden Arten aufgerufen werden:

I. << Statistics`Descript`

II. **Needs** [" Statistics`Descript`"]

Der Inhalt der Pakete wird nach dem Laden nicht auf dem Bildschirm angezeigt, aber alle darin enthaltenen Kommandos sind verfügbar.

Es besteht in MATHEMATICA analog zu MAPLE noch die Möglichkeit, erstellte Pakete als *Notebooks* (Datei mit der Endung .MA) *abzuspeichern* und später wieder einzulesen. Dies ist aber wegen der schon bei MAPLE beschriebenen Nachteile nicht immer zu empfehlen.

♦

Ein *Paket* in MATHEMATICA :

* kann man sich aus der Sicht des Anwenders ebenso wie bei MAPLE als eine Sammlung zusätzlicher Kommandos vorstellen, die im Kern nicht vorhanden sind und die zur Lösung einer Gruppe von Problemen benötigt werden.

* besteht analog zu MAPLE aus einer Reihe von Funktionen, in denen Befehle aus Abschn. 5.1 bis 5.3 und bekannte MATHEMATICA-Kommandos (aus dem Kern) enthalten sind.

* besitzt einen *Rahmen* (Kopf und Ende), damit das Paket als solches erkennbar ist, d.h., es muß vor allem auch einen Namen (*Paketname*) erhalten, unter dem es abgespeichert und wieder geladen wird.

* kann an beliebiger Stelle *erläuternden Text* enthalten, der zwischen (* und *) einzuschließen ist. *Hilfetext* (Erläuterungen) zu den definierten neuen Kommandos kann hinter *usage* = eingefügt werden. Er läßt sich mittels ? *Kommandoname* auf dem Bildschirm anzeigen.

* kann ebenso wie bei MAPLE im Arbeitsfenster geschrieben werden. Vorteilhafter ist jedoch die Verwendung eines *Texteditors*. Aufgrund ihres Textformats lassen sich die Pakete jederzeit mit einem Texteditor ansehen und eventuell verändern.

♦

Der *strukturelle Aufbau* eines *Pakets* hat die folgende Form:

> (* *erläuternder Text mit Paketname usw.* *)
>
> **BeginPackage** [*"Paketname"*]
>
> **Funktion_1**::**usage**= " *Erläuterungen zu Funktion_1* "
>
>   ⋮
>
> **Funktion_n**::**usage**= " *Erläuterungen zu Funktion_n* "
>
> **Begin**[" \`*Private*\` "]
>
> *Definition von lokalen Variablen, Hilfsfunktionen*
>
> **Funktion_1**[...] := ...
>
>   ⋮
>
> **Funktion_n**[...] := ...
>
> **End**[ ]
>
> **EndPackage** [*"Paketname"*]

Aus diesem Schema läßt sich die *Vorgehensweise* für die *Erstellung* von *Paketen* unmittelbar ablesen:

* Im Hauptteil nach *Begin* [" \`*Private*\` "] werden zuerst *lokale Variable* und *Hilfsfunktionen* definiert. Es empfiehlt sich, lokale Variable zu benutzen, die nur für das Paket eine Bedeutung besitzen.

* Daran anschließend erfolgt dann die *Definition* der *benötigten Funktionen* nach den im Abschn. 12.3 gegebenen Regeln unter Verwendung der in Abschn. 5.1 bis 5.3 gegebenen Befehle.

* Zusätzlich kann noch an beliebiger Stelle *erläuternder Text* eingefügt werden.

Veranschaulichen wir das Erstellen einfacher Pakete abschließend an einem Beispiel.

Beispiel 5.14:

Wir schreiben ebenso wie für MAPLE (siehe Beispiel 5.12) ein *Paket* zur *Berechnung* der *diskreten Verteilungsfunktionen* für die Binomial-, hypergeometrische und Poisson-Verteilung. Diese Verteilungen existieren schon im Paket *Statistik*. Wir haben aber diese Aufgabe gewählt, um einen Vergleich mit MAPLE zu erhalten.

Wir geben dem Paket den Namen *DiskVert* und speichern es im Unterverzeichnis STATISTICS des Verzeichnisses PACKAGES mittels der Menüfolge

File $\Rightarrow$ **Save As/Export...** $\Rightarrow$ **File Name:** DiskVert.M

ab. Eine mögliche Form für dieses Paket sieht man im folgenden.

(* *Diskrete_Verteilungen_Package.Programmiert 1996 von ....*)

(**Berechnung der Verteilungsfunktion F(k) für Binomial-, hypergeometrische und Poisson-Verteilung*)

BeginPackage [" Statistics`DiskVert` "]

BinVert::**usage**= "BinVert (n , k , p) berechnet die Verteilungsfunktion F(k) für die Binomialverteilung "

HypVert::**usage**= "HypVert (M , N , n , k) berechnet die Verteilungsfunktion F(k) für die hypergeometrische Verteilung "

PoisVert::**usage**= " PoisVert (r , k) berechnet die Verteilungsfunktion F(k) für die Poisson-Verteilung "

Begin [" `Private` "]

(* *Binomialverteilung*)

BinVert [n_ , k_ , p_] := **Sum** [**Binomial** [n,i]*p^i*(1–p)^(n–i) , {i, 0, k}]

(* *hypergeometrische Verteilung*)

HypVert [M_ , N_ , n_ , k_] := **Sum** [**Binomial** [M , i] * **Binomial** [N – M , n – i] / **Binomial** [N , n] , { i , 0 , k }]

(* *Poisson-Verteilung*)

PoisVert [r_ , k_] := **Sum** [r^i*E^(-r)/i! , { i , 0 , k }]

End [ ]

EndPackage [" Statistics`DiskVert` "]

Nach dem *Laden* dieses *Pakets* mittels

<<Statistics`DiskVert` oder **Needs** [" Statistics`DiskVert` "]

stehen dann die *Kommandos* **BinVert** [n , k , p] , **HypVert** [M , N , n , k] und **PoisVert** [r , k] zur Verfügung.

♦

Die Beispiele 5.12 und 5.14 zeigen deutlich den großen Vorteil der Programmierung in einem Computeralgebra-Programm gegenüber der Programmierung mit herkömmlichen Programmiersprachen wie BASIC, PASCAL,... :

Man kann sämtliche vorhandenen Kommandos des Computeralgebra-Programms in die Programmierung einbinden.

6   Exakte und näherungsweise Rechnungen

Im folgenden beschreiben wir die Technik, mittels der man die *exakte* bzw. *näherungsweise Berechnung* einer *mathematischen Aufgabe* in den Programmsystemen durchführen kann. Dazu muß man zuerst das zu *lösende Problem* nach der in den Kap. 2 und 3 behandelten Vorgehensweise *eingeben.*

Die *exakte* (symbolische) oder *näherungsweise* (numerische) *Lösung* eines *mathematischen Problems* geschieht in den einzelnen *Programmsystemen* mittels

I.   *Kommandos,* die in das *Arbeitsfenster einzugeben* sind,

II.   *Auswahl* einer *Menüfolge* aus der *Menüleiste* mittels *Mausklick*

Bei einer Reihe von *Aufgaben* lassen sich *beide Möglichkeiten* anwenden, d.h., man kann sie sowohl mittels eines *Kommandos* als auch mittels einer *Menüfolge* lösen. Wir werden in den einzelnen Kapiteln darauf hinweisen.

♦

Betrachten wir zuerst *Kommandos,* die bei MAPLE und MATHEMATICA die *dominierende Rolle* spielen:

- Zur *exakten* oder *näherungsweisen Lösung* des gleichen *mathematischen Problems* verwenden die Programmsysteme *unterschiedliche Schreibweisen* (Bezeichnungen) für die einzugebenden *Kommandos.* Des weiteren besitzen die *Kommandos* in den einzelnen Programmen eine *verschiedene Anordnung* und *Anzahl* der *benötigten Argumente* und liefern die Ergebnisse in unterschiedlicher Form. Deswegen geben wir in den Kapiteln 8 bis 22 die *Kommandos* zur Lösung der einzelnen mathematischen Aufgaben für *jedes Programmsystem* an.

- Die *auszuführenden Kommandos* bzw. *Eingaben* von *Ausdrükken* müssen bei MATHEMATICA mit der Eintg -Taste und bei allen anderen Programmen mit der ⏎ -Taste abgeschlossen werden, auch wenn dies im weiteren nicht besonders vermerkt wird. Die für die Kommandos und Funktionen benötigten *Ar-*

gumente sind bei MATHEMATICA in *eckige Klammern* und bei allen *anderen Programmen* in *runde Klammern* einzuschließen.

* Möchte man bei MAPLE oder MATHEMATICA *mehrere Kommandos*

  Kommando_1 , Kommando_2 , ... , Kommando_n

  nacheinander ausführen (*Kommandofolge*), so besteht die Möglichkeit, diese alle einzugeben und erst nach der Eingabe des letzten (n-ten) Kommandos die Eingabe abzuschließen.

  Bei einer *Kommandofolge* müssen die einzelnen Kommandos durch *Trennzeichen* separiert werden. Dazu verwenden MAPLE *Doppelpunkt* oder *Semikolon* (hier werden zusätzlich die Ergebnisse der einzelnen Kommandos angezeigt) und MATHEMATICA das *Semikolon*, d.h. bei

  * MAPLE

    Kommando_1 : Kommando_2 : ... Kommando_n ; ⏎
    oder

    Kommando_1 ; Kommando_2 ; ... Kommando_n ; ⏎

  * MATHEMATICA

    Kommando_1 ; Kommando_2 ; ... Kommando_n Einfg

* Falls bei der *Eingabe* eines *Kommandos* (einer *Kommandofolge*) oder eines *Ausdrucks* ein *Zeilenwechsel* erforderlich wird, so geschieht dies

  * bei MAPLE mittels ⇧ ⏎

  * bei MATHCAD mittels des *Operators*

    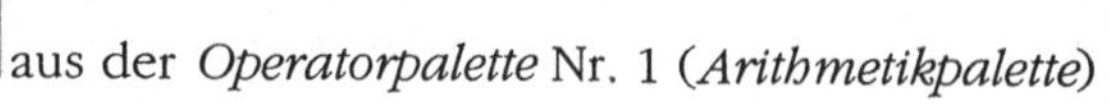 aus der *Operatorpalette* Nr. 1 (*Arithmetikpalette*) 

  * bei MATHEMATICA mittels ⏎

  Bei DERIVE ist *kein Zeilenwechsel* vorgesehen. Längere Kommandofolgen oder Ausdrücke werden in einer Zeile belassen. Das gleiche gilt bei EXCEL für das Schreiben in eine Zelle.

Die genaue Vorgehensweise bei der *Lösung* einer gegebenen *Aufgabe mittels Kommandofolgen* wird in den folgenden Kapiteln für die einzelnen Programmsysteme ausführlich erläutert.

♦

Die *exakte* oder *näherungsweise Lösung* von Aufgaben mittels *Menüfolgen* tritt vor allem bei DERIVE, MATHCAD und EXCEL auf:

* Die *Durchführung* von *Berechnungen* unter Verwendung von *Menüs* geschieht über die entsprechende *Menüleiste*.

- Für die meisten Rechnungen benötigt man eine *Menüfolge*, die wir in der folgenden Form schreiben

  Menü_1 ⇒ Menü_2 ⇒ ... ⇒ Menü_n

  wobei der *Pfeil* jeweils für einen *Mausklick* steht.

Die genaue *Vorgehensweise* bei der *Lösung* einer gegebenen *Aufgabe* mittels *Menüfolgen* wird in den folgenden Kapiteln für die einzelnen Programmsysteme ausführlich erläutert.

MATHCAD war ursprünglich eine reines Programmsystem für näherungsweise (numerische) Rechnungen. Erst ab der Version 3 wurde eine Version des Symbolprozessors von MAPLE übernommen, um auch mit MATHCAD *exakte (symbolische) Rechnungen* durchführen zu können.

Bei der Anwendung des Symbolprozessors sind alle *Untermenüs* zur *exakten (symbolischen) Rechnung* des Menüs *Symbolic* verfügbar.

Zusätzlich kann man die ausgeführte Berechnung durch einen kurzen *Kommentar anzeigen lassen*, indem man zu Beginn der Rechnungen die *Menüfolge*

Symbolic ⇒ Derivation Format ⇒ Show derivation comments

aktiviert.

Des weiter kann man im Untermenü *Derivation Format* festlegen, ob das *Ergebnis hinter* oder *unter* dem zu berechnenden Ausdruck angezeigt werden soll.

Für die Durchführung sämtlicher *Rechnungen* gestattet MATHCAD *zwei Formen*

- *Automatikmodus* (*Automatic Mode*):
  Der *Automatikmodus* ist die *Standardeinstellung* von MATHCAD. Man erkennt seine Aktivierung am Häkchen im Menü *Math* (*Rechnen*). Er wird durch eine der folgenden Operationen ein- bzw. ausgeschaltet:
  * Kommandofolge

    Math ⇒ Automatic Mode
  * Anklicken der *Glühbirne*

    in der *Symbolleiste*.

Den eingeschalteten Automatikmodus erkennt man am Wort *auto* in der Nachrichtenleiste. Im *Automatikmodus* werden *numerischen Berechnungen sofort ausgeführt*, z.B. nach der Eingabe des numerischen Gleichheitszeichens, und er bewirkt die Neuberechnung des gesamten aktuellen Dokuments, wenn irgendwelche Variablen oder Funktionen verändert werden. Für *exakte Berechnungen* gilt dies nur bei Anwendung des *symbolischen Gleichheitszeichens*. Möchte man ein eingelesenes Dokument nur durchblättern, kann sich der Automatikmodus hemmend auswirken, da man auf die Berechnung sämtlicher im Dokument enthaltener Formeln, Gleichungen usw. warten muß. In diesem Fall empfiehlt sich der Übergang zum manuellen Modus.

* *manueller Modus* :
  Der manuelle Modus wir durch *Ausschalten* des *Automatikmodus* erhalten. Im manuellen Modus wird eine *Berechnung* erst dann durchgeführt, wenn man die [F9]-*Taste* drückt. Dies gilt für das gesamte aktuelle Dokument. Werden Variablen und Funktionen verändert, so bleiben alle darauf aufbauenden Berechnungen unverändert, wenn man sie nicht durch Betätigung der [F9]-Taste auslöst. Dieser Modus ist beim Durchblättern eines Dokuments zu empfehlen. Weiterhin sollte er verwendet werden, wenn man die Auswirkung von Änderungen nur für einige Formeln des aktuellen Dokuments untersuchen möchte.

◆

Falls ein Programm bei der exakten oder numerischen *Berechnung* eines Problems *keine Lösung* findet, so kann sich dies auf verschiedene Weise äußern:

* Es wird eine *Meldung ausgegeben*, daß *keine Lösung* gefunden wurde.

* Das *Rechenkommando* wird *unverändert zurückgegeben*.

* Die *Rechnung* wird *nicht* in angemessener Zeit *beendet*.

Möchte man im letzten Fall die *Rechnung abbrechen*, so geschieht dies mit

* der [Esc]-Taste bei DERIVE und MATHCAD,

* dem STOP-Symbol aus der Symbolleiste bei MAPLE,

* dem HAND-Symbol aus der Symbolleiste bei MATHEMATICA.

◆

Für die *exakte* oder *näherungsweise Durchführung* der *Grundrechenarten* verwenden alle Programmsysteme die folgenden *Operationssymbole* :

> \+ *(Addition)*, − *(Subtraktion)*, * *(Multiplikation)*, / *(Division)*, ∧ *(Potenzierung)*, ! *(Fakultät)*

Einige Programme lassen noch zusätzliche Schreibweisen für die Operationssymbole zu, so z.B. das *Leerzeichen* für die *Multiplikation* bei DERIVE und MATHEMATICA.

Bei EXCEL kann die *Fakultät* einer ganzen Zahl n nur mittels der *Funktion* FAKULTÄT(n) *berechnet* werden.

◆

Für die *Durchführung* der *Operationen* gelten die üblichen *Prioritäten*, d.h., *zuerst* wird *potenziert, dann multipliziert* (dividiert) und *zuletzt addiert* (subtrahiert). Ist man sich über die Reihenfolge der durchgeführten Operationen nicht sicher, so empfiehlt sich das Setzen zusätzlicher Klammern.

◆

Für *Dezimalzahlen* müssen bei EXCEL das *Komma* und bei den anderen Systemen DERIVE, MAPLE, MATHCAD und MATHEMATICA statt des Kommas der *Dezimalpunkt* verwendet werden.

◆

Bereits bei den *Grundrechenoperationen* zeigt sich das *Grundprinzip* des *exakten Rechnens* der Computeralgebra-Programme:

So erhält man für

$$\frac{1}{3} + \frac{1}{4} \quad \text{das } \textit{exakte Ergebnis} \quad \frac{7}{12}$$

und nicht die *Gleitkommanäherung* 0.58333....

◆

Die *Vorgehensweise* zur *exakten Berechnung* eines *Zahlenausdrucks* A mittels der einzelnen Programme ist folgende:

DERIVE Der Ausdruck A wird mittels **Author:** A eingegeben und mittels **Simplify** berechnet, d.h., es ist die *Menüfolge*

Author: A ⇒ **Simplify** anzuwenden.

MAPLE Der *Ausdruck* A wird *eingegeben* und mit einem *Semikolon abgeschlossen*, d.h. A ;

Abschließend wird durch Drücken der ⏎-Taste die Berechnung ausgelöst.

MATHCAD Der *Ausdruck* A wird unter Verwendung der Operatorpaletten *eingegeben* und mit einer *Selektionsbox umrahmt*.

Danach bestehen *drei Berechnungsmöglichkeiten* :

I. Aktivierung der *Menüfolge* **Symbolic** ⇒ **Simplify**

II. Aktivierung der *Menüfolge* **Symbolic** ⇒ **Evaluate** ⇒ **Evaluate Symbolically**

III. Eingabe des *symbolischen Gleichheitszeichens* →

MATHEMA-TICA Der *Ausdruck* A wird *eingegeben* und abschließend wird durch *Drücken* der ⌐Einfg⌐–*Taste* die *Berechnung ausgelöst*.

Wenn man anstatt der Zahlenausdrücke allgemeine *Funktionsausdrücke* betrachtet, so sind weiter Operationen möglich, wie *umformen, differenzieren, integrieren*.

Diese Operationen bilden den Gegenstand des Hauptteils des Buches (ab Kap. 8).

In allen *Rechnungen* läßt sich die umfangreiche Palette der in den Programmen *integrierten Funktionen* und *Konstanten* (siehe Abschn. 2.3 und Kap. 7) *anwenden*.

Falls Unklarheiten wegen der *Schreibweise* dieser *Funktionen* und *Konstanten* bestehen, so bieten die einzelnen Programmsysteme *Hilfen* an, wie im Kap.7 ausführlich beschrieben wird.

Möchte man als Ergebnis einer Rechnung eine *Gleitkommazahl* erhalten, so sind *Numerikkommandos* anzuwenden, die im folgenden beschrieben werden.

Falls bei einem Programm das Kommando (die Menüfolge) zur exakten (symbolischen) Berechnung eines *Ausdrucks* A kein Ergebnis liefert oder als Ergebnis eine Gleitkommazahl benötigt wird, kann das entsprechende *Numerikkommando* zur *näherungsweisen Berechnung* herangezogen werden:

DERIVE In der *Menüfolge* zur *exakten Berechnung* ist das Menü **Simplify** *durch* **approX** zu *ersetzen*, wenn kein gesondertes Numerikkommando existiert.

Beispiel 6.1:

DERIVE berechnet mittels

a) **Author:** (sin(3) + sqrt(2))/(sqrt(3) + cos(5)) $\Rightarrow$ **approX**

für den *Zahlenausdruck*

$$\frac{\sin 3 + \sqrt{2}}{\sqrt{3} + \cos 5}$$ den *Näherungswert* 0. 77160468

b) **Author:** exp(x^2) $\Rightarrow$ **Calculus** $\Rightarrow$ **Integrate (expression: #...**
   variable: x **Lower limit:** 1 **Upper limit:** 2) $\Rightarrow$ **approX**
   das nicht exakt berechenbare *bestimmte Integral*

$$\int_1^2 e^{x^2}\, dx \;\; \textit{näherungsweise zu } 14.98998$$

♦

MAPLE

Es ist das Numerikkommando *evalf* folgendermaßen anzuwenden:

* **evalf** (Kommando zur exakten Berechnung) ;

  eingeben, wenn das *Kommando* zur *exakten Berechnung* kein Ergebnis liefert

* **evalf** (") ;

  an das Kommando zur exakten Berechnung anschließen, wenn man das Ergebnis als Gleitkommazahl benötigt.

Beispiel 6.2:

MAPLE berechnet mittels

a) **evalf** ((sin(3) + sqrt(2))/(sqrt(3) + cos(5))) ;

   für den *Zahlenausdruck*

$$\frac{\sin 3 + \sqrt{2}}{\sqrt{3} + \cos 5} \quad \text{den } \textit{Näherungswert } 0.\,77160468$$

b) **evalf** (**integrate** (exp(x^2) , x = 1 .. 2)) ;

   das nicht exakt berechenbare *bestimmte Integral*

$$\int_1^2 e^{x^2}\, dx \;\; \textit{näherungsweise zu } 14.98998$$

♦

MATHCAD

Der zu berechnende *Ausdruck* A ist unter Verwendung der Operatorpaletten *einzugeben* und mit einer *Selektionsbox* zu *umrahmen*. Abschließend ist das *numerische Gleichheitszeichen* = einzutippen.

Beispiel 6.3:

MATHCAD berechnet mittels

a)

$$\frac{\sin(3) + \sqrt{2}}{\sqrt{3} + \cos(5)} = 0.771604675769529 \quad \blacksquare$$

für den *Zahlenausdruck*

$$\frac{\sin 3 + \sqrt{2}}{\sqrt{3} + \cos 5} \quad \text{den angegebenen } \textit{Näherungswert.}$$

b)

$$\int_1^2 e^{\left(x^2\right)}\, dx = 14.98997602103329 \quad \blacksquare$$

das nicht exakt berechenbare *bestimmte Integral*

$$\int_1^2 e^{x^2}\, dx \quad \textit{näherungsweise} \text{ zu } 14.98998$$

◆

MATHEMA-TICA

Man muß entweder **N** *vor* oder // **N** *hinter* das *symbolische Kommando* zur Berechnung des Ausdrucks A setzen.

Beispiel 6.4:

a) Jedes der beiden *Kommandos*

    * (Sin[3] + Sqrt[2])/(Sqrt[3] + Cos[5]) // **N**

    * **N** [(Sin[3] + Sqrt[2])/(Sqrt[3] + Cos[5])]

berechnet für den *Zahlenausdruck*

$$\frac{\sin 3 + \sqrt{2}}{\sqrt{3} + \cos 5} \quad \text{den } \textit{Näherungswert } 0.\,77160468$$

b) Jedes der beiden *Kommandos*

    * **NIntegrate** [Exp[x^2] , { x , 1 , 2 }]

    * **Integrate** [Exp[x^2] , { x , 1 , 2}] // **N**

berechnet das nicht exakt berechenbare *bestimmte Integral*

$$\int_1^2 e^{x^2}\, dx \quad \textit{näherungsweise} \text{ zu } 14.98998.$$

◆

EXCEL

Ein zu berechnender *Zahlenausdruck* A ist *als Formel*, d.h. mit vorangehenden Gleichheitszeichen, einzugeben und abschließend ist die ⏎-Taste zu drücken. In dem Ausdruck eventuell vorkommende Funktionen können mit dem *Funktions-Assistenten* eingefügt werden (siehe Kap. 3).

Beispiel 6.5:

Für den *Ausdruck*

$$\frac{\sin 3 + \sqrt{2}}{\sqrt{3} + \cos 5} \quad \text{wird in EXCEL durch Eingabe von}$$

$$= \frac{\sin(3) + \text{wurzel}(2)}{\text{wurzel}(3) + \cos(5)} \text{ der } \textit{Näherungswert } 0.\,77160468 \textit{ berechnet.}$$

◆

Durch Anwendung der behandelten *Numerikkommandos* für die *Berechnung* eines *Ausdrucks* (*Zahlenausdrucks*) erhält man als *Näherung* (Approximation) eine *Gleitkommazahl*, deren *Stellenzahl* mittels der folgenden *Kommandos/Menüfolgen* eingestellt werden kann:

DERIVE   Die Eingabe der *Menüfolge*
Option ⇒ **Precision** ⇒ **Approximate** ⇒ **Digits**: *Anzahl der Stellen*
bestimmt die *Anzahl* der ausgegebenen *Dezimalstellen.*
♦

MAPLE   Die Eingabe des *Kommandos*
Digits:= *Anzahl der Stellen* ;
bestimmt die *Anzahl* der ausgegebenen *Dezimalstellen.*
♦

MATHCAD   Die Eingabe der *Menüfolge*
Math ⇒ **Numerical Format**: *Anzahl der Stellen* (max. 15)
bestimmt die *Anzahl* der ausgegebenen *Dezimalstellen.*
♦

MATHEMA-TICA   Mittels des *Numerikkommandos* **N**[A , S] wird die Anzahl der gewünschten *Dezimalstellen* S bei der Berechnung des Ausdrucks A bestimmt.
♦

EXCEL   Nach der *Eingabe* der *Menüfolge*
Format ⇒ **Zellen...**
erscheint eine *Dialogbox*, in der bei Zahlen (Zahl) die Anzahl der ausgegebenen *Dezimalstellen* eingestellt werden kann (maximal 30 Stellen).

7   Konstanten, Variablen und integrierte Funktionen

Die einzelnen *Programmsysteme enthalten* eine Vielzahl von *vordefinierten Konstanten* und *integrierten Funktionen,* von denen wir im folgenden die für die Wirtschaftsmathematik wichtigen betrachten.

Weitere integrierte Funktionen werden in den einzelnen Kapitel des Hauptteils erklärt. Die in den Programmsystemen integrierten *Funktionen* zur *Dateneingabe* und *-ausgabe* haben wir bereits im *Abschn.* 4.2 kennengelernt.

Da in den Programmsystemen unterschiedliche Schreibweisen auftreten können, geben wir die *Darstellung* der *Konstanten* und *Funktionen* für jedes Programmsystem in *tabellarischer Form* an.

Betrachten wir zuerst die Schreibweise wichtiger *mathematischer Größen, Konstanten* und *Einheiten* in den einzelnen Programmsystemen:

	DERIVE	MAPLE	MATHCAD	MATHE-MATICA	EXCEL
$\pi = 3{,}14159...$	**pi**	**Pi**	π (Palette1)	**Pi**	**pi()**
$e = 2{,}71828...$	$\hat{e}$	**E**	e	**E**	**exp**(1)
$i = \sqrt{-1}$	$\hat{i}$	**I**	**1i**	**I**	
∞ Unendlich	**inf**	**infinity**	∞ (Palette1)	**Infinity**	

Bei EXCEL ist bei der *Darstellung* von *Konstanten* folgendes zu beachten:

* Bei π sind an die *Bezeichnung* pi unmittelbar ohne Leerzeichen die öffnende und schließende *runde Klammer* anzuschließen, d.h. **pi()**.

* Für die *Zahl* **e** existiert keine extra Bezeichnung. Man kann sie nur mittels der *Exponentialfunktion* mit dem Argument 1 darstellen, d.h. **exp**(1).

* Da EXCEL nur numerische Rechnungen gestattet, ist das Fehlen von **i** und ∞ verständlich.

    ♦

Aus der Vielzahl der integrierten mathematischen Funktionen geben wir im folgenden nur die wichtigsten:

- *trigonometrische Funktionen* und ihre *Umkehrfunktionen*

	DERIVE	MAPLE	MATH-CAD	MATHE-MATICA	EXCEL
cos x	**cos(x)**	**cos(x)**	**cos(x)**	**Cos[x]**	**cos(x)**
cot x	**cot(x)**	**cot(x)**	**cot(x)**	**Cot[x]**	
sin x	**sin(x)**	**sin(x)**	**sin(x)**	**Sin[x]**	**sin(x)**
tan x	**tan(x)**	**tan(x)**	**tan(x)**	**Tan[x]**	**tan(x)**
arccos x	**acos(x)**	**arccos(x)**	**acos(x)**	**ArcCos[x]**	**arccos(x)**
arccot x	**acot(x)**	**arccot(x)**	**acot(x)**	**ArcCot[x]**	
arcsin x	**asin(x)**	**arcsin(x)**	**asin(x)**	**ArcSin[x]**	**arcsin(x)**
arctan x	**atan(x)**	**arctan(x)**	**atan(x)**	**ArcTan[x]**	**arctan(x)**

- *hyperbolische Funktionen* und ihre *Umkehrfunktionen*

	DERIVE	MAPLE	MATH-CAD	MATHE-MATICA	EXCEL
cosh x	**cosh(x)**	**cosh(x)**	**cosh(x)**	**Cosh[x]**	**coshyp(x)**
coth x	**coth(x)**	**coth(x)**	**coth(x)**	**Coth[x]**	
sinh x	**sinh(x)**	**sinh(x)**	**sinh(x)**	**Sinh[x]**	**sinhyp(x)**
tanh x	**tanh(x)**	**tanh(x)**	**tanh(x)**	**Tanh[x]**	**tanhyp(x)**
arcosh x	**acosh(x)**	**arccosh(x)**	**acosh(x)**	**ArcCosh[x]**	**arccoshyp(x)**
arcoth x	**acoth(x)**	**arccoth(x)**	**acoth(x)**	**ArcCoth[x]**	
arsinh x	**asinh(x)**	**arcsinh(x)**	**asinh(x)**	**ArcSinh[x]**	**arcsinhyp(x)**
artanh x	**atanh(x)**	**arctanh(x)**	**atanh(x)**	**ArcTanh[x]**	**arctanhyp(x)**

- *Exponentialfunktionen* und ihre *Umkehrfunktionen*

	DERIVE	MAPLE	MATH-CAD	MATHE-MATICA	EXCEL
e^x	**exp(x)**	**exp(x)**	**exp(x)**	**Exp[x]**	**exp(x)**
ln x	**ln(x)**	**ln(x)**	**ln(x)**	**Log[x]**	**ln(x)**
a^x	**a^x**	**a^x**	**a^x**	**a^x**	**a^x**
$\log_a x$	**log(x,a)**	**log[a](x)**		**Log[a,x]**	**log(x ; a)**

MATHCAD kennt neben dem *natürlichen Logarithmus* ln(x) nur noch den *Zehnerlogarithmus* log(x)

- *sonstige Funktionen*

	DERIVE	MAPLE	MATHCAD	MATHE-MATICA	EXCEL
Wurzel $\sqrt{x}$	**sqrt**(x)	**sqrt**(x)	$\sqrt{x}$ (Palette1)	**Sqrt**[x]	**Wurzel**(x)
Betrag $\|x\|$	**abs**(x)	**abs**(x)	$\|x\|$ (Palette1)	**Abs**[x]	**abs**(x)
Potenz x^α	**x^α**	**x^α**	**x^α**	**x^α**	**x^α**
Vorzeichen von x	**sign**(x)	**signum**(x)		**Sign** [x]	**Vorzeichen**(x)
Aufrunden von x	**ceiling**(x)	**ceil**(x)	**ceil**(x)	**Ceiling**[x]	**Aufrunden** (x ; 0)
Abrunden von x	**floor**(x)	**floor**(x)	**floor**(x)	**Floor**[x]	**Abrunden** (x ; 0)
Runden von x	**round**(x)	**round**(x)		**Round**[x]	**Runden** (x ; 0)
Maximum von n Zahlen x1 , ... , xn	**max**(x1,... ,xn)	**max**(x1,..., xn)	x:=(x1... xn) **max**(x)=	**Max**[x1,... ,xn]	**Max**(x1;...; xn)
Minimum von n Zahlen x1 , ... , xn	**min**(x1,..., xn)	**min**(x1,..., xn)	x:=(x1... xn) **min**(x)=	**Min**[x1,..., xn]	**Min**(x1 ;...; xn)

Bei den *Rundungsfunktionen* bedeuten

* *Aufrunden*, daß zur nächst *größeren ganzen Zahl aufgerundet* wird,
* *Abrunden*, daß zur nächst *kleineren ganzen Zahl abgerundet* wird,
* *Runden*, daß zur am *nächsten gelegenen ganzen Zahl auf-* oder *abgerundet* wird.

Die *Rundungsfunktionen* von DERIVE sind *nur anwendbar*, wenn vorher die *Zusatzdatei* NUMBER.MTH *geladen* wurde.

♦

Die *Argumente* der integrierten *Funktionen* sind bei DERIVE, MAPLE, MATHCAD und EXCEL in *runde* und bei MATHEMATICA in *eckige Klammern* einzuschließen.

♦

Bei den Programmsystemen DERIVE, MAPLE, MATHCAD und MA-THEMATICA, die die *Konstante* e kennen, kann die *e-Funktion* e^x zusätzlich durch e^x bzw. E^x eingegeben werden.

♦

Die *Argumente* für die *trigonometrischen Funktionen* sind im *Bogenmaß* einzugeben. Der *Funktionswert* ihrer *inversen Funktionen* wird im *Bogenmaß* ausgegeben.

MATHCAD gestattet zusätzlich die *Verwendung* des *Gradmaßes* (siehe [2]).

♦

Die *Berechnung exakter* oder *numerischer Werte* für die integrierten *Funktionen* geschieht in der im Kap. 6 beschriebenen Weise.

Betrachten wir die Vorgehensweise am Beispiel der Berechnung der *Quadratwurzel* von *2* :

- *reelle Zahlen*, die als *Symbole eingegeben* werden wie die *Quadratwurzel* von *2*, d.h. $\sqrt{2}$, werden bei *exakter Berechnung* nicht verändert, wie im Abschn. 2.1.1 begründet wird.

- Die *numerische Berechnung* der *Quadratwurzel* von *2* geschieht in den einzelnen Programmsystemen *folgendermaßen*:

  * bei DERIVE mittels **Author: sqrt** (2) ⇒ **approX**

  * bei MAPLE mittels **evalf** (**sqrt** (2)) **;**

  * bei MATHCAD mittels des *numerischen Gleichheitszeichens*

    $$\sqrt{2} = 1.414213562373095 \quad ■$$

  * bei MATHEMATICA mittels **Sqrt** [2] **// N** oder **N** [**Sqrt** [2]]

  * bei EXCEL mittels = **Wurzel** (2)

    ♦

Falls man eine *komplette Übersicht* über sämtliche in den Programmsystemen *integrierten Funktionen* haben möchten, so kann dies in den einzelnen Systemen folgendermaßen geschehen:

DERIVE   Durch Aktivierung der *Menüfolge* **Help** ⇒ **Functions** aus der *Kommando-Menüleiste* kann man sich sämtliche integrierten *Funktionen erklären* lassen.

MAPLE   Durch Aktivierung der *Menüfolge* **Help** ⇒ **Contents** ⇒ **Mathematics** kann man sich sämtliche integrierten mathematischen *Funktionen erklären* lassen.

MATHCAD   Durch eine der folgenden Aktivitäten:

  * *Aktivierung* der *Menüfolge* **Math** ⇒ **Choose Function...**

  * *Anklicken* des *Symbols*

  in der *Symbolleiste*

erscheint eine *Dialogbox*, in der sämtliche in MATHCAD *integrierten Funktionen* aufgeführt und erklärt werden und durch Mausklick an der gewünschten Stelle eingefügt werden können.

MATHEMA-TICA

Durch Aktivierung der *Menüfolge*

Help ⇒ Contents ⇒ Kernel Help ⇒ Alphabetical listing

kann man sich sämtliche integrierten *Funktionen erklären* lassen.

EXCEL

Durch Anklicken des *Funktions-Assistenten*

in der *Symbolleiste* erscheint eine *Dialogbox*, in der alle in EXCEL *integrierten Funktionen* aufgeführt und erklärt werden und durch Mausklick in die gewünschte freie Zelle der aktuellen Tabelle eingefügt werden können.

Die Programmsysteme können natürlich nicht sämtliche für praktische Aufgabenstellungen benötigten Funktionen enthalten. Deshalb gestatten sie die *Definition eigener Funktionen*, wie im Abschn. 12.3 beschrieben wird.

♦

Betrachten wir die Problematik der *Variablen* in den einzelnen *Programmsystemen*. Variablen spielen in der Wirtschaftsmathematik eine große Rolle. Sie treten in Formeln und Ausdrücken auf:

Die erste Fragestellung in der Arbeit mit *Variablen* betrifft deren *Darstellungsmöglichkeiten* in den einzelnen *Programmsystemen*. Die Systeme besitzen *unterschiedliche Vorgehensweisen* für die *Bezeichnung* der *Variablen* und die *Darstellung indizierter Variablen*, wie im folgenden erläutert wird:

DERIVE

DERIVE gestattet *keine Darstellung indizerter Variablen* der Form

x_k bzw. x_{ik}

Man kann diese nur in der Form xk bzw. xik darstellen, d.h., durch *Variablen*, die aus *mehreren Zeichen* (*Buchstaben* und *Ziffern*) bestehen.

Um jedoch in DERIVE *Variablen* verwenden zu können, deren Namen aus *mehreren Zeichen* bestehen, muß vorher mittels der *Menüfolge* **Options ⇒ Input** (⇒ **MODE: Word**) auf *Worteingabe umgeschaltet* werden. Ohne diese Umschaltung akzeptiert DERIVE nur Variablennamen, die aus einem Buchstaben bestehen.

DERIVE *unterscheidet* bei *Variablennamen nicht* zwischen *Groß-* und *Kleinschreibung*. Jeder *Variablennamen* muß mit einem *Buchstaben beginnen*.

MAPLE

MAPLE gestattet die *Darstellung indizerter Variablen* x_k bzw. x_{ik} in der *Form* x [k] bzw. x [i , k]

Des weiteren sind in MAPLE *Variablennamen* zugelassen, die aus *mehreren Zeichen* (*Buchstaben* und *Ziffern*) bestehen, so daß für indizierte Variablen auch die Darstellung xk bzw. xik möglich ist.

MAPLE *unterscheidet* bei *Variablennamen* zwischen *Groß-* und *Kleinschreibung*. Jeder *Variablennamen* muß mit einem *Buchstaben beginnen*.

MATHCAD

MATHCAD besitzt von allen Programmsystemen die weitreichendsten Möglichkeiten bei der Bezeichnung von Variablen.

Variablennamen lassen sich in der üblichen Form sowohl durch *Kombination* von *Buchstaben* (auch griechischen) und *Zahlen* (z.B. x, y, x1, y2, ab3) als auch in *indizierter Form* (z.B. x_1, y_n, z_a, $a_{i,k}$) darstellen, wobei MATHCAD zwischen *Groß-* und *Kleinschreibung unterscheidet*. Jeder *Variablennamen* muß mit einem *Buchstaben beginnen*.

Bei der *Darstellung indizierter Variablen* bietet MATHCAD in Abhängigkeit vom Verwendungszweck *zwei Möglichkeiten*:

I. Möchte man eine *Variable* x_i als *Komponente* eines *Vektors* **x** interpretieren (siehe Abschn. 9.1), so muß man diese durch Anklicken des *Operators*

aus der *Operatorpalette* Nr.4 (*Matrixpalette*) erzeugen, indem man in die erscheinenden *Platzhalter*

x und den *Index* (*Feldindex*) i einträgt und damit x_i erhält.

II. Ist man nur an einer *Variablen* x mit *tiefgestelltem Index* i interessiert, so erhält man diese, indem man nach der Eingabe von x einen Punkt eintippt. Die anschließende Eingabe von i erscheint jetzt tiefgestellt und man erhält x_i .

Man bezeichnet diese Art von Index als *Literalindex* im Gegensatz zum *Feldindex* aus I.

Der *Unterschied* zwischen diesen beiden Arten von *indizierten Variablen* ist schon *optisch* zu *erkennen*, da beim *Literalindex* zwischen Variable und Index ein Leerzeichen steht und der Literalindex die gleiche Größe wie die Variable besitzt.

MATHCAD gestattet die *Definition* sogenannter *Bereichsvariablen* v mittels v := a , a + Δv.. b unter Verwendung des *Operators*

   aus der *Operatorpalette* Nr.4 (*Matrixpalette*)   

die alle Werte zwischen a und b mit der *Schrittweite* Δv annehmen.

Bereichsvariablen benötigt man u.a. zur *grafischen Darstellung* von Funktionen (siehe Abschn. 12.2) und zur Bildung von *Schleifen* (*Iterationen* – siehe Abschn. 5.2).

Fehlt die *Schrittweite* Δv, d.h., definiert man die *Bereichsvariable* v in der *Form* v := a .. b , so nimmt v die Werte zwischen a und b mit der *Schrittweite* 1 an, d.h. v = a, a+1, a+2, ... , b .

Die Anwendung von Bereichsvariablen wird im folgenden Beispiel demonstriert.

Beispiel 7.1:

a) Wir definieren *Bereichsvariablen* u und v in den Bereichen [1.2,2.1] bzw. [–3,5] mit der Schrittweite 0.1 bzw. 1 und geben die berechneten Werte als *Wertetabelle* (*Ausgabetabelle*) aus (durch Eingabe des *numerischen Gleichheitszeichens*):

u := 1.2 , 1.3 .. 2.1   v := – 3 .. 5

u
1.2
1.3
1.4
1.5
1.6
1.7
1.8
1.9
2
2.1

v
– 3
– 2
– 1
0
1
2
3
4
5

b) Berechnen wir die Funktion sin x für die Werte x = 1, 2, 3, ... , 7, indem wir x als *Bereichsvariable* definieren (mit der Schrittweite 1) :

$$x := 1..7$$

$$x \quad \sin(x)$$

x	sin(x)
1	0.841
2	0.909
3	0.141
4	-0.757
5	-0.959
6	-0.279
7	0.657

Die Eingabe des *numerischen Gleichheitszeichens* nach x und sin(x) liefert die Werte der Bereichsvariablen x bzw. die *Wertetabelle (Ausgabetabelle)* für die Funktion sin x.

◆

MATHEMA-TICA

MATHEMATICA gestattet die *Darstellung indizierter Variablen* x_k bzw. x_{ik} in der *folgenden Form* x [k] bzw. x [i , k] ,

wobei allerdings eine *andere Form* mit doppelten Klammern gefordert wird, wenn man *Elemente* von *Vektoren* und *Matrizen* darstellen möchte (siehe Abschn. 9.1).

Des weiteren sind in MATHEMATICA *Variablennamen* zugelassen, die aus *mehreren Zeichen (Buchstaben* und *Ziffern)* bestehen, so daß für indizierte Variablen auch die Darstellung xk bzw. xik möglich ist.

MATHEMATICA *unterscheidet* bei *Variablennamen* zwischen *Groß-* und *Kleinschreibung.* Jeder *Variablenname* muß mit einem *Buchstaben beginnen.*

EXCEL

EXCEL gestattet *keine Darstellung indizierter Variablen* der Form x_k bzw. x_{ik}

Variablennamen mit Zahlen der Gestalt x1, x2, ... sollten ebenfalls nicht verwendet werden, da diese mit Zelladressen verwechselt werden können.

Es empfiehlt sich die *Verwendung* von *Variablennamen,* die aus *mehreren Buchstaben* bestehen. EXCEL *unterscheidet* bei Variablennamen *nicht* zwischen *Groß-* und *Kleinschreibung.* Jeder *Variablenname* muß mit einem *Buchstaben beginnen.*

◆

Bei der Festlegung von *Variablennamen* sollte man in allen Programmsystemen zusätzlich *beachten*, daß keine *Namen integrierter Funktionen* oder *vordefinierter Konstanten* der einzelnen Programmsysteme verwendet werden, da diese dann nicht mehr verfügbar sind.

♦

Im Rahmen der *Matrizenrechnung* (Abschn. 9.1) wird auf die Anwendung *indizierter Variablen* ausführlich eingegangen.

♦

Variablen können in den Programmsystemen DERIVE, MAPLE, MATHCAD und MATHEMATICA durch *Zuweisungsoperatoren* (siehe Abschn. 5.1) *Zahlen* oder *Konstanten* zugewiesen werden. Bei EXCEL ist hier eine andere Vorgehensweise erforderlich, wie im Abschn. 5.1 beschrieben ist.

8   Umformung von Ausdrücken

Die *Umformung (Manipulation)* von *algebraischen* und *transzendenten Ausdrücken* bilden einen *Schwerpunkt* in der Anwendung von *Computeralgebra-Programmen*. Man benötigt diese Umformungen häufig bei Aufgaben der Wirtschaftsmathematik, so z.B. bei der Umformung der Formeln der Finanzmathematik.

Da EXCEL nur numerische Rechnungen zuläßt, können hiermit *keine Ausdrücke umgeformt* werden.

♦

Unter einem *algebraischen Ausdruck* versteht man eine Zusammenstellung von Zahlen und Buchstaben (Variablen und Konstanten) unter Verwendung der *Rechenoperationen*

+	−	*	/	∧

Illustrieren wir die *Gestalt algebraischer Ausdrücke* im folgenden Beispiel.

Beispiel 8.1:

Im folgenden sehen wir *algebraische Ausdrücke.*

a) $(a+b)^3$ b) $a^3 + 3a^2b + 3ab^2 + b^3$ c) $\dfrac{a+b}{a^2 - b + c}$

d) $\dfrac{x^3 + x + 1}{3x^4 + 2x^3 + x}$ e) $\dfrac{1}{1+x} + \dfrac{1}{1-x}$ f) $\dfrac{(x^2 - 1)(x^2 + 1)}{(x-1)(x+1)}$

♦

Transzendente Ausdrücke werden wie algebraische Ausdrücke gebildet, wobei zusätzlich Exponentialfunktionen, trigonometrische und hyperbolische Funktionen und deren Umkehrfunktionen auftreten können.

Beispiel 8.2:

Im folgenden sehen wir *transzendente Ausdrücke.*

a) $\dfrac{\cos(x+y)}{\sin x \cdot \sin y}$,   b) $\dfrac{e^{a+x}}{\tan x}$,   c) $\dfrac{\ln x + e^x}{\sin x + a^{2x}}$

◆

Algebraische Ausdrücke lassen sich

- *vereinfachen* (kürzen, zusammenfassen)

  Beispiel 8.3:

  a) $\dfrac{x^2-1}{x+1} = x-1$ b) $\dfrac{x}{x-1} - \dfrac{1}{x-1} = 1$

  c) $\dfrac{x^2+2xy+y^2}{x^2-y^2} = \dfrac{x+y}{x-y}$

  ◆

- in *Partialbrüche* zerlegen

  Beispiel 8.4:

  $$\dfrac{2x}{x^2-1} = \dfrac{1}{x+1} + \dfrac{1}{x-1}$$

  ◆

- *potenzieren* (Anwendung des *binomischen Satzes*: Sonderfall für *Multiplizieren*)

  Beispiel 8.5:

  $$(a+b)^3 = a^3 + 3a^2b + 3ab^2 + b^3$$

  ◆

- *multiplizieren*

  Beispiel 8.6:

  $$\dfrac{1}{x^2-1} * \dfrac{x+1}{x+2} = \dfrac{1}{(x-1)(x+2)}$$

  $$(x+1)^2 * (x-1) = x^3 + x^2 - x - 1$$

  ◆

- *faktorisieren* (als inverse Operation zum Multiplizieren)

  Beispiel 8.7:

  $$x^3 + x^2 - x - 1 = (x+1)^2(x-1)$$

  $$a^3 + 3a^2b + 3ab^2 + b^3 = (a+b)^3$$

  ◆

- auf einen *gemeinsamen Nenner* bringen

Beispiel 8.8:

$$\frac{1}{x+1} + \frac{1}{x+2} = \frac{2x+3}{(x+1)(x+2)}$$

♦

Betrachten wir im folgenden die *Kommandos/Menüfolge* für die obigen Operationen in den einzelnen Computeralgebra-Programmen, wobei der konkrete *algebraische Ausdruck* mit A bezeichnet wird.

8.1   Vereinfachung

Im folgenden betrachten wir *Kommandos/Menüfolgen* in den einzelnen Programmsystemen, die gegebenene *Ausdrücke* A *vereinfachen* (siehe Beispiel 8.3):

DERIVE   Die Anwendung der *Menüfolge* **Author:** A ⇒ **Simplify** *vereinfacht* den *Ausdruck* A.

MAPLE   Das *Kommando* **simplify** (A) ; *vereinfacht* den *Ausdruck* A.

MATHCAD   Der *Ausdruck* A wird *eingegeben* und mit einer *Selektionsbox* umrahmt. Danach bewirkt die *Menüfolge* **Symbolic** ⇒ **Simplify** die *Vereinfachung* des *Ausdrucks* A.

MATHEMA-TICA   Das *Kommando* **Simplify** [A] *vereinfacht* den *Ausdruck* A.

♦

8.2   Partialbruchzerlegung

Der betrachtete *gebrochenrationale Ausdruck* A sei eine Funktion von x, d.h. A(x).

Im folgenden betrachten wir *Kommandos/Menüfolgen* in den einzelnen Programmsystemen, die gegebene *Ausdrücke* A(x) in *Partialbrüche zerlegen* (siehe Beispiel 8.4, 8.9):

DERIVE   Die Anwendung der *Menüfolge* **Author:** A(x) ⇒ **Expand** *zerlegt* den *Ausdruck* A(x) in *Partialbrüche*.

MAPLE   Das *Kommando* **convert** (A(x) , parfrac , x) ; *zerlegt* den *Ausdruck* A(x) in *Partialbrüche*.

MATHCAD   Der *Ausdruck* A(x) wird *eingegeben* und die *Variable* x *markiert*. Anschließend bewirkt die *Menüfolge*

Symbolic ⇒ **Convert to Partial Fraction**

die *Partialbruchzerlegung* des *Ausdrucks* A(x).

**MATHEMA-
TICA**

Das *Kommando* **Apart** [A(x)] *zerlegt* den *Ausdruck* A(x) in *Partialbrüche.*

♦

Wenn das *Nennerpolynom komplexe Nullstellen* besitzt, können bei allen Programmen Schwierigkeiten bei der Partialbruchzerlegung auftreten.

♦

Beispiel 8.9:

Alle Programme scheitern bei der *Partialbruchzerlegung* schon an der einfachen *Funktion*

a) $\dfrac{1}{x^4+1}$

die die *Partialbruchzerlegung*

$$\frac{1}{2\sqrt{2}}\cdot\frac{x+\sqrt{2}}{x^2+\sqrt{2}\cdot x+1}-\frac{1}{2\sqrt{2}}\cdot\frac{x-\sqrt{2}}{x^2-\sqrt{2}\cdot x+1}$$

besitzt.

Dagegen liefern z.B. *alle Programme* die *Partialbruchzerlegung*

b) $\dfrac{x+2}{x^6+x^4-x^2-1}=\dfrac{3}{8}\dfrac{1}{x-1}-\dfrac{1}{8}\dfrac{1}{x+1}-\dfrac{1}{2}\dfrac{x+2}{(x^2+1)^2}-\dfrac{1}{4}\dfrac{x+2}{x^2+1}$

♦

8.3   Potenzieren

Im folgenden betrachten wir *Kommandos/Menüfolgen* in den einzelnen Programmsystemen, die gegebene *Ausdrücke* A *potenzieren* (siehe Beispiel 8.5):

DERIVE

Die Anwendung der *Menüfolge* **Author:** A ⇒ **Expand** *potenziert* den *Ausdruck* A.

MAPLE

Das *Kommando* **expand**(A) ; *potenziert* den *Ausdruck* A.

MATHCAD

Der *Ausdruck* A wird *eingegeben* und mit einer *Selektionsbox* umrahmt. Anschließend bewirkt die *Menüfolge*

Symbolic ⇒ Expand Expression

die *Potenzierung* des *Ausdrucks* A.

**MATHEMA-
TICA**

Das *Kommando* **Expand**[A] *potenziert* den *Ausdruck.*

♦

Beispiel 8.10:

Alle Programmsysteme berechnen die *Potenz*

$$(a+b+c)^3 =$$

$$a^3 + 3 \cdot a^2 \cdot b + 3 \cdot a^2 \cdot c + 3 \cdot a \cdot b^2 + 6 \cdot a \cdot b \cdot c + 3 \cdot a \cdot c^2 + b^3 + 3 \cdot b^2 \cdot c$$

$$+ 3 \cdot b \cdot c^2 + c^3$$

◆

8.4 Multiplikation von Ausdrücken

Im folgenden betrachten wir *Kommandos/Menüfolgen* in den einzelnen Programmsystemen, die gegebene *Ausdrücke* A *ausmultiplizieren* (siehe Beispiel 8.6 und 8.11):

DERIVE Die Anwendung der *Menüfolge* **Author:** A $\Rightarrow$ **Expand** bewirkt die *Ausmultiplikation* des *Ausdrucks* A.

MAPLE Das *Kommando* **expand** (A) ; bewirkt die *Ausmultiplikation* des *Ausdrucks* A.

MATHCAD Der *Ausdruck* A wird *eingegeben* und mit einer *Selektionsbox* umrahmt. Anschließend bewirkt die *Menüfolge*

Symbolic $\Rightarrow$ **Expand Expression**

die *Ausmultiplikation* des *Ausdrucks* A.

MATHEMA-TICA Die *Kommandos* **Expand** [A] oder **Simplify** [A] bewirken die *Ausmultiplikation* des *Ausdrucks* A.

◆

Es sind bei allen Programmen die *zu multiplizierenden Ausdrücke* in der üblichen Schreibweise als ein *Gesamtausdruck* A einzugeben und hierauf die Kommandos *expand* bzw. *simplify* anzuwenden.

◆

Beispiel 8.11:

Alle Programmsysteme berechnen die folgende *Multiplikation*

$$(x^2 + x + 1)*(x^3 - x^2 + 1) = x^5 + x + 1$$

◆

8.5 Faktorisierung

Im folgenden betrachten wir *Kommandos/Menüfolgen* in den einzelnen Programmsystemen, die gegebene *Ausdrücke* A *faktorisieren* (siehe Beispiel 8.7 und 8.12):

DERIVE   Die Anwendung der *Menüfolge* **Author:** A $\Rightarrow$ **Factor** ($\Rightarrow$ z.B. **Rational**) bewirkt die *Faktorisierung* des *Ausdrucks* A.

MAPLE   Das *Kommando* **factor** (A) ; bewirkt die *Faktorisierung* des *Ausdrucks* A.

MATHCAD   Der *Ausdruck* A wird *eingegeben* und mit einer *Selektionsbox* umrahmt. Anschließend bewirkt die *Menüfolge*

Symbolic $\Rightarrow$ **Factor Expression**

die *Faktorisierung* des *Ausdrucks* A.

MATHEMA-TICA   Das *Kommando* **Factor** [A] bewirkt die *Faktorisierung* des *Ausdrucks* A.

◆

Beispiel 8.12:

Mit den gegebenen Kommandos lassen sich folgende *Ausdrücke* mit allen Programmsystemen problemlos in *Faktoren zerlegen* :

a) $a^2 + 2*a*b + b^2 = (a+b)^2$

b) $x^6 + x^4 - x^2 - 1 = (x-1)(x+1)(1+x^2)^2$

◆

Die *Zerlegung* einer *natürlichen Zahl* N in *Primfaktoren* (z.B. 12345 = 3·5·823) geschieht bei DERIVE und MATHCAD ebenfalls mit dem oben gegebenen Befehl, während MAPLE hierfür das Kommando **ifactor** (N) ; und MATHEMATICA das Kommando **FactorInteger** [N] verwenden.

◆

8.6 Auf einen gemeinsamen Nenner bringen

Im folgenden betrachten wir *Kommandos/Menüfolgen* in den einzelnen Programmsystemen, die gegebene *rationale Ausdrücke* A auf einen *gemeinsamen Nenner bringen*, d.h. gleichnamig machen (siehe Beispiel 8.8 und 8.13):

DERIVE   Die Anwendung eine der *Menüfolgen*

* **Author:** A $\Rightarrow$ **Simplify**

* **Author:** A $\Rightarrow$ **Factor** $\Rightarrow$ **Trivial**

bringt den *Ausdruck* A auf einen gemeinsamen Nenner.

MAPLE   Das *Kommando* **simplify** (A) ; bringt den *Ausdruck* A auf einen gemeinsamen Nenner.

MATHCAD Der *Ausdruck* A wird *eingegeben* und mit einer *Selektionsbox umrahmt*. Anschließend bringt die *Menüfolge*

Symbolic ⇒ Simplify

den *Ausdruck* A auf einen gemeinsamen Nenner.

MATHEMA-TICA Die Anwendung eines der *Kommandos*

* **Together** [A]

* **Simplify** [A]

bringt den *Ausdruck* A auf einen gemeinsamen Nenner.

♦

Beispiel 8.13:
Alle Programmsysteme lösen die Aufgabe:

$$\frac{1}{x-1}+\frac{1}{x+1} = \frac{2x}{x^2-1} \quad \text{bzw.} \quad \frac{2x}{(x-1)(x+1)}$$

♦

8.7   Umformung transzendenter Ausdrücke

Betrachten wir die *Umformung transzendenter Ausdrücke*. Dies betrifft vor allem die Umformung *trigonometrischer Funktionen*, so z.B. die bekannten *Additionstheoreme*. Die einzelnen Programme stellen hierfür eine Reihe von *Kommandos/Menüs* zur Verfügung, wobei der umzuformende Ausdruck mit A bezeichnet wird:

DERIVE Die *Richtung* der *Umformung* wird mit der *Menüfolge*

Manage ⇒ Trigonometry (⇒ Collect oder **Expand)**

ausgewählt und danach die *Menüfolge* **Author:** A ⇒ **Simplify** angewandt.

Beispiel 8.14:

Mittels der *Umformungsrichtung* **Expand** berechnet DERIVE

$$\sin(x+y) = \cos(x)\sin(y) + \sin(x)\cos(y)$$

und mittels der *Umformungsrichtung* **Collect**

$$\sin(x)*\sin(y) = \frac{\cos(x-y) - \cos(x+y)}{2}$$

♦

MAPLE Das *Kommando*

* **expand** (A) ;

    wird für *Additionstheoreme* verwandt,

* **combine** (A , trig) ;

verwandelt Produkte trigonometrischer Funktionen in *Summen,*

* **convert** (A , F) ;

  wandelt den *Ausdruck* A in einen *Ausdruck um,* der die *Funktion* F *enthält.*

Beispiel 8.15:

Das *Kommando*

* **expand** (sin(x+y)) ;

  liefert das *Ergebnis* sin(x) cos(y) + cos(x) sin(y)

* **combine** (sin(x)*cos(y), trig) ;

  liefert das *Ergebnis* $\dfrac{\sin(x+y)+\sin(x-y)}{2}$

* **convert** (sin(2*x), tan) ;

  liefert das *Ergebnis* $2\dfrac{\tan(x)}{1+\tan(x)^2}$

  ◆

MATHCAD Der *Ausdruck* A wird *eingegeben* und mit einer *Selektionsbox umrahmt.* Anschließend kann die *Menüfolge*

Symbolic ⇒ Expand Expression

für *Additionstheoreme* verwandt werden.

Beispiel 8.16:

Die Anwendung der gegebenen *Menüfolge* auf sin(x+y) liefert das *Ergebnis* in folgender Form :

sin(x+y)   *expands to*   sin(x) · cos(y) + cos(x) · sin(y)

  ◆

MATHEMA- Durch Angabe der *Option* **Trig → True** in den Kommandos für die
TICA Umformung algebraischer Ausdrücke lassen sich *trigonometrische Ausdrücke umformen.*

Beispiel 8.17:

Das *Kommando*

* **Apart** [Cos[x+y] , Trig→True]

  liefert das *Ergebnis* Cos[x] Cos[y] − Sin[x] Sin[y]

* **Cancel** [Sin[x]*Sin[y] , Trig→True]

  liefert das *Ergebnis* $\dfrac{\text{Cos}[x-y]-\text{Cos}[x+y]}{2}$

* **Expand** [Sin[x]^3 , Trig→True]

liefert das *Ergebnis* $\dfrac{3\,\mathrm{Sin}[x] \; - \; \mathrm{Sin}[3\,x]}{4}$

*   **Factor** [(3*Sin[x] – Sin[3*x])/4 , Trig→True]

liefert das *Ergebnis* $\mathrm{Sin}[x]^3$

♦

Weitere Spezialkommandos zur Umformung trigonometrischer Ausdrücke erhält man durch Laden des Pakets

ALGEBRA`TRIGONOMETRY`.

♦

Es konnte bei allen Programmsystemen beobachtet werden, daß nicht jeder transzendente Ausdruck umgeformt wird.

9   Lineare Algebra

Im Mittelpunkt der linearen Algebra steht das Lösen *linearer Glei-chungssysteme* und damit zusammenhängender Probleme. Hierfür existiert eine *geschlossene Lösungstheorie*.

Der *Gaußsche Algorithmus* liefert einen *effektiven Lösungsalgorith-mus* zur Bestimmung aller Lösungen eines gegebenen linearen Gleichungssystems in endlich vielen Schritten.

In der *Ökonomie* spielen *lineare Gleichungssysteme* eine große Rol-le, da sie in vielen ökonomischen Modellen vorkommen (siehe Ab-schn. 9.4.2).

♦

Vektoren, *Matrizen* und *Determinanten* dienen in der *linearen Alge-bra* u.a. zur *Beschreibung* und *Lösung linearer Gleichungssysteme*.

In der *Ökonomie* haben sie eine eigenständige Bedeutung, da sich viele Probleme mit ihnen einfacher beschreiben lassen (siehe Abschn. 9.4.1).

♦

Im folgenden Abschn. 9.1 *definieren* wir *Vektoren*, *Matrizen* und *Determinanten* und verwenden diese im daran anschließenden Abschn. 9.2 zur *Lösung linearer Gleichungssysteme*. Da in der Öko-nomie *lineare Ungleichungen* ebenfalls häufig benötigt werden, be-trachten wir diese im *Abschn.* 9.3. Abschließen geben wir im *Abschn.* 9.4 einige *ökonomischen Anwendungen* für *Matrizen* und *lineare Gleichungs-* und *Ungleichungssysteme*.

9.1   Vektoren, Matrizen und Determinanten

Eine *Matrix* vom *Typ* (m,n) ist als *rechteckiges Schema* von *Elemen-ten (Zahlen)*

$$a_{ik} \qquad (i = 1, 2, \dots , m \, ; \, k = 1, 2, \dots , n)$$

mit m *Zeilen* und n *Spalten* in der Form

$$A_{(m,n)} = \begin{pmatrix} a_{11} & a_{12} & \dots & a_{1n} \\ a_{21} & a_{22} & \dots & a_{2n} \\ \vdots & \vdots & \dots & \vdots \\ a_{m1} & a_{m2} & \dots & a_{mn} \end{pmatrix}$$

definiert.

Als *Spezialfall* von *Matrizen* ergeben sich n-dimensionalen *Vektoren* in der Form

* $\mathbf{a} = (a_1, \dots, a_n)$ *Zeilenvektor* $\mathbf{a}$ (Matrix vom Typ (1,n))

* $\mathbf{a} = \begin{pmatrix} a_1 \\ \vdots \\ a_n \end{pmatrix}$ *Spaltenvektor* $\mathbf{a}$ (Matrix vom Typ (n,1))

Die eben definierten *Matrizen* spielen in der *Ökonomie* eine *wesentliche Rolle* bei der Aufstellung mathematischer Modelle, wie im Abschn. 9.4.1 an einer Reihe praktischer Beispiele gezeigt wird.

♦

Im folgenden betrachten wir die *Eingabe* von *Matrizen* und die Durchführung von *Rechenoperationen* für Matrizen bei der Anwendung der *Programmsysteme* :

* *Eingabe* von *Vektoren/Matrizen* :

  Bei der Rechnung mit Vektoren/Matrizen unter Anwendung von Computeralgebra- und Mathematik-Programmen muß man sich zuerst mit der *Eingabe* dieser *Vektoren/Matrizen* beschäftigen. Die einzelnen Programmsysteme stellen hierfür die folgenden *Kommandos* und *Menüs* zur Verfügung:

DERIVE   Mit der *Menüfolge*

* * **Declare ⇒ vectoR (Dimension: ⇒ element:)**

    lassen sich *Zeilenvektoren eingeben*, wobei hinter *Dimension:* die Dimension (Anzahl der Komponenten) des Vektors und hinter *element:* nacheinander seine einzelnen Komponenten einzutragen sind. Eine *weitere Möglichkeit* ist durch die *Eingabe* als *Liste* über das *Menü*
    Author: [$a_1, a_2, \dots, a_n$] gegeben.

  * **Declare ⇒ Matrix (Rows: Columns: ⇒ element:)**

    lassen sich *Matrizen eingeben*, wobei hinter *Rows:* die Anzahl der Zeilen, hinter *Columns:* die Anzahl der Spalten und hinter

element: nacheinander die einzelnen Elemente der Matrix zeilenweise einzutragen sind. Weiterhin besteht noch die Möglichkeit der *Eingabe* als *geschachtelte Liste* über das
Menü **Author:** $[[a_{11},...,a_{1n}] , ... , [a_{m1},...,a_{mn}]]$

Vektoren können offensichtlich auch *als Matrizen eingegeben* werden, wenn man bei *Rows:* (für *Zeilenvektoren*) bzw. bei *Columns:* (für *Spaltenvektoren*) jeweils eine *Eins* einträgt.

♦

Beispiel 9.1:

Betrachten wir die Eingabe in *Listenform* für

* *Vektoren*

a) **Author:** v:=[2 , 5 , 3 , 9 , 4 , 7]

liefert den *Zeilenvektor*

v = (2 , 5 , 3 , 9 , 4 , 7) *während*

Author: v:=[[2] , [5] , [3] , [9] , [4] , [7]]

den folgenden *Spaltenvektor* liefert

$$\mathbf{v} = \begin{pmatrix} 2 \\ 5 \\ 3 \\ 9 \\ 4 \\ 7 \end{pmatrix}$$

* *Matrizen*

b) **Author:** A:=[[5 , 1 , 3] , [2 , 7 , 8]]

liefert eine Matrix vom Typ (2,3), d.h., die *Matrix* mit *zwei Zeilen* und *drei Spalten* der *Form*

$$\mathbf{A} = \begin{pmatrix} 5 & 1 & 3 \\ 2 & 7 & 8 \end{pmatrix}$$

♦

Wie man bei DERIVE auf einzelne Komponenten eines Vektors bzw. Elemente einer Matrix zugreift, konnte nicht ermittelt werden.

♦

Mittels des *Kommandos*

MAPLE   * v:= **array** ([$a_1, a_2, ..., a_n$]) ;

wird ein *Zeilenvektor* **v** mit n *Komponenten,*

* A:= **array**([[a$_{11}$,...,a$_{1n}$] , ... , [a$_{m1}$,...,a$_{mn}$]]) ;

wird eine *Matrix* **A**$_{(m,n)}$ vom *Typ* (m,n) eingegeben.

Man sieht an der Struktur des Kommandos, daß *Matrizen* in *Listenform* einzugeben sind.

♦

Auf

* die k-te *Komponente* eines eingegebenen *Zeilenvektors* **v** kann mittels v[k]

* das *Element* A$_{ik}$ einer eingegebenen *Matrix* **A** kann mittels

   A[i , k]

zugegriffen werden.

♦

Beispiel 9.2:

a) A:= **array** ([[5 , 1 , 3] , [2 , 7 , 8]]) ;

   liefert die folgende *Matrix* vom Typ (2,3):

$$\mathbf{A} = \begin{pmatrix} 5 & 1 & 3 \\ 2 & 7 & 8 \end{pmatrix}$$

   auf deren *Elemente* mit A[1,1] , A[1,2] , ... , A[2,3] *zugegriffen* wird.

b) v:= **array** ([2 , 5 , 3 , 9 , 4 , 7]) ;

   liefert den folgenden *Zeilenvektor*

   v = (2 , 5 , 3 , 9 , 4 , 7)

   auf dessen *Elemente* mit v[1] , v[2] , ... , v[6] *zugegriffen* wird, während w:= **array** ([[2] , [5] , [3] , [9] , [4] , [7]]) ;

   den folgenden *Spaltenvektor* liefert

$$\mathbf{w} = \begin{pmatrix} 2 \\ 5 \\ 3 \\ 9 \\ 4 \\ 7 \end{pmatrix}$$

   auf dessen *Elemente* mit w[1,1] , w[2,1] , w[3,1] , ... , w[6,1] *zugegriffen* wird.

c) In MAPLE (ebenso wie in MATHEMATICA) muß man beachten, daß durch die *Zuweisung* von *Werten* an *indizierte Variablen* kein Vektor (bzw. keine Matrix) definiert wird.

So liefert z. B. die *Zuweisung* a[1] := 3 : a[2] := 5 ;

keinen Vektor **a** der Form (3 , 5) mit den Komponenten 3 und 5.

♦

MATHCAD

Nachdem eine der folgenden Aktivitäten durchgeführt wurde

* In der *Operatorpalette* Nr.4 (*Matrixpalette*)

wird der *Matrixoperator* mit der Maus angeklickt.

* *Aktivierung* der *Menüfolge* **Math ⇒ Matrices ...**

erscheint eine *Dialogbox*, in die die *Anzahl* der

* *Zeilen* hinter **Rows:**

* *Spalten* hinter **Columns:**

einzutragen ist.

Durch Anklicken des Buttons (Knopf) **Create** in der Dialogbox erscheint an der gewünschten Stelle eine Matrix **A** der Form (z.B. bei 3 Zeilen und 4 Spalten)

in deren *Platzhalter* die einzelnen *Elemente* a_{ik} der *Matrix* **A** *einzugeben* sind.

Vektoren müssen in MATHCAD immer als *Spaltenvektoren*, d.h. als Matrizen vom Typ (n,1) eingegeben werden.

♦

Auf

* die k-te *Komponente* eines eingegebenen *Vektors* (*Spaltenvektors*) **v** kann mittels v_k

* das *Element* A_{ik} einer eingegebenen *Matrix* **A** kann mittels $A_{i,k}$

zugegriffen werden, wenn vorher durch die *Menüfolge*

Math ⇒ Built-In Variables...

in der erscheinenden *Dialogbox* bei *Origin* eine 1 eingetragen wurde (d.h. *Indexzählung* ab 1). Weiterhin ist zu beachten, daß als *Index* der *Feldindex* und nicht der Literalindex zu *verwenden* ist (siehe Kap. 7).

♦

Beispiel 9.3:

a) Auf die *Elemente* der eingegebenen *Matrix* vom Typ (2,3)

$$A := \begin{pmatrix} 5 & 1 & 3 \\ 2 & 7 & 8 \end{pmatrix}$$

kann mittels $A_{1,1}$, $A_{1,2}$, ... , $A_{2,3}$ *zugegriffen* werden.

b) Auf die *Komponenten* des eingegebenen *Spaltenvektors*

$$v := \begin{bmatrix} 2 \\ 5 \\ 3 \\ 9 \\ 4 \\ 7 \end{bmatrix}$$

kann mittels v_1 , v_2 , ... , v_6 *zugegriffen* werden.

c) Auf die *Komponenten* des eingegebenen *Zeilenvektors*
   $$w := (2 \quad 5 \quad 3 \quad 9 \quad 4 \quad 7)$$

kann mittels $w_{1,1}$, $w_{1,2}$, ... , $w_{1,6}$ *zugegriffen* werden.

d) In MATHCAD kann man durch die *Zuweisung* von *Werten* an *indizierte Variablen* einen *Vektor* (bzw. eine Matrix) *definieren*, wenn als *Index* der *Feldindex* verwendet wird (siehe Kap. 7). Dies ist ein *Vorteil* gegenüber den anderen Programmsystemen. So liefert z. B. die *Zuweisung*
   $$a_1 := 3 \qquad a_2 := 5$$

   den *Spaltenvektor* $\qquad a = \begin{pmatrix} 3 \\ 5 \end{pmatrix}$

♦

MATHEMA-TICA Vektoren und Matrizen werden in MATHEMATICA ebenfalls wie bei DERIVE und MAPLE in *Listenform* eingegeben.

Mittels des *Kommandos*
* $v := \{a_1, a_2, ..., a_n\}$

wird ein *Zeilenvektor* **v** mit n *Komponenten,*

* A:= { { a_{11},...,a_{1n} } ,..., { a_{m1},...,a_{mn} } }
wird eine *Matrix* $\mathbf{A}_{(m,n)}$ vom *Typ* (m,n) *eingegeben.*

Auf

* die k-te *Komponente* eines eingegebenen *Vektors* **v** kann mittels v[[k]]

* das *Element* A_{ik} einer eingegebenen *Matrix* **A** kann mittels

A [[i , k]] *zugegriffen* werden.

MATHEMATICA unterscheidet damit aus unerklärten Gründen bereits in der *Bezeichnung* zwischen Komponenten/Elementen von Vektoren/Matrizen und *indizierten Variablen.*

◆

Beispiel 9.4:

a) A= { { 5 , 1 , 3 } , { 2 , 7 , 8 } }

liefert die folgende *Matrix* vom Typ (2,3):

$$\mathbf{A} = \begin{pmatrix} 5 & 1 & 3 \\ 2 & 7 & 8 \end{pmatrix}$$

auf deren Elemente mittels A[[1 , 1]] , A[[1 , 2]] , ... , A[[2 , 3]] zugegriffen wird.

b) v= { 2 , 5 , 3 , 9 , 4 , 7 } liefert den *Zeilenvektor*

v = (2 , 5 , 3 , 9 , 4 , 7) auf dessen *Komponenten* mittels v[[1]] , v[[2]] , ... , v[[6]] *zugegriffen* wird, und

w = { { 2 } , { 5 } , { 3 } , { 9 } , { 4 } , { 7 } }

den folgenden *Spaltenvektor*

$$w = \begin{pmatrix} 2 \\ 5 \\ 3 \\ 9 \\ 4 \\ 7 \end{pmatrix}$$

auf dessen *Komponenten* mittels w[[1 , 1]] , w[[1 , 2]] ,..., w[[1 , 6]] *zugegriffen* wird.

c) In MATHEMATICA (ebenso wie in MAPLE) muß man beachten, daß durch die *Zuweisung* von *Werten* an *indizierte Variablen* kein Vektor (bzw. keine Matrix) definiert wird.

So liefert z. B. die *Zuweisung* a[1] := 3 ; a[2] := 5 keinen Vektor **a** der Form (3 , 5) mit den Komponenten 3 und 5.

♦

Möchte man die als Liste eingegebene Matrix in der übersichtlicheren *Matrixform* darstellen (erscheint allerdings ohne Klammern auf dem Bildschirm), so ist entweder das zusätzliche *Kommando* **MatrixForm** [A] anzuschließen oder bereits bei der Eingabe der Matrix das *Kommando* // **MatrixForm** dem Eingabekommando hinzuzufügen. Falls man mit der eingegebenen Matrix weitere Rechnungen durchführen möchte, darf das Kommando *MatrixForm* nicht verwendet werden. In diesem Fall muß die eingegebene *Listenform* beibehalten werden.

♦

EXCEL

Da die *Tabelle* als wichtigstes *Blattformat* einer EXCEL-*Arbeitsmappe* bereits eine *Aufteilung* in *Spalten* und *Zeilen* (d.h. Matrixformat) besitzt, bereitet die *Eingabe* von *Vektoren* und *Matrizen* keine Schwierigkeiten. Man braucht nur die entsprechende *Spalte (Spaltenvektor)*, *Zeile (Zeilenvektor)* bzw. den entsprechenden zusammenhängenden *rechteckigen Bereich (Matrix)* von Zellen der aktuellen Tabelle mit den Komponenten/Elementen der einzugebenden Vektoren/Matrizen auszufüllen. Den eingegebenen Vektoren/Matrizen kann eine *Bezeichnung* durch Aktivierung der *Menüfolge* **Einfügen ⇒ Namen ⇒ Festlegen...**

zugewiesen werden, nachdem der entsprechende *Bereich* mittels des Kursors bei gedrückter Maustaste *markiert* wurde (siehe Beispiel 9.5c).

♦

- *Addition* (bzw. *Subtraktion*) und *Multiplikation* von *Matrizen* :

Es ist zu beachten, daß die *Addition/Subtraktion* **A ± B** nur *möglich* ist, wenn die *Matrizen* **A** und **B** den *gleichen Typ* besitzen.

Für die *Multiplikation* **A ∘ B** müssen die *Matrizen* **A** und **B** *verkettet* sein, d.h., **A** muß genauso viele Spalten haben, wie **B** Zeilen besitzt.

♦

Nachdem die *Matrizen* **A** und **B** in das *Arbeitsfenster eingegeben* wurden, vollzieht sich ihre *Addition* und *Multiplikation* in den einzelnen Programmsystemen mittels der folgenden *Kommandos /Menüs:*

DERIVE

Bei DERIVE gibt es zwei Möglichkeiten:

I. Mittels der *Menüfolge*

Build (mit Operator + bzw. * oder .) $\Rightarrow$ **Simplify**

II. durch Eingabe von

A + B $\Rightarrow$ **Simplify**

A*B $\Rightarrow$ **Simplify**

wenn die Matrizen A und B vorher im Arbeitsfenster definiert wurden,

wird die *Addition* bzw. *Multiplikation* von Matrizen durchgeführt.

MAPLE

Die *Kommandos* **evalm** (A + B) ; und **evalm** (A &* B) ;

liefern die *Addition* **A** + **B** bzw. *Multiplikation* **A** ∘ **B** *während*

M := **evalm** (A + B) ; und   M := **evalm** (A &* B) ;

zusätzlich die *Zuweisung* des *Ergebnisses* zur Matrix **M** liefern, d.h. **M** = **A** + **B** bzw. **M** = **A** ∘ **B**

Falls mittels **with** (linalg) ; das Zusatzpaket *Lineare Algebra* geladen wurde, kann man für die Addition *zusätzlich* das *Kommando* **add** (A , B) ; verwenden.

MATHCAD

Die folgende Vorgehensweise liefert die *Addition* bzw. *Multiplikation* von *zwei Matrizen* **A** und **B** :

I. *Zuerst* werden A+B bzw. A*B unter Verwendung des *Matrixoperators*

aus der *Operatorpalette* Nr.4 (*Matrixpalette*) eingegeben.

II. *Danach* wird der *Ausdruck* mit einer *Selektionsbox umrahmt.*

III. Das *abschließende Eintippen* des *symbolischen* bzw. *numerischen Gleichheitszeichen* liefert das *Ergebnis.*

MATHEMA-TICA

Die *Kommandos* M = A + B (bei der *Addition*) und M = A . B (bei der *Multiplikation*) liefern als *Ergebnis* die Matrix **M** in *Listenform*, die man mittels des Kommandos **MatrixForm** [M] in *Matrizengestalt* anzeigen lassen kann.

EXCEL

Die *Addition* zweier in der aktuellen Tabelle befindlicher Matrizen, denen die Bezeichnung **A** bzw. **B** zugewiesen wurde, geschieht folgendermaßen:

I. *Markierung* eines *Ergebnisbereichs* in der Tabelle für die *Ergebnismatrix* mittels des Kursors bei gedrückter Maustaste,

II. *Eingabe* von = A + B (d.h. als Formel) in die erste Zelle dieses *Ergebnisbereichs*,

III. Die Betätigung der *Tastenkombination* (Strg)(⇧)(↵) löst die Berechnung aus, wobei der Ausdruck in geschweifte Klammern gesetzt wird, d.h. { = A + B }.

Falls man die *Multiplikation* auf die gleiche Art wie die Addition durchführt, d.h. durch Eingabe von = A · B so ergibt sich als Ergebnis eine Matrix **C**, deren Elemente c_{ik} sich als Produkt der entsprechenden Elemente der Matrizen **A** und **B** berechnen, d.h.

$$c_{ik} = a_{ik} \cdot b_{ik}$$

Dies ist jedoch *nicht* das *Ergebnis* der in der *Mathematik definierten Multiplikation* von Matrizen, bei der sich das Element c_{ik} aus dem Produkt der i-ten Zeile der Matrix **A** (vom Typ (m,n)) mit der k-ten Zeile der Matrix **B** (vom Typ (n,r)) berechnet, d.h.

$$c_{ik} = \sum_{j=1}^{n} a_{ij} \cdot b_{jk}$$

♦

Für die *Multiplikation* von *Matrizen* stellt EXCEL die *integrierte Funktion* **MMULT** (A ; B) zur Verfügung, die folgendermaßen angewandt wird:

I. *Markierung* eines *Ergebnisbereichs* in der Tabelle für die *Ergebnismatrix* mittels des Kursors bei gedrückter Maustaste

II. *Eingabe* von **=MMULT** (A ; B) in die *erste Zelle* dieses *Ergebnisbereichs*

III. Die Betätigung der *Tastenkombination* (Strg)(⇧)(↵) löst die Berechnung aus, wobei der Ausdruck in geschweifte Klammern gesetzt wird, d.h. { = **MMULT** (A ; B) }

♦

• *Transponieren* von *Matrizen*, d.h. Vertauschen von Zeilen und Spalten:

DERIVE

Bei DERIVE ist folgende *Vorgehensweise* zur *Berechnung* der *transponierten Matrix* erforderlich:

I.   Die Matrix **A** in *Author* mit dem Operator ` versehen, d.h.

Author: A`

II. abschließend das Menü **Simplify** aktivieren.

♦

MAPLE

Die Anwendung des *Kommandos* **transpose** (A) ; berechnet die zu **A** *transponierte Matrix*, wobei vorher mittels **with** (linalg) ; das Zusatzpaket *Lineare Algebra* geladen werden muß.

♦

MATHCAD

Bei MATHCAD sind nach *Umrahmung* der eingegebenen *Matrix* mit einer *Selektionsbox* folgende zwei *Möglichkeiten* zur *Berechnung* der *transponierten Matrix* gegeben:

I.   Anwendung des *Transponierungsoperators*

aus der *Operatorpalette* Nr. 4 (*Matrixpalette*) und *abschließende Eingabe* des *symbolischen* → oder *numerischen Gleichheitszeichens* =.

II. Anwendung der *Menüfolge*

Symbolic ⇒ Matrix Operations ⇒ Transpose Matrix

♦

**MATHEMA-
TICA**

Die Anwendung des *Kommandos* **Transpose** [A] berechnet die zu **A** *transponierte Matrix*.

♦

EXCEL

Die folgende *Vorgehensweise* liefert die *Transponierung* einer *Matrix*:

I.   Der *Bereich* ist in der Tabelle zu *markieren*, in dem sich die zu *transponierende Matrix* befindet.

II. Aktivierung der *Menüfolge* **Bearbeiten ⇒ Kopieren**

Danach wird der Kursor (Zellzeiger) in eine leere Zelle gesetzt

III. Die *Menüfolge* **Bearbeiten ⇒ Inhalte einfügen...**

liefert eine *Dialogbox*, in der die Option *Transponieren* angekreuzt wird. Nach Anklicken der OK-Taste wird die *Transponierung* durchgeführt.

♦

- *Berechnung* der *Determinante*

$$\det \mathbf{A} = \begin{vmatrix} a_{11} & a_{12} & \cdots & a_{1n} \\ a_{21} & a_{22} & \cdots & a_{2n} \\ \vdots & \vdots & \vdots & \vdots \\ a_{n1} & a_{n2} & \cdots & a_{nn} \end{vmatrix}$$

einer n-reihigen *quadratischen Matrix* **A**.

Hierfür gibt es verschiedene Berechnungsvorschriften (z.B. Umformung auf Dreiecksgestalt, Anwendung des Laplaceschen Entwicklungssatzes usw.), die jedoch mit wachsendem n sehr aufwendig werden.

Die Programmsysteme leisten bei der Berechnung große Hilfe, solange die Dimension n der Determinante nicht den vorhandenen Speicherplatz überfordert.

Die einzelnen Programmsysteme verwenden die folgenden *Kommandos/Menüs* zur Berechnung der *Determinante* einer n-reihigen *quadratischen Matrix* **A** :

DERIVE Bei DERIVE ist folgende *Vorgehensweise* zur *Berechnung* der *Determinante* einer *Matrix* erforderlich:

* Falls sich die *Matrix* **A** schon im *Arbeitsfenster* unter der *Nummer* m befindet, wird die *Menüfolge*

   Author: det (#m) $\Rightarrow$ **Simplify**

   verwendet,

* Falls sich die Matrix A noch nicht im Arbeitsfenster befindet, ist die *Menüfolge*

   Author: det ([[$a_{11},...,a_{1n}$] , ... , [$a_{n1},...,a_{nn}$]]) $\Rightarrow$ **Simplify**

   einzugeben.

MAPLE Bei MAPLE ist folgende *Vorgehensweise* zur *Berechnung* der *Determinante* einer *Matrix* erforderlich:

Nach dem *Laden* des Pakets *Lineare Algebra* mittels

with (linalg) ;

* berechnet das *Kommando* **det** (A) ;

   die *Determinante* der Matrix **A**, falls **A** vorher die eingegebene Matrix zugewiesen wurde,

* berechnet das *Kommando*

   det ([[$a_{11},...,a_{1n}$] , ... , [$a_{n1},...,a_{nn}$]]) ;

die *Determinante* der Matrix **A**, wenn sich **A** noch nicht im Arbeitsfenster befindet.

MATHCAD

Bei MATHCAD ist eine der folgenden beiden *Vorgehensweisen* zur *Berechnung* der *Determinante* einer *Matrix* A möglich:

I. Eingabe von $|A|$ unter Verwendung des *Betragsoperators*

 aus der *Operatorpalette* Nr.1 (*Arithmetikpalette*) 

Danach wird der Ausdruck mit einer *Selektionsbox* umrahmt und das *symbolische* oder *numerische Gleichheitszeichen* eingegeben.

II. *Umrahmung* der eingegebenen *Matrix* **A** mit einer *Selektionsbox* und Aktivierung der *Menüfolge*

Symbolic $\Rightarrow$ Determinant of Matrix

MATHEMA-TICA

Bei MATHEMATICA ist folgende *Vorgehensweise* zur *Berechnung* der *Determinante* einer *Matrix* erforderlich:

*   Das *Kommando* **Det** [A] *berechnet* die *Determinante*, falls **A** vorher die eingegebene Matrix zugewiesen wurde,

*   Das *Kommando* **Det** [{ $\{a_{11},...,a_{1n}\}$,..., $\{a_{n1},...,a_{nn}\}$ }] *berechnet* die *Determinante*, falls sich **A** noch nicht im Arbeitsfenster befindet.

EXCEL

Bei EXCEL ist folgende *Vorgehensweise* zur *Berechnung* der *Determinante* einer *Matrix* erforderlich:

Die Eingabe der *integrierten Funktion* **MDET** (als Formel) in eine *freie Zelle* der aktuellen Tabelle in der Form = **MDET** (A) berechnet die *Determinante* der Matrix **A**, wobei **A** ein festgelegter *Name* für eine in der aktuellen Tabelle befindliche *Matrix* ist.

$\blacklozenge$

Falls man versehentlich die *Determinante* einer *nichtquadratischen Matrix* berechnen möchte, so kommt entweder eine Fehlermeldung (bei MAPLE, MATHCAD und MATHEMATICA) oder die Berechnung wird abgelehnt (bei DERIVE und EXCEL).

$\blacklozenge$

*   *Inverse* einer *Matrix* :

Betrachten wir die *Berechnung* der *Inversen* $\mathbf{A}^{-1}$ einer Matrix **A**, die nur für quadratische Matrizen möglich ist. Zusätzlich muß die Determinante von **A** ungleich Null sein, d.h., die Matrix muß *regulär* sein.

Die *Kommandos/Menüs* zur *Berechnung* der *Inversen* besitzen in den einzelnen Programmsystemen die folgende Form:

DERIVE

Bei DERIVE ist folgende *Vorgehensweise* zur *Berechnung* der *Inversen* einer *Matrix* erforderlich:

* Die *Menüfolge*

  Author: #m $\wedge - 1$ $\Rightarrow$ **Simplify**

  berechnet die *Inverse*, falls sich die zu invertierende *Matrix* **A** bereits im *Arbeitsfenster* unter der *Nummer* m befindet,

* Die *Menüfolge*

  Author: [[$a_{11},...,a_{1n}$] ,..., [$a_{n1},...,a_{nn}$]]$\wedge-1$ $\Rightarrow$ **Simplify**

  berechnet die *Inverse*, falls sich die zu invertierende Matrix **A** noch nicht im Arbeitsfenster befindet.

MAPLE

Bei MAPLE ist folgende *Vorgehensweise* zur *Berechnung* der *Inversen* einer *Matrix* erforderlich:

* Das *Kommando* **inverse** (A) ;

  berechnet die *Inverse*, falls **A** vorher die eingegebene Matrix zugewiesen wurde,

* Das *Kommando* **inverse** ([[$a_{11},...,a_{1n}$] ,..., [$a_{n1},...,a_{nn}$]]) ;

  berechnet die *Inverse*, falls sich die zu invertierende Matrix **A** noch nicht im Arbeitsfenster befindet.

MATHCAD

Die Berechnung der *Inversen* einer *Matrix* **A** geschieht auf eine der folgenden zwei Arten

I. Eingabe der Matrix mit der Potenz -1, d.h. A^{-1}, *Umrahmung* mit einer *Selektionsbox* und *Eingabe* des *symbolischen* oder *numerischen Gleichheitszeichens.*

II. *Umrahmung* der eingegebenen *Matrix* mit einer *Selektionsbox* und Anwendung der *Menüfolge*

  Symbolic $\Rightarrow$ **Invert Matrix**

MATHEMA-TICA

Bei MATHEMATICA ist folgende *Vorgehensweise* zur *Berechnung* der *Inversen* einer *Matrix* erforderlich:

* Das *Kommando* **Inverse** [A]

  berechnet die *Inverse*, falls **A** vorher die eingegebene Matrix zugewiesen wurde,

* Das *Kommando* **Inverse** [{ {$a_{11},...,a_{1n}$} ,..., {$a_{n1},...,a_{nn}$} }]

  berechnet die *Inverse*, falls sich die zu invertierende Matrix **A** noch nicht im Arbeitsfenster befindet.

EXCEL

Zur *Berechnung* der *Inversen* einer *Matrix* **A** steht die *integrierte Funktion* **MINV**(A) zur Verfügung, wobei **A** ein festgelegter *Name* für eine in der Tabelle befindliche *Matrix* ist.

Die folgende *Vorgehensweise* bei der Durchführung der Berechnung ist erforderlich:

I.   *Markierung* eines zusammenhängenden *Bereichs* für die *Ergebnismatrix* mittels des Kursors bei gedrückter Maustaste,

II. *Eingabe* von = **MINV**(A) in die erste Zelle dieses *Ergebnisbereichs,*

III. Die Betätigung der *Tastenkombination* ⌨Strg⌨⇧⌨⏎ löst die Berechnung aus, wobei der Ausdruck in geschweifte Klammern gesetzt wird, d.h. { = **MINV** (A) }

♦

Falls die zu invertierende *Matrix singulär* ist (d.h. det **A** = 0), kommt bei den Programmsystemen entweder eine *Fehlermeldung* (bei MAPLE, MATHCAD und MATHEMATICA) oder die *Berechnung* wird *abgelehnt* (bei DERIVE und EXCEL). Zur *Probe* sollte man nach der Berechnung der Inversen das Produkt $\mathbf{A} \cdot \mathbf{A}^{-1}$ berechnen, das die *Einheitsmatrix* **E** ergeben muß.

♦

Beispiel 9.5:

Berechnen wir die *Inverse* der *Matrix*

$$\mathbf{A} = \begin{pmatrix} 1 & 4 & 2 \\ 3 & 5 & 4 \\ 2 & 3 & 5 \end{pmatrix} \quad mittels$$

a) MATHCAD

$$A := \begin{pmatrix} 1 & 4 & 2 \\ 3 & 5 & 4 \\ 2 & 3 & 5 \end{pmatrix} \qquad A^{-1} \rightarrow \frac{-1}{17} \cdot \begin{pmatrix} 13 & -14 & 6 \\ -7 & 1 & 2 \\ -1 & 5 & -7 \end{pmatrix}$$

$$A \cdot A^{-1} = \begin{pmatrix} 1 & 0 & 0 \\ 0 & 1 & 0 \\ 0 & 0 & 1 \end{pmatrix}$$

b) MAPLE

with (linalg) ;

A := **array** ([[1 , 4 , 2] , [3 , 5 , 4] , [2 , 3 , 5]]) ;

$$A := \begin{bmatrix} 1 & 4 & 2 \\ 3 & 5 & 4 \\ 2 & 3 & 5 \end{bmatrix}$$

B := **inverse** (A) ;

$$B := \begin{bmatrix} \dfrac{-13}{17} & \dfrac{14}{17} & \dfrac{-6}{17} \\[2ex] \dfrac{7}{17} & \dfrac{-1}{17} & \dfrac{-2}{17} \\[2ex] \dfrac{1}{17} & \dfrac{-5}{17} & \dfrac{7}{17} \end{bmatrix}$$

evalm (A &* B) ;

$$\begin{bmatrix} 1 & 0 & 0 \\ 0 & 1 & 0 \\ 0 & 0 & 1 \end{bmatrix}$$

c) EXCEL

Zuerst geben wir die quadratische Matrix in die zusammenhängenden Zellen A1:C3 ein, markieren diesen Bereich mittels des Kursors bei gedrückter Maustaste und weisen abschließend diesem *Bereich* durch Aktivierung der *Menüfolge*

Einfügen $\Rightarrow$ **Namen** $\Rightarrow$ **Festlegen...** die *Bezeichnung* A zu.

Danach wählen wir den *Ergebnisbereich* A5:C7 mittels des
Kursors bei gedrückter Maustaste, geben = **MINV** (A) in die
erste Zelle (A5) dieses *Ergebnisbereichs* ein und betätigen abschließend die *Tastenkombination* [Strg] [⇧] [↵]

Das *Ergebnis* der *Rechnung* ist aus dem folgenden Bild ersichtlich.

	A	B	C	D
1	1	4	2	
2	3	5	4	
3	2	3	5	
4				
5	-0,76470588	0,82352941	-0,35294118	
6	0,41176471	-0,05882353	-0,11764706	
7	0,05882353	-0,29411765	0,41176471	
8				

Eine weitere *wichtige Aufgabe* für *quadratische Matrizen* **A** besteht in der Berechnung der *Eigenwerte* λ und der zugehörigen *Eigenvektoren*. *Praktische Anwendungen* von *Eigenwertproblemen* in der Ökonomie lernen wir im *Abschn.* 9.4 kennen.

Eigenwerte sind diejenigen Werte λ_i für die das *lineare homogene Gleichungssystem*

$$(\mathbf{A} - \lambda_i \cdot \mathbf{E}) \cdot \mathbf{x}^i = 0$$

nichttriviale (d.h. von Null verschiedene) Lösungsvektoren $\mathbf{x}^i$ besitzt, die als *Eigenvektoren* bezeichnet werden.

Diese Aufgabe erfordert *umfangreiche Rechnungen,* da sich die *Eigenwerte* λ_i als Lösungen des *charakteristischen Polynoms*

$$\det (\mathbf{A} - \lambda \cdot \mathbf{E}) = 0$$

ergeben und anschließend für die berechneten Eigenwerte noch das entsprechende Gleichungssystem gelöst werden muß.

♦

Die Computeralgebra-Programme besitzen die folgenden *Kommandos/Menüs* zur *Berechnungen* von *Eigenwerten* und *Eigenvektoren:*

DERIVE Die *Berechnung* der *Eigenwerte* und *Eigenvektoren* einer Matrix **A** geschieht mittels DERIVE folgendermaßen:

* Die *Menüfolge* **Author: eigenvalues** (A , e) ⇒ **Simplify**

  berechnet die *Eigenwerte,* wobei die Matrix **A** in *Listenform* einzugeben ist, falls sie sich noch nicht im Arbeitsfenster befindet. e stellt die Bezeichnung für die Eigenwerte dar (wird dies weggelassen, so bezeichnet sie DERIVE mit w).

* Zur Berechnung des zum *Eigenwert* λ gehörigen *Eigenvektors* muß man folgendermaßen vorgehen:

  I. zuerst wird über die *Menüfolge*

  Transfer ⇒ **Load** ⇒ **Utility** (⇒ **file:** VECTOR)

  die *Zusatzdatei* VECTOR.MTH *geladen.*

  II. Anschließend läßt sich mittels der *Menüfolge*

  Author: exact_eigenvector (A , λ) ⇒ **Simplify**

  ein zu λ gehörender *Eigenvektor* der Matrix **A** *bestimmen.*

MAPLE Die *Berechnung* der *Eigenwerte* und *Eigenvektoren* einer Matrix **A** geschieht mittels MAPLE folgendermaßen:

Nach dem Laden des Zusatzpaketes *Lineare Algebra* mittels des Kommandos **with** (linalg) ; werden mit dem *Kommando*

* **eigenvals** (A) ;   alle *Eigenwerte,*

* **eigenvects** (A) ;   *alle Eigenwerte* und *Eigenvektoren*

der Matrix **A** berechnet. Dabei ist die *Matrix* **A** im Argument der Kommandos als *Liste* einzugeben, falls sie sich noch nicht im Arbeitsfenster befindet.

MATHCAD In MATHCAD gibt es keine Kommandos zur exakten (symbolischen) Berechnung von Eigenwerten und Eigenvektoren einer Matrix **A**. MATHCAD stellt die *Numerikkommandos*

* **eigenvals** (A) =

zur *numerischen Berechnung* der *Eigenwerte,*

* **eigenvec** (A , λ) =

zur *numerischen Berechnung* des zu dem *Eigenwert* λ gehörigen *Eigenvektors*

zur Verfügung.

Vor der Anwendung dieser Kommandos muß die benötigte Matrix **A** eingegeben werden.

MATHEMA-TICA Die *Berechnung* der *Eigenwerte* und *Eigenvektoren* einer Matrix **A** geschieht mittels MATHEMATICA folgendermaßen:

Mittels der *Kommandos*

* **Eigenvalues** [A]

werden alle *Eigenwerte,*

* **Eigenvectors** [A]

werden die zugehörigen *Eigenvektoren* (in der Reihenfolge der berechneten Eigenwerte)

* **Eigensystem** [A]

werden gleichzeitig sowohl *Eigenwerte* als auch zugehörige *Eigenvektoren*

bestimmt.

Bei allen Kommandos ist die *Matrix* **A** vorher als *Liste* einzugeben, falls sie sich noch nicht im Arbeitsfenster befindet.

♦

Bei den Berechnungen ist zu beachten, daß die *Eigenwerte* als *Nullstellen* des *charakteristischen Polynoms* vom Grade n (bei einer n-reihigen Matrix **A**) zu berechnen sind. Ab n $\geq$ 5 existieren für diese Nullstellenbestimmung keine endlichen Algorithmen mehr. Des weiteren ist zu berücksichtigen, daß die *Eigenvektoren* nur bis auf einen *Faktor bestimmt* sind und durch die Programme nicht normiert werden (bei DERIVE erscheint der Faktor explizit als Zeichen @).

Wenn die *Eigenwerte* durch die Programmsysteme *nicht exakt (symbolisch) berechnet* werden, kann man die entsprechenden *Numerikkommandos* zur *Nullstellenbestimmung* für das charakteristische Polynom heranziehen (siehe Kap. 13).

♦

Beispiel 9.6:

a) Untersuchen wir, ob das *Leontiefmodell* aus Beispiel 9.17 mit der *Matrix* der *Produktionskoeffizienten*

$$P = \begin{pmatrix} 0 & 0.3 & 0.5 \\ 0.2 & 0 & 0.6 \\ 0.4 & 0.1 & 0 \end{pmatrix}$$

geschlossen sein kann, d.h., den *Eigenwert* 1 besitzt:

MATHCAD *berechnet* die *Eigenwerte*

$$\text{eigenvals}\left(\begin{pmatrix} 0 & 0.3 & 0.5 \\ 0.2 & 0 & 0.6 \\ 0.4 & 0.1 & 0 \end{pmatrix}\right) = \begin{pmatrix} 0.666 \\ -0.333 + 0.111i \\ -0.333 - 0.111i \end{pmatrix}$$

Da die Matrix P keinen Eigenwert 1 besitzt, kann dieses *Modell nicht geschlossen* sein.

b) Betrachten wir für ein *Leontiefmodell* eine *Matrix* der *Produktionskoeffizienten* der Form

$$P := \begin{pmatrix} 0 & 0.5 & 0.5 \\ 0.5 & 0 & 0.5 \\ 0.5 & 0.5 & 0 \end{pmatrix}$$

für die MATHCAD die folgenden Eigenwerte berechnet.

$$\text{eigenvals}\left(\begin{pmatrix} 0 & 0.5 & 0.5 \\ 0.5 & 0 & 0.5 \\ 0.5 & 0.5 & 0 \end{pmatrix}\right) = \begin{pmatrix} -0.5 \\ -0.5 \\ 1 \end{pmatrix} \quad \blacksquare$$

Für den *Eigenwert* 1 läßt sich für das *geschlossene System* der zugehörige *Outputvektor* **X** berechnen: MATHCAD *liefert*

$$\text{eigenvec}(P, 1) = \begin{pmatrix} 0.577 \\ 0.577 \\ 0.577 \end{pmatrix} \quad ♦$$

Für *beliebige Vektoren*

$$\mathbf{a} = (a_1, \ldots, a_n) \,, \quad \mathbf{b} = (b_1, \ldots, b_n) \,, \quad \mathbf{c} = (c_1, \ldots, c_n)$$

benötigt man häufig

* das *Skalarprodukt*

$$\mathbf{a} \circ \mathbf{b} = \sum_{i=1}^{n} a_i \cdot b_i$$

* das *Vektorprodukt* (für *dreidimensionale Vektoren*)

$$\mathbf{a} \times \mathbf{b} = \begin{vmatrix} \mathbf{i} & \mathbf{j} & \mathbf{k} \\ a_1 & a_2 & a_3 \\ b_1 & b_2 & b_3 \end{vmatrix} = (a_2 b_3 - a_3 b_2, a_3 b_1 - a_1 b_3, a_1 b_2 - a_2 b_1)$$

* das *Spatprodukt*

$$(\mathbf{a} \times \mathbf{b}) \circ \mathbf{c} = \begin{vmatrix} a_1 & a_2 & a_3 \\ b_1 & b_2 & b_3 \\ c_1 & c_2 & c_3 \end{vmatrix}$$

Für die Berechnung des *Spatproduktes* braucht man keine gesonderten Kommandos, da man es mittels der Kommandos zur Determinantenberechnung erhalten kann.

♦

Zur *Berechnung* von *Skalar* - und *Vektorprodukt* stellen die Programme folgende *Kommandos /Menüs* zur Verfügung:

DERIVE   DERIVE berechnet

* das *Skalarprodukt* mittels **Author:** a . b $\Rightarrow$ **Simplify**

* das *Vektorprodukt* mittels **Author: cross** (a , b) $\Rightarrow$ **Simplify**

Dabei sind die Vektoren **a** und **b** in Listenform einzugeben, falls sie sich noch nicht im Arbeitsfenster befinden.

MAPLE   Zuerst muß mittels **with** (linalg) ; das Zusatzpaket *Lineare Algebra* geladen werden. Danach kann mittels der *Kommandos*

* **innerprod** (a , b) ;   das *Skalarprodukt*

* **crossprod** (a , b) ;   das *Vektorprodukt*

berechnet werden, wobei die Vektoren **a** und **b** in Listenform einzugeben sind, falls sie sich noch nicht im Arbeitsfenster befinden.

MATHCAD   MATHCAD berechnet das

* *Skalarprodukt* durch Eingabe von a*b , wobei das *Multiplikationszeichen* über die *Tastatur* oder durch Verwendung des *Operators*

  aus der *Operatorpalette* Nr. 4 erzeugt wird.

* *Vektorprodukt* durch Eingabe von a×b , wobei das Zeichen × über die Tastenkombination [Strg][8] oder den *Operator*

  aus der *Operatorpalette* Nr. 4 erzeugt wird.

Die *Vektoren* **a** und **b** sind über den *Matrixoperator*

          aus der *Operatorpalette* Nr.4 (*Matrixpalette*)

als *Spaltenvektoren* einzugeben.

Die *abschließende Eingabe* des *symbolischen* oder *numerischen Gleichheitszeichens* bewirkt die *exakte* bzw. *numerische Berechnung*.

MATHEMA-TICA

MATHEMATICA berechnet das *Skalarprodukts* mittels a . b

Nach dem *Laden* des Zusatzpakets *Vektoranalysis* mittels

Needs ["Calculus`VectorAnalysis`"] können das

* *Vektorprodukt* durch das *Kommando*

  CrossProduct [a , b]

* *Skalarprodukt* zusätzlich durch das *Kommando*

  DotProduct [a , b]

bestimmt werden, wobei die Vektoren **a** und **b** als *Listen* einzugeben sind, falls sie sich noch nicht im Arbeitsfenster befinden.

9.2 Lineare Gleichungssysteme

Lineare Gleichungen besitzen unter allen mathematischen Gleichungen die einfachste Struktur und bereiten deshalb die geringsten Schwierigkeiten bei der Anwendung der Programmsysteme.

Ein allgemeines *lineares Gleichungssystem* (m lineare Gleichungen mit n Unbekannten $x_1,...,x_n$; $m \geq 1$, $n \geq 1$) hat die *Form*

$$a_{11} \cdot x_1 + a_{12} \cdot x_2 + \dots + a_{1n} \cdot x_n = b_1$$

$$a_{21} \cdot x_1 + a_{22} \cdot x_2 + \dots + a_{2n} \cdot x_n = b_2$$

$$\vdots \qquad\qquad \vdots$$

$$a_{m1} \cdot x_1 + a_{m2} \cdot x_2 + \dots + a_{mn} \cdot x_n = b_m$$

und schreibt sich in *Matrizenschreibweise* $\mathbf{A} \cdot \mathbf{x} = \mathbf{b}$, wobei

$$\mathbf{A} = \begin{pmatrix} a_{11} & a_{12} & \dots & a_{1n} \\ a_{21} & a_{22} & \dots & a_{2n} \\ \vdots & \vdots & \dots & \vdots \\ a_{m1} & a_{m2} & \dots & a_{mn} \end{pmatrix} \quad \mathbf{b} = \begin{pmatrix} b_1 \\ b_2 \\ \vdots \\ b_m \end{pmatrix} \quad \mathbf{x} = \begin{pmatrix} x_1 \\ x_2 \\ \vdots \\ x_n \end{pmatrix}$$

gelten und

* $\mathbf{A}$ die *Koeffizientenmatrix*,

* $\mathbf{x}$ den *Vektor* der *Unbekannten*,

* $\mathbf{b}$ den *Vektor* der *rechten Seiten*

des *linearen Gleichungssystems* bezeichnen.

Die *Lösungstheorie* für *lineare Gleichungen* bestimmt in Abhängigkeit von der *Koeffizientenmatrix* $\mathbf{A}$ und den *rechten Seiten* $\mathbf{b}$, wann

* *genau eine Lösung*,

* *keine Lösung*,

* *beliebig viele Lösungen*

für das Gleichungssystem existieren.

♦

Betrachten wir die *möglichen Fälle* bei der *Lösung linearer Gleichungen* in einem Beispiel.

Beispiel 9.7:

a) Das *Gleichungssystem*

$$\begin{aligned} x_1 + x_2 &= 3 \\ x_1 - x_2 &= 1 \end{aligned}$$

besitzt *genau eine Lösung* $x_1 = 2, x_2 = 1$

b) Das *Gleichungssystem*

$$\begin{aligned} x_1 + x_2 &= 3 \\ 2 \cdot x_1 + 2 \cdot x_2 &= 5 \end{aligned}$$

besitzt *keine Lösung*

c) Das folgende *Gleichungssystem*

$$\begin{aligned} x_1 + x_2 &= 3 \\ 2 \cdot x_1 + 2 \cdot x_2 &= 6 \end{aligned}$$

besitzt *beliebig* (*unendlich*) *viele Lösungen*

der Form $x_1 = 3 - c$, $x_2 = c$ (c – beliebige reelle Zahl).

♦

Eine erste Möglichkeit zur *Lösung* eines linearen Gleichungssystems für den Fall, daß die *Koeffizientenmatrix* **A** *quadratisch* und *regulär* ist (d.h. genau eine Lösung existiert), besteht in der Berechnung der *inversen Matrix* $\mathbf{A}^{-1}$. Die *Lösung* ergibt sich dann als Produkt von $\mathbf{A}^{-1}$ und **b**, d.h. $\mathbf{x} = \mathbf{A}^{-1} \cdot \mathbf{b}$

Diese Methode ist *allgemein nicht* zu *empfehlen*, da

* sie *nicht immer anwendbar* ist,

* sie *aufwendiger* ist als der in den Programmsystemen benutzte *Gaußsche Algorithmus*.

♦

Der von den Programmen angewandte *Gaußsche Algorithmus* liefert im Falle der Lösbarkeit die *Lösung* eines *linearen Gleichungssystems* in *endlich vielen Schritten*.

♦

Da alle *Verfahren* im Rahmen der *Computeralgebra frei* von *Rundungsfehlern* arbeiten, gilt dies auch für Verfahren zur Lösung linearer Gleichungssysteme. Die Programme liefern im Falle der Lösbarkeit immer das *exakte Ergebnis*. Der zur Lösung linearer Gleichungssysteme verwendete *Gaußsche Algorithmus* arbeitet im Rahmen der Computeralgebra *ohne Rundungsfehler* im Gegensatz zu seiner numerischen Anwendung.

♦

Die einzelnen Programmsysteme stellen folgende *Kommandos/Menüs* zur *exakten* (*symbolischen*) *Lösung* von *linearen Gleichungssystemen* zur Verfügung:

DERIVE DERIVE bietet *zwei Lösungsmöglichkeiten* zur *Lösung linearer Gleichungssysteme*:

(1) Eine *erste Vorgehensweise* besteht im folgenden:

    I. *Eingabe* der *Gleichungen* des zu lösenden Systems in *Listenform* mittels

       Author: [a11*x1 +...+ a1n*xn = b1 ,..., am1*x1 +...+ amn*xn = bm]

       Da *keine indizierten Variablen* genommen werden können, muß mittels der *Menüfolge* **Options ⇒ Input** (⇒ **Mode:**

Word) auf *Worteingabe* umgeschalten werden, um Variablen benutzen zu können, die aus mehreren Zeichen bestehen.

II. Mittels des *Menüs* **solVe** aus der *Kommando-Menüzeile* ergibt sich anschließend die *Lösung*.

Wenn *mehr Unbekannte* (Variablen) als *Gleichungen* vorkommen, so wird nach der Aktivierung des Kommandos *solVe* noch die *Eingabe* der *Lösungsvariablen* gefordert.

(2) Eine *zweite Lösungsmöglichkeit* besteht in der Anwendung der *Menüfolge*

Author: solve ([a11*x1 + ... + a1n*xn = b1 , ... , am1*x1 + ... + amn*xn = bm] , [x1 , ... , xn]) $\Rightarrow$ **Simplify**

Betrachten wir die Lösungsmöglichkeiten an zwei Beispielen.

Beispiel 9.8:

a) Zur Lösung der Aufgabe a) aus Beispiel 9.7 kann eine der *Menüfolgen*

* **Author:** [x1 + x2 = 3 , x1 – x2 = 1] $\Rightarrow$ **solVe**

* **Author: solve** ([x1 + x2 = 3 , x1 – x2 = 1] , [x1 , x2]) $\Rightarrow$ **Simplify**

verwendet werden

Die Aufgaben a) und c) aus Beispiel 9.7 werden problemlos gelöst, wobei man bei c) allerdings beachten muß, daß verschiedene Lösungsdarstellungen existieren.

Für die unlösbare Aufgabe b) liefert DERIVE in der Nachrichtenzeile die Meldung *No solution found* (keine Lösung gefunden).

b) Wir lösen das einfache *Gleichungssystem*

x + a·y = 1

b·x + y = 0

das die *frei wählbaren Parameter* a und b enthält. Ein Vorteil der Computeralgebra liegt darin, daß auch derartige Aufgaben lösbar sind, während numerische Methoden für a und b konkrete Zahlenwerte benötigen. DERIVE liefert die *formelmäßige Lösung*

$$x = \frac{-1}{a \cdot b - 1} \quad , \quad y = \frac{b}{a \cdot b - 1}$$

mittels einer der folgenden *Menüfolgen*

* **Author:** [x + a*y = 1 , b* x + y = 0] $\Rightarrow$ **solVe**

wobei nach der Aktivierung des Kommandos *solVe* als Lösungsvariablen x und y einzugeben sind.

* **Author: solve** ([x + a*y = 1 , b*x + y = 0] , [x , y]) ⇒ **Simplify**

Der Anwender muß lediglich erkennen, daß die gefundene Lösung nur richtig ist, wenn a·b≠1 gilt.

◆

MAPLE MAPLE bietet *zwei Möglichkeiten* zur *Lösung linearer Gleichungen*:

* Die Anwendung des Kommandos *solve* zur Lösung beliebiger Gleichungen ist in der Form

  solve ({ a11*x1 + ... + a1n*xn = b1 , ... , am1*x1 + ... + amn*xn = bm } , { x1 , ... , xn }) ;

  möglich, wobei *Gleichungen* und *Lösungsvariable* in *Mengenschreibweise* eingegeben werden müssen.

* Die Anwendung des speziell für *lineare Gleichungen* vorhandenen *Kommandos*

  linsolve ([[a11 , ... , a1n] , ... , [am1 , ... , amn]] , [b1 , ... , bm]) ;

  gestaltet sich einfacher, da die Variablenbezeichnungen nicht mit eingegeben werden müssen. Dieses Kommando steht aber erst nach dem Laden des Pakets *Lineare Algebra* mittels **with** (linalg) ; zur Verfügung.

Beispiel 9.9:

Die Lösung von Beispiel 9.7a) wird mittels eines der *Kommandos*

* **solve** ({ x1 + x2 = 3 , x1 − x2 = 1 } , { x1 , x2 }) ;
* **linsolve** ([[1 , 1] , [1 , −1]] , [3 , 1]) ;

erhalten.

Analog löst man die Aufgabe c). Für die unlösbare Aufgabe b) erfolgt keine Reaktion. MAPLE geht zur nächsten Eingabe über.

◆

Sind nur *ganzzahlige Lösungen* eines linearen Gleichungssystem gesucht, so kann man das Kommando **isolve** anstatt von *solve* verwenden.

◆

MATHCAD MATHCAD bietet folgende Möglichkeiten zur *Lösung linearer Gleichungssysteme*:

- Mittels der *Menüfolge* **Symbolic ⇒ Solve for Variable**

  kann man *nur eine Gleichung* nach einer Variablen (die markiert sein muß) *auflösen*. Damit läßt sich ein Gleichungssystem schrittweise lösen, indem man jeweils eine Gleichung nach einer Variablen auflöst und das Ergebnis über die Zwischenablage in die anderen Gleichungen mittels der *Menüfolge*

  Symbolic ⇒ Substitute for Variable

  einsetzt. Diese als *Eliminationsmethode* bezeichnete Methode ist aufwendig und deshalb nur bei einer kleinen Anzahl von Gleichungen und Variablen zu empfehlen.

- Die *effektive Lösungsmethode* in MATHCAD erhält man auf die folgende Art:

  I.   Zuerst gibt man das Wort **given** in Groß- oder Kleinbuchstaben in das Arbeitsfenster ein. Es ist nur zu beachten, daß dies im *Formelmodus* geschehen muß.

  II. Unterhalb von *given* ist anschließend das zu lösende *Gleichungssystem* einzugeben, wobei auch *indizierte Variable* möglich sind (siehe Kap. 7). Dabei muß das *Gleichheitszeichen* unter Verwendung des *Gleichheitsoperators*

  $=$ aus der *Operatorpalette* Nr.2 (*Berechnungspalette*) oder der *Tastenkombination* [Strg][+] *eingegeben* werden.

  III. Unter dem zu lösenden Gleichungssystem ist danach die *Funktion*

  find (...)

  einzugeben, wobei im Argument die Variablen (durch Komma getrennt) erscheinen müssen, nach denen aufgelöst werden soll.

  IV. Die abschließende Eingabe des *symbolischen Gleichheitszeichens* → liefert das *exakte Ergebnis*, falls das Gleichungssystem lösbar ist.

  V. Man kann das berechnete Ergebnis mittels der *Zuweisung*

  x := find (...) →

  einem *Lösungsvektor* **x** zuordnen (siehe Beispiel 9.10b).

Beispiel 9.10:

a) Die Lösung der Aufgabe b) aus Beispiel 9.8 gestaltet sich mit MATHCAD folgendermaßen:

given

$$x_1 + a \cdot x_2 = 1$$

$$b \cdot x_1 + x_2 = 0$$

$$\text{find}\left(x_1, x_2\right) \rightarrow \begin{bmatrix} \dfrac{-1}{(-1 + a \cdot b)} \\ \dfrac{b}{(-1 + a \cdot b)} \end{bmatrix}$$

b) Im folgenden ordnen wir die Lösung der Aufgabe a) aus Beispiel 9.7 einem *Lösungsvektor* **x** zu
given

$$x_1 + x_2 = 3$$

$$x_1 - x_2 = 1$$

$$x := \text{find}\left(x_1, x_2\right) \rightarrow \begin{pmatrix} 2 \\ 1 \end{pmatrix}$$

c) Die Lösung der Aufgabe c) aus Beispiel 9.7 stellt MATHCAD in der folgenden Form dar
given

$$x_1 + x_2 = 3$$

$$2 \cdot x_1 + 2 \cdot x_2 = 6$$

$$\text{find}\left(x_1, x_2\right) \rightarrow \begin{pmatrix} x_1 \\ -x_1 + 3 \end{pmatrix}$$

wobei x_1 für den frei wählbaren Parameter (reelle Zahl) steht.

♦

- Falls die *Koeffizientenmatrix* **A** des gegebenen *Gleichungssystems quadratisch* und *regulär* ist, besitzt MATHCAD zusätzlich das *Numerikkommando* **lsolve** (**A** , **b**) das den *Lösungsvektor* liefert, wenn man das *numerische Gleichheitszeichen* eintippt.

Beispiel 9.11:

Das System aus Beispiel 9.7a) kann mittels des Kommandos *lsolve* folgendermaßen gelöst werden:

$$\text{lsolve}\left[\begin{pmatrix} 1 & 1 \\ 1 & -1 \end{pmatrix}, \begin{pmatrix} 3 \\ 1 \end{pmatrix}\right] = \begin{pmatrix} 2 \\ 1 \end{pmatrix} \; \blacksquare$$

$\blacklozenge$

MATHEMA-TICA

MATHEMATICA bietet *zwei Möglichkeiten* zur *Lösung linearer Gleichungen*:

* Das *allgemeine Kommando* zur *Lösung beliebiger Gleichungen* kann für *lineare Gleichungen* angewandt werden:

  Solve [{ a11*x1 + ... + a1n*xn == b1 , ... , am1*x1 + ... + amn*xn == bm } , { x1 , ... , xn }]

  Bei MATHEMATICA ist die *Besonderheit* zu beachten, daß die *Gleichheit* durch zwei hintereinandergeschriebene Gleichheitszeichen == dargestellt wird.

  $\blacklozenge$

* Es empfiehlt sich aber die Anwendung des speziell für *lineare Gleichungssysteme* vorhandenen *Kommandos*

  LinearSolve [{ { a11, ... , a1n } , ... , { am1, ... , amn } } , { b1, ... , bm }]

  wobei die erste Liste die *Koeffizientenmatrix* **A** und die zweite den Vektor **b** der *rechten Seiten* des Gleichungssystems enthalten.

Beispiel 9.12:

Beispiel 9.7a) kann mittels einer der Kommandos

* **Solve** [{ x1 + x2 == 3 , x1 − x2 == 1 } , { x1 , x2 }]
* **LinearSolve** [{ { 1 , 1 } , { 1 , −1 } } , { 3 , 1 }]

gelöst werden. Analog löst man die Aufgabe c). Die unlösbare Aufgabe b) bewirkt die Meldung der Unlösbarkeit:

Linear equation encountered which has no solution.

$\blacklozenge$

Die *Lösung linearer Gleichungssysteme* ist im Rahmen der *Computeralgebra-Programme problemlos möglich*. Sie wird nur bei hoher Dimension (große Anzahl von Gleichungen und Variablen) durch lange Rechenzeit bzw. Abbruch wegen Speichermangels eingeschränkt.

$\blacklozenge$

EXCEL Die Lösung von Gleichungen und speziell linearen Gleichungen gestaltet sich in EXCEL ein wenig aufwendiger als in den Computeralgebra-Systemen.

Eine *numerische Lösungsmöglichkeit* für *Systeme* beliebiger *Gleichungen* und damit auch für *lineare Gleichungen* besteht mittels des in EXCEL integrierten *Solvers*, der durch die *Menüfolge*

Extras ⇒ Solver... *aktiviert* wird.

Im einzelnen ist bei der *Lösung* von *(linearen) Gleichungen* folgende *Vorgehensweise* erforderlich, wobei wir *alle Gleichungen* zur Vereinheitlichung auf die *Form (Normalform)* bringen, daß auf der *rechten Seite Null* steht :

I.   Zuerst tragen wir in zusammenhängende Zellen einer Spalte der *aktuellen Tabelle* die zu lösenden *Gleichungen* als Text ein, d.h. im Textmodus. Dies kann auch weggelassen werden, da es nur zur Information dient.

II. Danach tragen wir in zusammenhängende Zellen einer Zeile der aktuellen *Tabelle* die *Namen* der *Unbekannten (Variablen)* ein und darunter ihre *Startwerte* für das von EXCEL verwendete *numerische Lösungsverfahren*. Anschließend *markieren* wir diese *Zellen* und aktivieren die *Menüfolge*

Einfügen ⇒ Namen ⇒ Übernehmen...

Damit erhalten die Variablen die gegebenen Namen und ihnen werden die Startwerte zugewiesen. Es ist zu beachten, daß Variablennamen der Form x1, x2, ... in EXCEL nicht verwendet werden sollten, da sie mit Zelladressen verwechselt werden können.

III. Wir wählen eine *freie Zelle* der aktuellen *Tabelle* als *Ergebniszelle* (*Zielzelle*) und tragen hier die *linke Seite* der *ersten Gleichung* als Formel ein. Analog werden in *weitere leere Zellen* die *linken Seiten* der *restlichen Gleichungen* des Systems als Formeln eingetragen (siehe Abb. 9.1).

Man braucht die *Zielzelle* nicht *verwenden* und kann stattdessen die erste Gleichung analog zu den restlichen Gleichungen eingeben (siehe Abb. 9.4).

◆

IV. Abschließend wird der *Solver* von EXCEL mittels der *Menüfolge* **Extras ⇒ Solver...** *aufgerufen* und die erscheinende *Dialogbox* *ausgefüllt* (siehe Abb. 9.2), wobei die Gleichungen bei *Nebenbedingungen* durch Anklicken von *Hinzufügen* einzutragen sind.

V. Das *Ergebnis* wird durch *Anklicken* von *Lösen* in der *Dialogbox* des *Solvers* erhalten und kann im *Antwortbericht* (siehe Abb. 9.3) angesehen werden.

Die eben geschilderte Vorgehensweise bei der Lösung linearer Gleichungen wird im folgenden Beispiel illustriert.

Beispiel 9.13:

Lösen wir das System mit zwei linearen Gleichungen aus Beispiel 9.7 a), das wir so umformen, daß auf den rechten Seiten der Gleichungen jeweils Null steht:

$$x_1 + x_2 - 3 = 0$$

$$x_1 - x_2 - 1 = 0$$

Mit dem *Solver* von EXCEL gestaltet sich die *Lösung folgendermaßen*, wobei wir für x_1 die Bezeichnung x, für x_2 die Bezeichnung y und als *Startwerte* willkürlich x = 0 , y = 0 wählen :

I. Zuerst tragen wir in zusammenhängende Zellen (A1:A2) der Spalte A der *aktuellen Tabelle* die beiden zu lösenden *Gleichungen* ein. Dies kann auch weggelassen werden, da es nur zur Information dient.

II. Danach tragen wir in zusammenhängende Zellen (A5:B5) der Zeile 5 der aktuellen *Tabelle* als *Namen* der *Unbekannten* (*Variablen*) x und y und darunter (Zellen A6:B6) ihre *Startwerte* (0,0) für das von EXCEL verwendete numerische Verfahren ein. Anschließend *markieren* wir diese *Zellen* (A5, A6, B5, B6) und aktivieren die *Menüfolge*

Einfügen $\Rightarrow$ Namen $\Rightarrow$ Übernehmen...

Damit erhalten die *Variablen* die in den Zellen A5 und B5 stehenden *Namen* x bzw. y und ihnen werden die *Startwerte* (0,0) zugewiesen. Es ist zu beachten, daß Variablenbezeichnungen der Form x1 und x2 nicht verwendet werden sollten, da sie mit Zelladressen verwechselt werden können.

III. Wir wählen eine *freie Zelle* (C6) der aktuellen *Tabelle* als *Ergebniszelle* (*Zielzelle*) und tragen hier die *linke Seite* der *ersten Gleichung* als *Formel* = x + y − 3 ein. Analog werden in *weitere leere Zellen* die *linken Seiten* der *restlichen Gleichungen* des Systems als *Formeln* eingetragen.

Für das gegebene System wurde = x − y − 1 in die Zelle C9 eingetragen (siehe Abb. 9.1).

Man braucht die *Zielzelle nicht verwenden* und kann stattdessen die erste Gleichung in die Zelle C8 analog zur zweiten Gleichung eingeben (siehe Abb. 9.4 und zugehörigen Solver in Abb. 9.5).

◆

IV. Abschließend wird der *Solver* von EXCEL mittels der *Menüfolge*

Extras ⇒ Solver... *aufgerufen* und die erscheinende *Dialogbox* wie in Abb. 9.2 bzw. Abb. 9.5 *ausgefüllt,* wobei die Gleichungen bei den *Nebenbedingungen* durch Anklicken von *Hinzufügen* einzutragen sind.

V. Das *Ergebnis* wird durch *Anklicken* von *Lösen* in der *Dialogbox* des *Solvers* erhalten und kann im *Antwortbericht* (Abb. 9.3) angesehen werden. EXCEL berechnet die *Lösung* x = 2 , y = 1

◆

Abb.9.1.
Tabellenausschnitt von
EXCEL für
Beispiel 9.13

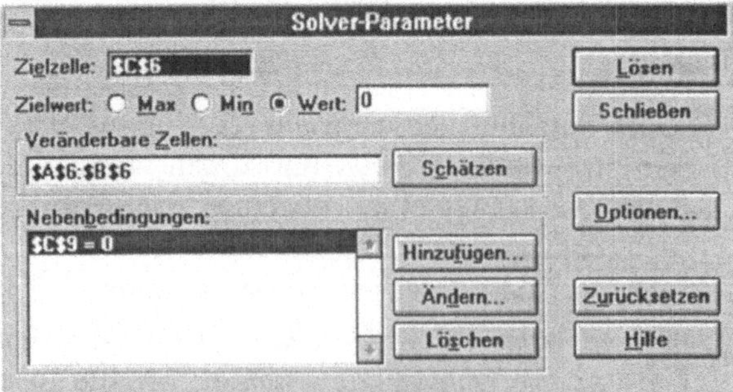

	A	B	C	D
1	x+y−3=0			
2	x−y−1=0			
3				
4				
5	x	y	Ergebnis	
6	0	0	−3	
7				
8	weitere Gleichungen			
9	zweite Gleichung		−1	
10				

Abb.9.2.
Dialogbox
des Solvers
von EXCEL
für Beispiel
9.13

Abb.9.3.
Antwortbericht von EXCEL für Beispiel 9.13

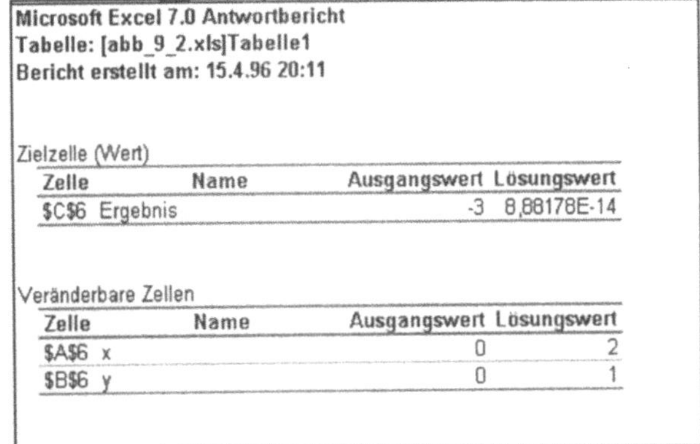

Abb.9.4.
Tabellenausschnitt von EXCEL für Beispiel 9.13 ohne Zielzelle

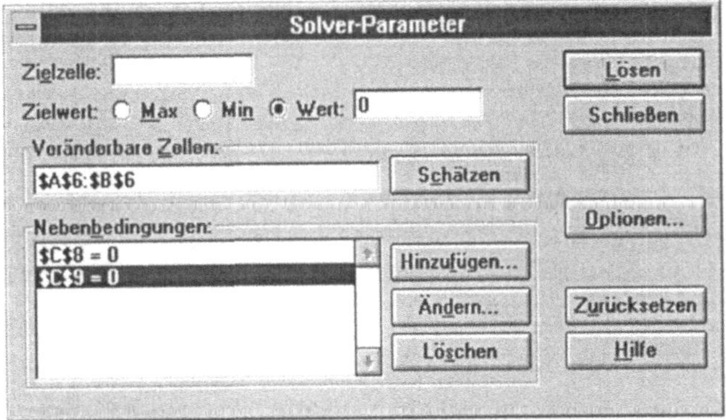

Abb.9.5.
Dialogbox des Solvers von EXCEL für Beispiel 9.13 ohne Zielzelle

Die *numerische Lösung* von *Systemen nichtlinearer Gleichungen* vollzieht sich in EXCEL nach dem gleichen Schema wie bei linearen

Gleichungen. Anstelle der linearen gibt man die entsprechenden nichtlinearen Gleichungen ein (siehe Kap. 13).

Bei nichtlinearen Gleichungen muß aber EXCEL nicht immer eine Lösung finden, da hierfür kein universeller konvergenter Algorithmus existiert. Es empfiehlt sich deshalb, für die von EXCEL berechneten Lösungswerte eine Probe durchzuführen.

Die für die Lösung beliebiger Gleichungen benötigten Startwerte für die Variablen können beliebig gewählt werden, wenn keine Näherungswerte für die Lösung bekannt sind. Die *Wahl* der *Startwerte* kann allerdings die Konvergenz des Lösungsverfahrens beeinflussen.

♦

9.3 Lineare Ungleichungen

Neben linearen Gleichungen spielen *lineare Ungleichungen* in der Wirtschaftsmathematik eine große Rollen. Aus linearen Gleichungen werden *lineare Ungleichungen*, wenn Werte vorgegeben werden, die nicht überschritten werden dürfen.

Des weiteren treten Ungleichungen auf, die Beträge enthalten. Diese haben meistens eine Form, die auf lineare Ungleichungen zurückführbar ist.

Betrachten wir einige Beispiele für Ungleichungen.

Beispiel 9.14:

a) Den ökonomischen Hintergrund für das folgende *System linearer Ungleichungen*

$$3 \cdot x_1 + 5 \cdot x_2 \le 50$$

$$x_1 \ge 4 \ , \ x_2 \ge 6$$

findet man im Abschn. 9.4.2. (Beispiel 9.18). Systeme dieser Art besitzen i.a. nicht nur eine Lösung, sondern einen ganzen Bereich von Lösungen. Für das gegebene Beispiel liegen die Lösungen in einem dreieckigen Bereich, der durch die Geraden

$$3 \cdot x_1 + 5 \cdot x_2 = 50 \ , \ x_1 = 4 \ \text{und} \ x_2 = 6$$

begrenzt wird (siehe Abb. 9.10).

b) *Ungleichungen* mit *Beträgen* lassen sich unter Verwendung linearer Ungleichungen lösen, wie wir am Beispiel $|x + 1| \le 3$ unter Verwendung der Eigenschaften des Betrages zeigen:

Es gelten $\qquad x + 1 \le 3 \qquad\qquad$ für $x + 1 \ge 0$

und $-x - 1 \leq 3$ für $x + 1 \leq 0$

Aus diesen vier linearen Ungleichungen ergibt sich ohne Schwierigkeiten der *Lösungsbereich* $-4 \leq x \leq 2$

♦

Zur *Lösung* von *Ungleichungen* verwenden die Programmsysteme DERIVE, MAPLE und MATHCAD die *gleichen Kommandos* wie bei der *Lösung* von *Gleichungen*. Die *Ungleichungen* werden bei den einzelnen Programmen wie die entsprechenden *Gleichungen* eingegeben. Der einzige Unterschied besteht darin, daß die *Gleichheitszeichen durch* die entsprechenden *Ungleichheitszeichen* zu *ersetzen* sind.

♦

MATHEMATICA gestattet *keine Lösung* von *Ungleichungen*. Das Kommando *Solve* versagt, sobald man anstatt einer Gleichung eine Ungleichung eingibt.

♦

Die *Lösung* von *Ungleichungen* und speziell linearen Ungleichungen gestaltet sich in EXCEL *analog zu Gleichungen* mittels des integrierten *Solvers*, der mittels der *Menüfolge* **Extras ⇒ Solver...** aktiviert wird. Es sind nur in der *Dialogbox* des *Solvers* die *Gleichheitszeichen* durch *Ungleichheitszeichen* zu ersetzen. Die Vorgehensweise ist aus Beispiel 9.15d) ersichtlich. Infolge der numerischen Lösung kann EXCEL nicht den ganzen Lösungsbereich von Ungleichungen bestimmen, sondern nur einzelne Lösungspunkte.

♦

Lösen wir mit den Programmen einige einfache Ungleichungen

Beispiel 9.15:

a) Schon die *einfache Ungleichung* $|x - 1| - |x + 1| \leq 3$

die *für alle Werte* von x erfüllt ist, wie die Grafik aus Abb. 9.6 zeigt, wird nur von MAPLE gelöst:

Bei MAPLE erscheint nach Eingabe des *Kommandos*

solve (abs (x – 1) – abs (x + 1) <= 3 , x) ;

das Ergebnis x, d.h., die Ungleichung ist für alle x erfüllt.

EXCEL findet einzelne Lösungspunkte.

Abb.9.6.
Graph der
Funktion f(x)
= | x–1 | –
| x+1 | –3

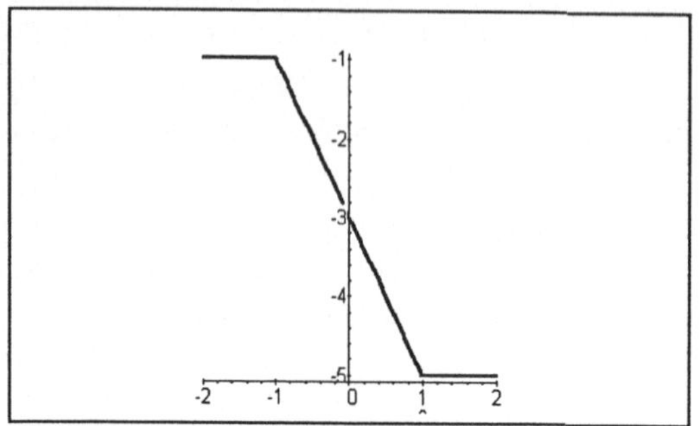

b) Die *einfache Ungleichung* $| x + 1 | \leq 3$

   wird von DERIVE, MAPLE und MATHCAD gelöst.

   MAPLE liefert mit dem *Kommando*

   solve (abs (x + 1) <= 3 , x) ;   die *Lösung* $\{ -4 \leq x , x \leq 2 \}$

   EXCEL findet einzelne Lösungspunkte.

c) Die einfache *nichtlineare Ungleichung* $x^2 - 2 \cdot x - 5 \leq 0$

   wird von DERIVE, MAPLE und MATHCAD gelöst, wie wir am Beispiel von MATHCAD zeigen:

   $x^2 - 2 \cdot x - 5 \leq 0$ hat als Lösung(en) $\left(1 - \sqrt{6} \leq x \right) \cdot \left(x \leq 1 + \sqrt{6} \right)$

   EXCEL findet einzelne Lösungspunkte.

d) Lösen wir das *System linearer Ungleichungen*
   $$3 \cdot x_1 + 5 \cdot x_2 \leq 50 , \; x_1 \geq 4 , \; x_2 \geq 6$$

   aus Beispiel 9.13a) mittels EXCEL. Da EXCEL keine indizierten Variablen zuläßt, verwenden wir als *Variablen* x und y und schreiben das System in der folgenden *Normalform*

   $$3 \cdot x + 5 \cdot y - 50 \leq 0 , \; -x + 4 \leq 0 , \; -y + 6 \leq 0$$

   Mit dem *Solver* von EXCEL gestaltet sich die *Lösung folgendermaßen*, wobei wir als *Startwerte* willkürlich x = 0 und y = 0 wählen, die nicht zulässig sind, d.h., das Ungleichungssystem nicht erfüllen :

   I.   Zuerst tragen wir in zusammenhängende Zellen (A1:A3) der Spalte A der *aktuellen Tabelle* die drei zu lösenden *Ungleichungen* ein. Dies kann auch weggelassen werden, da es nur zur Information dient.

   II. Danach tragen wir in zusammenhängende Zellen (A5:B5) der Zeile 5 der *Tabelle* als *Namen* der *Unbekannten* (*Variablen*) x und y und darunter (Zellen A6:B6) ihre *Startwerte* (0,0) für das von EXCEL verwendete numerische Verfahren ein. Anschließend *markieren* wir diese *Zellen* (A5, A6, B5, B6) und aktivieren die *Menüfolge*

Einfügen ⇒ Namen ⇒ Übernehmen...

Damit erhalten die *Variablen* die in den Zellen A5 und B5 stehenden *Namen* x bzw. y und ihnen werden die Startwerte zugewiesen.

III. Danach werden in drei *leere Zellen* der Tabelle (C8:C10) die *linken Seiten* der *Ungleichungen* des Systems als *Formeln* eingetragen (siehe Abb. 9.7).

IV. Abschließend wird der *Solver* von EXCEL mittels der *Menüfolge* **Extras ⇒ Solver...** *aufgerufen* und die erscheinende *Dialogbox* wie in Abb. 9.8 *ausgefüllt*.

V. Das *Ergebnis* wird durch *Anklicken* von *Lösen* in der Dialogbox des Solvers erhalten und kann im *Antwortbericht* (Abb. 9.9) angesehen werden.

EXCEL berechnet als eine *Lösung* x = 6,32 , y = 6,21. Da EXCEL numerisch rechnet, wird immer nur ein Punkt des durch die Ungleichungen bestimmten zulässigen Bereichs berechnet.

Abb.9.7.
Tabellenausschnitt von EXCEL für Beispiel 9.15d)

	A	B	C	D
1	3*x+5*y-50<=0			
2	4-x<=0			
3	6-y<=0			
4				
5	x	y		
6	0	0		
7				
8	erste Ungleichung		-50	
9	zweite Ungleichung		4	
10	dritte Ungleichung		6	
11				
12				

Abb.9.8.
Dialogbox
des Solvers
von EXCEL
für Beispiel
9.15d)

Abb.9.9.
Antwortbe-
richt von
EXCEL für
Beispiel
9.15d)

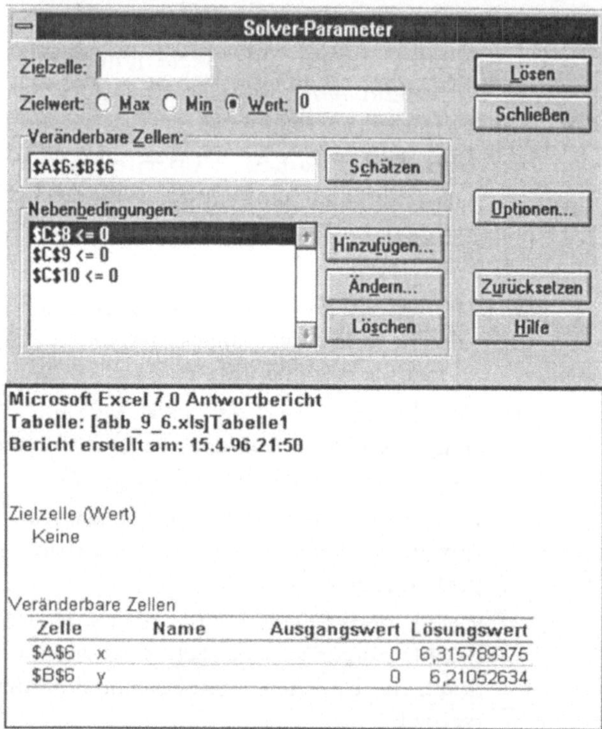

e) Lösen wir das Ungleichungssystem aus Beispiel d) mittels des *Numerikkommandos* von MATHCAD zur Lösung von Gleichungen (siehe Abschn.13.3) unter Verwendung der *Startwerte* (0,0) :

$$x := 0 \qquad y := 0$$

given

$$3 \cdot x + 5 \cdot y \leq 50$$

$$4 - x \leq 0$$

$$6 - y \leq 0$$

$$\mathrm{find}(x, y) = \begin{pmatrix} 4 \\ 6 \end{pmatrix}$$

MATHCAD findet eine zulässige *Lösung* x = 4 , y = 6.

Mittels der Kommandos zur exakten Lösung findet MATHCAD keine Lösungen. ◆

Für *Systeme* von (*linearen*) *Ungleichungen* bestimmen nur EXCEL und MATHCAD *Lösungen* mit ihren *numerischen Methoden.* Sie können allerdings bei jeder Rechnung nur einen Lösungspunkt bestimmen und nicht den ganzen Lösungsbereich.

Sobald Beträge in einer Ungleichung enthalten sind, können bei den Programmsystemen Probleme auftreten. Es kann geschehen, daß berechnete Lösungen falsch oder unvollständig sind. Deshalb empfiehlt es sich, die berechneten Ergebnisse zu überprüfen.

Alle Programme müssen dahingehend verbessert werden, daß sie Ungleichungen der Form a) aus Beispiel 9.15 lösen, da sich hierfür einfache endliche Lösungsvorschriften formulieren lassen.

♦

Wenn die *Programmsysteme* bei der Lösung einer gegebenen Ungleichung mit einer Variablen x *versagen,* kann man sich noch helfen, indem man die *Funktion grafisch darstellt.* Diese Vorgehensweise zeigen wir im Beispiel 9.15a (Abb. 9.6).

♦

9.4 Ökonomische Anwendungen

9.4.1 Matrizen

Matrizen treten in vielen *ökonomischen Modellen* auf, da man mit ihrer Hilfe diese Modelle übersichtlicher darstellen und effektiver handhaben kann.

Man findet *Matrizen* in der *Ökonomie* u.a. in *Input-Output-Modellen, Verflechtungsmodellen, Produktionsmodellen* und *Transportmodellen.* Des weiteren treten *Matrizen* in *Modellen* auf, die durch *lineare Gleichungen* und *Ungleichungen* beschrieben werden.

Betrachten wir eine Reihe von Beispielen, die die konkrete Anwendung von Matrizen demonstrieren.

Beispiel 9.16:

a) Für m *Betriebe* $B_1, B_2, ..., B_m$, die n *Produkte* $P_1, P_2, ..., P_n$ herstellen, lassen sich die *Kosten* (in GE), die im i-*ten Betrieb* für das k-*te Produkt* a_{ik} (i = 1, 2, ... , m ; k = 1, 2, ... , n) betragen, übersichtlich mittels einer *Kostenproduktmatrix* darstellen

$$K = \begin{pmatrix} a_{11} & a_{12} & \cdots & a_{1n} \\ a_{21} & a_{22} & \cdots & a_{2n} \\ \vdots & \vdots & \cdots & \vdots \\ a_{m1} & a_{m2} & \cdots & a_{mn} \end{pmatrix}$$

b) Ein *Betrieb* stellt aus m *Rohstoffen*

$R_1, R_2, \ldots, R_m$ n *Produkte* $P_1, P_2, \ldots, P_n$ her.

Wenn der *Bedarf* (in ME) des Betriebes am *Rohstoff* R_i für die

Produktion einer ME des *Produkts* P_k gleich

a_{ik}　　　　(i = 1, 2, ... , m ; k = 1, 2, ... , n)

beträgt, so läßt sich die Bedarf an Rohstoffen mittels der *Ver-flechtungsmatrix*

$$V = \begin{pmatrix} a_{11} & a_{12} & \cdots & a_{1n} \\ a_{21} & a_{22} & \cdots & a_{2n} \\ \vdots & \vdots & \cdots & \vdots \\ a_{m1} & a_{m2} & \cdots & a_{mn} \end{pmatrix}$$

übersichtlich darstellen.

Unter Verwendung des *Produktionsvektors*

$$x = \begin{pmatrix} x_1 \\ \vdots \\ x_n \end{pmatrix}$$

dessen Komponente x_i die *Anzahl* der *Mengeneinheiten* des hergestellten *Produkts* P_i beinhaltet, erhält man den *Rohstoffvek-tor*

$$b = \begin{pmatrix} b_1 \\ \vdots \\ b_m \end{pmatrix}$$

dessen j-te Komponente $b_j = a_{j1} \cdot x_1 + \ldots + a_{jn} \cdot x_n$ die *Gesamt-menge* des *Rohstoffs* R_j liefert, der zur *Produktion* von x_1 ME des *Produkts* P_1, x_2 ME des *Produkts* P_2, ... , x_n ME des *Pro-dukts* P_n benötigt wird, offensichtlich durch *Multiplikation* der *Verflechtungsmatrix* **V** mit dem *Produktionsvektor* **x** : **b** = **V** $\cdot$ **x**

Bei *gestaffelten Produktionsabläufen* ergibt sich die *Gesamtver-flechtungsmatrix* **V** als *Produkt* der *Verflechtungsmatrizen* $\mathbf{V}_1, \mathbf{V}_2, ..., \mathbf{V}_k$ der *Zwischenproduktionen*, d.h. $\mathbf{V} = \mathbf{V}_1 \cdot \mathbf{V}_2 \cdot ... \cdot \mathbf{V}_k$

c) Bei der *Bedarfsmatrix*

$$B = \begin{pmatrix} b_{11} & b_{12} & \cdots & b_{1m} \\ b_{21} & b_{22} & \cdots & b_{2m} \\ b_{31} & b_{32} & \cdots & b_{3m} \\ b_{41} & b_{42} & \cdots & b_{4m} \end{pmatrix}$$

bezeichnen die *Elemente* b_{ik} ($i = 1, 2, 3, 4$; $k = 1, ..., m$) den *Bedarf* eines Betriebes am *Rohstoff* R_k (in ME) im i-ten *Quartal*. Bei der *Preismatrix*

$$\mathbf{P} = \begin{pmatrix} p_{11} & p_{12} & \cdots & p_{1n} \\ p_{21} & p_{22} & \cdots & p_{2n} \\ \vdots & \vdots & \cdots & \vdots \\ p_{m1} & p_{m2} & \cdots & p_{mn} \end{pmatrix}$$

bezeichnen die *Elemente* p_{ik} ($i = 1, 2, ..., m$; $k = 1, 2, ..., n$) den *Preis* (in GE) des *Rohstoffs* R_i beim k-ten *Lieferanten*.

Das Produkt **B** ∘ **P** dieser beiden Matrizen liefert die quartalsweise berechneten Kosten des Gesamtbedarfs, geordnet nach Lieferanten.

d) Bei der *Transportmatrix*

$$\mathbf{T} = \begin{pmatrix} t_{11} & t_{12} & \cdots & t_{1n} \\ t_{21} & t_{22} & \cdots & t_{2n} \\ \vdots & \vdots & \cdots & \vdots \\ t_{m1} & t_{m2} & \cdots & t_{mn} \end{pmatrix}$$

bezeichnen die *Elemente* t_{ik} ($i = 1, 2, ..., m$; $k = 1, 2, ..., n$)

die *Kosten* (in GE) beim *Transport* einer ME der zu transportierenden Ware vom *Ort* i zum *Ort* k.

♦

Die vorangehenden Beispiele zeigen anschaulich, daß *Matrizen* nicht nur eine übersichtliche *Darstellung ökonomischer Sachverhalte* liefern, sondern daß mit ihrer Hilfe auch *ökonomische Vorgänge beschrieben* werden können.

♦

9.4.2   Lineare Gleichungen und Ungleichungen

Im *Beispiel* 9.16b) haben wir bereits eine *ökonomische Anwendung* linearer *Gleichungssysteme* kennengelernt:

- Bei gegebenem *Rohstoffvektor* **b** und gegebener *Verflechtungs-matrix* **V** bestimmt sich der erforderliche *Produktionsvektor* **x** als Lösung des *linearen Gleichungssystems* **b** = **V**· **x**

  Da die Verflechtungsmatrix i.a. nicht quadratisch ist, besitzt dieses System im Falle der Lösbarkeit mehrere Lösungen, wie dies aus praktischen Gegebenheiten erklärbar ist.

Eine *weitere* wesentliche *Anwendung* gibt das im folgenden behandelte *Input-Output-Modell*:

- Das von *Leontief* aufgestellte *Verflechtungsmodell* (statisches *Input-Output-Modell*) geht davon aus, daß ein *wirtschaftlicher Bereich* (Volkswirtschaft, Betrieb) in n *Sektoren* aufgeteilt ist. Der Anteil der Produktion des Sektors i , der nicht wieder in einen anderen Sektor j fließt, wird durch die *Modellgleichung*

$$Y_i = X_i - \sum_{k=1}^{n} a_{ik} \qquad\qquad (i = 1, 2, \dots , n)$$

beschrieben, in der

* X_i - die *gesamte Produktion* (*Bruttoproduktion*) im *Sektor* i (*Output*),

* Y_i - den *Anteil* der *Produktion* im *Sektor* i, der *nicht* wieder in einen *anderen Sektor* j *fließt* (*Endnachfrage*),

* a_{ik} - die für X_k aus dem *Sektor* i *benötigte Produktionsmenge*

darstellen.

Praktisch bedeutet dies, daß nicht die gesamte Produktion X_i zum Verkauf bereitsteht, sondern nur die Menge Y_i , d.h., der *Eigenverbrauch* muß von X_i abgezogen werden.

Im folgenden verwenden wir die *Produktionskoeffizienten*

$$\alpha_{ik} = \frac{a_{ik}}{X_k} \qquad (i = 1, 2, \dots , n ; k = 1, 2, \dots , n)$$

die angeben, wieviel von der *Produktion* aus dem *Sektor* i (in ME) *in* den *Sektor* k geliefert werden muß, um hier *eine Einheit* des *Produktes* zu *produzieren*. *Mit* diesen *Produktionskoeffizienten* geht das *Input-Output-Modell* in die *folgende Form* über:

$$Y_i = X_i - \sum_{k=1}^{n} \alpha_{ik} \cdot X_k$$

und läßt sich unter Verwendung der *Matrix* **P**

$$\mathbf{P} = \begin{pmatrix} \alpha_{11} & \alpha_{12} & \cdots & \alpha_{1n} \\ \alpha_{21} & \alpha_{22} & \cdots & \alpha_{2n} \\ \vdots & \vdots & \cdots & \vdots \\ \alpha_{n1} & \alpha_{n2} & \cdots & \alpha_{nn} \end{pmatrix}$$

die den *Eigenverbrauch* der einzelnen *Sektoren* charakterisiert und der *Vektoren* **Y** (*Endnachfragevektor*) und **X** (*Output-Vektor* /*Bruttoproduktionsvektor*)

$$\mathbf{Y} = \begin{pmatrix} Y_1 \\ Y_2 \\ \vdots \\ Y_n \end{pmatrix} \ , \ \mathbf{X} = \begin{pmatrix} X_1 \\ X_2 \\ \vdots \\ X_n \end{pmatrix}$$

in der folgenden *vektoriellen Form* schreiben

$$\mathbf{Y} = (\mathbf{E} - \mathbf{P}) \cdot \mathbf{X} \qquad (\mathbf{E} : \textit{Einheitsmatrix})$$

Aus diesen *Modellgleichungen* lassen sich bei bekannten Produktionskoeffizienten (d.h. bekannter Matrix **P**)

* die *Endnachfrage* **Y** *berechnen*, wenn der *Output* **X** *gegeben* ist. Dies läßt sich durch Multiplikation der Matrizen **E–P** und **X** realisieren.

* der *Output* **X** *berechnen*, wenn die *Endnachfrage* **Y** gegeben ist. Diese Aufgabenstellung ist für die praktische Anwendung interessanter und führt auf die Lösung eines *linearen Gleichungssystems* mit der *Koeffizientenmatrix* **E–P**, der *rechten Seite* **Y** und den *Unbekannten* **X**. Falls die *Koeffizientenmatrix regulär* ist, ergibt sich die *Lösung* aus

$$\mathbf{X} = (\mathbf{E} - \mathbf{P})^{-1} \cdot \mathbf{Y}$$

d.h. durch *Berechnung* der *Inversen* und anschließender Multiplikation mit dem Nachfragevektor. Ansonsten ist das System mit den in den einzelnen Programmsystemen enthaltenen und im Abschn. 9.2 gegebenen Kommandos zur Lösung von Gleichungen zu lösen.

* Das *Leontief-Modell* heißt
  * *offen*, wenn ein Y_i größer Null ist.

* *geschlossen*, wenn für alle $Y_i = 0$ gilt. In diesem Fall ergibt sich $(\mathbf{E} - \mathbf{P})\cdot\mathbf{X} = 0$ d.h., der *Output* $\mathbf{X}$ berechnet sich als *Eigenvektor* für den *Eigenwert* 1 der Matrix $\mathbf{P}$.

- Betrachten wir ein *Zahlenbeispiel* für das *Leontief-Modell* :

Beispiel 9.17:

Betrachten wir das *Leontief-Modell* am Beispiel für die *innerbetriebliche Verflechtung* in einer *Firma*, die drei *Produkte* P1, P2 und P3 herstellt: Für die *Produktion einer* ME von

* P1   benötigt man 0,2 ME von P2 und 0,4 ME von P3,

* P2   benötigt man 0,3 ME von P1 und 0,1 ME von P3,

* P3   benötigt man 0,5 ME von P1 und 0,6 ME von P2.

Damit ergibt sich für die Matrix $\mathbf{P}$ der *Produktionskoeffizienten*

$$\mathbf{P} = \begin{pmatrix} 0 & 0.3 & 0.5 \\ 0.2 & 0 & 0.6 \\ 0.4 & 0.1 & 0 \end{pmatrix}$$

und für die *Inverse* $(\mathbf{E}-\mathbf{P})^{-1}$ berechnet MATHCAD

$$\left[\begin{pmatrix} 1 & 0 & 0 \\ 0 & 1 & 0 \\ 0 & 0 & 1 \end{pmatrix} - \begin{pmatrix} 0 & 0.3 & 0.5 \\ 0.2 & 0 & 0.6 \\ 0.4 & 0.1 & 0 \end{pmatrix} \right]^{-1} = \begin{pmatrix} 1.6 & 0.6 & 1.1 \\ 0.7 & 1.3 & 1.2 \\ 0.7 & 0.4 & 1.6 \end{pmatrix} \blacksquare$$

Hat man z.B. eine Nachfrage von P1=10, P2=25, P1=15, d.h.

$$\mathbf{Y} = \begin{pmatrix} 10 \\ 25 \\ 15 \end{pmatrix}$$

so berechnet sich der Output $\mathbf{X}$ aus

$$\begin{pmatrix} 1.6 & 0.6 & 1.1 \\ 0.7 & 1.3 & 1.2 \\ 0.7 & 0.4 & 1.6 \end{pmatrix} \cdot \begin{pmatrix} 10 \\ 25 \\ 15 \end{pmatrix} = \begin{pmatrix} 47.5 \\ 57.5 \\ 41 \end{pmatrix} \blacksquare$$

d.h. es müssen insgesamt 47.5 ME von P1, 57.5 ME von P2 und 41 ME von P3 produziert werden, um die Nachfrage befriedigen zu können.

♦

Die *Realitätsnähe* mathematischer *Modelle* läßt sich in vielen Fällen *erhöhen*, wenn man *Ungleichungen* an der Stelle von Gleichungen verwendet. Praktisch bedeutet dies, daß man anstelle exakter Einhaltung von Gleichungen nur fordert, daß gewisse Grenzen nicht über- oder unterschritten werden. Dies führt zu einem *System* von (linearen) *Ungleichungen*. Naturgemäß treten bei den meisten ökonomischen Modellen Ungleichungen auf, da viele ökonomische Variablen nur postive Werte annehmen können, d.h. wir müssen Ungleichungen der Form $x_i \geq 0$ hinzufügen.

♦

Betrachten wir die Problematik des Auftretens von Ungleichungen im folgenden Beispiel.

Beispiel 9.18:

a) Ein *Betrieb* hat zum *Einkauf* von *Rohstoffen* R_1 und R_2 einen gewissen Geldbetrag g (z.B. 50 GE) zur Verfügung, der nicht überschritten werden darf. Von dem Rohstoff R_1 (Preis 3GE pro ME) benötigt er mindestens 4 und vom Rohstoff R_2 (Preis 5GE pro ME) mindestens 6 ME für seine Jahresproduktion. Es können aber im Rahmen des vorhandenen Geldbetrages größere Mengen der Rohstoffe eingekauft werden, die dann als Vorrat für die folgenden Jahre dienen.

Damit ergibt sich für den Einkauf das folgende *System* von *Ungleichungen*, wenn man die Anzahl der Mengeneinheiten vom Rohstoff R_1 mit x_1 und die von R_2 mit x_2 bezeichnet:
$$3 \cdot x_1 + 5 \cdot x_2 \leq 50 \; , \; x_1 \geq 4 \; , \; x_2 \geq 6$$

MAPLE liefert unter Verwendung des Kommandos *implicitplot* den folgenden Bereich (Dreieck) für die zulässigen Werte (*zulässiger Bereich*) von x_1 und x_2 (siehe Abb. 9.10):

with (plots) **: implicitplot** ({ 3*x1 + 5*x2 =50 , x1=4 , x2=6 } , x=3 .. 8 , x2 =5 .. 10) ;

Abb.9.10. Zulässiger Bereich für das Ungleichungssystem aus Beispiel 9.18a)

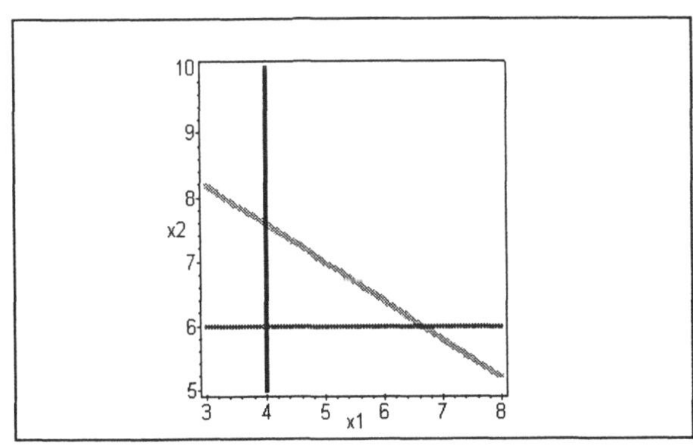

b) Ein *Betrieb* stellt *drei Produkte* mit den Mengen x_1, x_2, x_3 her. Diese *Produktion* wird unter *Verwendung* der drei Faktoren *Arbeiter*, *Maschinen* und *Rohstoff* durchgeführt, von denen maximal 50, 100 bzw. 75 Einheiten zur Verfügung stehen. Die zur *Herstellung* einer Einheit der entsprechenden Produkte *erforderliche Anzahl/Menge* von *Arbeitern* A, *Maschinen* M und *Rohstoff* R ist aus der folgenden Tabelle ersichtlich:

	x_1	x_2	x_3
A	20	30	15
M	25	27	17
R	16	11	13

Damit ergibt sich das folgende *System* von *Ungleichungen* für die Beschreibung der Produktion des Betriebes:

$$20 \cdot x_1 + 30 \cdot x_2 + 15 \cdot x_3 \leq 50$$

$$25 \cdot x_1 + 27 \cdot x_2 + 17 \cdot x_3 \leq 100$$

$$16 \cdot x_1 + 11 \cdot x_2 + 13 \cdot x_3 \leq 75$$

mit $x_1 \geq 0$, $x_2 \geq 0$, $x_3 \geq 0$

10   Summen, Reihen und Produkte

In der *Wirtschaftsmathematik* treten *Summen* von *Zahlen*

$$S = \sum_{k=m}^{n} a_k = a_m + a_{m+1} + \ldots + a_n \quad (m \leq n)$$

auf (z.B. in der Finanzmathematik), deren *Glieder* a_k vom *Index* k *abhängen*, d.h. $a_k = f(k)$.

Derartige Summen bezeichnet man in der Mathematik als *endliche Zahlenreihen* mit der Summe S.

In der *Wirtschaftsmathematik* (*Finanzmathematik*) kommen häufig *Zahlenreihen* der folgenden *Typen* vor:

*   *arithmetische Reihe* $\displaystyle\sum_{k=1}^{n} (b + (k-1) \cdot d)$

   in der die *Differenz* zweier *aufeinanderfolgender Glieder konstant* gleich d ist.

   Diese *arithmetische Reihe* besitzt die *Summe* (*Summenformel*)

$$\frac{n}{2} \cdot (2 \cdot b + (n-1) \cdot d) .$$

*   *geometrische Reihe* $\displaystyle\sum_{k=1}^{n} q^{k-1}$

   in der der *Quotient* zweier *aufeinanderfolgender Glieder konstant* gleich q ist.

   Diese *geometrische Reihe* besitzt die *Summe* (*Summenformel*)

$$\frac{1 - q^n}{1 - q}$$

*   *arithmetisch-geometrische Reihe* $\displaystyle\sum_{k=1}^{n} \frac{k}{q^k}$

   Diese *arithmetisch-geometrische Reihe* besitzt die *Summe* (*Summenformel*)

$$\frac{1}{q^n} \cdot \left(q \cdot \frac{q^n - 1}{(q-1)^2} - \frac{n}{q-1} \right)$$

◆

Beispiel 10.1:

Betrachten wir je ein Beispiel für eine arithmetische und geometrische Reihe, deren *Summenformel* man einfach mit den Programmsystemen z.B. über eine Funktionszuweisung berechnen kann:

a) Ein *Beispiel* für eine *arithmetische Reihe* ergibt sich, wenn ein Betrieb seinen gegenwärtigen *Umsatz* b jährlich um einen *festen Betrag* (*Umsatzsteigerung*) d *steigern* will. Dazu möchte er wissen, wie groß der *Gesamtumsatz* nach n Jahren ist. Betrachten wir dazu das *Zahlenbeispiel*

b = 100 000 000 DM , d = 15 000 000 DM , n = 14 Jahre

d.h., es ist der Gesamtumsatz nach 14 Jahren zu berechnen, wenn der gegenwärtige Umsatz 100 000 000 DM beträgt und eine jährliche Umsatzsteigerung von 15 000 000 DM vorgesehen ist.

Wir definieren mit den Programmsystemen unter Verwendung der *Summenformel* für die *arithmetische Reihe* den *Gesamtumsatz* GU als *Funktion* des *gegenwärtigen Umsatzes* b, der *jährlichen Umsatzsteigerung* d und des *Zeitraumes* (Anzahl der Jahre) n :

$$GU(b,d,n) := n*(2*b+(n-1)*d)/2$$

und berechnen hiermit den *Gesamtumsatz*

GU (100 000 000 , 15 000 , 14) = 2 765 000 000 DM

b) Im Gegensatz zum Beispiel a) soll die *jährliche Umsatzsteigerung* nicht konstant verlaufen, sondern p% des Umsatzes des letzten Jahres betragen. Die Frage nach dem Gesamtumsatz nach n Jahren führt jetzt zur geometrischen Reihe:

Der *Umsatz* beträgt *im*

1.Jahr: b

2.Jahr: $b + b \cdot p/100 = b \cdot (1 + p/100)$

3.Jahr: $b \cdot (1 + p/100) + b \cdot (1 + p/100) \cdot p/100 = b \cdot (1 + p/100)^2$

$\vdots$

n-ten Jahr: $b \cdot (1 + p/100)^{n-1}$

Der *Gesamtumsatz* nach n *Jahren* ergibt sich dann durch *Aufsummieren* als *Summe*

$$ b \cdot \frac{1 - q^n}{1 - q} \qquad \text{der } \textit{geometrischen Reihe} \qquad \sum_{k=1}^{n} b \cdot q^{k-1} $$

mit $q = (1 + p/100)$

Betrachten wir dazu das *Zahlenbeispiel* aus Beispiel a), in dem wir d durch $p = 7\%$ ersetzen

$b = 100\ 000\ 000$ DM , $p = 7\%$, $n = 14$ Jahre

d.h., es ist der Gesamtumsatz nach 14 Jahren zu berechnen, wenn der gegenwärtige Umsatz 100 000 000 DM beträgt und eine jährliche Umsatzsteigerung um 7% des Vorjahresumsatzes vorgesehen ist.

Wir definieren mit den Programmsystemen unter Verwendung der *Summenformel* für die *geometrische Reihe* den *Gesamtumsatz* GU als *Funktion* des *gegenwärtigen Umsatzes* b , der *jährlichen Umsatzsteigerung* p und des *Zeitraumes* (Anzahl der Jahre) n :

$GU(b,p,n) := b*(1-(1+p/100)^{\wedge}n)/(1-(1+p/100))$

und berechnen hiermit den *Gesamtumsatz*

$GU(100\ 000\ 000, 7, 14) = 2\ 255\ 048\ 786$ DM

◆

Während für die *arithmetischen*, *geometrischen* und *arithmetisch-geometrischen Reihen* eine *Summenformel* existiert, mit deren Hilfe man die Summe einfach unter Verwendung der Programmsysteme berechnen kann, ohne die einzelnen Glieder aufsummieren zu müssen (siehe Beispiel 10.1), treten in der *Wirtschaftsmathematik* auch endliche *Reihen* auf, für die man *keine Summenformel* besitzt (siehe Beispiel 10.2). Dies ist vor allem in der *Statistik* der Fall (siehe Kap. 20 und 21).

◆

Beispiel 10.2:

Typische Beispiele für *endliche Reihen*, für die *keine Summenformel* existiert treten in der *beschreibenden Statistik* (siehe Kap. 20) z.B. bei der Berechnung

$*$ des *arithmetischen Mittels* $\qquad \bar{x} = \dfrac{1}{n} \cdot \sum_{i=1}^{n} x_i$

*   der *empirischen Streuung/Varianz* $s^2 = \dfrac{1}{n-1} \cdot \sum\limits_{i=1}^{n} (x_i - \bar{x})^2$

auf, wenn *Zahlenwerte* (Daten) $x_1, x_2, \ldots, x_n$ vorliegen, die durch eine *Stichprobe* gewonnen wurden.

♦

Da nicht für alle *endlichen Reihen* der Wirtschaftsmathematik eine *Summenformel* existiert (siehe Beispiel 10.2), liefern die *Kommandos* zur *Summenberechnung* der einzelnen Programmsysteme ein wirksames Hilfsmittel zur *Berechnung* der *Summe* .

♦

Zur Berechnung der *Summe* der *endlichen Zahlenreihe*

$$\sum_{k=m}^{n} a_k = a_m + a_{m+1} + \ldots + a_n$$

wobei $a_k = f(k)$ und $m \le n$ gelten, stellen die Programmsysteme *folgende Kommandos* bereit, in denen für m und n ganze Zahlen eingesetzt werden müssen:

DERIVE

DERIVE stellt *zwei Möglichkeiten* zur *exakten Berechnung* von *Summen* zur Verfügung:

I.   Die *Menüfolge*

Author: f(k) ⇒ **Calculus** ⇒ **Sum** (**expression:** #..., **variable:** k, **Lower limit:** m **Upper limit:** n) ⇒ **Simplify**

berechnet die gegebene *Summe* exakt (symbolisch), wobei DERIVE bei *expression* hinter # selbst die Nummer des Ausdrucks f(k) einträgt, der im Arbeitsfenster mittels Auswahlbalken markiert ist.

II. Die *Menüfolge*

Author: sum (f(k), k , m , n) ⇒ **Simplify**

Wenn man in den beiden Menüfolgen aus I und II *Simplify* durch *approX* ersetzt, wird die *Summe numerisch berechnet*, d.h., durch eine Gleitkommazahl mit der eingestellten Genauigkeit angenähert.

♦

Beispiel 10.3:

Die *Summe* $\displaystyle\sum_{k=1}^{10} \frac{1}{k}$ kann man mittels der *Menüfolge*

*   **Author: sum** (1/k , k , 1, 10) ⇒ **Simplify**

exakt berechnen und erhält als *Ergebnis* $\dfrac{7381}{2520}$

* **Author: sum** (1/k , k , 1, 10) $\Rightarrow$ **approX**

  durch eine *Gleitkommazahl annähern* und erhält:

  2.928968253.....

MAPLE

  $\blacklozenge$

Das *Kommando*

* **sum** (f(k) , k = m..n) ;

  berechnet die gegebene *Summe exakt* (*symbolisch*).

* **evalf** (**sum** (f(k) , k = m..n)) ;

  berechnet die gegebene *Summe numerisch*, d.h. als *Gleitkommazahl*.

Beispiel 10.4:

a) Die *Summe* $\displaystyle\sum_{k=1}^{10}\frac{1}{k}$ kann mittels des *Kommandos*

   * **sum** (1/k , k = 1..10) ;

     exakt zu $\dfrac{7381}{2520}$.

   * **evalf** (**sum** (f(k) , k = m..n)) ;

     numerisch zu 2.928968253.....

   berechnet werden.

b) In einem Vektor **a** befinden sich die eingelesenen Daten (siehe Abschn. 4.2), d.h. z.B. a := [1 , 2 , 3 , 4 , 5 , 6 , 7 , 8]

   Mittels der *Kommandofolge*

   n:= 8 : MW:= **sum** (a[k] , k=1..n)/n ;

   wird der *Mittelwert* der sich im Vektor **a** befindenden 8 Zahlen zu 9/2 berechnet.

MATHCAD

  $\blacklozenge$

Der *Summenoperator*

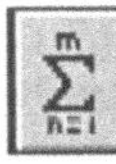   aus der *Operatorpalette* Nr.5 (*Berechnungspalette*)   

wird durch Mausklick *ausgewählt* und in dem erscheinenden *Summensymbol* in die *Platzhalter* hinter dem Summenzeichen f(k), unter dem Summenzeichen k und m und über dem Summenzeichen n *eingetragen*, d.h.

$$\sum_{k=m}^{n} f(k)$$

Abschließend *markiert* man den *Summenausdruck* mit einer *Selektionsbox* und führt *eine* der *folgenden Aktivitäten* durch

* Die Aktivierung der *Menüfolge*

  Symbolic ⇒ Evaluate ⇒ Evaluate Symbolically

  berechnet die *Summe exakt* (*symbolisch*).

* Die Aktivierung der *Menüfolge*

  Symbolic ⇒ Evaluate ⇒ Floating Point Evaluation...

  berechnet die *Summe numerisch*, wobei man in der erscheinenden *Dialogbox* die Anzahl der *benötigten Kommastellen* einträgt.

* Die Eingabe des *symbolischen Gleichheitszeichens* → *berechnet* die *Summe exakt* (*symbolisch*).

* Die Eingabe des *numerischen Gleichheitszeichens* = *berechnet* die *Summe numerisch*.

Beispiel 10.5:

a) Die *Summe* $\sum_{k=1}^{10} \dfrac{1}{k}$ kann *mittels* des

  * *symbolischen Gleichheitszeichens*

    $$\sum_{k=1}^{10} \frac{1}{k} \to \frac{738}{252} \qquad exakt$$

  * *numerischen Gleichheitszeichens*

    $$\sum_{k=1}^{10} \frac{1}{k} = 2.928968253968254 \qquad numerisch$$

  berechnet werden.

b) In einem Vektor **a** befinden sich die eingelesenen Daten (siehe Abschn. 4.2), d.h. z.B.

$$a := \begin{bmatrix} 1 \\ 2 \\ 3 \\ 4 \\ 5 \\ 6 \\ 7 \\ 8 \end{bmatrix}$$

Mittels $n := 8$

$$\frac{\displaystyle\sum_{k=1}^{n} a_k}{n} \to \frac{9}{2}$$

wird der *Mittelwert* der sich im Vektor **a** befindenden 8 Zahlen exakt berechnet.

MATHEMA-TICA

♦

Die Anwendung des *Kommandos*

- **Sum** [f(k) , { k , m , n }]

  berechnet die *Summe exakt* (*symbolisch*).

- **NSum** [f(k) , { k , m , n }]

  berechnet die *Summe numerisch*.

Beispiel 10.6:

a) Die *Summe* $\displaystyle\sum_{k=1}^{10} \frac{1}{k}$ kann *mittels* des

   * *Kommandos*   **Sum** [1/k , { k , 1 , 10 }]

     exakt zu $\dfrac{7381}{2520}$

   * *Kommandos*   **NSum** [1/k , { k , 1 , 10 }]

     numerisch zu 2.92897

   berechnet werden.

b) In einem Vektor **a** befinden sich die eingelesenen Daten (siehe Abschn. 4.2), d.h. z.B. a := { 1 , 2 , 3 , 4 , 5 , 6 , 7 , 8 }

   Mittels der *Kommandofolge*

n:= 8 ; MW:= **Sum** [a[[k]] , { k , 1 , n })/n

wird der *Mittelwert* der sich im Vektor **a** befindenden 8 Zahlen zu 9/2 berechnet.

EXCEL

♦

EXCEL besitzt zur *Berechnung* von *Summen* die *integrierte Funktion*

SUMME (Arg1 ; Arg2 ; ...)

die man mittels der folgenden drei Möglichkeiten aufrufen kann

I. Eingabe von SUMME mittels Tastatur in eine freie Zelle als Formel, d.h. = SUMME (Arg1 ; Arg2 ; ...)

II. Anklicken des *Summenoperators* in der *Symbolleiste* :

III. Anklicken des *Funktions-Assistenten* in der *Symbolleiste* :

In der erscheinenden *Dialogbox* wird in dem rechten Fenster *Funktion* SUMME angeklickt, wodurch diese Funktion in der markierten freie Zelle eingefügt wird.

Als *Argumente* (maximal 30, durch Semikolon getrennt) der *Funktion* SUMME können u.a. *Zahlen* und *Zellbezüge* stehen, die addiert werden sollen. Im folgenden Beispiel demonstrieren wir die genaue Vorgehensweise.

Beispiel 10.7:

a) SUMME (2 ; 3 ; 7; 11) *berechnet* den *Wert* 23, d.h. die *Summe* der *Zahlen* 2 , 3 , 7 , 11.

b) SUMME (B2 ; D5 ; 8) *berechnet* den *Wert* 43, wenn sich in der Zelle B2 die Zahl 23 und in der Zelle D5 die Zahl 12 befinden, d.h. zu den beiden Zahlen in den Zellen B2 und D5 wird die Zahl 8 addiert.

c) SUMME (B1:B5) *berechnet* die *Summe* über die fünf Zellen der Spalte B von B1 bis B5, so z.B. den *Wert* 16, wenn sich in den angegebenen Zellen die Zahlen 3 , 2 , 6 , 1 , 4 befinden.

d) SUMME (A3:D3) *berechnet* die *Summe* über die vier Zellen der dritten Zeile von A3 bis D3, so z.B. den *Wert* 23, wenn sich in den angegebenen Zellen die Zahlen 3 , 6 , 5 , 9 befinden.

♦

n=∞ darf bei den Programmen DERIVE, MAPLE und MATHCAD verwendet werden, so daß unendliche Summen (besser: *unendliche Reihen*) berechnet werden können (falls sie konvergieren, ansonsten erscheint ∞ oder eine Meldung).

Bei MATHEMATICA muß statt des Kommandos *Sum* das Numerikkommando *NSum* verwendet werden, falls man n=∞ hat. Wie das Zeichen ∞ in den einzelnen Programmsystemen einzugeben ist, findet man im Kap. 7.

♦

Da *kein endlicher Algorithmus* zur Bestimmung der Summe einer beliebigen *unendlichen* (konvergenten) *Reihe* existiert, kann man nicht bei jeder unendlichen Reihe ein Ergebnis erwarten. Eine Näherung für die Summe erhält man manchmal, indem man statt ∞ eine große Zahl für n eingibt. Hier ist aber Vorsicht geboten, da dieser so erhaltene Wert völlig falsch sein kann, wie aus der Theorie der unendlichen Reihen bekannt ist.

Dagegen liefern alle Programme für endliche Summen problemlos das Ergebnis.

♦

Beispiel 10.8:

Für die *konvergente unendliche Reihe*

a) $\displaystyle\sum_{k=1}^{\infty}\frac{1}{k(k+1)}$ liefern das Ergebnis 1

*   DERIVE *mittels*

   Author: sum (1/(k*(k + 1))) , k , 1 , inf) $\Rightarrow$ **Simplify**

*   MAPLE *mittels*

   sum (1/(k*(k + 1))) , k=1..infinity) **;**

*   MATHCAD *mittels*

$$\sum_{k=1}^{\infty}\frac{1}{k\cdot(k+1)}$$

*   MATHEMATICA mittels **NSum** [1/(k*(k+1)) , {k , 1 , Infinity}]

b) $\displaystyle\sum_{k=1}^{\infty}\frac{1}{(4k-1)(4k+1)}$

berechnet *kein Kommando* zur *symbolischen Berechnung* der Programmsysteme das *Ergebnis*

$$\frac{1}{2} - \frac{\pi}{8}$$

Hierfür liefern nur die *Numerikkommandos* von MAPLE und MATHEMATICA die *Näherungslösung* .1073009182

◆

Die *Berechnung* von *Produkten* kommt in der Wirtschaftsmathematik seltener vor. Deshalb geben wir im folgenden nur die dafür in den Programmsystemen vorhandenen Kommandos. Die Anwendung dieser Kommandos geschieht analog wie bei Summen.

Für die *Berechnung* des *endlichen Produkts*

$$\prod_{k=m}^{n} a_k = a_m \cdot a_{m+1} \cdot \ldots \cdot a_n$$

wobei $a_k = f(k)$ und $m \le n$ gelten, gibt es in den Programmsystemen folgende *Kommandos* :

DERIVE

DERIVE stellt *zwei Möglichkeiten* zur *Berechnung* von *Produkten* zur Verfügung:

I. Die *Menüfolge*

    Author: f(k) ⇒ **Calculus** ⇒ **Product (expression: #..., variable:** k **Lower limit:** m **Upper limit:** n) ⇒ **Simplify**

    berechnet das gegebene Produkt *exakt* (*symbolisch*), wobei DERIVE bei *expression* hinter # selbst die Nummer des Ausdrucks f(k) einträgt, der im Arbeitsfenster mittels Auswahlbalken markiert ist.

II. Die *Menüfolge*

    Author: product (f(k) , k , m , n) ⇒ **Simplify**

    berechnet ebenfalls das gegebene *Produkt exakt* (*symbolisch*).

Wenn man in den beiden Menüfolgen aus I und II *Simplify* durch *approX* ersetzt, wird das *Produkt numerisch berechnet*, d.h., durch eine Gleitkommazahl mit der eingestellten Genauigkeit angenähert.

◆

MAPLE

Das *Kommando*

*   **product** (f(k) , k = m..n) ;

berechnet das gegebene *Produkt exakt* (*symbolisch*).

- Das *Kommando*

  evalf (**product** (f(k) , k = m..n)) ;

  berechnet das gegebene *Produkt numerisch*.

MATHCAD

Es ergibt sich die *gleiche Vorgehensweise* wie bei der *Summenberechnung*. Man muß nur statt des Summenoperators den *Produktoperator*

 aus der *Operatorpalette* Nr.5 (*Berechnungspalette*)

auswählen.

MATHEMATICA

Die Anwendung des *Kommandos*

- **Product** [f(k) , { k , m , n }]

  berechnet das *Produkt exakt* (*symbolisch*).

- **NProduct** [f(k) , { k , m , n }]

  berechnet das *Produkt numerisch*.

EXCEL

EXCEL besitzt zur Berechnung von *Produkten* die *integrierte Funktion* **PRODUKT** (Arg1 ; Arg2 ; ...) , die man mittels der folgenden *zwei Möglichkeiten* aufrufen kann

I. Eingabe von PRODUKT mittels Tastatur in eine freie Zelle als Formel, d.h. = PRODUKT (Arg1 ; Arg2 ; ...)

II. Anklicken des *Funktions-Assistenten*

 in der *Symbolleiste*.

In der erscheinenden *Dialogbox* wird im rechten Fenster die *Funktion* PRODUKT angeklickt, wodurch diese Funktion in der markierten freie Zelle eingefügt wird.

Als *Argumente* (maximal 30, durch Semikolon getrennt) der *Funktion* PRODUKT können u.a. *Zahlen* und *Zellbezüge* stehen, die multipliziert werden sollen.

Im folgenden demonstrieren wir die genaue Vorgehensweise an einigen Beispielen.

Beispiel 10.9:

a) PRODUKT (2 ; 3 ; 7; 11)

   berechnet den Wert 462, d.h. das *Produkt* der *Zahlen* 2, 3, 7, 11.

b) PRODUKT (B2 ; D5 ; 8)

   berechnet den Wert 2208, wenn sich in der Zelle B2 die Zahl 23 und in der Zelle D5 die Zahl 12 befinden, d.h. das Produkt der beiden Zahlen in den Zellen B2 und D5 wird mit Zahl 8 multipliziert.

c) PRODUKT (B1:B5)

   berechnet das Produkt über die fünf Zellen der Spalte B von B1 bis B5, so z.B. den Wert 144, wenn sich in den angegebenen Zellen die Zahlen 3 , 2 , 6 , 1 , 4 befinden.

d) PRODUKT (A3:D3)

   berechnet das Produkt über die vier Zellen der dritten Zeile von A3 bis D3, so z.B. den Wert 810, wenn sich in den angegebenen Zellen die Zahlen 3 , 6 , 5 , 9 befinden.

   ♦

$n=\infty$ darf bei den Programmen DERIVE, MAPLE und MATHCAD verwendet werden, so daß man auch *unendliche Produkte* berechnen kann. Bei MATHEMATICA muß statt des Kommandos *Product* das Numerikkommando *NProduct* verwendet werden, falls man $n=\infty$ hat. Wie das Zeichen ∞ in den einzelnen Programmsystemen einzugeben ist, findet man im Kap. 7.

   ♦

Endliche Produkte werden von allen Programmsystemen problemlos berechnet. Bei *unendlichen Produkten* liegt die Problematik ähnlich wie bei *unendlichen Reihen*.

11   Finanzmathematik

Die *Finanzmathematik* befaßt sich mit der mathematischen Behandlung von *Abgabe*, *Rückgabe* und *Verzinsung* von *Kapital* (*Geld*), d.h., es werden *langfristige Kapitalvorgänge* betrachtet und damit Aufgaben aus dem *Bank-* und *Kreditwesen*.

Zinsen und *Zinseszinsen* als *Preis* für *ausgeliehenes Geld* spielen in allen *finanzmathematischen Problemen* eine wesentliche Rolle.

Da der *Einfluß* der *Zinsen* und *Zinseszinsen* bei langfristigen Kapitalvorgängen nicht mehr überschaubar ist, stellt die *Finanzmathematik* Hilfsmittel zur Verfügung, um diesen *Einfluß quantitativ erfassen* zu können.

Die *unterschiedlichen Gebiete* der *Finanzmathematik* ergeben sich aus dem *Einfluß* der *Zinsen/Zinseszinsen*.

♦

Wir können im Rahmen dieses Buches keine umfassende Behandlung der Finanzmathematik geben. Hier verweisen wir auf die umfangreiche Literatur (siehe Literaturverzeichnis).

Wir betrachten im folgenden wichtige *Standardaufgaben* aus den grundlegenden *Gebieten*

* *Abschreibung,*

* *Zinsrechnung,*

* *Rentenrechnung,*

* *Tilgungsrechnung,*

* *Kurs-* und *Rentabilitätsrechnung*

der *Finanzmathematik*, geben hierfür die benötigten *Formeln* und zeigen, wie man diese einfach unter Verwendung der Programmsysteme DERIVE, MAPLE, MATHCAD, MATHEMATICA und EXCEL *berechnen* kann.

Falls man die gegebenen *Formeln* öfters benötigt, empfiehlt es sich, diese in den Programmsystemen als *Funktionen* zu *definieren* (siehe Abschn. 12.3).♦

Als *mathematische Hilfsmittel* benötigt man für die *betrachteten Aufgaben* der *Finanzmathematik* lediglich Kenntnisse aus der *Logarithmen-* und *Prozentrechnung*, im *Umformen* algebraischer *Ausdrücke*, aus der Theorie der *Zahlenfolgen* und *Zahlenreihen* und in der *Lösung* von *Gleichungen*.

♦

Die gegebenen *Formeln* liefern *Zusammenhänge* zwischen verschiedenen *finanzmathematischen Größen*, aus denen sich bei Vorgabe von Größen (bis auf eine) die *übrigbleibende Größe berechnen* läßt.

♦

Die Programmsysteme DERIVE, MAPLE und vor allem EXCEL enthalten bereits *integrierte Funktionen* zur *Finanzmathematik*, von denen am Schluß des Kapitels im Abschn. 11.6 einige wichtige vorgestellt werden.

EXCEL stellt von allen Programmsystemen die meisten finanzmathematischen Funktionen zur Verfügung.

Des weiteren existieren für MATHCAD und MATHEMATICA das Elektronische Buch *Personal Finance* bzw. das Zusatzpaket *Finance Pack*, in denen eine Reihe von Problemen der Finanzmathematik gelöst werden.

♦

11.1   Abschreibung

Die *Abschreibung* befaßt sich mit dem *Wertverlust* (der *Wertminderung*) von Gebrauchsgegenständen/Anlagegütern/Wirtschaftsgütern (kurz Gütern) im Verlauf ihrer *Nutzungsdauer* (in Jahren gemessen).

Dabei wird unter *Nutzungsdauer* die *wirtschaftliche Nutzungsdauer* verstanden, die diejenige Zeit darstellt, in der das betrachtete Gut *ökonomisch zweckmäßig* (aufgrund von *technischem Fortschritt* und/oder *Bedarfswandel*) eingesetzt werden kann.

Die *wirtschaftliche Nutzungsdauer* ist von der *technischen Nutzungsdauer* zu unterscheiden, die die Lebensdauer des Gutes durch *Abnutzung* (Verschleiß), *Alterung* usw. kennzeichnet.

Bei der *Abschreibung* wird der *Wertverlust* eines *Gutes* auf die gesamte *Nutzungsdauer* des Gutes *verteilt* und in der Regel *jährlich abgeschrieben*, d.h., der *Anfangswert (Anschaffungswert)* AW des

Gutes wird pro Jahr um einen gewissen Betrag (*Abschreibungsbetrag*) verringert, so daß am Ende der *Nutzungsdauer* T der *Restwert* (*Wiederverkaufswert*) R_T übrig bleibt. Der *Wertverlust* W eines Gutes während der gesamten *Nutzungsdauer* T ergibt sich folglich als *Differenz* W = AW − R_T aus *Anfangswert* (*Anschaffungswert*) AW und *Restwert* (*Wiederverkaufswert*) R_T

♦

Man *unterscheidet* je nach *Art* der jährlichen *Abschreibung* zwischen *linearer, arithmetisch-degressiver, geometrisch-degressiver Abschreibung.*

♦

Geben wir im folgenden eine *Charakterisierung* der unterschiedlichen *Abschreibungsformen* für die *Nutzungsdauer* T:

- Bei der *linearen Abschreibung* berechnet sich der *jährliche Abschreibungsbetrag* A aus

$$A = \frac{W}{T}$$

d.h., der *Wert* eines Gutes wird in *jährlich gleichen Raten* über die gesamte *Nutzungsdauer* T abgeschrieben.

In dieser *Formel* bezeichnet W den *Wertverlust* während der gesamten *Nutzungsdauer* T.

Beispiel 11.1:

Ein *Großcomputer* hat einen *Anschaffungswert* von 200 000 DM. Es ist eine *Nutzungsdauer* T von 10 Jahren geplant. Nach dieser Nutzungsdauer rechnet man mit einem *Wiederverkaufswert* (*Restwert*) von 10 000 DM. Der *Wertverlust* W beträgt folglich 190 000 DM.

Mit den *Programmsystemen* kann man die *lineare Abschreibung* A als Funktion von *Wertverlust* W und *Nutzungsdauer* T in der *Form* A(W, T) := W / T   *definieren* und hiermit für das gegebene Beispiel folgendes berechnen: A(190 000, 10) = 19 000

Dies ergibt während der zehnjährigen Nutzungsdauer einen *Abschreibungsbetrag* von 19 000 DM pro Jahr.

♦

- Bei der *arithmetisch-degressiven Abschreibung* wird der *Abschreibungsverlauf* durch *Vorgabe* des *ersten Abschreibungsbetrages* A_1 und der *Differenz* D zum nächsten *Abschreibungsbetrag* bestimmt.

Da die Summe der Abschreibungsbeträge gleich dem *Wertverlust* W nach der *Nutzungsdauer* T sein muß, ergibt sich die *Formel*

$$W = \sum_{t=1}^{T} A_t = \sum_{t=1}^{T} (A_1 - (t-1)D) = T \cdot A_1 - \frac{T(T-1)}{2} D$$

worin A_t den *Abschreibungsbetrag* der Periode t bezeichnet.

Aus dieser Formel kann man mit allen *Programmsystemen* D als *Funktion* des ersten *Abschreibungsbetrages* A_1, der *Nutzungsdauer* T und des *Wertverlusts* W während der *Nutzungsdauer* T definieren:
D(A1, T, W) := 2*(T * A1 − W) / (T*(T − 1))

Wegen D > 0 und $A_T = A_1 - (T-1)D > 0$ erhält man für A_1 die Bedingungen

$$2\frac{W}{T} > A_1 > \frac{W}{T}$$

d.h., A_1 muß im Intervall (W/T , 2· W/T) liegen.

Die gegebene *Formel* für den *Abschreibungsbetrag* liefert einen *Zusammenhang* zwischen den vier *Größen* D , A_1 , T und W, so daß bei Vorgabe von drei die vierte Größe berechnet werden kann.

Beispiel 11.2:

Eine Maschine hat einen *Anschaffungswert* von 8 000 DM. Die *Nutzungsdauer* betrage 6 Jahre. Danach rechnet man mit einem *Wiederverkaufswert* (*Restwert*) von 500 DM, d.h., der *Wertverlust* beträgt 7 500 DM. Der *Abschreibungsbetrag* A_1 nach dem ersten Jahr wird mit 2 000 DM vorgegeben und erfüllt die notwendigen Ungleichungen.

Mit den *Programmsystemen* kann man die erforderliche *arithmetisch-degressive Abschreibung* durch die *Funktionsdefinition*
D(A1, T, W) := 2*(T * A1 − W) / (T*(T − 1))

mittels D(2000, 6, 7500) = 300 berechnen.

Damit ergibt sich der folgende *Abschreibungsplan*:

Im 1. *Jahr* sind 2000 DM, im 2. *Jahr* 1700 DM, im 3. *Jahr* 1400 DM, im 4. *Jahr* 1100 DM, im 5. *Jahr* 800 DM und im 6. und letzten *Jahr* 500 DM abzuschreiben, so daß der gegebene *Restwert* von 500 DM übrigbleibt.

- Bei der *geometrisch-degressiven Abschreibung* wird pro Jahr der *Abschreibungsprozentsatz* von p% vom *Restwert* aus dem vorhergehenden Jahr abgeschrieben, wobei p während der gesamten Laufzeit konstant ist.

Mit dem *Anschaffungswert* AW ergeben sich in den einzelnen Jahren der Nutzungsdauer T nach der Abschreibung die *folgenden Restwerte* :

nach dem 1. Jahr den *Restwert* $R_1 = (1 - \dfrac{p}{100}) \cdot AW$

nach dem 2. Jahr den *Restwert*

$$R_2 = (1 - \frac{p}{100}) \cdot R_1 = (1 - \frac{p}{100})^2 \cdot AW$$

nach dem 3. Jahr den *Restwert*

$$R_3 = (1 - \frac{p}{100}) \cdot R_2 = (1 - \frac{p}{100})^3 \cdot AW$$

$$\vdots$$

nach dem t–ten Jahr den *Restwert* $R_t = (1 - \dfrac{p}{100})^t \cdot AW$

Daraus folgt für den *Restwert* R_T nach der *Nutzungsdauer* T die

Formel $R_T = (1 - \dfrac{p}{100})^T AW$ in der AW den *Anschaffungswert* und p den *Abschreibungsprozentsatz* (*Abschreibungszinsfuß*) bezeichnen.

Die gegebene *Formel* für den *Restwert* liefert einen *Zusammenhang* zwischen den vier *Größen* R_T, p, T und AW, so daß bei Vorgabe von drei die vierte Größe berechnet werden kann.

So lassen sich aus der gegebenen Formel durch einfache *Umformungen*

* der *Abschreibungsprozentsatz* p

$$p = \left(1 - \sqrt[T]{\frac{R_T}{AW}} \; \right) \cdot 100$$

bei gegebenem *Anschaffungswert* AW, *Restwert* R_T und *Nutzungsdauer* T,

* die *Nutzungsdauer* T

$$T = \frac{\ln\left(\dfrac{R_T}{AW}\right)}{\ln\left(1 - \dfrac{p}{100}\right)}$$

bei gegebenem *Anschaffungswert* AW, *Abschreibungsprozent-satz* p und *Restwert* R_T

berechnen.

♦

Beispiel 11.3:

Schreiben wir den Computer aus Beispiel 11.1 *geometrisch-degressiv* ab.

a) Zuerst *definieren* wir mit den *Programmsystemen* den *Abschreibungsprozentsatz* als *Funktion* des *Anschaffungswertes* AW, des *Restwertes* R_T und der *Nutzungsdauer* T in der Form

$$p\left(AW, RT, T\right) := \left(1 - (RT \, / \, AW)^\wedge (1 \, / \, T)\right)*100$$

und berechnen mit dieser Funktion für das gegebene Beispiel den konkreten *Abschreibungsprozentsatz*

p(200000 , 10000 , 10) = 25.8866

Mit dem berechneten *Abschreibungsprozentsatz* von 25.8866 % läßt sich der folgende *Abschreibungsplan* (*Folge* der *Restwerte*) für die gegebene *Nutzungsdauer* von 10 Jahren *aufstellen* (z.B. mittels MATHCAD):

AW := 200000   T := 10

t := 1 .. 10

$$R_t := \left(1 - \frac{25.8866}{100}\right)^t \cdot AW$$

$$R = \begin{bmatrix} 1.482 \cdot 10^5 \\ 1.099 \cdot 10^5 \\ 8.142 \cdot 10^4 \\ 6.034 \cdot 10^4 \\ 4.472 \cdot 10^4 \\ 3.314 \cdot 10^4 \\ 2.456 \cdot 10^4 \\ 1.821 \cdot 10^4 \\ 1.349 \cdot 10^4 \\ 1 \cdot 10^4 \end{bmatrix}$$

Aus dem *Vektor* R der *Restwerte* (nach dem ersten, zweiten, ... , zehnten Jahr) erhält man durch Differenzenbildung zweier aufeinanderfolgender Komponenten den folgenden *Abschreibungsplan* : Es sind im

ersten Jahr 51800 DM, *zweiten Jahr* 38300 DM, *dritten Jahr* 28480 DM, *vierten Jahr* 21080 DM, *fünften Jahr* 15620 DM, *sechsten Jahr* 11580 DM, *siebten Jahr* 8580 DM, *achten Jahr* 6350 DM, *neunten Jahr* 4 720 DM, *zehnten Jahr* 3490 DM

abzuschreiben. Die Summe der zehn Abschreibungen muß natürlich den gesamten Wertverlust des Computers von 190 000 DM ergeben, wie man leicht nachrechnet.

Um den *genauen Wertverlust* nach den Abschreibungen zu *erhalten*, muß bei der Berechnung des *Abschreibungsprozentsatzes* p die *Genauigkeit entsprechend* hoch *gewählt* werden. Wir haben im gegebenen Beispiel erst nach der dritten Kommastelle gerundet.

♦

b) Wenn wir den Abschreibungsprozentsatz p mit 10% vorgeben, so berechnet sich die notwendige Nutzungsdauer T , um von dem gegebenen Anschaffungswert AW = 200 000 DM zum vorgegebenen Restwert R_T = 10 000 DM zu gelangen, nach der gegebenen Formel.

Mittels dieser Formel *definieren* wir mit den *Programmsystemen* die *Nutzungsdauer* T als *Funktion* des *Anschaffungswer-*

tes AW, des *Restwertes* R_T und des *Abschreibungsprozentsatzes* p in der Form

$$T(AW, RT, p) := \ln(RT / AW) / \ln(1 - p / 100)$$

und berechnen mit dieser Funktion für das gegebene Beispiel die konkrete *Nutzungsdauer* T(200000 , 10000 , 10) = 28.433. Damit benötigt man bei dem gegebenen Abschreibungsprozentsatz von 10% 28.5 Jahre für die Abschreibung, um den Restwert von 10000 DM zu erhalten.

◆

11.2   Zinsrechnung

Die *Zinsrechnung* ist eine der *Grundlagen* der *Finanzmathematik*. *Zinsen* bilden im Geldverkehr eine *Vergütung* für *leihweise überlassenes Geld* (*Kapital*) und hängen i.a. von der Höhe des Geldbetrages und der Länge der Leihzeit ab.

Bei der *Zinsberechnung unterscheiden* sich die *Berechnungsmethoden* nach

* der *Länge* des *Zinszeitraumes* (*vorschüssig, nachschüssig*),

* dem *Zeitpunkt* der *Zinsverrechnung* (*jährlich, unterjährig, stetig*), wenn das Geld weiter angelegt bleibt,

* der *Weiterverrechnung* der *Zinsen* (*Zinseszinsen*).

Folgende *Grundgrößen* werden bei der *Zinsberechnung* benötigt:

* *Kapital* (*Geld*) K,

* *Anfangskapital* (*Barwert*) K_0 zu Beginn der Laufzeit,

* *Endkapital* K_T nach der Laufzeit T,

* *Zinsen* Z,

* *Laufzeit* (*Anlegezeit*) T,

* *Zinssatz* i,

* *Zinsfuß* p,

* *Zinsfaktor* q=1+i,

* *Aufzinsungsfaktor* q^T,

* *Abzinsungsfaktor* (*Diskontinuierungsfaktor, Barwertfaktor*) q^{-T}.

Es wird nicht in allen *Büchern* zur *Finanzmathematik* eine strenge *Trennung* zwischen *Zinssatz* und *Zinsfuß* vorgenommen. Manche Bücher verwenden für *Zinsfuß* die Bezeichnung *Prozentzinssatz*, um hierdurch auszudrücken, daß dieser in *Prozent* angegeben wird. Oft wird nur vom *Zins* gesprochen und es ist erst aus den Anwendungen ersichtlich, ob Zinssatz oder Zinsfuß gemeint sind.

Wir verstehen *im folgenden* unter *Zinssatz* und *Zinsfuß* den *Betrag* an *Zinsen*, der für 1 DM (*Zinssatz*) bzw. für 100 DM (*Zinsfuß*) Kapital gezahlt wird und geben den *Zinsfuß* in *Prozent* an.

Zwischen *Zinssatz* i und *Zinsfuß* p besteht somit der folgende *Zusammenhang* :

$$i = \frac{p}{100}$$

♦

Aus der Vielzahl der möglichen *Zinsberechnungen* betrachten wir nur die bekanntesten:

- *Einfache jährliche Verzinsung* :

  Für das eingezahlte *Anfangskapital* K_0 werden die *Zinsen* nicht *jährlich* dem Kapital zugeschlagen, sondern *ausgezahlt* oder auf einem gesonderten Konto gutgeschrieben. Damit ergibt sich die *folgende Formel* für den *Endwert* K_T des *Kapitals* (*Endkapital*) nach T *Jahren* (Laufzeit, Anlegezeit) bei einem *Zinssatz* i:

  $$K_T = K_0 \cdot (1 + i \cdot T) = K_0 \cdot (1 + \frac{p \cdot T}{100})$$

  Die *Formel* für die *einfache jährliche Verzinsung* liefert einen *Zusammenhang* zwischen den vier *Größen* K_T, K_0, i und T, so daß bei Vorgabe von drei die vierte Größe berechnet werden kann.

  Löst man nach dem *Anfangskapital* (*Barwert*) K_0 *auf,* so erhält man die *Formel*

  $$K_0 = \frac{K_T}{(1 + i \cdot T)}$$

  die zur *Barwertermittlung* (*Gegenwartswert*) des *Kapitals* bei *Abzinsung* dient. K_0 ist folglich der Ausgangswert, der nach T Jahren bei einfacher Verzinsung zu dem Endkapital K_T anwächst. Deshalb wird K_0 als *diskontierter Barwert* von K_T bezeichnet.

  ♦

  Die *Kapitalbestände* nach 0, 1, 2, ... Jahren bilden bei der einfachen jährlichen Verzinsung eine *arithmetische Folge*, d.h., die *Differenz* zwischen *zwei Kapitalbeständen* ist in aufeinanderfolgenden Jahren *konstant* :

$$K_t - K_{t-1} = K_0 \cdot i = K_0 \cdot \frac{p}{100}$$

♦

Beispiel 11.4:

a) Ein Sparer legt bei einer Bank einen Geldbetrag (*Anfangska-pital*) von 20 000 DM bei einem Zinsfuß p=5% für 7 Jahre bei *einfacher Verzinsung* an. Am Ende der Anlegezeit erhält er den Gesamtbetrag (*Endkapital* = Zinsen + Anfangskapital) zurück.

Sein *Endkapital* nach 7 Jahren läßt sich *folgendermaßen berechnen*:

Wir *definieren* mit den *Programmsystemen* das *Enkapital* K_T als *Funktion* des *Anfangskapitals* K_0 , des *Zinsfußes* p und der *Laufzeit* T mittels der gegebenen Formel zu
KT (K0 , p , T)   :=   K0 * (1 + p * T/100)

und berechnen hiermit KT (20000 , 5 , 7) = 27000, d.h., das *Anfangskapital* hat sich auf das *Endkapital* von 27 000 DM *vergrößert*.

b) Ein Sparer möchte in 8 *Jahren* bei einem *Zinsfuß* von p=4% und einfacher Verzinsung ein *Endkapital* von K_T = 10 000 DM ansparen. Welches *Anfangskapital* K_0 muß er einzahlen, d.h., wie groß ist der *Barwert* ?

Wir *definieren* mit den *Programmsystemen* das *Anfangskapital* K_0 als *Funktion* des *Endkapitals* K_T , des *Zinsfußes* p und der *Laufzeit* T mittels der gegebenen Formel zu
K0 (KT , p , T) := KT / (1 + p * T / 100)
und berechnen hiermit K0 (10000 , 4 , 8) = 7576 DM

♦

• *Zinseszins* :

Wenn eine jährliche Verzinsung zugrundegelegt wird, so besteht beim *Zinseszins* der *Unterschied* zur *einfachen Verzinsung* darin, daß die Zinsen jeweils dem Kapital zugeschlagen und damit weiterverzinst werden. Damit ergibt sich die folgende *Formel* für das *Endkapital* (*Zinseszinsformel*), wenn man die gleichen Bezeichnungen wie bei der einfachen Verzinsung verwendet:

$$K_T = K_0 \cdot (1 + i)^T = K_0 \cdot \left(1 + \frac{p}{100}\right)^T = K_0 \cdot q^T$$

In dieser Formel wird logischerweise q^T als *Aufzinsungsfaktor* bezeichnet, da sich das *Endkapital* durch *Multiplikation* des *Anfangskapitals* mit diesem Faktor ergibt.

Die *Zinseszinsformel* liefert einen *Zusammenhang* zwischen den vier *Größen* K_T, K_0, i und T so daß bei Vorgabe von drei die vierte Größe berechnet werden kann.

Durch einfache *Umformung* der *Zinseszinsformel* erhält man die *Berechnungsformeln* für

* den *Zinssatz* $i = \sqrt[T]{\dfrac{K_T}{K_0}} - 1$

* die *Laufzeit* $T = \dfrac{\ln K_T - \ln K_0}{\ln(1 + i)}$

* das *Anfangskapital (Barwert)* $K_0 = \dfrac{K_T}{(1 + i)^T} = K_T \cdot q^{-T}$

Diese Formel dient zur *Barwertermittlung (Gegenwartswert)* des *Kapitals* bei *Abzinsung*. K_0 ist der Ausgangswert, der nach T Jahren bei Verzinsung mit Zinsezins zu dem Endkapital K_T anwächst.

Deshalb werden K_0 als *diskontierter Barwert* von K_T und

q^{-T} als *Abzinsungsfaktor (Diskontinuierungsfaktor, Barwertfaktor)* bezeichnet.

♦

Für den Sparer ist natürlich eine *Verzinsung* mit *Zinsezins vorteilhafter*, wie man aus der gegebenen Formel sieht. Im Beispiel 11.5 wird dieser Sachverhalt an einem Zahlenbeispiel demonstriert.

♦

Beispiel 11.5:

a) Berechnen wir das Endkapital für die Werte aus Beispiel 11.4a) bei *zinseszinslicher Anlegung*:

Wir *definieren* mit den *Programmsystemen* das *Endkapital* K_T als *Funktion* des *Anfangskapitals* K_0, des *Zinsfußes* p und der *Laufzeit* T mittels der *Zinseszinsformel* zu

$$KT(K0, p, T) := K0 * \left(1 + p / 100\right)^{\wedge} T$$

und berechnen hiermit $KT(20000, 5, 7) = 28142$, d.h., das *Anfangskapital* 20 000 DM hat sich auf das *Endkapital* von 28 142 DM vergrößert. Das sind 1 142 DM mehr als bei der einfachen Verzinsung.

b) Wie hoch muß der *Zinsfuß* p sein, damit sich das *Anfangskapital* in 20 Jahren *verdreifacht*?

Man erhält folgendes

$$p = \left(\sqrt[20]{\frac{K_T}{K_0}} - 1 \right) \cdot 100 = \left(\sqrt[20]{\frac{3 \cdot K_0}{K_0}} - 1 \right) \cdot 100$$

$$= (\sqrt[20]{3} - 1) \cdot 100$$

Die Programmsysteme berechnen für den Zinsfuß den numerischen Wert 5,6 %.

◆

- *unterjährige Verzinsung* :

In der Praxis trifft man die *unterjährige Verzinsung* an, d.h., der *Zinszuschlag* erfolgt nicht jährlich, sondern in kürzeren Abständen. So ergibt sich bei einem *quartalsweisen Zinszuschlag* nach einem Jahr das Endkapital K_1 aus der Formel

$$K_1 = K_0 \cdot \left(1 + \frac{i}{4} \right)^4$$

und allgemein bei *m Zinsperioden* pro Jahr

$$K_1 = K_0 \cdot \left(1 + \frac{i}{m} \right)^m$$

Hieraus erhält man die *allgemeine Formel*

$$K_T = K_0 \cdot \left(1 + \frac{i}{m} \right)^{m \cdot T} = K_0 \cdot \left(1 + \frac{p}{100 \cdot m} \right)^{m \cdot T}$$

für die *Berechnung* des *Endkapitals* K_T aus dem *Anfangskapital* K_0 nach einer *Laufzeit* von T *Jahren* bei m *Zinsperioden* pro Jahr (mit Zinssatz i und Zinsfuß p).

Die *Formel* der *unterjährigen Verzinsung* liefert einen *Zusammenhang* zwischen den fünf *Größen* K_T, K_0, i , m und T, so daß bei Vorgabe von vier die fünfte Größe berechnet werden kann.

◆

Die *Formel* für die *unterjährige Verzinsung* enthält als *Spezialfall* die *Zinseszinsformel* (für m=1). Aus ihr ist ersichtlich, daß das Endkapital je größer ist je größer m ist. Im Beispiel 11.6 demonstrieren wir dies an einem Zahlenbeispiel.

♦

Beispiel 11.6:

Berechnen wir das Endkapital für die Werte aus Beispiel 11.4a) bei verschiedenen Zinsperioden.

Wir *definieren* mit den *Programmsystemen* das *Enkapital* K_T als *Funktion* des *Anfangskapitals* K_0, des *Zinsfußes* p, der *Zinsperioden* m und der *Laufzeit* T, d.h.

$$KT(K0,p,m,T) := K0 * \left(1 + p/(100*m)\right)^{\wedge}(m*T)$$

und berechnen hiermit

für m=1   KT (20000 , 5 , 1 , 7) = 28142

für m=2   KT (20000 , 5 , 2 , 7) = 28260

für m=3   KT (20000 , 5 , 3 , 7) = 28300

für m=4   KT (20000 , 5 , 4 , 7) = 28320

und sehen, daß das *Endkapital* mit *wachsenden Zinsperioden* m *wächst*.

♦

- *Stetige Verzinsung* :
  Läßt man bei der allgemeinen *Formel* für die *unterjährige Verzinsung* m *gegen Unendlich* gehen, so erhält man unter Verwendung des Grenzwertes für die Zahl e die *Formel* für die *stetige Verzinsung*

$$K_T = K(T) = K_0 \cdot e^{i \cdot T} = K_0 \cdot e^{\frac{p \cdot T}{100}}$$

für das *Endkapital* K_T nach einer Laufzeit von T Jahren.

Man spricht hier von der *Endwertermittlung* des *Kapitals* bei *stetiger Aufzinsung*.

Die Formel für die *stetige Verzinsung* kann als Lösung einer Differentialgleichung (*Wachstumsdifferentialgleichung*) erhalten werden (siehe Abschn. 17.1).

♦

Die *Formel* für die *stetige Verzinsung* liefert einen *Zusammenhang* zwischen den vier *Größen* K_T, K_0, i und T, so daß bei Vorgabe von drei die vierte Größe berechnet werden kann.

Löst man die *Formel* nach dem *Anfangskapital* (*Barwert*) K_0 *auf*, so erhält man die Formel

$$K_0 = K(T) \cdot e^{-i \cdot T}$$

die zur *Barwertermittlung* (*Gegenwartswert*) des *Kapitals* bei *stetiger Abzinsung* dient.

K_0 ist der Ausgangswert (*Anfangskapital*), der nach T Jahren bei *stetiger Verzinsung* zu dem *Endkapital* K(T) anwächst. Deshalb werden K_0 als *diskontierter Barwert* von K(T) und $e^{-i \cdot T}$ als *Abzinsungsfaktor* (*Diskontinuierungsfaktor*, *Barwertfaktor*) bezeichnet.

Beispiel 11.7:

Lösen wir die Aufgabe aus Beispiel 11.4a), ein *Anfangskapital* von 20000 DM bei einem *Zinsfuß* von 5 % für 7 Jahre bei *stetiger Verzinsung* anzulegen.

Wir *definieren* mit den *Programmsystemen* das *Endkapital* K_T als *Funktion* des *Anfangskapitals* K_0, des *Zinsfußes* p und der *Laufzeit* T
K (K0 , p , T) := K0 * exp(p * T / 100)

und berechnen hiermit K(20000 , 5 , 7) = 28 380, d.h., das *Anfangskapital wächst* in sieben Jahren auf das *Endkapital* von 28 380 DM an.

Wenn man das Ergebnis aus Beispiel 11.7 mit den Ergebnissen der unterjährigen Verzinsung aus Beispiel 11.6 vergleicht, so sieht man, daß die *stetige Verzinsung* eine *gute Näherung* für die *unterjährige Verzinsung* mit mehr als 4 Zinsperioden pro Jahr liefert.

♦

11.3 Rentenrechnung

Die *Rentenrechnung* baut auf der Zinseszinsrechnung auf. Als *Rente* bezeichnet man *regelmäßig wiederkehrende* (d.h. periodisch erfolgende) *Zahlungen* eines Geldbetrages. Die Rente stellt die Gesamtheit aller Zahlungen dar, während die einzelnen Zahlungen als Rate bezeichnet werden.

Typische *Beispiele* für *Renten* sind *Mieten, Löhne und Gehälter, Versicherungsbeiträge, Mitgliedsbeiträge in Vereinen, Altersrenten, Kreditrückzahlungen, regelmäßige Einzahlungen auf ein Sparkonto.*

Man spricht von

* *vorschüssiger Rente*, wenn die *Zahlung* zu *Beginn*

* *nachschüssiger Rente*, wenn die *Zahlung* zum *Ende*

einer *Periode* (z.B. eines Monats oder Jahres) vorgenommen wird.

* *endlicher Rente*, wenn nur für eine begrenzte Zeit gezahlt wird,

* *unendlicher Rente*, wenn die Laufzeit einer Rente nicht beschränkt ist.

♦

In der *Finanzmathematik* werden nicht nur *regelmäßige Auszahlungen*, wie z.B. die Altersrente, sondern auch *regelmäßige Einzahlungen* (z.B. auf ein Konto) als *Rente* bezeichnet.

♦

Folgende *Grundgrößen* werden bei der *Rentenrechnung* in Analogie zur Zinsrechnung benötigt:

* *Rentenbarwert* R_0 ,

* *Rentenendwert* R_T ,

* *Rentenrate* R,

* *Zinsfaktor* q=1+i,

* *Laufzeit* T.

♦

Typische *Fragestellungen* der *Rentenrechnung* sind:

* *Frage* nach dem *Rentenendwert* R_T :

  Wieviel Geld sammelt sich in T Jahren bei einer festen periodischen Zahlung R (Rentenrate) an, wenn das jeweils vorhandene Geld mit p% jährlich verzinst wird?

  Der *Rentenendwert* ist damit das gesamte angesammelte Geldkapital am Ende der Laufzeit einer Rente.

* *Frage* nach dem *Rentenbarwert* R_0 :

  Wie groß muß ein eingezahlter Geldbetrag bei einer jährlichen Verzinsung von p% sein, wenn hiervon periodische Auszahlungen R für eine gegebene Anzahl T von Jahren durchgeführt werden sollen?

Der *Rentenbarwert* ist damit der *Geldwert*, den eine *Rente wert ist*, deren Auszahlung, Laufzeit, Zins und Zahlungsperioden bekannt sind. Der *Rentenbarwert* stellt den *Wert* der *gesamten Rente* am *Anfang* der *Rentenlaufzeit* dar.

* *Frage* nach der *Rentenrate* R:

Wieviel kann bei einer jährlichen Verzinsung von p% pro Jahr abgehoben werden, damit ein zur Verfügung stehender Geldbetrag (Rentenbarwert) R_0 eine gegebene Anzahl T von Jahren reicht?

◆

Die *Grundgrößen* der *Rentenrechnung* bestimmen sich *folgendermaßen*:

• Der *Rentenendwert* R_T berechnet sich

    * bei *nachschüssiger Rente* mit der Laufzeit T aus

$$R_T = R \cdot \frac{q^T - 1}{q - 1}$$

    * bei *vorschüssiger Rente* mit der Laufzeit T aus

$$R_T = R \cdot q \cdot \frac{q^T - 1}{q - 1}$$

Beispiel 11.8:

Ein Sparer zahlt jährlich-vorschüssig 2000 DM auf sein Bankkonto (mit Zinsezins) ein, auf das er 5% Zinsen erhält. Wie groß ist der Kontostand nach 10 Jahren?

Wir *definieren* mit den *Programmsystemen* den *vorschüssigen Rentenendwert* R_T als *Funktion* der *Rentenrate* R, des *Zinsfaktors* q und der *Laufzeit* T zu
RT (R , q , T) := R*q*(q^T – 1) / (q – 1)

und berechnen hiermit RT (2000 , 1.05 , 10) = 26413.57, d.h., das Konto ist auf 26413.57 DM angewachsen.

◆

• Der *Rentenbarwert* R_0 berechnet sich

    * bei *nachschüssiger Rente* mit der Laufzeit T aus

$$R_0 = R \cdot \frac{q^T - 1}{q^T \cdot (q - 1)}$$

    * bei *vorschüssiger Rente* aus

$$R_0 = R \cdot \frac{q^T - 1}{q^{T-1} \cdot (q - 1)}$$

Beispiel 11.9:

a) Ein Schüler erhält von seinem Onkel 5 Jahre lang nachschüssig 1000 DM pro Jahr, die er mit Zinsezins zu 5% anspart. Er möchte aber bereits jetzt über den Gesamtwert der Rente (abzüglich zu zahlender Zinsen) verfügen, d.h., er benötigt den Rentenbarwert.

Wir *definieren* mit den *Programmsystemen* den *nachschüssigen Rentenbarwert* R_0 als *Funktion* der *Rentenrate* R, des *Zinsfaktors* q und der *Laufzeit* T zu
$R0(R,q,T) := R*(q^T - 1) / (q^T*(q - 1))$

und berechnen hiermit $R0(1000,1.05,5) = 4329$, d.h., der *Rentenbarwert* beträgt 4329 DM.

Das bedeutet, wenn jetzt 4329 DM zu 5% gespart werden, kann der Schüler hiermit jährlich-nachschüssig 5 Jahre lang 1000 DM erhalten. Damit kann er sich jetzt den Barwert von 4329 DM auszahlen lassen.

b) Eine Versicherung bietet eine *Rente* an, bei der in den kommenden 10 Jahren *monatlich* (am Monatsende, d.h. *nachschüssig*) 1000 DM gezahlt werden. Sie verlangt für diese Rente eine Einzahlung von 100 000 DM, wobei sie eine Verzinsung von 5 % zugrundelegt. Durch die Berechnung des *Rentenbarwertes* läßt sich nachprüfen, ob dies ein vorteilhaftes Angebot ist.

Mit der im Beispiel a) definierten *Funktion* für den *Rentenbarwert berechnet man* :
$R0(1000, 1+0.05/12, 10 \cdot 12) = 94\,281.35$

wobei zu beachten ist, daß sich der Zinsfuß auf ein Jahr bezieht, d.h., man muß bei monatlicher Zahlung durch 12 dividieren.

Der berechnete *Rentenbarwert* von 94 281.35 DM bedeutet, daß man monatlich 1000 DM für 10 Jahre abheben kann, bis dieser Betrag und gezahlte Zinsen aufgebraucht sind.

Damit zeigt sich, daß die von der Versicherung angebotene Rente nicht günstig ist, da 100 000 DM verlangt werden, obwohl schon 94 281.35 DM reichen.

♦

- Die *Rentenrate* R

  berechnet sich aus der *Formel*

  $$R = R_0 \cdot q^T \cdot \frac{q-1}{q^T-1}$$

  die man erhält, wenn man die gegebene Formel für den Rentenbarwert bei nachschüssiger Rente nach R auflöst.

Beispiel 11.10:

Ein Student erhält für sein fünfjähriges Studium einen Betrag von 20000 DM (*Rentenbarwert*) geschenkt. Welchen Betrag (*Rentenrate*) kann er nachschüssig bei 4% Zinsen (d.h. *Zinsfaktor* 1.04) pro Jahr von der Bank abheben, damit das Geld fünf Jahre (*Laufzeit*) reicht?

Wir *definieren* mit den *Programmsystemen* die *Rentenrate* R als *Funktion* des *Rentenbarwertes* R_0, des *Zinsfaktors* q und der *Laufzeit* T
$$R(R0,q,T) := R0*q^{\wedge}T*(q-1)/(q^{\wedge}T-1)$$

und berechnen hiermit R(20000, 1.04, 5) = 4493, d.h., er kann pro Jahr 4493 DM abheben.

$\blacklozenge$

- Die *Laufzeit* T

  berechnet sich aus der *Formel*

  $$T = \frac{\ln\left(\dfrac{1}{1-\dfrac{R_0}{R}\cdot(q-1)}\right)}{\ln(q)}$$

  die man erhält, wenn man die gegebene Formel für den Rentenbarwert bei nachschüssiger Rente nach T auflöst

Beispiel 11.11:

Berechnen wir für die Aufgabe aus Beispiel 11.10 die *Laufzeit*, wenn von dem *Rentenbarwert* 20000 DM *jährlich* 4493 DM *nachschüssig abgehoben* wird, wobei der *Zins* 4% beträgt.

Wir *definieren* mit den *Programmsystemen* die *Laufzeit* T als *Funktion* des *Rentenbarwertes* R_0, der *Rentenrate* R und des *Zinsfaktors* q
$$T(R0,R,q) := \ln\left(1/(1-R0*(q-1)/R\right)/\ln(q)$$

und berechnen hiermit T(20000, 4493, 1.04) = 4.999, d.h., nach 5 Jahren ist das Guthaben aufgebraucht, wie aus Beispiel 11.10 zu ersehen ist.

◆

Die *Formeln* für die *Rentenrechnung* liefern einen *Zusammenhang* zwischen den vier *Größen* R_T bzw. R_0, R, q und T, so daß bei Vorgabe von drei die vierte Größe berechnet werden kann, wie man bei den gegebenen Formeln sieht.

◆

11.4 Tilgungsrechnung

In der *Tilgungsrechnung* geht es um die *Rückzahlung* (*Tilgung*) von *Darlehen*, *Krediten*, *Hypotheken* usw., d.h. um die *Rückzahlung* von *Schulden* einschließlich der berechneten *Zinsen* und *Gebühren*.

Der *Schuldner* kann zwischen *verschiedenen Rückzahlungsarten* (*Tilgungsarten*) wählen:

* *Rückzahlung* des *gesamten Betrages* am Fälligkeitstag.

* *Rückzahlung* in mehreren *Teilbeträgen* in regelmäßigen oder unregelmäßigen Zeitabständen.

Neben der Entscheidung über die *Tilgungsart* kann zusätzlich noch die Anzahl der *tilgungsfreien Jahre* festgelegt werden.

Man spricht von

* *vorschüssiger Tilgung*, wenn die *Rückzahlung zu Beginn*

* *nachschüssiger Tilgung*, die *Rückzahlung* zum *Ende*

einer *Periode* (z.B. eines Monats oder eines Jahres) vorgenommen wird.

◆

Tilgungsprobleme, bei denen *Rückzahlungen* in *konstanten Zeitabständen* vorgenommen werden, bilden einen *Spezialfall* der *Rentenrechnung*. Damit lassen sich alle Fragestellungen der Rentenrechnung auf die Tilgungsrechnung übertragen.

Diese Art der *Tilgung* in *konstanten Zeitabständen* ist in der Praxis die *am häufigsten* angewandte.

◆

Folgende *Grundgrößen* werden bei der *Tilgungsrechnung* benötigt:
* *Gesamtschuld* S_0

* *Restschuld* R_t

  wenn nach t Jahren nur ein Teil der Schuld getilgt ist.

* *Tilgungsrate* TR

  die den Betrag bezeichnet, der am Ende eines Zeitabschnitts zur Abzahlung der Gesamtschuld zu zahlen ist.

* *Zinsen* Z

  die für die jeweilige Restschuld nachschüssig zu zahlen sind. *Zinsfuß* und *Zinssatz* werden wie üblich mit p bzw. i und der *Zinsfaktor* i + 1 mit q bezeichnet.

* *Annuität* A oder auch *Rückzahlungsbetrag* RZ_t

  bezeichnet die *Summe* aus *Tilgungsrate* TR und *Zinsen* Z. Dabei verwendet man meistens bei der *Ratentilgung* die Bezeichnung *Rückzahlungsbetrag* und bei der *Annuitätentilgung* die Bezeichnung *Annuität*.

Man unterscheidet folgende *Tilgungsarten*:

* Die *Ratentilgung* :

  Für diese Tilgungsart ist das geliehene Kapital nach Ablauf der vereinbarten tilgungsfreien Zeit in *konstanten Raten* zurückzuzahlen. Der Rückzahlungsbetrag muß die berechneten Zinsen mit enthalten. Diese nehmen aber im Laufe der Tilgung ab, da die Restschuld kleiner wird. Damit ist die *Annuität*, die sich aus konstanter Tilgungsrate und variablen (abnehmenden) Zinsen zusammensetzt, bei der Ratentilgung *nicht konstant*.

* Die *Annuitätentilgung* :

  Bei dieser Tilgungsart bleibt die *Annuität* während der gesamten Rückzahlungszeit *konstant*. Da die Zinsen kleiner werden, nehmen die Tilgungsraten folglich um den gleichen Betrag zu.

* Eine *weitere Möglichkeit* besteht in der wenig gebräuchlichen Form, nur die Zinsen zurückzuzahlen (z.B. monatlich oder jährlich) und die Schuld am Ende der Laufzeit in einem Betrag zu tilgen. Diese Tilgungsform kann mit der Zinsrechnung behandelt werden.

  ◆

Im folgenden geben wir die *Formeln* für die einzelnen *Tilgungsarten*:

* *Ratentilgung*:

  Die *Formel* für die *Ratentilgung* läßt sich einfach herleiten:

In der *tilgungsfreien Zeit* (t = 0, 1, 2, ... , t_f) sind nur die *Zinsen* $Z = i \cdot S_0$ pro Jahr zu *zahlen*. In den *restlichen Jahren* t = t_f + 1, ... , T berechnet sich der *Rückzahlungsbetrag* RZ_t im Jahr t (*Rückzahlungsjahr*) aus $RZ_t = i \cdot (S_0 - (t - (t_f + 1)) \cdot TR) + TR$, wobei sich die *Tilgungsrate* TR bei gleichmäßiger Ratentilgung aus

$$TR = \frac{S_0}{T - t_f}$$

ermittelt, wenn zur Zeit T (*Rückzahlungszeit*) die *Gesamtschuld* S_0 getilgt sein soll.

Betrachten wir ein *typisches Beispiel* für die *Ratentilgung*.

Beispiel 11.12:

Eine Bank vereinbart mit einem Käufer einer Eigentumswohnung für einen gegebenen *Kredit* von 60 000 DM bei einem *Zinsfuß* von 6.2% (d.h. *Zinssatz* i=0.062) eine *Ratentilgung* von 5 Jahren. Welcher *Betrag* ist *pro Jahr* in den nächsten fünf Jahren *zurückzuzahlen*?

Wir *definieren* mit den *Programmsystemen*

I. zuerst die *Tilgungsrate* TR als *Funktion* der *Gesamtschuld* S_0 der rückzahlungsfreien Jahre t_f und der Rückzahlungszeit T

   $TR(S0, tf, T) := S0 / (T - tf)$

II. daran anschließend den *Rückzahlungsbetrag* RZals *Funktion* der *Tilgungsrate* TR, der *Gesamtschuld* S_0, des *Zinssatzes* i, der *rückzahlungsfreien Jahre* t_f und des *Rückzahlungsjahrs* t

   $RZ(TR, S0, i, tf, t) := i*(S0 - (t - (tf + 1))*TR) + TR$

und *berechnen* mit $S_0 = 60\,000$ DM, i = 0.062, t_f = 0, T = 5 unter *Anwendung indizierter Variablen* mittels MATHCAD folgendes:

$$TR\left(S_0, t_f, T\right) := \frac{S_0}{T - t_f}$$

$$RZ\left(TR, S_0, i, t_f, t\right) := i \cdot \left[S_0 - \left[t - \left(t_f + 1\right)\right] \cdot TR \right] + TR$$

$$S_0 := 60000 \qquad i := 0.062 \qquad t_f := 0 \qquad T := 5$$

$$TR := TR\left(S_0, t_f, T\right)$$

$$t := 1..5$$

$$RZ_t := RZ\left(TR, S_0, i, t_f, t\right)$$

$$RZ = \begin{bmatrix} 1.572 \cdot 10^4 \\ 1.498 \cdot 10^4 \\ 1.423 \cdot 10^4 \\ 1.349 \cdot 10^4 \\ 1.274 \cdot 10^4 \end{bmatrix}$$

d.h., der Bankkunde muß nach dem 1. *Jahr* 15720 DM, dem 2. *Jahr* 14980 DM, dem 3. *Jahr* 14230 DM, dem 4. *Jahr* 13490 DM und dem 5. *Jahr* 12740 DM zurückzahlen.

◆

- *Annuitätentilgung* :

  Die *Formel* für die *Annuität (konstanter Rückzahlungsbetrag)* A der *Annuitätentilgung* bei T Zahlungen lautet

  $$*\quad A = S_0 \cdot q^T \cdot \frac{q-1}{q^T - 1}$$

  Hiermit läßt sich die *Formel* für die *Restschuld*

  $$*\quad R_t = S_0 \cdot q^t - A \cdot \frac{q^t - 1}{q - 1}$$

  berechnen. Die *Formel* für die *Tilgungszeit*

  $$*\quad T = \frac{\ln A - \ln(A - S_0 \cdot i)}{\ln q} = \frac{\ln A - \ln\left(A - S_0 \cdot i\right)}{\ln(i+1)}$$

erhält man aus der Formel für die Restschuld, da die *Restschuld* für t = T gleich Null sein muß (d.h. $R_T = 0$).

Beispiel 11.13:

Berechnen wir die *Rückzahlung* (*Tilgung*) des *Kredits* aus Beispiel 11.12 mittels *Annuitätentilgung*, wobei wir *monatliche Rückzahlung* annehmen.

a) Wie hoch ist für einen *Kredit* von 60 000 DM bei einem *Zinsfuß* von 6.2% pro Jahr und einer *Tilgungszeit* von 60 Monaten die *Annuität*?

Wir *definieren* mit den *Programmsystemen* die *Annuität* A als *Funktion* der *Gesamtschuld* S_0, des *Zinsfaktors* q=i+1 und der *Laufzeit* T zu

$$A(S0,q,T) := S0*q^\wedge T*(q-1) / (q^\wedge T - 1)$$

und berechnen hiermit A(60000, 1+0.062/12, 60) = 1165.56, d.h., die *Annuität* (konstanter Rückzahlungsbetrag) *beträgt* 1165.56 DM pro Monat. Hier ist zu beachten, daß sich der *Zinssatz* i auf ein Jahr bezieht und somit für unsere Berechnung (pro Monat) durch 12 zu teilen ist.

b) Berechnen wir für die Werte aus Beispiel a) *Gesamtschuld* S_0 = 60000, *Annuität* A = 1165.56, *Zinsfaktor* q = 1+0.062/12 die *Laufzeit* T, d.h., es ist die Zeit gesucht, um einen Kredit von 60000 DM bei einem Zinsfuß von 6.2% pro Jahr mit einer monatlichen Rate von 1165.56 DM abzuzahlen.

Wir *definieren* mit den *Programmsystemen* die *Laufzeit* T als *Funktion* der *Gesamtschuld* S_0, der *Annuität* A und des *Zinssatzes* i zu

$$T(S0,A,i) := (\ln(A) - \ln(A - S0*i)) / \ln(i+1)$$

und berechnen hiermit T(60000, 1165.56, 0.062/12) = 60, d.h., nach 60 Monaten ist der Kredit abgezahlt.

♦

Die *Formeln* für die *Tilgungsrechnung* liefern einen *Zusammenhang* zwischen vier bzw. fünf *Größen*, so daß bei Vorgabe von drei bzw. vier die restliche Größe berechnet werden kann, wie man bei den gegebenen Formeln sieht.

♦

11.5   Kurs- und Rentabilitätsrechnung

Im folgenden geben wir einen kurzen Einblick in die *Kurs-* und *Rentabilitätsrechnung.* Sie bildet ein wichtiges Gebiet der Finanzmathematik und befaßt sich mit der *Berechnung* des *Kurses* bzw. der *Rentabilität* einer *Kapitalschuld* (Kredit) bzw. *Kapitalforderung* (Kapitalguthaben), d.h. allgemein mit der *Bewertung* von *Geldgeschäften.*

Die *Kurs-* und *Rentabilitätsrechnung* verwendet Begriffe aus der Zins-, Renten- und Tilgungsrechnung:

* *Nominalzins* (in Prozent = *Nominalzinsfuß*) p_{nom} ist der *vereinbarte Zins* im Gegensatz zum Marktzins.

* *Marktzins* (*Realzins, Effektivzins* / in Prozent = *Marktzinsfuß*) p_{real} ist der gerade *aktuelle Zins* am *Kapitalmarkt.*

* *Nominalkapital* (*Nominalwert, Nennwert*) K_{nom} ist der mit dem *Nominalzins* p_{nom} *berechnete Wert* des *Kapitals.*

* *Realkapital* (*Realwert, effektiver Wert*) K_{real} ist der mit dem *Marktzins* p_{real} *berechnete Wert* des *Kapitals.*

    ◆

Der *Kurs* C wird in Prozent angegeben und berechnet sich aus

$$C = \frac{K_{real}}{K_{nom}} \cdot 100 \quad (Kursgleichung)$$

Damit ist der *Kurs* C gleich dem *Barwert* des auf 100 DM bezogenen *Nominalkapitals*, d.h., es gilt C = K_{real} für K_{nom} = 100 DM.

Der *Kurs* gibt folglich den zur Zeit gültigen *Marktwert* eines *Geldgeschäfts* im *Verhältnis* zu seinem *Nominalwert* (vereinbarter Wert) an.

Aus der *Definition* des *Kurses* ist *folgendes ersichtlich* :

* Er *beträgt* 100%, wenn *Markt-* und *Nominalzins übereinstimmen.* In diesem Falle sind 100 DM auch 100 DM wert.

* Er *fällt unter* 100%, wenn der *Marktzins größer als* der *Nominalzins* ist, d.h., 100 DM sind weniger als 100 DM wert.

* Er *ist größer* als 100%, wenn der *Marktzins kleiner als* der *Nominalzins* ist, d.h., 100 DM sind mehr wert als 100 DM (siehe Beispiel 11.14).

    ◆

Betrachten wir die Problematik an zwei typischen Beispielen.

Beispiel 11.14:

a) Wenn ein Kapital (*Nominalkapital*) K_{nom} von 1000 DM für ein Jahr bei einem Zinsfuß (*Nominalzins*) p_{nom} von 4% angelegt wird, so erhält man 40 DM an Zinsen.

   Möchte man die gleichen Zinsen erhalten, wenn eine Bank nur einen Zins (*Marktzins, Realzins*) p_{real} von 3% zahlt, so muß man natürlich einen *höheren Betrag* (*Realkapital*) K_{real} anlegen. Dieser berechnet sich aus $K_{real} = 1000 \cdot 4/3 = 1\,333.33$, d.h., bei einem *Realzins* p_{real} von 3% muß man $1\,333.33$ DM für ein Jahr anlegen, um 40 DM Zinsen zu erhalten. Der *Kurs* beträgt hier 133,3%.

b) Vergibt man an jemanden einen *Kredit* von 10 000 DM auf 10 Jahre zu 6% Zinsen, wobei vereinbart wird, daß nach jedem Jahr die Zinsen von 600 DM und am Ende der Laufzeit der Kreditbetrag von 10 000 DM zurückgezahlt werden, so sind für den Kreditgeber (Gläubiger) die folgenden *drei Möglichkeiten* für die *Bewertung* des *Geldgeschäfts* gegeben:

   * *Bleibt* der *Marktzins* während der gesamten Laufzeit ebenfalls bei 6%, so kann man nirgends mit dem Kapital von 10 000 DM mehr Gewinn erwirtschaften. Dies ist für den Gläubiger ein normales Geschäft, da der *Kurs* 100% beträgt.

   * *Fällt* der *Marktzins* auf 4%, so würde man 15 000 DM benötigen, um 600 DM Zins zu erhalten. Dies ist für den Gläubiger ein gutes Geschäft, da der *Kurs* 150% beträgt.

   * *Steigt* der *Marktzins* auf 8%, so würde man nur 7 500 DM benötigen, um 600 DM Zins zu erhalten. Dies ist für den Gläubiger ein schlechtes Geschäft, da der *Kurs* 75% beträgt.

   ◆

Betrachten wir im folgenden die bei einer *grundlegenden Aufgabe* der *Kursrechnung auftretenden mathematischen Probleme:*

* Bei zahlreichen Aufgaben kann das *Realkapital* K_{real} aus den vertraglich festgelegten Zahlungsverpflichtungen und dem *Marktzinsfuß* $p_{real} = 100 \cdot i_{real}$ berechnet werden, der hier als *Rendite* bezeichnet wird.

   Bei der *Ablösung* (Abzahlung) der *Kapitalforderung* durch *Raten*
   $$A_k \qquad (k = 1 , \ldots , n)$$
   in n Zeiteinheiten berechnet sich das

   * *Nominalkapital* aus

$$K_{nom} = A_1 \cdot v_{nom} + A_2 \cdot v_{nom}^2 + \ldots + A_n \cdot v_{nom}^n$$

*   *Realkapital* aus

$$K_{real} = A_1 \cdot v_{real} + A_2 \cdot v_{real}^2 + \ldots + A_n \cdot v_{real}^n$$

wobei $v = \dfrac{1}{1+i}$ gilt (i – *Zinssatz*).

Damit ist das *Realkapital* eine *Polynomfunktion* des *Marktzinses* vom Grade n, d.h.

$$K_{real} = f(p_{real}) = A_1 \cdot v_{real} + A_2 \cdot v_{real}^2 + \ldots + A_n \cdot v_{real}^n$$

Damit bestimmt sich die *Rendite* bei *gegebenem Realkapital* als *Lösung* einer *Polynomgleichung* n–ten Grades.

*   Bei der Ablösung der Kapitalforderung durch Raten ergibt sich für den Kurs C die gegebene *Kursgleichung* in der folgenden Form:

$$C = \frac{A_1 \cdot v_{real} + A_2 \cdot v_{real}^2 + \ldots + A_n \cdot v_{real}^n}{A_1 \cdot v_{nom} + A_2 \cdot v_{nom}^2 + \ldots + A_n \cdot v_{nom}^n} \cdot 100$$

Eine *praktische Aufgabenstellung* besteht darin, bei *gegebenem Kurs* und *Nominalzins* (d.h. gegebenem v_{nom}) die *Kursgleichung nach* v_{real} und damit nach der *Rendite aufzulösen*.

Mathematisch bedeutet dies, die *Nullstellen* eines *Polynom* n–ten Grades zu *bestimmen*. Im Kap. 13 wird dieses Problem behandelt und wir sehen, daß ab n=5 hierfür keine exakten Lösungsmethoden mehr existieren, sondern man auf *Näherungsverfahren* angewiesen ist, für die die Programmsysteme Kommandos zur Verfügung stellen.

*   Bei der *Ablösung* der *Kapitalforderung* durch *Annuitäten* A, d.h.
    $$A_k = A \qquad (k = 1, \ldots, n)$$

vereinfachen sich die vorangehenden Formeln durch Anwendung der Summe für eine geometrische Reihe. So ergibt sich z.B. für das *Realkapital* der Ausdruck

$$K_{real} = A \cdot (v_{real} + v_{real}^2 + \ldots + v_{real}^n) = A \cdot v_{real} \cdot \frac{1 - v_{real}^n}{1 - v_{real}}$$

Während der *Kurs* aus der *Kursgleichung* bei *gegebenem Nominalzins* und *Marktzins* (Rendite) *einfach bestimmt* werden kann, läßt sich die *Rendite* mit den Programmsystemen meistens nur *näherungsweise berechnen*. Des weiteren müßte die Rendite nicht eindeutig bestimmt sein, da eine Polynomfunktion n–ten Grades n verschiedene Nullstellen haben kann. Es läßt sich jedoch die Eindeutigkeit beweisen, da alle Koeffizienten der *Polynomfunktion* des *Marktzins* positiv sind, so daß diese Funktion mit wachsendem Zins monoton fällt.

♦

11.6 Integrierte Funktionen zur Finanzmathematik

Für MATHCAD und MATHEMATICA existieren ein *Elektronisches Buch* bzw. ein *Zusatzpaket* zur *Finanzmathematik*, die allerdings extra gekauft werden müssen.

Integrierte Funktionen/Kommandos zur *Finanzmathematik* findet man nur in DERIVE, MAPLE und EXCEL, von denen wir im folgenden die wichtigsten besprechen:

DERIVE   Die *finanzmathematischen Kommandos* beruhen auf folgender *Gleichung*:

$$d \cdot (1+p)^n + r \cdot (1+p \cdot t) \cdot \frac{(1+p)^n - 1}{p} + e = 0 .$$

Darin bezeichnen

* d   die momentane *Darlehenshöhe*,

* r   den ständig zu *zahlenden Festbetrag (Rente)*,

* n   die *Anzahl* der *Zahlungen*,

* p   den *Zinsfuß* für eine Periode,

* e   den *Endwert* aller *Zahlungen*.

Dabei bedeuten *positive Werte* für d, r und e *Zahlungseingänge*, während *negative Werte Zahlungsausgänge* bezeichnen.

♦

Mit dieser Formel lassen sich *Probleme* der *Renten–* und *Tilgungsrechnung lösen*:

* *Rückzahlung* eines *Darlehens* durch periodische Zahlungen in einem bestimmten Zeitraum.

* *Berechnung* von *Guthaben*, die durch regelmäßige Einzahlungen entstehen.

Die in DERIVE vorhandenen Kommandos berechnen bei Vorgabe von vier der obigen Größen d, r, n, p und e die fünfte, d.h., es gibt *fünf* verschiedene *Kommandos*.

In das *Argument* der *Kommandos* kann neben diesen vier Größen noch ein *fünfter Wert* t *eingetragen* werden. Dieser steht für die *Zahlungsart* und liegt im *Intervall* [0, 1] (d.h. $0 \leq t \leq 1$):

* t = 0 steht dafür, daß am *Beginn* (*vorschüssig*),

* t = 1 steht dafür, daß am *Ende* (*nachschüssig*)

der *Periode gezahlt wird.*

Fehlt t im Argument, so wird t = 0 verwendet.

♦

Die fünf in DERIVE vorhandenen *Kommandos* zur *Finanzmathematik* lauten:

* **pval** (p , n , r , e , t)

   berechnet die momentane *Darlehenshöhe* d

   (*Voreinstellung* e=0),

* **fval** (p , n , r , d , t)

   berechnet den *Endwert aller Zahlungen* e

   (*Voreinstellung* d = 0),

* **pmt** (p , n, d , e , t)

   berechnet r (*Voreinstellungen* d = 0 , e = 0),

* **nper** (p , r , d , e , t)

   berechnet n (*Voreinstellungen* d = 0 , e = 0),

* **rate** (n , r , d , e , t)

   berechnet den *Zinssatz* p (*Voreinstellungen* d = 0 , e = 0).

Bei jedem Kommando ist aus den Argumenten sofort ersichtlich, welcher Wert berechnet wird. Die Voreinstellungen werden bei der Rechnung verwendet, falls diese Argumente fehlen. Dies funktioniert aber nur, wenn das fünfte Argument t auch fehlt.

♦

Die gegebenen *Kommandos* sind unter **Author:** *einzugeben* und mittels **approX** zu aktivieren. Die genaue Vorgehensweise ist aus dem folgenden Beispiel 11.15 ersichtlich.

♦

Beispiel 11.15:

a) Ein *Kredit* von 10000 DM zu einem *Zinsfuß* von 12% (pro Jahr) soll in 5 Jahren in *jährlichen Raten* zurückgezahlt werden. Die Kommandofolge **Author: pmt** (12% , 5 , 10000) $\Rightarrow$ **approX** berechnet das *Ergebnis* 2774.10 für die *jährlichen Ratenzahlungen*.

b) Soll der *Kredit* aus Aufgabe a) in *monatlichen Raten* zurückgezahlt werden (d.h. der Zinsfuß beträgt 1% pro Monat), so liefert die *Kommandofolge* **Author: pmt** (1% , 60 , 10000) $\Rightarrow$ **approX** das *Ergebnis* 222.45.

c) Auf ein *Sparbuch* mit einem *Guthaben* von 5000 DM werden zu Beginn eines Monats 10 Jahre lang 50 DM eingezahlt. *Gesucht* ist das *Guthaben* nach *10 Jahren,* wenn der *Zinsfuß* 4% (pro Jahr) beträgt. Als *Ergebnis* erhält man mittels der *Kommandofolge*

Author: fval (4%/12 , 10*12 , -50 , -5000) $\Rightarrow$ **approX**

das *Endguthaben* von 14816.60 DM.

♦

MAPLE

MAPLE stellt nach dem *Laden* des Zusatzpakets *Finanzen* mittels **with** (finance) ; eine Reihe von *Kommandos* zur *Finanzmathematik* zu Verfügung.

Die *Wirkungsweise* aller in MAPLE enthaltenen *Kommandos* zur *Finanzmathematik* kann man über die *Hilfefunktion* durch Anklicken der *Menüfolge* **Help** $\Rightarrow$ **Topic Search...** $\Rightarrow$ **Topic: finance**

erhalten. Daraufhin erscheinen im Fenster *Matching Topics:* alle *finanzmathematischen Funktionen.* Durch *Markieren* der *gewünschten Funktion* (mittels Mausklick) und anschließendem *Anklicken* des *Knopfes* (Buttons) *Apply* erscheint ein *Hilfefenster,* indem man *ausführliche Informationen* über die *Kommandos* (einschließlich *Beispiele)* erhält.

♦

Im *folgenden* betrachten wir nur die *finanzmathematischen Kommandos* aus MAPLE näher, die Aufgaben aus den Abschn. 11.1 — 4 lösen:

• **amortization** (S_0 , A , i) ;

berechnet die *Tilgungszeit* T (in Jahren) für die *Tilgung* des *Kredits* S_0 bei vorgegebener *Annuität* A und gegebenem *Zinssatz* i.

Außerdem wird ein *Tilgungsplan* für die Tilgungszeit aufgestellt (siehe Beispiel 11.16).

Beispiel 11.16:

Lösen wir die Aufgabe aus Beispiel 11.13a) der *Tilgung* eines *Kredits* von 60 000 DM bei einer *jährlichen Annuität* von 14 321.37 DM und einem *Zinsfuß* von 6.2%. MAPLE liefert mit dem *Kommando* **amortization** (60000 , 14321.37 , 0.062) ;

den folgenden *Tilgungsplan*
[[0, 0, 0, -60000.00, 60000.00],
[1, 14321.37, 3720.00000, 10601.37000, 49398.63000],
[2, 14321.37, 3062.715060, 11258.65494, 38139.97506],
[3, 14321.37, 2364.678454, 11956.69155, 26183.28351],
[4, 14321.37, 1623.363578, 12698.00642, 13485.27709],
[5, 14321.36427, 836.0871796, 13485.27709, 0]], 11606.84427

Hier erkennt man an *erster Stelle* das *Jahr*, an *zweiter Stelle* die konstante *Annuität*, an *dritter Stelle* die bezahlten *Zinsen* (nehmen mit den Jahren ab), an *vierter Stelle* die getätigte *Kredittilgung* (nimmt mit den Jahren zu), und an letzter Stelle die *Restschuld*.

♦

- **futurevalue** (K_0, i, T);

  berechnet die *Zinseszinsformel* (siehe Abschn. 11.2) für die Argumente
  * *Anfangskapital* K_0

  * *Zinssatz* i

  * *Laufzeit* T

  d.h., es wird das *Endkapital* K_T berechnet.

Beispiel 11.17:

Lösen wir die Aufgabe aus Beispiel 11.5a), das *Endkapital* bei einem für 7 *Jahre* bei einem *Zinsfuß* von 5% gesparten *Anfangskapital* von 20 000 DM zu berechnen. MAPLE liefert mittels des *Kommandos* **futurevalue** (20000 , 0.05 , 7) ;

das *Ergebnis* (*Endkapital*) von 28 142 DM.

♦

- **presentvalue** (K_T, i, T);

  berechnet die *Zinseszinsformel* (siehe Abschn. 11.2) für die Argumente
  * *Endkapital* K_T

  * *Zinssatz* i

* *Laufzeit* T

d.h., es wird das *Anfangskapital* K_0 berechnet.

Beispiel 11.18:

Lösen wir die Aufgabe aus Beispiel 11.5a) in der Form, für das *Endkapital* von 28 142 DM bei einem *Zinsfuß* von 5% nach einer *Laufzeit* von 7 Jahren das eingezahlte Anfangskapital zu berechnen (siehe auch Beispiel 11.17). MAPLE liefert mittels des *Kommandos* **presentvalue** (28142 , 0.05 , 7) ;

das *Ergebnis* (*Anfangskapital*) von 20 000 DM.

◆

EXCEL

EXCEL besitzt von allen besprochenen Programmsystemen die *meisten integrierten Funktionen* zur *Finanzmathematik*. Insgesamt sind es 15 verschiedene Funktionen.

Die *Aktivierung* der *gewünschten* finanzmathematischen *Funktion* geschieht durch Mausklick auf den *Funktions-Assistenten*

in der Symbolleiste. In der erscheinenden *Dialogbox* klickt man in dem Fenster *Kategorie* die *Finanzmathematik* an. Daraufhin erscheint im danebenliegenden Fenster *Funktion* die *Gesamtheit* der in EXCEL enthaltenen *finanzmathematischen Funktionen*. Durch *zweifachen Mausklick* wird die gewünschte *Funktion aktiviert* und es erscheint eine *Dialogbox*, in die man die benötigten *Argumente* der Funktion *einträgt.* Es gibt Argumente, für die nicht unbedingt ein Wert vorgegeben werden muß.

◆

Im *folgenden* betrachten wir nur die *finanzmathematischen Kommandos* aus EXCEL näher, die Aufgaben aus den Abschn. 11.1 – 11.4 lösen. Dazu erläutern wir die wesentlichsten *Argumente*, die für diese *finanzmathematischen Funktionen* benötigt werden:

* *Bw*

  bezeichnet den *Barwert* (siehe Abschn. 11.2 und 11.3).

* *F*

  legt die *Fälligkeit* der *Zahlungen* fest. Wird eine 0 oder nichts angegeben, so erfolgt die Zahlung *nachschüssig*. Bei Eingabe einer 1 wird *vorschüssig* gezahlt.

* *Rmz*

steht für *regelmäßige Zahlung* und gibt den Betrag an, der pro Periode bezahlt wird.

* *Zins*

bezeichnet den *Zinsfuß* bzw. *Zinssatz*.

* *Zzr*

gibt die Anzahl der *Zahlungszeiträume* an.

* *Zw*

steht für *zukünftiger Wert* (Endwert), der nach der letzten Zahlung erreicht werden soll. Bei einem Kredit ist er 0 und bei einem Sparvertrag gleich der abgschlossenen Endsumme. Falls hier kein Wert eingetragen ist, wird er 0 gesetzt.

Diese Argumente verwenden wir in den folgenden Funktionen, ohne daß wir sie in jedem Fall nochmals erklären.

◆

Im *folgenden* betrachten wir nur die *finanzmathematischen Funktionen* aus EXCEL näher, die Aufgaben aus den Abschn. 11.1 – 11.4 lösen:

* **BW** (Zins ; Zzr ; Rmz ; Zw ; F)

berechnet den *Barwert* (siehe Abschn. 11.3) einer Rente bzw. einer Reihe von Zahlungen.

Beispiel 11.19:

Berechnen wir die Aufgabe aus Beispiel 11.9b) mit EXCEL.

Eine *Versicherung* bietet eine *Rente* an, bei der in den kommenden 10 Jahren *monatlich* (am Monatsende, d.h. *nachschüssig*) 1000 DM gezahlt werden. Sie verlangt für diese Rente eine *Einzahlung* von 100 000 DM, wobei sie eine Verzinsung von 5 % zugrundelegt. Durch die Berechnung des Rentenbarwertes läßt sich nachprüfen, ob dies ein vorteilhaftes Angebot ist. EXCEL berechnet mit der *Funktion*

BW(0,05/12 ; 10·12 ; 1000 ; ; 0) bzw.

BW(5%/12 ; 10·12 ; 1000 ; ; 0)

den Wert –94 281,35 DM, wie aus dem *folgenden Bild* des *Funktions-Assistenten* ersichtlich ist:

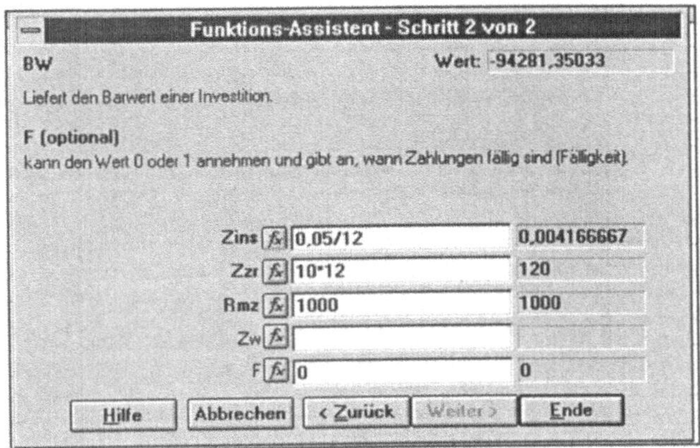

EXCEL zeigt das *Ergebnis negativ* an, da es sich um eine *Auszahlung* handelt.

Bei der *Zinsangabe* ist sowohl der *Zinsfuß* (mit *Prozentzeichen*) als auch der *Zinssatz* möglich.

- **GDA2** (*Ansch_Wert* ; *Restwert* ; *Nutzungsdauer* ; *Periode*)

  berechnet die *geometrisch-degressive Abschreibung* eines Gutes mit dem Anschaffungswert *Ansch_Wert* für eine bestimmte *Periode.*

Beispiel 11.20:

Berechnen wir für die Aufgabe aus Beispiel 11.3 die *Abschreibung* eines *Computers* mit *Ansch_Wert* = 200 000 DM, *Restwert* = 10 000 DM, *Nutzungsdauer* = 10 Jahre nach dem ersten Jahr, d.h. *Periode* = 1 Jahr. EXCEL berechnet mit der *Funktion*

GDA2 (200000 ; 10000 ; 10 ; 1)

den *Abschreibungsbetrag* im ersten Jahr von 51 800 DM, wie aus dem *folgenden Bild* des *Funktions-Assistenten* ersichtlich ist:

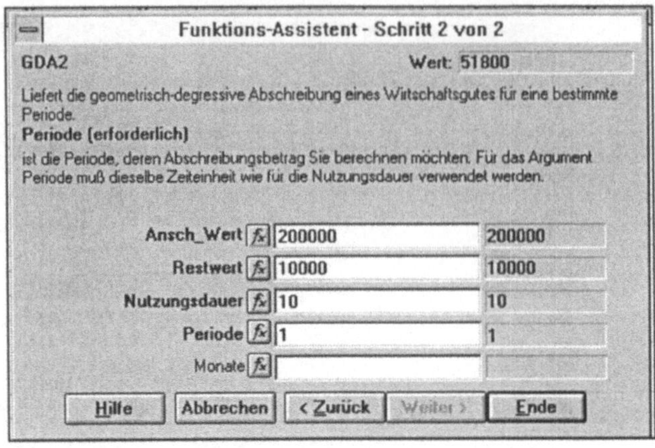

♦

- **LIA** (*Ansch-Wert* ; *Restwert* ; *Nutzungsdauer*)

liefert die *lineare Abschreibung* eines Gutes pro Periode.

Beispiel 11.21:

Schreiben wir den *Computer* aus Beispiel 11.1 *linear ab*.

EXCEL berechnet mit der *Funktion* **LIA** (200000 ; 10000 ; 10)

den *Abschreibungsbetrag* von 19 000 DM pro Jahr (siehe Beispiel 11.1), wie aus dem *folgenden Bild* des *Funktions-Assistenten* ersichtlich ist:

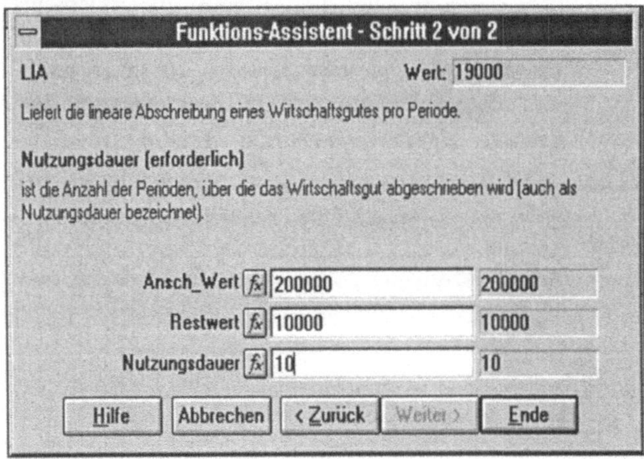

- **RMZ** (Zins ; Zzr ; Bw ; Zw ; F)

liefert die *Annuität* eines *Kredits* bei *konstantem Zinssatz*.

Beispiel 11.22:

Lösen wir die Aufgabe aus Beispiel 11.13, einen *Kredit* von 60 000 DM in 60 Monaten bei einem *Zinsfuß* von 6.2% *abzuzahlen*. EXCEL *berechnet* mittels der *Funktion*

RMZ (Zins ; Zzr ; Bw ; Zw ; F)

die *Annuität* von −1165,56 DM, wie aus dem *folgenden Bild* des *Funktions-Assistenten* ersichtlich ist:

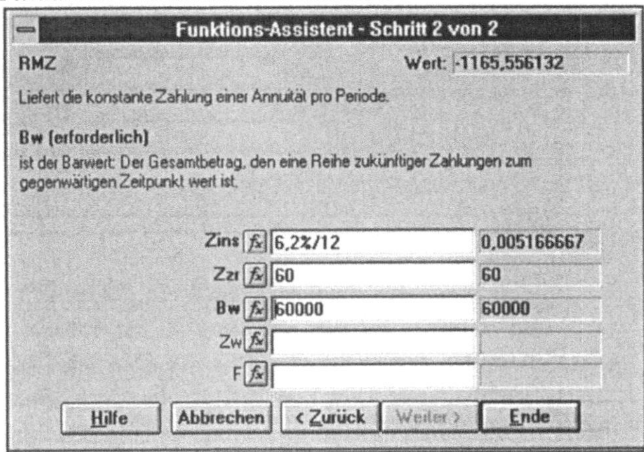

d.h., pro Monat sind 1165,56 DM zurückzuzahlen.

EXCEL zeigt das *Ergebnis negativ* an, da es sich um eine *Auszahlung* (für den Kreditschuldner) handelt.

Bei der *Zinsangabe* ist sowohl der *Zinsfuß* (mit *Prozentzeichen*) als auch der *Zinssatz* möglich. Weiterhin ist zu beachten, daß der Zins durch 12 zu teilen ist, da pro Monat gerechnet wird, während sich der Zins auf das Jahr bezieht.

- **ZW** (Zins ; Zzr ; Rmz ; Bw ; F)

berechnet den *Rentenendwert* (siehe Abschn. 11.3) bei gegebenen *Zins, Laufzeit* (Zzr), *Rentenrate* (Rmz) und *F* (nachschüssig=0, vorschüssig=1). Das Argument *Bw* wird für diese Rechnung nicht benötigt.

Beispiel 11.23:

Lösen wir die Aufgabe aus Beispiel 11.8, den *Kontostand* zu *berechnen*, wenn für 10 Jahre jährlich-vorschüssig 2000 DM auf ein Bankkonto (mit Zinsezins) eingezahlt werden, auf das es 5% Zinsen gibt. EXCEL *berechnet* mittels der *Funktion*

ZW (Zins ; Zzr ; Bw ; Zw ; F)

den *Rentenendwert* von −26 413,57 DM, wie aus dem *folgenden Bild* des *Funktions-Assistenten* ersichtlich ist:

EXCEL zeigt das *Ergebnis negativ* an, da es sich um eine *Auszahlung* handelt. Bei der *Zinsangabe* ist sowohl der *Zinsfuß* (mit *Prozentzeichen*) als auch der *Zinssatz* möglich.

Es ist zu beachten, daß bei EXCEL die *Argumente* in den Funktionen *durch Semikolon* zu *trennen* sind. Möchte man für ein *Argument keinen Wert* eingeben (falls dies zulässig ist), so muß ein *Leerzeichen* getippt werden, falls es nicht am Ende der Liste steht. Dies ist erforderlich, da EXCEL die Zuordnung nach der Reihenfolge der Argumente trifft.

♦

Die *Wirkungsweise* aller in EXCEL enthaltenen *Funktionen* zur *Finanzmathematik* kann man ebenfalls über den *Funktions-Assistenten* erhalten. Man klickt in der erscheinenden *Dialogbox* im Fenster *Kategorie* die *Finanzmathematik* an. Daraufhin erscheinen im Fenster *Funktion* die enthaltenen *finanzmathematischen Funktionen*. Durch *Markieren* der *gewünschten Funktion* (mittels Mausklick) und anschließendem *Anklicken* des *Knopfes* (Buttons) *Hilfe* erscheint ein *Hilfefenster*, indem man *ausführliche Informationen* über die Funktion unter den folgenden *Überschriften* erhält:

* *Syntax* : Hier werden die für die Funktion benötigten *Argumente* erklärt.

* *Hinweis* : Enthält eine ausführliche *Beschreibung* der *Funktion* und die verwendete *mathematische Formel.*

* *Beispiele* : Hier wird mindestens ein *praktisches Beispiel* mit der Funktion berechnet.

12   Funktionen

Ebenso wie in den Technik- und Naturwissenschaften spielen *Funktionen* in der *Ökonomie* eine *fundamentale Rolle*. Sie dienen zur *Beschreibung wirtschaftlicher Vorgänge, Sachverhalte* und *Zusammenhänge*. *Funktionale Zusammenhänge* treten bei vielen Fragestellungen in der Ökonomie auf, werden aber oft nur verbal beschrieben.

Wenn man die Mathematik zur Untersuchung derartiger Zusammenhänge heranziehen möchte, benötigt man den *mathematischen Funktionsbegriff*:

Eine *mathematische Funktion* (mit f bezeichnet) beschreibt kurz gesagt eine *eindeutige Abbildung (Zuordnung)* zwischen *zwei Mengen* A und B, d.h., jedem Elemente x einer Menge A (*Definitionsbereich* $D(f)$ der Funktion f) wird durch f eindeutig ein Element y der Menge $R(f) \subseteq B$ ($R(f)$ *Wertebereich* der Funktion f) zugeordnet und man schreibt $y = f(x)$.

Bei *mathematischen Funktionen* in der Ökonomie bestehen *Definitions-* und *Wertebereich* aus *reellen Zahlen*, d.h., es treten *reelle Funktionen* auf.

Reelle Funktionen

* *einer reellen Variablen* $y = f(x)$ (andere Schreibweise $y = y(x)$) realisieren *eindeutige Abbildungen* aus dem Raum der reellen Zahlen R in den Raum der rellen Zahlen R. Dabei werden x und y als *unabhängige* bzw. *abhängige Variable* bezeichnet. Wenn die *unabhängige Variable* die *Zeit* t darstellt, so schreibt man $y = y(t)$.

* von *n reellen Variablen* $z = f(x_1, x_2, \ldots, x_n)$

  realisieren *eindeutige Abbildungen* aus dem n-dimensionalen Raum R^n in den Raum der reellen Zahlen R, d.h., jedem n-Tupel reeller Zahlen (*unabhängige Variable*) $(x_1, x_2, \ldots, x_n)$ aus dem Definitionsbereich wird eine reelle Zahl (*abhängige Variable*) z zugeordnet. ♦

In der *Ökonomie* erhält man *Funktionen* aus

I. bekannten (ökonomischen) *Gesetzmäßigkeiten*,

II. durchgeführten *Beobachtungen* (*Zählungen*, *Messungen*), *Befragungen* oder *Experimenten*

Im Falle I. stellt sich die *Funktion* als

* *analytischer Ausdruck* (*analytische Darstellung*)

    dar, d.h., sie ist als *Formel* gegeben,

während man bei II. den Zusammenhang als

* *Zahlentabelle* (*Wertetabelle – tabellarische Darstellung*) erhält.

Im Abschn. 12.1 gehen wir hierauf näher ein.

♦

Man unterscheidet hauptsächlich zwei große *Klassen* von analytisch gegebenen *Funktionen*, *algebraische* und *transzendente* Funktionen, die wir im folgenden Beispiel 12.1 an konkreten Funktionen erklären. Diese Funktionenklassen treten bei den meisten ökonomischen Problemen auf, wie im Abschn. 12.1 illustriert wird.

♦

Beispiel 12.1:

a) Betrachten wir zuerst *Funktionen einer Variablen*

    a1) In der Ökonomie vorkommende *algebraische Funktionen* sind (siehe Abschn. 12.1):

        * *lineare Funktionen* (als Spezialfall *ganzrationaler Funktionen*)

$$f(x) = a_1 \cdot x + a_0$$

        die u.a. bei *Nachfrage–*, *Angebots–*, *Kosten–* und *Konsumfunktionen* auftreten

        * *ganzrationale Funktionen* (*Polynome*)

$$f(x) = a_n \cdot x^n + a_{n-1} \cdot x^{n-1} + \ldots + a_1 \cdot x + a_0$$

        die u.a. bei *Nachfrage–*, *Angebots–*, *Produktions–*, *Kosten–* und *Konsumfunktionen* auftreten.

        * *gebrochenrationale Funktionen*

$$f(x) = \frac{a_n \cdot x^n + a_{n-1} \cdot x^{n-1} + \ldots + a_1 \cdot x + a_0}{b_m \cdot x^m + b_{m-1} \cdot x^{m-1} + \ldots + b_1 \cdot x + b_0}$$

        die u.a. bei *Produktions–* und *Lagerkostenfunktionen* auftreten.

Weitere algebraische Funktionen, die Wurzeln enthalten, trifft man u.a. bei Angebotsfunktionen an.

a2) Zu den wichtigsten *transzendenten Funktionen* gehören

*   *Exponentialfunktionen*

$$e^{a\cdot x}\ ,\ b^{d\cdot x}$$

und deren *Umkehrfunktionen (Logarithmusfunktionen)*

$$\ln x\ ,\ \log_b x$$

die u.a. in *Nachfrage-* und *Produktionsfunktionen* und *logistischen Funktionen* vorkommen.

*   *trigonometrische* und *hyperbolische Funktionen* und deren *Umkehrfunktionen* (Arkus- und Areafunktionen).

b) *Funktionen mehrerer Variablen* treten häufig in der Ökonomie auf, da meistens mehrere Faktoren (unabhängige Variable) das Ergebnis (abhängige Variable) beeinflussen. Die Einteilung in algebraische und transzendente Funktionen ist analog wie bei Funktionen einer Variablen. Im Abschn. 12.1 betrachten wir einige Beispiele.

c) Im Beispiel a) haben wir nur *funktionale Zusammenhänge* betrachtet, die in *analytischer Form* vorhanden sind, d.h., die Abhängigkeit zwischen den Variablen ist als *Formelausdruck (analytische Darstellung)* y= f(x) gegeben. Man trifft aber in der Ökonomie öfters den Fall an, daß ein *funktionaler Zusammenhang* nur in *Form* einer *Tabelle (Wertetabelle − tabellarische Darstellung)* existiert.

So kann sich z.B. eine *Preis-Absatz-Funktion* (siehe Beispiel 12.3a) mittels folgender Tabelle darstellen:

Preis x	2	3	4	5	8
Absatz y	95	94	92	90	84

Mathematisch bedeutet dies, daß die *Funktion durch* die fünf *Punkte* (2 , 95) , (3 , 94) , (4 , 92) , (5 , 90) , (8 , 84) im *xy-Koordinatensystem* gegeben ist.

◆

Bei einer Reihe *ökonomischer Probleme* kennt man nicht den analytischen Ausdruck (die Formel) für eine Funktion f(x), sondern nur eine Anzahl von Funktionswerten (*Wertetabelle − tabellarische Darstellung*), wie wir im Beispiel 12.1c) sahen und im Beispiel 12.5 sehen werden. Bei *Funktionen einer Variablen* bedeutet dies, daß man die *Funktionswerte* $y_i = f(x_i)$ der Funktion in einer Reihe von

Werten x_i ($i = 1$,..., n) hat. Diese Werte wurden beispielsweise durch *Beobachtungen* (*Zählungen*, *Messungen*), *Befragungen* oder *Experimente* gewonnen.

Bei *Funktionen mehrerer Variablen* hat man eine analoge Problematik (siehe Beispiel 12.5).

In der *numerischen Mathematik* gibt es verschiedene *Methoden*, um eine durch *Wertepaare* (x_1,y_1), (x_2,y_2) ,..., (x_n,y_n) gegebene Funktion $y=f(x)$ mittels *analytisch gegebener Funktionen* (z.B. Polynome) *anzunähern*. Zu bekannten Methoden dieser Art zählen

* *Interpolation,*

* *Methode der kleinsten Quadrate.*

Auf die Problematik der *Methode der kleinsten Quadrate* gehen wir ausführlicher im Abschn. 21.4 im Rahmen der *Regressionsanalyse* ein, während wir die *Interpolation* im folgenden behandeln.

♦

Unter Verwendung der Methode der *Interpolation* lassen sich durch n *Wertepaare (Punkte)* (x_1,y_1) , (x_2,y_2) , ... , (x_n,y_n) *gegebene Funktionen* $y=f(x)$ mittels beliebiger Funktionen annähern.

Nach dem *Interpolationsprinzip* werden diese *Näherungsfunktionen* (*Interpolationsfunktionen*) so bestimmt, daß die gegebenen Punkte auf ihren Funktionskurven liegen.

Die einzelnen *Interpolationsarten* unterscheiden sich durch die Wahl der *Interpolationsfunktion.*

Am bekanntesten ist die *Interpolation* durch *Polynome* (*Polynominterpolation*). Hier muß man bei n gegebenen Punkten mindestens Polynomfunktionen (n−1)-ten Grades

$$y = f(x) = a_0 + a_1 \cdot x + \ldots + a_{n-1} \cdot x^{n-1}$$

verwenden, um das *Interpolationsprinzip* erfüllen zu können. Die noch unbekannten n *Koeffizienten* a_k ($k - 0, 1, 2, \ldots , n-1$) bestimmen sich aus der Forderung, daß die gegebenen n Punkte der Polynomfunktion genügen.

Die einzelnen *Programmsysteme* stellen die folgenden *Kommandos* zur *Interpolation* zur Verfügung:

MAPLE   Die *Kommandofolge*
$X=[x_1,x_2 , \ldots , x_n] : Y=[y_1,y_2 , \ldots , y_n] :$ **interp** (X , Y , x) ;
berechnet das *Interpolationspolynom* (n−1)−ten Grades (siehe Beispiel 12.2a) für die *gegebenen* n *Punkte*

$$(x_1, y_1) \, , \, (x_2, y_2) \, , \, \dots \, , \, (x_n, y_n)$$

MATHCAD MATHCAD stellt eine Reihe von *integrierten Funktionen* (*Kommandos*) zur *Interpolation* zur Verfügung, von denen wir nur die wichtigsten angeben:

* Das *Kommando* **linterp** (X , Y , x)
  verbindet die gegebenen n *Punkte* $(x_1, y_1), (x_2, y_2) \, , \, \dots \, , \, (x_n, y_n)$

  durch *Geraden*, d.h., es wird zwischen den Punkten *linear interpoliert* und als Näherungsfunktion ein *Polygonzug* berechnet. Als *Ergebnis* liefert dieses Kommando den zu x gehörigen *Funktionswert* des *Polygonzugs*. Liegen die x-Werte außerhalb der gegebenen Werte, so extrapoliert MATHCAD. Dies sollte wegen der auftretenden Ungenauigkeiten möglichst vermieden werden.

  Im *Argument* des *Kommandos* befinden sich in den Spaltenvektoren X die x-Koordinaten (in aufsteigender Reihenfolge geordnet) und in Y die entsprechenden y-Koordinaten der gegebenen n Punkte (siehe Beispiel 12.2b).

* Es gibt Kommandos zur *Splineinterpolation*, auf die wir nicht eingehen, da diese hauptsächlich bei technischen Problemen angewandt werden.

Zur *Polynominterpolation* besitzt MATHCAD keine integrierten Kommandos. Man muß hier auf das *Elektronischen Buch* (Funktionspaket) *Numerical Recipes* zurückgreifen, in dem unter dem Namen *polint* ein derartiges Kommando bereitgestellt wird (siehe [2]).

MATHEMA- Die *Kommandofolge*
TICA $XY = \{ \, \{ x_1, y_1 \} \, , \, \{ x_2, y_2 \} \, , \, \dots \, , \, \{ x_n, y_n \} \, \} \, ;$

InterpolatingPolynomial [XY , x] // **Expand**
berechnet das *Interpolationspolynom* (n−1)−ten Grades (siehe Beispiel 12.2c) für die *gegebenen* n *Punkte*
$(x_1, y_1) \, , \, (x_2, y_2) \, , \, \dots \, , \, (x_n, y_n)$

EXCEL Mittels Excel lassen sich die gegebenen n Punkte
$(x_1, y_1) \, , \, (x_2, y_2) \, , \, \dots \, , \, (x_n, y_n)$

linear interpolieren, d.h., durch einen *Polygonzug* verbinden, indem man eine Spalte der aktuellen Tabelle mit den x-Werten füllt und in die danebenliegende Spalte die zugehörigen y-Werte einträgt. Danach werden die beiden ausgefüllten Spalten markiert und das Symbol des *Diagramm-Assistenten*

in der Symbolleiste angeklickt. Jetzt kann man mittels Mausklick einen Durchlauf des *Diagramm-Assistenten* auslösen. In den erscheinenden Dialogboxen wählt man dann als Diagrammtyp das xy-*Diagramm* aus. Excel zeichnet die eingegebenen Punktepaare und verbindet diese durch Geraden, wenn man das Format 6 (im Schritt 3 des Diagrammassistenten) gewählt hat. Im folgenden Beispiel 12.2d) findet man eine konkrete Anwendung.

Beispiel 12.2:

Im folgenden werden wir die *Preis-Absatz-Funktion* aus Beispiel 12.1c), die durch die fünf *Punkte*

$$(2 , 95) , (3 , 94) , (4 , 92) , (5 , 90) , (8 , 84)$$

im xy–Koordinatensystem gegeben ist, mittels *Interpolation* durch ein *Polynom vierten Grades* (mit MAPLE und MATHEMATICA) der Gestalt

$$-\frac{1}{36} \cdot x^4 + \frac{5}{9} \cdot x^3 - \frac{143}{36} \cdot x^2 + \frac{91}{9} \cdot x + \frac{260}{3}$$

bzw. *Geradenstücke (Polygonzug* – mit MATHCAD und EXCEL) annähern:

a) MAPLE verwendet die *Kommandofolge*

   X:= [2 , 3 , 4 , 5 , 8] : Y:= [95 , 94 , 92 , 90 , 84] :

   G:= **interp** (X , Y , x) ;

   die das obige *Interpolationspolynom* liefert, das mittels des *Grafikkommandos* **plot** (G , x = 1 .. 9) ; gezeichnet werden kann (siehe Abschn. 12.2.1):

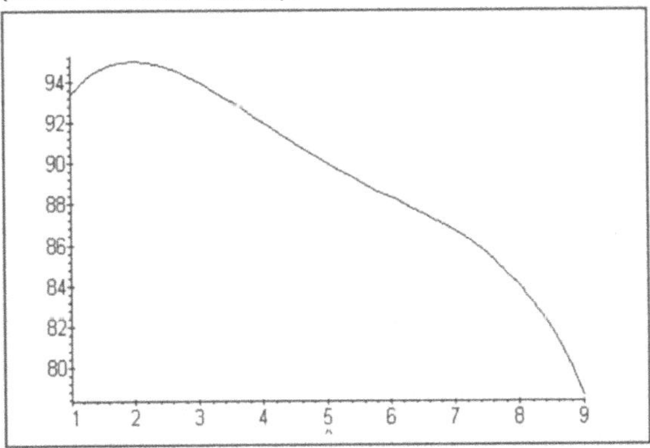

b) MATHCAD verwendet die Kommandofolge

$$X := \begin{pmatrix} 2 \\ 3 \\ 4 \\ 5 \\ 8 \end{pmatrix} \qquad\qquad Y := \begin{pmatrix} 95 \\ 94 \\ 92 \\ 90 \\ 84 \end{pmatrix}$$

$G(x) := \textbf{linterp}\,(\,X\,,\,Y\,,\,x\,)$

zur *linearen Interpolation* und liefert den im folgenden grafisch dargestellten *Polygonzug*

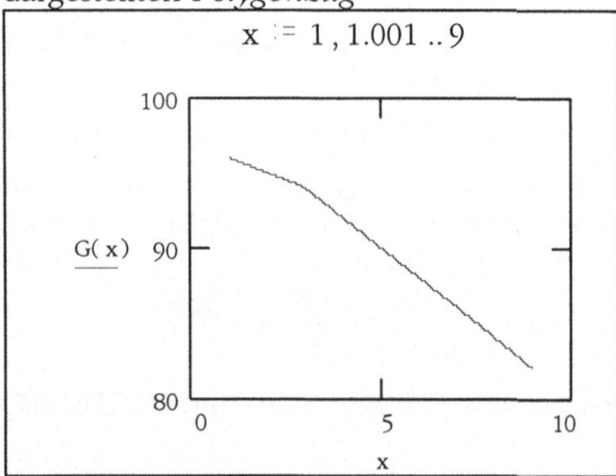

c) MATHEMATICA verwendet die *Kommandofolge*

XY= { { 2 , 95 } , { 3 , 94 } , { 4 , 92 } , { 5 , 90 } , { 8 , 84 } } ;

G= **InterpolatingPolynomial** [XY , x] // **Expand**

die das obige *Interpolationspolynom* liefert, das mittels des Grafikkommandos **Plot** [G , { x , 1 , 9 }] gezeichnet werden kann (siehe Abschn. 12.2.1):

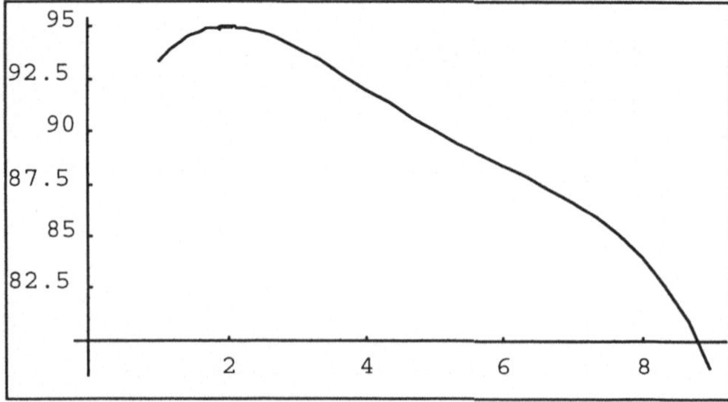

d) Die Vorgehensweise bei EXCEL bei der *linearen Interpolation* der gegebenen Punkte ist aus der folgenden *grafischen Darstellung* (*Polygonzug*) ersichtlich, die im Abschn. 12.2.1 ausführlich erläutert wird:

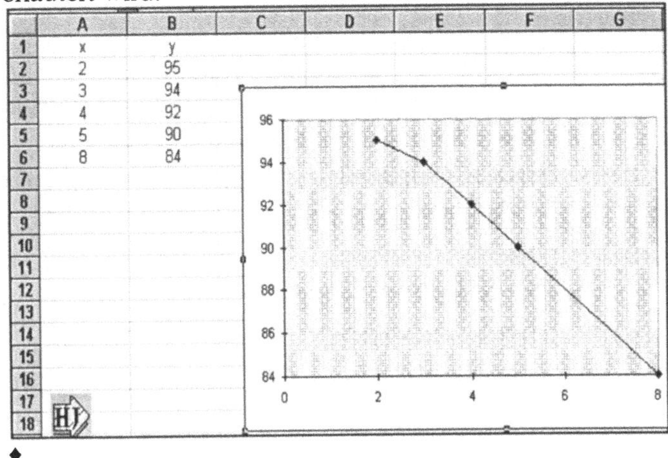

◆

In der *Ökonomie* treffen wir neben *stetigen* auch *unstetige Funktionen* an, wie wir im Abschn. 12.1 an konkreten Beispielen illustrieren.

◆

Die umfassende *qualitative* und *quantitative Untersuchung* von *Funktionen* stellt den Gegenstand einer *Kurvendiskussion* dar. Die Programmsysteme besitzen umfangreiche Hilfsmittel zur Durchführung von Kurvendiskussionen. Dazu zählen u.a.

* *Bestimmung* von *Nullstellen*, d.h. Lösung von Gleichungen (siehe Abschn. 9.2 und Kap. 13),

* *Grenzwertberechnung* (siehe Abschn. 14.4),

* *Differentiation* zur Bestimmung der Extremwerte und zu Monotonieuntersuchungen (siehe Abschn. 14.1),

* *grafische Darstellung* (siehe Abschn. 12.2).

Auf Kurvendiskussionen gehen wir ausführlicher im Abschn. 14.7 ein.

◆

12.1 Wichtige Funktionen in der Ökonomie

In der *Ökonomie* spielen *mathematische Funktionen* zur *Beschreibung* von *Zusammenhängen* eine fundamentale Rolle. *Funktionen* treten in vielen *mathematischen Modellen* der *Ökonomie* auf.

Der *Idealfall* liegt vor, wenn man für einen ökonomischen Zusammenhang einen *analytischen Funktionsausdruck* (Formel) angeben kann. Dies ist z.B. durch die *Kenntnis ökonomischer Gesetze* möglich. *Bekannte* derartige *Funktionen* sind u.a.

* *Nachfragefunktionen* (*Preis-Absatz-Funktionen*, *Absatz-Preis-Funktionen*),

* *Angebotsfunktionen*,

* *Erlösfunktionen* (*Umsatzfunktionen*),

* *Produktionsfunktionen* (*Ertragsfunktionen*),

* *Kostenfunktionen*,

* *Gewinnfunktionen*,

* *Konsumfunktionen*,

* *Lagerkostenfunktionen*,

* *Nutzenfunktionen*,

* *Logistische Funktionen*,

* *Funktionen der Finanzmathematik*,

von denen wir im folgenden einige Beispiele betrachten.

Beispiel 12.3:

Die im weiteren betrachteten *ökonomischen Funktionen* enthalten noch frei wählbare *Konstanten* (*Parameter*), die wir mit a, b, c, d, ... bezeichnen und für die bei konkreten Anwendungen reelle Zahlen bestimmt werden müssen.

a) *Nachfragefunktionen* beschreiben *Zusammenhänge* zwischen *Preis* und *Nachfrage* (Absatz) bzw. *Nachfrage* (Absatz) und *Preis* und werden als *Preis–Nachfrage–Funktionen/Preis–Absatz–Funktionen* bzw. *Nachfrage–Preis–Funktionen/Absatz–Preis–Funktionen* bezeichnet.

Sie werden durch Funktionen einer reellen Variablen $y=f(x)$ realisiert, wobei bei *Preis–Nachfrage–Funktionen* die *unabhängige Variable* x (>0) den *Preis* einer Ware (in *Geldeinheiten* GE) und die *abhängige Variable* y die *abgesetzte Menge* der Ware in der Bezugsperiode (in *Mengeneinheiten* ME) darstellen, d.h., die *ab-*

gesetzte Ware (*Nachfrage*) wird als *Funktion* des *Preises* betrachtet. Bei *Nachfrage–Preis–Funktionen* bezeichnen x die abgesetzte Menge und y den Preis.

Aus ökonomischen Gesichtspunkten werden *Nachfragefunktionen* als *streng monoton fallend* vorausgesetzt, da mit wachsendem Preis der Absatz bzw. mit wachsendem Absatz der Preis sinkt.

Mögliche *Realisierungen* für *Preis–Nachfrage–Funktionen/Preis–Absatz–Funktionen* (mit $P_N(x)$ oder $N(x)$ bezeichnet) sind

* $y = P_N(x) = a - b \cdot x$ (a>0 , b>0)
* $y = P_N(x) = c \cdot x^d$ (c>0 , d<0)
* $y = P_N(x) = a \cdot b^{c \cdot x}$ (a>0 , b>0 , c<0)

Falls die entsprechenden *Umkehrfunktionen* $x = P_N^{-1}(y)$ existieren, so realisieren sie *Nachfrage–Preis–Funktionen/Absatz–Preis–Funktionen* (siehe Beispiel 15.1b).

Bei *Nachfragefunktionen* treten auch *Funktionen mehrerer Variablen* auf, wenn man einen Markt mit n Waren betrachtet, auf dem die Nachfrage nach einer Ware von den Preisen aller n Waren abhängt. So kann z.B. bei zwei Waren die *lineare Preis-Nachfrage-Funktion* die folgende Gestalt haben

$$z_1 = a_1 - b_1 \cdot x_1 + c_1 \cdot x_2 \quad , \quad z_2 = a_2 + b_2 \cdot x_1 - c_2 \cdot x_2$$

wobei z_1, z_2 die *abgesetzten Mengen* und x_1, x_2 die *Preise* der *zwei Waren* darstellen.

◆

b) Bei *Angebotsfunktionen* y=f(x) steht die *unabhängige Variable* x (>0) für den *Preis* einer Ware (in GE) und die *abhängige Variable* y für die *angebotene Menge* (in ME) der Ware, d.h., die *angebotene Ware* wird als *Funktion* des *Preises* x betrachtet.

Zusätzlich werden *Angebotsfunktionen* als *streng monoton wachsend* vorausgesetzt, da i.a. die Angebotsmenge erhöht wird, wenn der Preis steigt.

Manchmal werden *beide Variablen* der Angebotsfunktion *vertauscht*, d.h., y steht für den *Preis* und x für die *angebotene Menge* (siehe Beispiel 15.1c).

Mögliche Realisierungen für *Angebotsfunktionen* (mit $P_A(x)$ bezeichnet) sind

* $y = P_A(x) = a + b \cdot x$ (a>0 , b>0)
* $y = P_A(x) = a \cdot x^2 + b \cdot x + c$ (a>0 , b>0 , c>0)

* $\quad y = P_A(x) = a \cdot \sqrt{b \cdot x + c}$ $\qquad$ (a>0 , b>0 , c>0)

c) *Erlösfunktionen* (*Umsatzfunktionen*) E haben die Gestalt E = p·x, da sich der *Erlös* (*Umsatz*) E (in GE) als Produkt aus Preis p (in GE/ME) und abgesetzter Menge x (in ME) berechnet.

Für eine *Erlösfunktion* gibt es *zwei Möglichkeiten*:

* Hat man die *Menge* x(p) als *Funktion* des *Preises* p, so ist der *Erlös* eine *Funktion* des *Preises*, d.h. E = E(p) = p · x(p)

* Hat man den *Preis* p(x) als *Funktion* der *Menge* x, so ist der *Erlös* eine *Funktion* der *abgesetzten Menge*, d.h.

  E = E(x) = p(x) · x

d) (*mikroökonomische*) *Produktionsfunktionen* beschreiben den *Zusammenhang* zwischen den bei der *Produktion* einer *Ware* W in einem *Unternehmen* benötigten *Produktionsfaktoren* (*Input*) x (>0) und der damit *hergestellten Menge* (*Output*) y der Ware. *Wichtige Produktionsfaktoren* sind u.a. *Rohstoffe*, *Arbeit* und *Energie*, so daß Produktionsfunktionen häufig Funktionen mehrerer Variablen sind.

Betrachten wir zuerst *Produktionsfunktionen einer Variablen* y=f(x). Mögliche *Realisierungen* hierfür sind:

* $\quad y = -x^3 + a \cdot x^2 + b \cdot x$ $\quad$ (a>0 , b>0)

  ertragsgesetzliche Produktionsfunktion

* $\quad y = c \cdot x^a$ $\quad$ (a>0 , c>0)

  Cobb-Douglas-Produktionsfunktion

* $\quad y = (a + x^{-b})^{-2}$ $\quad$ (a>0 , b>0) $\qquad$ CES-*Produktionsfunktion*

Meistens stellt sich der *Output* z einer Produktion als *Funktion mehrerer Inputs* (*Einflußfaktoren*/*Produktionsfaktoren*) $x_1, x_2, ..., x_n$ dar, so daß z eine *Funktion mehrerer Variablen* ist. Die *Cobb-Douglas-Produktionsfunktion* hat bei n unabhängigen Variablen die *Gestalt* $z = a_0 \cdot x_1^{a_1} \cdot x_2^{a_2} \cdot ... \cdot x_n^{a_n}$ ($a_i > 0$)

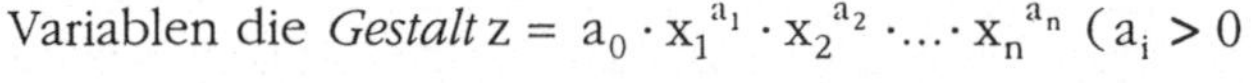

♦

Neben den eben besprochenen mikroökonomischen Produktionsfunktionen spielen *makroökonomische Produktionsfunktionen* eine Rolle. Derartige Funktionen beschreiben den *Zusammenhang* zwischen der *Gesamtproduktion* Y einer *Volkswirtschaft* und den *Produktionsfaktoren Kapital* K, *Arbeit* L und *technischem Fortschritt* T, d.h. Y = F (K, L, T)

Viele *makroökonomische Produktionsfunktionen* werden ebenfalls durch *Cobb-Douglas-Funktionen* dargestellt.

♦

e) *Kostenfunktionen* stellen die *Gesamtkosten* K (in GE) eines Unternehmens als *Funktion* des *Outputs* (z.B. Produktionsmenge/Bestellmenge, abgesetzte Menge in ME) x (>0) dar. Sie werden meistens noch in *fixe* und *variable Kosten* der Produktion aufgeteilt, d.h. $K(x) = K_f(x) + K_v(x)$

Mögliche *Realisierungen für Kostenfunktionen* sind

* $y = K(x) = a \cdot x^3 + b \cdot x^2 + c \cdot x + d$

  ertragsgesetzliche Kostenfunktion

* $y = K(x) = a \cdot x^2 + d$ *neoklassische Kostenfunktion*

* $y = K(x) = a \cdot x + d$ *lineare Kostenfunktion*

wobei d (>0) für die *fixen Kosten* steht.

Dividiert man die Kosten K(x) durch den Output x, d.h.

$$k(x) = \frac{K(x)}{x}$$

so stellt k(x) die *Gesamtkosten* pro *Einheit* (*durchschnittliche Gesamtkosten/Durchschnittskosten*) dar.

Bisher haben wir angenommen, daß das Unternehmen nur ein Produkt herstellt. Bei der *Herstellung mehrerer Produkte* ergibt sich die *Kostenfunktion* als *Funktion mehrerer Variablen* , z.B.

* *lineare Kostenfunktion*

  $z = K(x_1,...,x_n) = c_0 + c_1 \cdot x_1 + ... + c_n \cdot x_n$

* *neoklassische Kostenfunktion*

  $z = K(x_1, x_2) = a \cdot x_1^2 + b \cdot x_2^2 + c \cdot x_1 \cdot x_2 + d \cdot x_1 + e \cdot x_2 + f$

f) *Gewinnfunktionen* G eines Unternehmens werden als *Differenz* aus *Erlös* (siehe Beispiel c) und *Kosten* (siehe Beispiel e) gebildet, die als Funktionen der abgesetzten Menge x (in ME) zu betrachten sind. Damit ergibt sich die *Gewinnfunktion* G als *Funktion von* x in der *Form*

$G(x) = E(x) - K(x) = p \cdot x - K(x)$

wobei für den *Preis* p zwei Fälle auftreten können:

* Der *Preis* hängt nicht von der abgesetzten Menge x ab, d.h., er ist *konstant*.

* Der *Preis* p hängt von der abgesetzten Menge x ab, d.h., p=p(x) ist eine *Funktion von* x.

g) *Konsumfunktionen* liefern einen Zusammenhang zwischen *Sozialprodukt* x (>0) und *Gesamtausgaben* y (>0) und werden meistens als *lineare Funktion* dargestellt, d.h.

$$y = a + b\cdot x \qquad (a>0,\ b>0)$$

h) *Lagerkostenfunktionen* haben die Form

$$y = f(x) = a \cdot x + \frac{b}{x} + c \qquad (a>0,\ b>0,\ c>0)$$

wobei y (>0) die *Lagerkosten* einer Firma für ein *Produkt* bei einem Lagerbestand von x (>0) Stück darstellt.

Bei *mehreren Produkten* (z.B. x_1, x_2) erhält man eine *Lagerkostenfunktion mehrerer Variablen*, z.B.

$$z = f(x_1, x_2) = a \cdot x_1 + b \cdot x_2 + \frac{c}{x_1} + \frac{d}{x_2} + e$$

i) *Nutzenfunktionen* liefern einen Zusammenhang zwischen dem *Nutzen* z und der *Menge* von *Gütern* (Waren)

$$x_1, x_2, \ldots$$

Eine mögliche *Realisierung* für *Nutzenfunktionen* von zwei Variablen hat die Form

$$z = f(x_1, x_2) = a \cdot x_1^b \cdot x_2^c \qquad (\text{*Cobb-Douglas-Nutzenfunktion*})$$

Die *Niveaulinien* (Höhenlinien) $z = f(x_1, x_2) = $ konstant werden als *Indifferenzkurven* bezeichnet.

j) *Logistische Funktionen* ergeben sich als Lösung einer Differentialgleichung (*logistische Gleichung*, siehe Abschn. 17.1) in der folgenden Form

$$y = y(t) = \frac{S}{1 + c \cdot e^{-a \cdot S \cdot t}} \qquad (\ S>0 - \text{*Sättigungsgrad*},\ a>0\ )$$

und dienen als *Prognosefunktionen* für langfristige Prognosen bei zeitabhängigen *Wachstumsprozessen* (z.B. Entwicklung des Autobestandes oder der Steuereinnahmen y(t) zum Zeitpunkt (Jahr) t), die eine Sättigung S besitzen.

♦

Die im Beispiel 12.3 betrachteten *ökonomischen Funktionen* sind in den betrachteten Definitionsbereichen *stetig*, d.h., ihre *Graphen* stellen sich als *ununterbrochene Linien* dar. Die in den Funktionen enthaltenen noch frei wählbaren Konstanten können auf eine der folgenden Arten bestimmt werden:

* Durch *Beobachtungen* (*Zählungen, Messungen*), *Befragungen* oder *Experimente* bestimmt man konkrete *Zahlenwerte* für die unabhängige und abhängige Variable der Funktion. Die so erhaltenen Zahlenpaare (Punkte) können dann mittels *Interpolation* oder der *Methode* der *kleinsten Quadrate* durch den gegebenen Funktionstyp angenähert. werden (siehe Abschn. 21.4).

* Durch *Anwendung* der *Differentialrechnung* kann man die noch unbekannten Konstanten derart bestimmt, daß gewisse ökonomischen Eigenschaften (z.B. Monotonie) erfüllt sind. Wir demonstrieren dies im Beispiel 14.15.

◆

Praktische Bedeutung besitzen bei ökonomischen Problemen jedoch auch *unstetige Funktionen*, die als *Unstetigkeitstellen* vor allem *Sprungstellen* aufweisen. Beispiele für ökonomisch begründete Unstetigkeiten in Funktionen geben wir im folgenden.

Beispiel 12.4:

a) Die *Kostenfunktionen* aus Beispiel 12.3e) können für verschiedene x-Bereiche durch *unterschiedliche Funktionstypen* oder durch verschiedene Funktionen vom gleichen Typ gebildet werden, so daß *Unstetigkeiten* in Form von *Sprungstellen* auftreten können, wie wir im folgenden zeigen:

    a1) Eine *Kombination unterschiedlicher Typen* von *Kostenfunktionen* tritt auf, wenn für unterschiedliche Bereiche für den Output x verschiedene Kostenfunktionen zuständig sind, z.B. durch Kauf zusätzlicher Maschinen oder durch überhöhten Verschleiß der Maschinen.

        So kann folgende *Kostenfunktion* auftreten:

$$K(x) = \begin{cases} 0.5 \cdot x + 2 & \text{für} \quad 0 \leq x \leq 3 \\ 0.1 \cdot x^2 + 0.4 \cdot x + 4 & \text{für} \quad 3 < x \leq 9 \end{cases}$$

        die bei x=3 eine *Sprungstelle* besitzt.

    a2) Wenn bei *gleichem Funktionstyp* in verschiedenen x-Bereichen unterschiedliche Fixkosten enstehen, kann beispielsweise folgende *unstetige Kostenfunktion* auftreten:

$$K(x) = \begin{cases} 0.5 \cdot x + 2 & \text{für} \quad 0 \leq x \leq 3 \\ 0.5 \cdot x + 4 & \text{für} \quad 3 < x \leq 6 \\ 0.5 \cdot x + 7 & \text{für} \quad 6 < x \leq 9 \end{cases}$$

die bei x=3 und x=6 *Sprungstellen* besitzt.

a3) *Unstetige Funktionsverläufe* treten auf, wenn die Kosten von der hergestellten Menge eines Produkts abhängen. Wenn z.B. bis 100 Stück 20 DM, bis 500 Stück 17 DM und ab 500 Stück 13 DM Kosten pro Stück entstehen, hat die *Kostenfunktion* bei Fixkosten von 5GE die folgende *Form* :

$$K(x) = \begin{cases} 20 \cdot x + 5 & \text{für} \quad 0 \leq x < 100 \\ 17 \cdot x + 5 & \text{für} \quad 100 \leq x < 500 \\ 13 \cdot x + 5 & \text{für} \quad 500 \leq x \end{cases}$$

d.h., sie besitzt *Sprungstellen* bei x=100 und x=500.

b) Der *Lagerbestand* L(t) eines Teiles als *Funktion* der *Zeit* t (Tage) betrachtet, ergibt

b1) eine *Treppenfunktion* (*Stufenfunktion*), die folgende Gestalt haben kann

$$L(t) = \begin{cases} 20 & \text{für} \quad 1 \leq t < 5 \\ 15 & \text{für} \quad 5 \leq t < 6 \\ 9 & \text{für} \quad 6 \leq t < 9 \\ 30 & \text{für} \quad 9 \leq t < 12 \\ 27 & \text{für} \quad 12 \leq t < 18 \end{cases}$$

wenn man die Zeit für Entnahme und Auffüllung der Teile vernachlässigt. Im gegebenen Zahlenbeispiel werden am 5., 6. und 12. Tag 5, 6 bzw. 3 Teile entnommen und am 9. Tag 21 Teile aufgefüllt, so daß die Funktion in diesen Zeitpunkten *Unstetigkeiten* in Form von *Sprüngen* besitzt und dazwischen konstant ist.

b2) eine *Sägezahnfunktion*, die folgende Gestalt haben kann (N – Nachfrage pro Zeiteinheit)

$$L(t) = \begin{cases} 1 - N \cdot t & \text{für} \quad 0 \leq t < T \\ 1 - N \cdot (t - T) & \text{für} \quad T \leq t < 2 \cdot T \\ 1 - N \cdot (t - 2 \cdot T) & \text{für} \quad 2 \cdot T \leq t < 3 \cdot T \\ \quad \vdots & \qquad \vdots \qquad\qquad \vdots \end{cases}$$

wenn man die Teile kontinuierlich entnimmt und bei Nullbestand (für T=l/N) wieder auf den Anfangsbestand l auffüllt usw..

♦

Große Bedeutung besitzen in der Ökonomie *homogene Funktionen*. Diese Funktionen $z = f(x_1,...,x_n)$ besitzen die folgend *Eigenschaft*:

$$f(\lambda \cdot x_1,...,\lambda \cdot x_n) = \lambda^r \cdot f(x_1,...,x_n) \qquad (\lambda \text{ - reelle Zahl} \geq 0)$$

wobei r>0 den *Grad* der *Homogenität* bezeichnet.

Ein *Beispiel* liefern die *Cobb-Douglas-Funktionen* (siehe Beispiel 12.3d)

$$z = a_0 \cdot x^{a_1} \cdot x^{a_2} \cdot ... \cdot x^{a_n} \qquad (a_i > 0, a_1 + ... + a_n = r)$$

die *homogen* vom *Grade* r sind. *Ökonomisch* bedeutet dies, daß für
* r=1
  (*Homogenitätsgrad* 1 = *linear-homogen*) der *Output* im *gleichen Maße* wie der *Input* wächst,
* $0 < r < 1$
  (*unterlinear-homogen*) der *Output* im *geringeren Maße* wie der *Input* wächst,
* $r > 1$
  (*überlinear-homogen*) der *Output* im *stärkeren Maße* wie der *Input* wächst.

♦

Bei der Beschreibung *funktionaler Zusammenhänge* in der Ökonomie besitzt man nicht immer eine Formel, sondern in einer Reihe von Fällen nur eine *Tabelle* von Zahlenwerten (Wertetabelle) für die voneinander abhängigen Größen (Variablen), d.h. eine *tabellarische Darstellung* der Funktion. Für *Funktionen einer Variablen* haben wir eine derartige Darstellung bereits im Beispiel 12.1c kennengelernt.
Bei *Funktionen* $z=f(x,y)$ von *zwei Variablen* x und y empfiehlt sich in diesem Fall die *Darstellung* als *Matrix* Z, wobei das Element z_{ik} den Funktionswert der abhängigen Variablen z für die Werte
x_i und y_k (d.h. $z_{ik} = f(x_i,y_k)$) darstellt. Betrachten wir hierfür ein einfaches *ökonomisches Beispiel*.

♦

Beispiel 12.5:
Die *tabellarische Darstellung* (*Wertetabelle*) für einen *funktionalen Zusammenhang* kann z.B. folgende Gestalt haben, wobei wir den

Zusammenhang zwischen *Umsatz* z_{ik} eines Betriebes als Funktion der Anzahl x_i der *verkauften Mengeneinheiten* (ME) und der *Preise* y_k in *Geldeinheiten* (GE) betrachten :

x \ y	10	12	14	15	16
1	10	12	14	15	16
2	20	24	28	30	32
3	30	36	42	45	48
4	40	48	56	60	64
5	50	60	70	75	80
6	60	72	84	90	94

So liest man aus dieser Tabelle z.B. ab, daß bei 3 zum Preis von 14 GE verkauften ME der Umsatz 42 GE beträgt.

♦

Die Programmsysteme bieten Möglichkeiten, die als Matrix vorhandenen Werte einer *tabellarisch gegebenen Funktion* zweier Variablen grafisch darzustellen, wie wir im Abschn. 12.2 und 20.1 sehen.

♦

12.2   Grafische Darstellung von Funktionen

Grafisch darstellen lassen sich nur Funktionen von einer oder zwei Variablen:

- *Reelle Funktionen* f(x) *einer reellen Variablen* x (man verwendet die Bezeichnung y = f(x)) lassen sich mittels eines *kartesischen Koordinatensystems* in der Ebene R^2 *grafisch darstellen*, indem man die Punktmenge

  $\{(x,y) \in R^2 \ / \ y = f(x), x \in D(f)\}$ (D(f)–*Definitionsbereich* von f)

  zeichnet, die *Graph* oder *Funktionskurve* von f(x) genannt wird.

  Die so erhaltenen Graphen liefern nicht alle möglichen *ebenen Kurven*. Dies liegt daran, daß eine *Funktion* y = f(x) als eine *eindeutige Abbildung* definiert ist, so daß z.B. Kurven wie Kreise, Ellipsen und Hyperbeln damit nicht beschrieben werden können. Ein *Kreis* (mit Mittelpunkt in 0 und Radius R) besitzt in *kartesischen Koordinaten* die Gleichung

  $$x^2 + y^2 = R^2 \qquad (implizite \ Darstellung \ \text{der Form F(x,y) = 0)}$$

  die nicht eindeutig nach y auflösbar ist. Bei der Auflösung erhält man die beiden *Halbkreise*

$$y = \sqrt{R^2 - x^2} \quad \text{und} \quad y = -\sqrt{R^2 - x^2}$$

- Eine *Kurve* in *impliziter Darstellung* besitzt die *Gleichung*

  F(x,y) = 0 und besteht aus allen Punkten der Menge

  { (x,y) ∈ R^2 / F(x,y) = 0, x ∈ D(f) }

  Ebene Kurven können durch eine *Parameterdarstellung* der Form x = x(t) , y = y(t)   (t ∈ T, häufig T = [ta , tb])

  beschrieben werden.

  Diese hat für den obigen Kreis bei der Verwendung von *Polarkoordinaten* die Gestalt x = R· cos t , y = R· sin t

  Dabei ist t der Parameter, der den Winkel zwischen dem Radiusvektor und der positiven x–Achse darstellt und von 0 bis 360° (2 π) variiert, d.h. T=[0 , 2π].

- Für *Raumkurven* (dreidimensionale Kurven) lautet die *Parameterdarstellung*

  x = x(t) , y = y(t) , z = z(t)   (t ∈ T, häufig T = [ta , tb])

- *Reelle Funktionen von n Variablen* $z = f(x_1, x_2, ..., x_n)$

  lassen sich nur für n=2 als *Flächen* im dreidimensionalen Raum R^3 darstellen. Die Problematik ist hier analog wie bei Kurven in der Ebene. Ihre Gleichung kann eine der folgenden Formen haben:

  * z = f(x,y)   (*explizite Darstellung*)

  * F(x,y,z) = 0   (*implizite Darstellung*)

  * x = x(u,v) , y = y(u,v) , z = z(u,v)
    (*Parameterdarstellung* mit *Parametern* u und v)

Mittels der in den einzelnen Programmsystemen enthaltenen *Grafikkommandos* lassen sich *Kurven* in der Ebene R^2 (*ebene Kurve*) und im Raum R^3 (*Raumkurve*) und *Flächen* im Raum R^3 grafisch darstellen.

♦

12.2.1   Darstellung von Kurven

Die *Grafikkommandos* und *-menüs* zur *Darstellung* von *Kurven* haben in den Programmsystemen die folgende Gestalt:

DERIVE   Die Vorgehensweise bei der grafischen Darstellung ist bei DERIVE etwas aufwendiger.

Beginnen wir mit der *grafischen Darstellung* für *Funktionen einer Variablen* y = f(x):

*   Die *Eingabe* der Funktion f(x) in das *Arbeitsfenster* (Algebrafenster) geschieht über **Author:** f(x)

*   Anschließend wird durch Anwendung des *Menüs* **Plot**

    die *Lage* des *Grafikfensters* (*Beside* – daneben, *Under* – darunter, *Overlay* – überlappend) ausgewählt und dies gleichzeitig geöffnet.

*   Die erneute Anwendung des *Menüs* **Plot** *zeichnet* die *Funktionskurve* der im Algebrafenster mit dem Auswahlbalken markierten Funktion (Umschaltung zwischen Algebra- und Grafikfenster mit [F1]-Taste bzw. [F2]-Taste bei überlappenden Fenstern). Es empfiehlt sich, vorher über die *Menüfolge*

    Options ⇒ Display ⇒ Mode

    auf die Option *Graphics* umzuschalten, um ein befriedigendes Bild der Funktion zu erhalten.

*   Wenn schon ein *Grafikfenster geöffnet* ist, geht man bei der *grafischen Darstellung* einer *Funktion* folgendermaßen vor. Der zu zeichnende *Funktionsausdruck* ist in das *Algebrafenster einzugeben*, danach wird mit den obigen Funktionstasten in das Grafikfenster umgeschaltet und abschließend mit dem *Menü* **Plot** gezeichnet. Ein *aktives Fenster* kann über die *Menüfolge* **Window ⇒ Close** wieder geschlossen werden.

*   Wenn die *Funktion* in *Parameterdarstellung* x = x(t) , y = y(t)

    vorliegt, wird sie mit **Author:** [x(t) , y(t)] eingegeben.

    Anschließend wird ins Grafikfenster gewechselt und das Menü

    Plot aktiviert mit den *Eingabefeldern*

    Min: ta   und   **Max:** tb,

    falls für den Parameter t gilt ta ≤ t ≤ tb.

Für die *grafische Darstellung* einer durch die *Parameterdarstellung*

x = x(t) , y = y(t) , z = z(t)

gegebenen *Raumkurve* muß man *folgendermaßen* vorgehen:

*   Zuerst muß die Zusatzdatei GRAPHICS.MTH über die *Menüfolge*

    Transfer ⇒ Load ⇒ Utility ⇒ file: GRAPHICS
    geladen werden.

*   Danach wird die *Menüfolge*

Author: isometric ([x(t) , y(t) , z(t)]) ⇒ **Simplify**

aktiviert und anschließend ins Grafikfenster gewechselt.

Das *Menü* **Plot** mit den *Eingabefeldern* **Min:** ta *und* **Max:** tb

zeichnet die Kurve.

Nach der eben beschriebenen Vorgehensweise lassen sich mehrere im Algebrafenster befindliche Funktionsausdrücke in das gleiche Grafikfenster (Koordinatensystem) zeichnen. Möchte man jede Funktion einzeln darstellen, so muß man jeweils ein neues Grafikfenster öffnen.

Im Grafikfenster können bei allen Grafiken Farben, Maßstab usw. über **Options, Scale, Zoom, ...** eingestellt werden.

♦

Abb. 12.1 zeigt die *Grafik* der *Nachfragefunktion* $2 \cdot x^{-\frac{1}{3}}$ (siehe Beispiel 12.3a) mittels DERIVE, wobei das Algebrafenster mit dem zu zeichnenden Funktionsausdruck und das Grafikfenster mit der gezeichneten Funktion nebeneinander erscheinen.

Abb.12.1.
Grafikfenster
von DERIVE
mit dem Gra-
phen einer
*Nachfrage-
funktion*

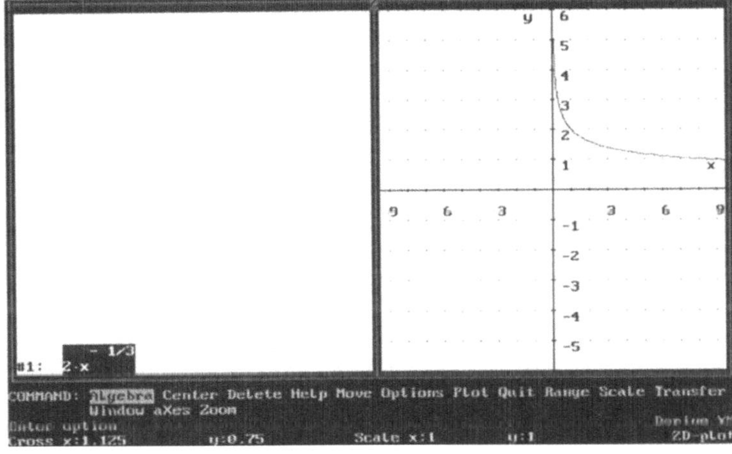

MAPLE   MAPLE stellt folgende *Grafikkommandos* zur Verfügung:

* **plot** (f(x) , x=a..b , y=c..d , *Optionen*) ;

    zeichnet die *Funktionskurve* y = f(x) im Bereich a ≤ x ≤ b , c ≤ y ≤ d

    Betreffs der *Optionen* (können auch weggelassen werden) wird auf das Benutzerhandbuch verwiesen. So kann mit der *Option*

    title= ..... eine *Überschrift* über die Grafik geschrieben werden. Sollen mehrere Funktionen f(x), g(x), h(x),... im gleichen Koordinatensystem dargestellt werden, so müssen sie im Kommando *plot* als Menge { f(x) , g(x) , h(x),... } eingegeben werden.

Der y–*Bereich* y=c..d im Kommando *plot* kann weggelassen werden.

◆

*   **plot** ([x(t) , y(t) , t = ta .. tb] , x = a .. b , y = c .. d) ;

    zeichnet eine in *Parameterdarstellung* gegebene *ebene Kurve* im Bereich a $\leq$ x $\leq$ b , c $\leq$ y $\leq$ d

Das *Grafik-Zusatzpaket* , das mittels **with** (plots) ; geladen wird, stellt *weitere Kommandos* zur *grafischen Darstellung* von Funktionen zur Verfügung:

*   **spacecurve** ([x(t) , y(t) , z(t) , t = ta .. tb] , x=a..b , y=c..d , z= e..f) ;

    mit dessen Hilfe eine *Raumkurve* in *Parameterdarstellung* im Bereich a $\leq$ x $\leq$ b , c $\leq$ y $\leq$ d , e $\leq$ z $\leq$ f gezeichnet wird.

*   **implicitplot** (F(x,y) = 0 , x = a .. b , y = c .. d) ;

    zur Zeichnung *ebener Kurven*, die im Bereich a$\leq$ x $\leq$ b,c $\leq$ y $\leq$ d in *impliziter Darstellung* gegeben sind. So läßt sich z.B. der Kreis $x^2 + y^2 = 4$ mittels

    implicitplot (x^2 + y^2 = 4 , x = –2 .. 2 , y = –2 .. 2) ;

    zeichnen.

*   **display**

    mit dessen Hilfe man *mehrere Funktionen* f1(x), f2(x), f3(x),... im gleichen Koordinatensystem (im x–Intervall [a,b]) mittels der *Kommandofolge*

    p1 := **plot** (f1(x), x=a..b) : p2 := **plot** (f2(x), x=a..b) : p3 := **plot** (f3(x), x=a..b) : **display** ([p1 , p2 , p3]) ;

    grafisch darstellen kann.

Wenn man eine *erzeugte Grafik* mit der *Maus anklickt*, so erhält sie einen Rahmen, mit dem man sie in WINDOWS-Manier verkleinern oder vergrößern kann. Des weiteren wird die *Schriftleiste* durch eine *Grafikleiste ersetzt*, mittels der man die Koordinaten von Kurvenpunkten erhält und die Darstellung der Kurve verändern kann. Durch einfaches Probieren hat man schnell die Wirkung der einzelnen Symbole dieser Leiste erkannt, so daß wir hier auf eine ausführliche Beschreibung verzichten können.

◆

In Abb. 12.2 demonstrieren wir die Wirkungsweise des *Grafikbefehls* **plot** (2*x^(-1/3) , x = 0.1 .. 4) ;

zur Zeichnung der *Nachfragefunktion* $2 \cdot x^{-\frac{1}{3}}$.

Abb.12.2.
Graph einer
Nachfrage-
funktion mit-
tels MAPLE

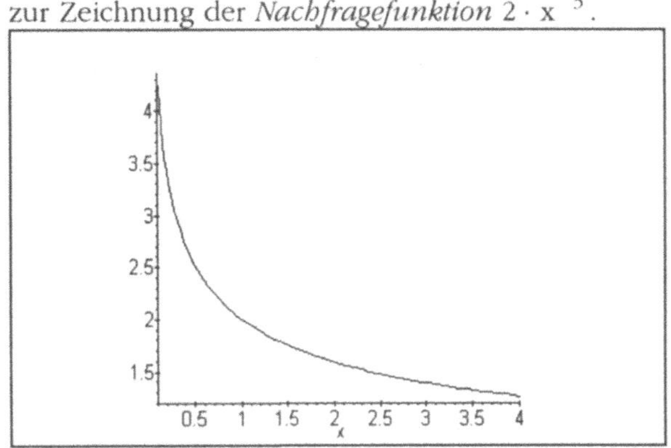

MATHCAD   MATHCAD hat nicht die *Grafikkommandos* von MAPLE übernommen, sondern ein *eigenes System* für *grafische Darstellungen* entwickelt, das wir im folgenden erläutern:

Nach Aktivierung der *Menüfolge* **Graphics** $\Rightarrow$ **Create X-Y Plot**

oder durch *Anklicken* von

   aus der *Operatorpalette* Nr.3 (*Grafikpalette*)   

erscheint auf dem Bildschirm das *Grafikfenster* aus Abb. 12.3.

Abb.12.3.
Grafikfenster
von MATH-
CAD

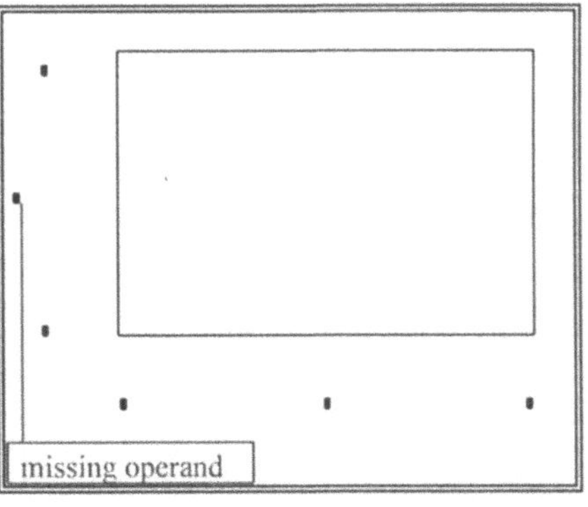

Wenn man die *Funktionskurve* y = f(x) *zeichnen* möchte, so ist in das *Grafikfenster* folgendes einzutragen :

*   in den mittleren *Platzhalter* der x-Achse x

*   in den mittleren *Platzhalter* der y-Achse (durch *missing operand* angezeigt) f(x) oder f(x), g(x)

(wenn man zusätzlich noch die Funktion g(x) in das gleiche Koordinatensystem zeichnen möchte)

Die *restlichen Platzhalter* dienen zur Festlegung des Maßstabs.

Um den Graphen dieser Funktion durch Mausklick außerhalb des Grafikbereichs (im Automatik-Modus) zu erhalten, muß vorher unter Verwendung der *Operatoren*

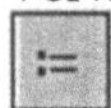   und   

aus der *Operatorpalette* Nr. 2 und Nr. 4

   bzw.   

der *x-Bereich* in der Form x := a .. b eingegeben werden, d.h., x als *Bereichsvariable* definiert werden (siehe Kap. 7). Für die Funktion aus Beispiel 12.3a) ist die Vorgehensweise aus Abb. 12.4 ersichtlich.

Abb.12.4.
Graph einer
Nachfrage-
funktion mit-
tels MATH-
CAD

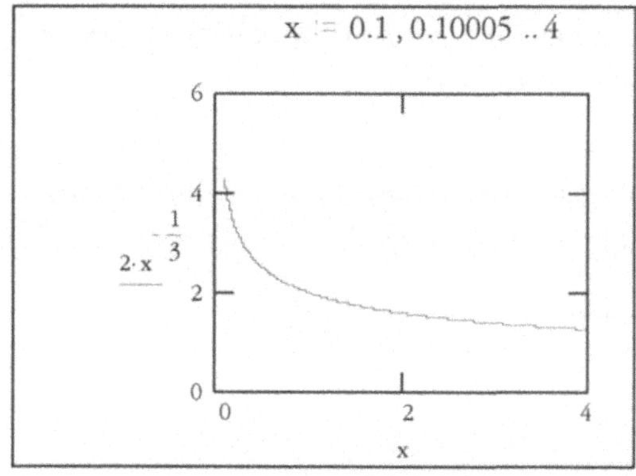

Liegt die *Kurve* in *Parameterdarstellung* vor,

*   so wird zuerst oberhalb der Grafik der Parameterbereich t := ta .. tb eingegeben, d.h., t als *Bereichsvariable* definiert.

*   Danach werden in die Platzhalter für x und y die Funktionen x(t) bzw. y(t) eingetragen.

Da MATHCAD bei der *grafischen Darstellung* einer *Funktion* die erzeugten *Punkte durch Geraden verbindet*, kann die *Grafik* zu *grob* erscheinen. In diesem Fall läßt sich bei der Definition des Bereichs für x bzw. t nach dem Anfangswert durch die Angabe des folgenden Wertes (=*Anfangswert + Schrittweite*) die Anzahl der zu zeichnenden Punkte erhöhen, wie aus Abb. 12.4 ersichtlich ist. Hier wurde als *Schrittweite* 0.00005 gewählt. Gibt man keine Schrittweite an, so verwendet MATHCAD 1 als Schrittweite (siehe Kap. 7).

♦

MATHEMATICA

MATHEMATICA stellt folgende *Grafikkommandos* zur Verfügung:

* **Plot** [f[x] , { x , a , b }]

  zeichnet die *Funktionskurve* y = f(x) im Intervall a ≤ x ≤ b.

  Sollen mehrere Funktionen f(x), g(x), h(x),... im gleichen Koordinatensystem dargestellt werden, so müssen sie als Liste

  { f[x] , g[x] , h[x] , ... } eingegeben werden.

* **ParametricPlot** [{ x[t] , y[t] } , { t , ta , tb }]

  zeichnet eine in *Parameterdarstellung* gegebene *ebene Kurve* im Parameterbereich ta ≤ t ≤ tb

Nach dem Laden des *Zusatzpaketes* zur Zeichnung von Kurven in impliziter Darstellung mittels **Needs** [" Graphics`ImplicitPlot` "]

läßt sich durch das *Kommandos*

ImplicitPlot [F[x,y] == 0 , { x , a , b } , { y , c , d }]

eine durch die Gleichung F (x,y)=0 in *impliziter Darstellung* gegebene *ebene Kurve* im Bereich a ≤ x ≤ b , c ≤ y ≤ d zeichnen. So kann z.B. die *Ellipse*

$$\frac{x^2}{9} + \frac{y^2}{4} = 1 \text{ mittels}$$

ImplicitPlot [x^2/9 + y^2/4 == 1 , { x , –3 , 3 } , { y , –2 , 2 }]

gezeichnet werden. Mittels des *Kommandos*

ParametricPlot3D [{ x[t] , y[t] , z[t] } , { t , ta , tb }]

kann eine in *Parameterdarstellung* gegebene *Raumkurve* im Parameterbereich ta ≤ t ≤ tb gezeichnet werden.

In der Abb. 12.5 demonstrieren wir die Wirkungsweise des *Grafikbefehls* **Plot** [2*x^(-1/3) , { x , 0.1 , 4 }]

zur Zeichnung der *Nachfragefunktion* $2 \cdot x^{-\frac{1}{3}}$

Abb.12.5.
Graph einer
*Nachfrage-
funktion* mit-
tels MATHE-
MATICA

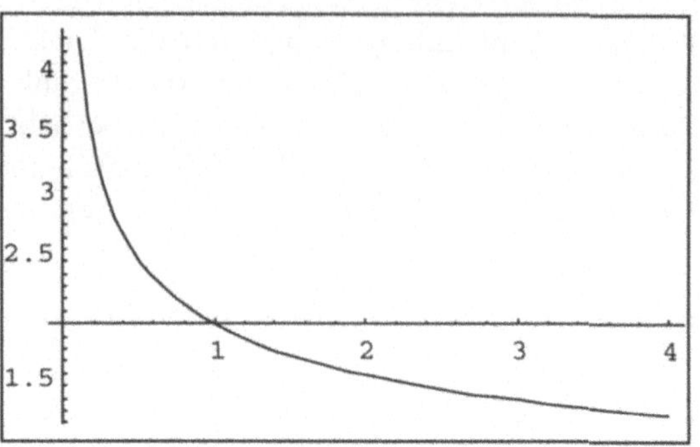

EXCEL   *Funktionen einer Variablen* f(x) lassen sich *grafisch darstellen*, wenn man in der *aktuellen Tabelle*

I.   eine *Spalte* mit den *x-Werten* füllt,

II. in die *danebenliegende Spalte* die zugehörigen *Funktionswerte* f(x) einträgt,

III. die beiden *ausgefüllten Spalten markiert* und das *Symbol* des *Diagramm-Assistenten*

in der *Symbolleiste anklickt,*

IV. mittels Mausklick einen *Durchlauf* des *Diagramm-Assistenten* auslöst, anschließend mit gedrückter Maustaste das *Gebiet* für die *Grafik festlegt* und im *Schritt 2* in der erscheinenden Dialogbox als Diagrammtyp *Punkt (XY)* auswählt,

V.   im *Schritt 3* des *Diagramm-Assistenten* das *Format 6* wählt, *zeichnet* EXCEL die eingegebenen *Punktepaare* und *verbindet* diese *durch Geraden.*

EXCEL ähnelt in seiner Vorgehensweise bei der grafischen Darstellung MATHCAD, wo ebenfalls die zu zeichnenden Punkte erzeugt werden müssen, die anschließend durch Geraden verbunden werden.

◆

Abb.12.6.
Graph einer
Nachfrage-
funktion mit-
tels EXCEL

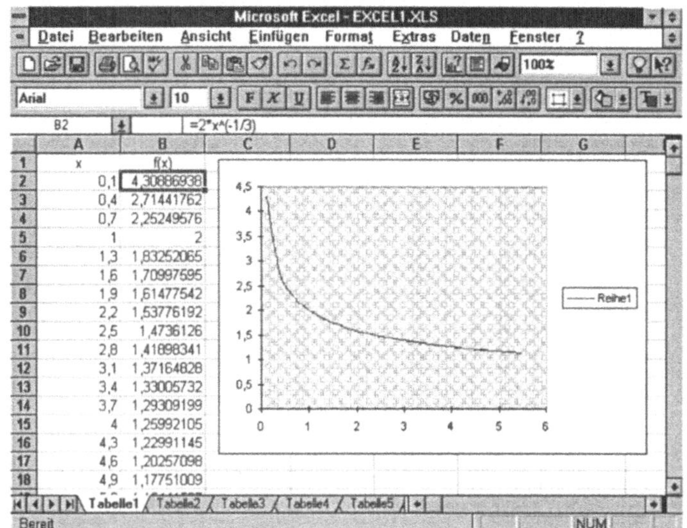

Die *Erzeugung* der *Punktepaare* kann man wesentlich vereinfachen, wenn man *gleichabständige* x-Werte verwendet. Man gibt die ersten beiden x-Werte ein, markiert beide und zieht sie am *Ausfüllkäst-chen* (an der rechten unteren Ecke der zweiten Zelle) nach unten. Danach aktiviert man die *Menüfolge*

Einfügen ⇒ Namen ⇒ Festlegen...
und schreibt in die erscheinende *Dialogbox* als *Namen* x. Anschlie-ßend trägt man in die erste Zelle der danebenliegenden Spalte den Funktionsausdruck f(x) als Formel ein. Danach wird diese Zelle markiert und am Ausfüllkästchen nach unten gezogen. Damit hat man die entsprechenden Punktepaare erzeugt. In Abb. 12.6 zeigen wir die Vorgehensweise am Beispiel der *grafischen Darstellung* der

Nachfragefunktion $2 \cdot x^{-\frac{1}{3}}$

♦

Wenn eine *Funktion einer Variablen* nur in *tabellarischer Form* (d.h. als Zahlenpaare) gegeben ist, so kann man sie durch analyti-sche Funktionen annähern und diese durch die Programmsysteme zeichnen lassen (siehe Beispiel 12.2 und Abschn.21.4). MAPLE, MATHCAD, MATHEMATICA und EXCEL gestatten zusätzlich die *di-rekte grafische Darstellung* der *gegebenen Punkte* (*Datenlisten*), die als *Punktgrafik* bezeichnet wird (siehe Abschn. 20.1). Bei MATH-CAD und EXCEL lassen sich die gezeichneten Punkte durch Gera-den verbinden.♦

12.2.2   Darstellung von Flächen

Betrachten wir die *Darstellung* von *Flächen* im *dreidimensionalen Raum*, deren *Gleichung* in einem *kartesischen Koordinatensystem* eine der folgenden *Formen* haben kann (man vergleiche die Analogie zu Kurven):

* $z = f(x,y)$ *explizite Darstellung*

* $F(x,y,z) = 0$ *implizite Darstellung*

* $x = x(u,v)$, $y = y(u,v)$, $z = z(u,v)$ *Parameterdarstellung*

Beispiel 12.6:

a) Eine *Kugel* mit dem Radius R und dem Mittelpunkt im Nullpunkt läßt sich nur durch die *implizite Darstellung*

$x^2 + y^2 + z^2 = R^2$ beschreiben. Mittels *Kugelkoordinaten* ergibt sich die *Parameterdarstellung*

$x(u,v) = R \cos u \sin v$, $y(u,v) = R \sin u \sin v$, $z(u,v) = R \cos v$

mit $0 \le u \le 2\pi$, $0 \le v \le \pi$

b) Ein *Rotationsparaboloid* kann durch die *explizite Darstellung*

$z = x^2 + y^2$ beschrieben werden. Bei der Verwendung von *Polarkoordinaten* folgt hierfür die *Parameterdarstellung*

$x(u,v) = v \cos u$, $y(u,v) = v \sin u$, $z(u,v) = v^2$

mit $0 \le u \le 2\pi$, $0 \le v \le \infty$

c) Eine *Cobb-Douglas-Funktion* der Gestalt $z = x^{\frac{1}{3}} \cdot y^{\frac{2}{3}}$ liegt in *expliziter Darstellung* vor und wird in den Abb. 12.7–12.10 mittels der einzelnen Programmsysteme grafisch dargestellt.

◆

Zur *grafischen Darstellung* von *Flächen* werden in den einzelnen Programmsystemen folgende *Grafikkommandos* und *-menüs* zur Verfügung gestellt:

DERIVE   Die Vorgehensweise bei der *grafischen Darstellung* von *Flächen* ist analog wie bei Kurven:

* Man muß zuerst im *Grafikfenster* mittels der *Menüfolge*

   Window ⇒ Designate (⇒ Type: 3D-plot)

   auf die *dreidimensionale Darstellung* umschalten.

* Danach kann man die Funktion $z = f(x,y)$ über

   Author: f(x,y)   in das *Algebrafenster* eingeben.

*   Abschließend wird in das *Grafikfenster umgeschaltet* und mittels
  Plot die Fläche gezeichnet.

Wenn die Fläche in *Parameterdarstellung* gegeben ist, muß man
wie bei Raumkurven die *Zusatzdatei* GRAPHICS.MTH laden und
anschließend die folgende *Menüfolge* aktivieren:

Author: isometrics ([x(u,v) , y(u,v) , z(u,v)], u, a, b, m, v, c, d,
n) $\Rightarrow$ **approX**

Für m und n sind die gewünschten Schritte für u bzw. v einzugeben. Danach wird in das Grafikfenster gewechselt und das *Menü*
Plot aktiviert.

MAPLE   Für die *grafische Darstellung* der *Funktion* z = f(x,y) über dem Bereich a $\leq$ x $\leq$ b , c $\leq$ y $\leq$ d wird das *Kommando*

plot3d (f(x,y) , x = a .. b , y = c .. d , *Optionen*) ;

verwendet, wobei mögliche *Optionen* dem Benutzerhandbuch zu
entnehmen sind.

Das Zusatzpaket *plots*, das mittels **with** (plots) ; geladen wird, stellt
zusätzlich das *Kommando*

implicitplot3d (F(x,y,z)=0 , x = a .. b , y = c .. d , z = e .. f) ;

zur *Zeichnung* von *Flächen* im *Bereich*

a $\leq$ x $\leq$ b , c $\leq$ y $\leq$ d , e $\leq$ z $\leq$ f

zur Verfügung, die in *impliziter Form* durch F(x,y,z)=0 gegeben
sind. Liegt die Funktion in *Parameterdarstellung* vor, so ist das
Kommando

plot3d ([x(u,v) , y(u,v) , z(u,v)] , u = a .. b , v = c .. d , *Optionen*) ;

zu verwenden.

Wenn man eine *erzeugte Grafik* (*Fläche*) mit der *Maus anklickt*, erhält sie einen Rahmen, mit dem man sie in WINDOWS-Manier verkleinern oder vergrößern kann. Des weiteren wird die *Schriftleiste*
durch eine *Grafikleiste ersetzt*, mittels der man die Darstellung der
Fläche verändern kann. Durch einfaches Probieren hat man schnell
die Wirkung der einzelnen Symbole dieser Leiste erkannt, so daß
wir hier auf eine ausführliche Beschreibung verzichten können.

$\blacklozenge$

Abb.12.7.
Bild der
Cobb-Dou-
glas-Funktion
aus Beispiel
12.6c) mit-
tels MAPLE

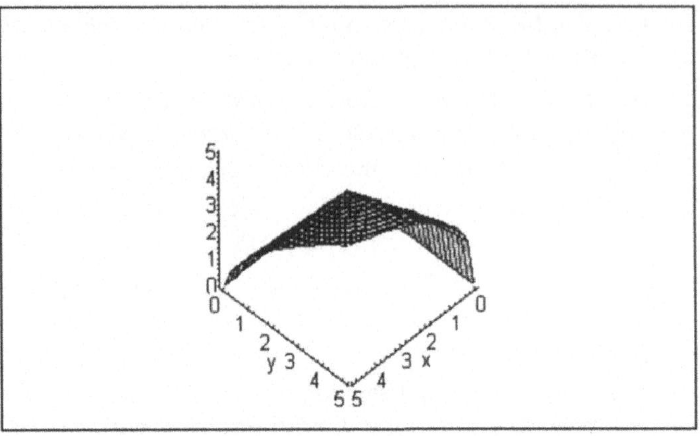

MATHCAD   Die *grafische Darstellung* einer *Funktion* $z = f(x,y)$ gestaltet sich gegenüber den Programmen MAPLE und MATHEMATICA etwas auf-
wendiger:

* Man erzeugt zuerst unter Verwendung der Operatorpaletten aus
  den Funktionswerten $f(x_i, y_k)$ eine Matrix **M** (siehe Abb. 12.8).

* Anschließend erzeugt man mittels der *Menüfolge*

  Graphics $\Rightarrow$ Create Surface Plot

  oder durch *Anklicken* von

   in der *Operatorpalette* Nr.3 (*Grafikpalette*)   

ein *Grafikfenster*, in dessen Platzhalter man die Bezeichnung der
erzeugten Matrix **M** einträgt.

Die genaue Vorgehensweise ist aus Abb. 12.8 ersichtlich, in der wir
die Cobb-Douglas-Funktion aus Beispiel 12.6c) zeichnen.

Abb.12.8.
Bild der
Cobb-Douglas-Funktion
aus Beispiel
12.6c) mittels MATH-
CAD

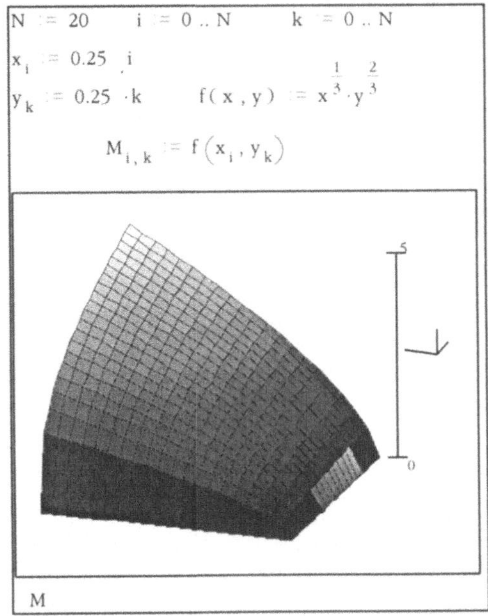

Abb.12.8 kann als *allgemeine Vorlage* für die *grafische Darstellung*
einer beliebigen Funktion zweier Variablen dienen. Man muß nur
die Werte für N , x_i und y_k verändern und für f die gewünschte Funktion definieren. In dem Elektronischen Buch *Höhere
Mathematik* gibt es die *Zusatzdatei* SURFACE.MCD, die eine Vorlage dieser Form enthält.

**MATHEMA-
TICA**   Für die grafische Darstellung der *Funktion* z=f(x,y) über dem Bereich a $\leq$ x $\leq$ b , c $\leq$ y $\leq$ d wird das *Kommando*

Plot3D [f[x,y] , { x , a , b } , { y , c , d }]

verwendet. Liegt die Funktion in *Parameterdarstellung* vor, so ist
das *Kommando*

ParametricPlot3D [{ x[u,v] , y[u,v] , z[u,v]} , { u , a , b } , { v , c , d}]

anzuwenden.

In Abb. 12.9 zeigen wir die Anwendung des Kommandos *Plot3D*.

Abb.12.9.
Bild der
Cobb-Dou-
glas-Funktion
aus Beispiel
12.6c) mittels
MATHE-
MATICA

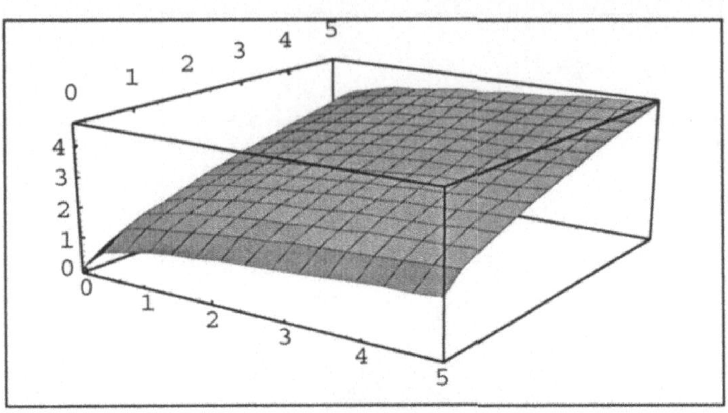

EXCEL   EXCEL kann ebenfalls *Flächen*, d.h. *Funktionen zweier Variablen*
$z = f(x,y)$ *grafisch darstellen*, die in *kartesischen Koordinaten* gegeben sind:

I.   Dazu werden die gleichabständigen x- und y-Werte senkrecht
     bzw. waagerecht unter Verwendung des Ausfüllkästchen in eine
     Tabelle eingetragen (analog wie bei Funktionen einer Varia-
     blen).

II. Danach werden diese beiden Bereiche analog wie bei Funktio-
     nen einer Variablen mit x bzw. y benannt.

III. Anschließend wird eine *Matrix erzeugt,* deren einzelne *Matrixe-
     lemente* von den *Funktionswerten* der zu zeichnenden *Funktion*
     f(x,y) in den gegebenen x- und y-Werten gebildet werden. Dies
     wird erreicht, indem man in die erste freie Zelle dieser Matrix
     den zu zeichnenden *Funktionsausdruck* als *Formel* einträgt und
     diesen wiederum durch Ziehen des Ausfüllkästchens auf die ge-
     samte erste Spalte und dann auf alle weiteren Spalten überträgt.

IV. Abschließend löst man einen *Durchlauf* des *Diagramm-
     Assistenten* aus (3D-Oberfl. wählen).

Die *Vorgehensweise* bei der grafischen Darstellung von Flächen
mittels EXCEL zeigt sich in Abb. 12.10.

Abb.12.10.
Bild der
Cobb-Douglas-Funktion
aus Beispiel
12.6c) mittels
EXCEL

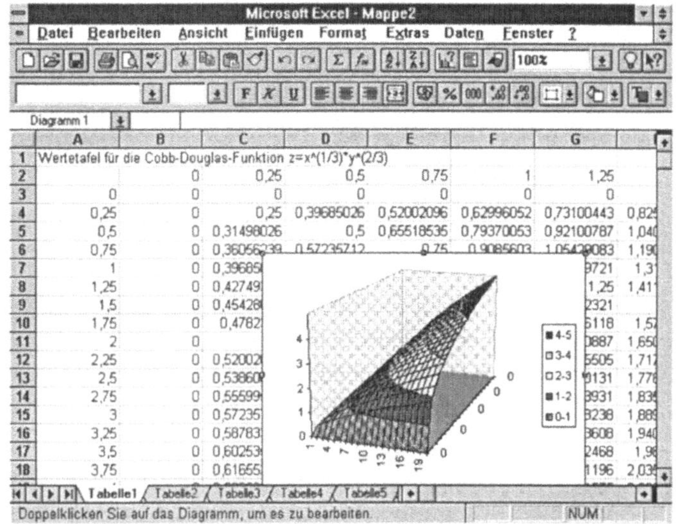

Die *grafische Darstellung* von *Flächen* geschieht bei EXCEL *analog* zu MATHCAD. Bei beiden muß eine *Matrix erzeugt* werden, die als Elemente die *Funktionswerte* der zu zeichnenden Funktion enthält.

◆

Im *Grafikbereich* sind die Programme MAPLE und MATHEMATICA gegenüber MATHCAD, DERIVE und EXCEL wesentlich einfacher zu handhaben und besitzen mehr Möglichkeiten zur Darstellung und Manipulation der Grafiken.

◆

12.3 Definition von Funktionen

In den einzelnen *Programmsystemen* ist die gesamte Palette der *mathematischen Funktionen* enthalten. Die wichtigsten Funktionen wurden bereits im Kap. 7 erwähnt. Wie man die genauen *Bezeichnungen* (einschließlich Erläuterungen) der integrierten Funktionen aus den *Hilfen* der Programmsysteme erhält, wurde ebenfalls im Kap. 7 beschrieben.

EXCEL und MATHCAD bieten zusätzlich die Möglichkeiten, die integrierten Funktionen an der gewünschten Stelle einzufügen:

EXCEL   Bei EXCEL erhält man die *integrierten Funktionen* durch *Aufruf* des *Funktions-Assistenten,* der durch Anklicken des Symbols

in der Symbolleiste aktiviert wird. Hiermit läßt sich die ausgewählte Funktion in die markierte Zelle im Arbeitsfenster einfügen.

MATHCAD Durch Aktivierung der *Menüfolge* **MATH** ⇒ **Choose Function...** oder durch *Anklicken* des *Symbols*

in der *Symbolleiste* erscheint eine *Dialogbox* mit den *integrierten Funktionen*, mit deren Hilfe man die benötigte Funktion durch Anklicken von *Insert* an der gewünschten (durch den Kursor markierten) Stelle im Arbeitsfenster einfügen kann.

♦

Die in den Programmen integrierten Funktionen reichen für den Anwender in den meisten Fällen nicht aus, so daß die *Definition eigener Funktionen* erforderlich ist.

♦

Die *genaue Vorgehensweise* bei der *Definition* von *Funktionen* in den einzelnen *Programmsystemen* ist folgende:
DERIVE fordert folgende Vorgehensweise :

DERIVE * Mit der *Menüfolge*

Declare ⇒ **Function** (⇒ **name:**   ⇒ **value:**   )

wird der *Name* der zu definierenden *Funktion* hinter **name:**

eingegeben. Dabei kann der *Funktionsname* aus *mehreren Buchstaben* bestehen, wenn der Eingabemodus mittels

Options ⇒ **Input**

auf *Character* eingestellt ist. Wird nicht zwischen Groß- und Kleinschreibung unterschieden (Standardeinstellung in DERIVE.INI), so können Variablen- und Funktionsnamen sowohl mit Groß- als auch Kleinbuchstaben eingegeben werden. DERIVE stellt dann Funktionen mit großen und Variablen mit kleinen Buchstaben dar.

* Nach der Eingabe des Namens wird anschließend hinter **value:**

der *Funktionsausdruck* entweder direkt eingegeben oder mittels Markierung des bereits im Arbeitsfenster befindlichen Ausdrucks und Betätigung der ⒡3- oder ⒡4-Taste eingefügt.

Eine *weitere Möglichkeit* zur *Definition* einer *Funktion* f(x) ist durch *direkte Eingabe* mittels **Author:** f(x) := ... möglich, wie wir im folgenden Beispiel 12.7 sehen.

Beispiel 12.7:

a) Die *Zinseszinsformel* $\quad K_0 \cdot \left(1 + \dfrac{p}{100}\right)^n$

aus Abschn. 11.2 kann auf *zwei Arten* einer *Funktion*

Kn(K0 , n , p) der *Variablen* K0, n, p *zugewiesen* werden:

a1) Nach der Anwendung der *Menüfolge*

Declare $\Rightarrow$ **Function** ($\Rightarrow$ **name:** Kn $\Rightarrow$ **value:** K0* (1+p/100)^n)

erscheint die *definierte Funktion* auf dem Bildschirm in der *Form*:

$$KN(k0 , n , p) := k0 \cdot \left(1 + \frac{p}{100}\right)^n$$

wenn vorher noch aufgrund der aus zwei Zeichen bestehenden Variablen K0 über **Options** $\Rightarrow$ **Input** auf Worteingabe umgeschaltet wurde. Man beachte, daß *unabhängig* von der *Eingabe* die *Funktionsnamen* immer mit *Großbuchstaben* und die *Variablennamen* immer mit *Kleinbuchstaben* dargestellt werden.

a2) Mittels der *Direkteingabe*

Author: Kn(K0 , n , p):= K0*(1 + p/100)^n $\Rightarrow$ **Simplify**

erscheint die gleiche Funktionsdarstellung auf dem Bildschirm wie bei a1).

Möchte man die Funktion Kn für konkrete Werte berechnen, z.B. K0 = 10000, n = 5, p = 4, so braucht man nur die *Menüfolge*

Author: Kn(10000 , 5 , 4) $\Rightarrow$ **Simplify** (oder **approX**)

zu aktivieren und erhält auf dem Bildschirm das Ergebnis

$$\frac{190102016}{15625}$$

bei Verwendung des Kommandos *Simplify* bzw. 12166.5 bei Verwendung des Kommandos *approX*.

b) Die *Kostenfunktion* aus Beispiel 12.4a1)

$$K(x) = \begin{cases} 0.5 \cdot x + 2 & 0 \le x \le 3 \\[2ex] 0.1 \cdot x^2 + 0.4 \cdot x + 4 & 3 < x \le 9 \end{cases}$$

läßt sich unter Verwendung des in DERIVE enthaltenen Befehls *if* (siehe Abschn. 5.3) durch

K(x) := **if** (x < = 3 , 0.5*x + 2 , 0.1*x^2 + 0.4*x + 4   )

für x-Werte aus dem Definitionsbereich $0 \le x \le 9$ definieren.

c) Die *Kostenfunktion* aus Beispiel 12.4a2)

$$K(x) = \begin{cases} 0.5 \cdot x + 2 & 0 \le x \le 3 \\ 0.5 \cdot x + 4 & 3 < x \le 6 \\ 0.5 \cdot x + 7 & 6 < x \le 9 \end{cases}$$

läßt sich durch Schachtelung des Befehls *if* im Definitionsbereich $0 \le x \le 9$ *mittels*

K (x) := **if** (x <= 3 , 0.5*x + 2, **if** (x <=6 , 0.5*x + 4, 0.5*x + 7))

definieren.

♦

MAPLE Ein *Funktionsausdruck* A(x) mit *einer Variablen* x wird mittels

f := x → A(x) ;

und ein *Ausdruck* mit n *Variablen* $A(x_1,...,x_n)$ mittels

g := (x1 , ... , xn) → A(x1 , ... , xn) ;

einer Funktion f(x) bzw. $g(x_1,...,x_n)$ zugewiesen, wobei der Pfeil → durch − und > einzugeben ist.

Bei den *Funktionsnamen* wird zwischen *Groß-* und *Kleinschreibung unterschieden*, d.h., f und F stellen verschiedene Funktionen dar.

Wie man vorgeht, wenn man das Ergebnis einer vorhergehenden Rechnung einer Funktion zuweisen möchte, ist aus den folgenden Beispielen 12.8d)–e) ersichtlich.

Beispiel 12.8:

a) Die *Zinseszinsformel* aus Beispiel 12.7a) kann folgendermaßen eingegeben werden:

Kn := (K0 , n , p) → K0*(1 + p/100)^n ;

Das *Kommando* Kn(10000 , 5 , 4) ;

liefert das mittels DERIVE erhaltene Ergebnis.

b) Die *Kostenfunktion* aus Beispiel 12.4a1)

$$K(x) = \begin{cases} 0.5 \cdot x + 2 & \text{für } 0 \le x \le 3 \\ 0.1 \cdot x^2 + 0.4 \cdot x + 4 & \text{für } 3 < x \le 9 \end{cases}$$

läßt sich unter Verwendung des in MAPLE enthaltenen Befehls *if* (siehe Abschn. 5.3) im Definitionsbereich 0≤x≤9 *durch*

K := x → **if** x <= 3 **then** 0.5 * x + 2 **else** 0.1*x^2 + 0.4*x + 4 **fi** ;

definieren und mittels **plot** (K , 0 .. 9) ; im Intervall [0,9] zeichnen und besitzt den in Abb. 12.11 dargestellten Graphen. In diesem Bild haben wir die Darstellung der Funktionskurve in Punktform gewählt, um die Unstetigkeit (Sprung) für x=3 zu zeigen.

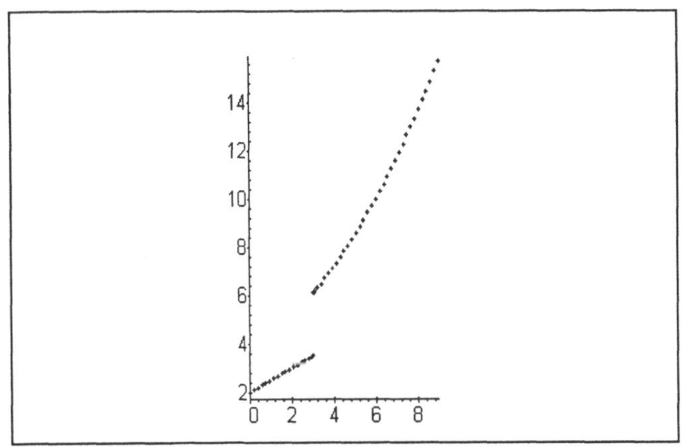

Abb.12.11. Graph der Kostenfunktion aus Beispiel 12.8b) mittels MAPLE

c) Die *Kostenfunktion* aus Beispiel 12.4a2)

$$K(x) = \begin{cases} 0.5 \cdot x + 2 & \text{für } 0 \le x \le 3 \\ 0.5 \cdot x + 4 & \text{für } 3 < x \le 6 \\ 0.5 \cdot x + 7 & \text{für } 6 < x \le 9 \end{cases}$$

wird *mittels*

K := x → **if** x <=3 **then** 0.5*x + 2 **elif** x <= 6 **then** 0.5*x + 4 **else** 0.5*x + 7 **fi** ;

definiert und mittels **plot** (K , 0 , 9) ; im Intervall [0,9] *gezeichnet*. Dabei ist *elif* aus *else* und *if* entstanden (siehe Kap.5.3).

d) Das *Integrations-Kommando* **integrate** (x^2 , x) ;

liefert das *Ergebnis* $\dfrac{1}{3}x^3$.

Möchte man es der Funktion y(x) zuweisen, so ist das *Kommando* y := **unapply** (" , x) ; anzuschließen. Als Ergebnis erscheint auf dem Bildschirm die Funktionsdefinition

$$y := x \to \dfrac{1}{3}x^3$$, d.h., wir können jetzt mit der *Funktion*

$$y(x) = \dfrac{1}{3}x^3$$

weiterrechnen und sie *mittels* **plot** (y , a .. b) ; oder

plot (y(x) , x=a .. b) ; im Intervall [a , b] *zeichnen*.

e) Das *Differentiations-Kommando* **diff** (x^y , x) ;
   liefert das *Ergebnis* $y \cdot x^{y-1}$.

Mit dem *Kommando* f := **unapply** (" , x , y) ;

wird es der Funktion f zugewiesen. Auf dem Bildschirm erscheint die bekannte *Funktionsdefinition*

f := (x, y) $\to$ $y \cdot x^{y-1}$

d.h., wir können jetzt mit der *Funktion* f(x, y) $= y \cdot x^{y-1}$

weiterrechnen und sie mittels **plot3d** (f , a .. b , c .. d) ;

oder **plot3d** (f(x,y) , x=a .. b , y=c .. d) ;

im Bereich a $\le$ x $\le$ b , c $\le$ x $\le$ d *zeichnen*.

◆

Bei der grafischen Darstellung definierter Funktionen mittels MAPLE ist zu beachten, daß bei der Verwendung von Befehlen (z.B. *if*) in der Funktionsdefinition im Zeichenkommando *plot* die Variablen nicht erscheinen dürfen (siehe Aufgabe b) und c) aus Beispiel 12.8).

◆

MATHCAD   Unter Verwendung des *Zuweisungsoperators*

 oder

aus der *Operatorpalette* Nr. 2 (*Berechnungspalette*)

wird einem gegebenen *Ausdruck* $A(x_1,...,x_n)$ *mittels*

f(x1,..., xn) := A(x1,..., xn)   bzw. f(x1,..., xn) $\equiv$ A(x1,..., xn) die *Funktion* f *lokal* bzw. *global zugewiesen*, wobei bei den Funktionsnamen zwischen Groß- und Kleinschreibung unterschieden wird. Anschließend kann man mit dieser Funktion f arbeiten (rechnen). Des weiteren lassen sich Ergebnisse von Rechnungen unter Verwendung des symbolischen Gleichheitszeichen Funktionen zuordnen, wie wir im folgenden Beispiel zeigen.

Beispiel 12.9:

Die folgenden *Funktionsdefinitionen* wurden direkt vom Arbeitsbildschirm übernommen und zeigen die Vorgehensweise:

a)

$$f(x) := \sin(x) \cdot e^x \qquad f(2) = 6.719$$

$$g(x, y) := x^2 + 2 \cdot x \cdot y + y^3 \qquad g(2, 3) = 43$$

b) Die *Kostenfunktion* aus Beispiel 12.4a1) läßt sich unter Verwendung des in MATHCAD enthaltenen Befehls *if* (siehe Abschn. 5.3) definieren und zeichnen, wie aus Abb. 12.12 ersichtlich ist.

Abb.12.12. Graph der Kostenfunktion aus Beispiel 12.4a1) mittels MATHCAD

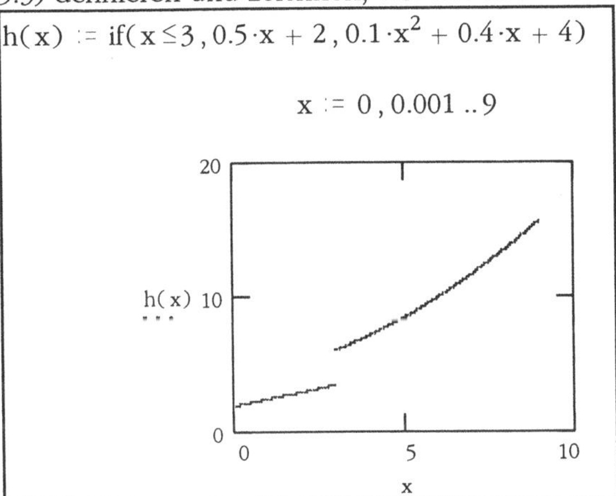

c) Möchte man einen aus einer *vorherigen Rechnung* erhaltenen *Funktionsausdruck* einer *Funktion zuordnen*, so geht man analog wie eben beschrieben bei der Funktionsdefinition vor. Man braucht aber den Funktionsausdruck nicht erneut einzutippen, sondern umrahmt ihn mit einer Selektionsbox und kopiert ihn mittels der *Menüfolge* **Edit ⇒ Copy** in die Zwischenablage. Das Einfügen an der gewünschten Stelle geschieht anschließend mittels der *Menüfolge* **Edit ⇒ Paste.** Dies entspricht dem bekannten Kopieren bei WINDOWS-Programmen.

d) Unter Verwendung des *symbolischen Gleichheitszeichens* kann das *Ergebnis* einer *vorherigen Berechnung* unmittelbar einer *Funktion zugewiesen* werden, wie wir im folgenden am Beispiel der Differentiation und Integration zeigen:

$$f(x) := \frac{d}{dx} x^3 \rightarrow 3 \cdot x^2$$

$$h(x) := \int x^3 \, dx \rightarrow \frac{1}{4} \cdot x^4$$

In diesem Beispiel wurde der Funktion f(x) das Ergebnis einer Differentiation und der Funktion h(x) das Ergebnis einer Integration zugewiesen.

♦

MATHEMA-TICA

Bei MATHEMATICA wird ein *Ausdruck*

* A[x]

mit einer Variablen *mittels*

f[x_] := A[x]

* A[x_1,...,x_n]

mit n Variablen *mittels*

g[x1_, ... , xn_] := A[x_1,...,x_n]

einer *Funktion* f bzw. g *zugewiesen*, wobei bei den *Funktionsnamen* zwischen Groß- und Kleinschreibung unterschieden wird. Statt des Zuweisungsoperators := kann (muß in gewissen Fällen) = verwendet werden (siehe Abschn. 5.1). Die Vorgehensweise für die Zuweisung des Ergebnisses einer Rechnung an eine Funktion ist aus den folgenden Beispielen ersichtlich.

Beispiel 12.10:

a) Die *Zinseszinsformel* aus Beispiel 12.7a) wird *mittels*

Kn [K0_ , n_ , p_] := K0*(1 + p/100)^n

eingegeben und das *Kommando* Kn [10000, 5, 4] liefert das mittels DERIVE erhaltene Ergebnis.

b) Die *Kostenfunktion* aus Beispiel 12.4a1)

$$K(x) = \begin{cases} 0.5 \cdot x + 2 & 0 \leq x \leq 3 \\ 0.1 \cdot x^2 + 0.4 \cdot x + 4 & 3 < x \leq 9 \end{cases}$$

läßt sich mit dem *Kommando*

K [x_] := **If** [x <= 3 , 0.5*x+2 , 0.1*x^2+0.4*x+4]

im Definitionsbereich 0≤x≤9 definieren und mittels

Plot [K [x] , { x , 0 , 9 }] im Intervall [0 , 9] zeichnen.

c) Die *Kostenfunktion* aus Beispiel 12.4a2)

$$K(x) = \begin{cases} 0.5 \cdot x + 2 & 0 \le x \le 3 \\ 0.5 \cdot x + 4 & 3 < x \le 6 \\ 0.5 \cdot x + 7 & 6 < x \le 9 \end{cases}$$

läßt sich mit dem *Kommando*
K [x_] := **If** [x <=3, 0.5*x + 2, **If** [x<=6 , 0.5*x+4, 0.5*x + 7]]

oder mit dem *Kommando*

K [x_] := **Which** [x <=3 , 0.5*x + 2 , x<=6 , 0.5*x + 4 , x<=9 ,
0.5*x + 7]

im Definitionsbereich $0 \le x \le 9$ *definieren*, mittels

Plot [K [x] , { x , 0 , 9 }]

im Intervall [0 , 9] zeichnen und besitzt den Graphen aus Abb.
12.13, in dem die von MATHEMATICA gezeichneten Parallelen
zur y-Achse allerdings nicht zur Funktionskurve gehören.

Abb.12.13.
Graph der
Kostenfunk-
tion aus Bei-
spiel 12.10c)
mittels MA-
THEMATICA

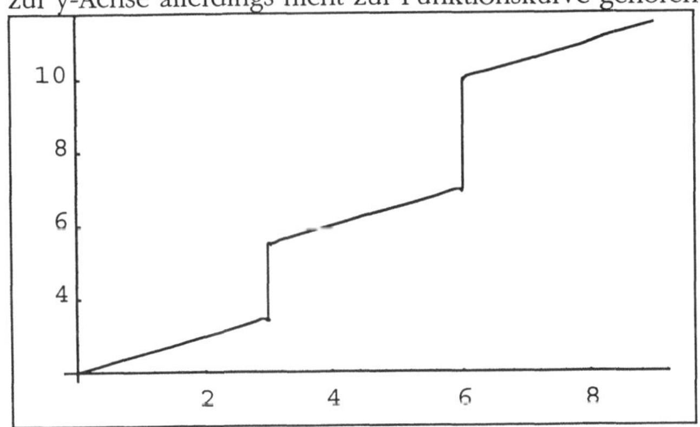

d) Das *Integrations-Kommando* **Integrate** [x^2 , x]

liefert das Ergebnis $\frac{1}{3}x^3$.

Mit dem *Zuweisungskommando* y[x_] := %

wird es der Funktion y zugewiesen, d.h.

$$y(x) = \frac{1}{3}x^3$$

e) Das *Differentiations-Kommando* **D** [x^y , x]

liefert das Ergebnis $y \cdot x^{y-1}$

Mit dem *Zuweisungskommando* f[x_ , y_] := %

wird es der Funktion f *zugewiesen*, d.h.

$f(x, y) = y \cdot x^{y-1}$

◆

Falls man eine definierte Funktion mittels des Befehls *Plot* zeichnen möchte, empfiehlt es sich, in der Funktionsdefinition als Zuweisungsoperator = zu verwenden. Bei der Verwendung von := kann der Zeichenbefehl versagen.

◆

EXCEL

Obwohl EXCEL eine Vielzahl integrierter Funktionen besitzt, kann der Anwender auch eigene *Funktionen definieren*. Die Programmierung neuer Funktionen geschieht unter Verwendung der Programmiersprache *Visual Basic*. Hierauf wollen wir nicht näher eingehen und verweisen auf das mitgelieferte Handbuch. Möchte man eine Funktion nur innerhalb einer Arbeitssitzung verwenden, so wird ihr Ausdruck (Formel) wie üblich in Formelschreibweise (mit vorangestelltem Gleichheitszeichen) eingegeben.

13   Polynome und nichtlineare Gleichungen

Obwohl in der *Wirtschaftsmathematik* häufig *lineare Gleichungen* auftreten, gibt es auch Probleme, die sich nur durch *nichtlineare Gleichungen* hinreichend genau beschreiben lassen. *Beispiele* hierfür haben wir in der *Finanzmathematik* kennengelernt, in der man u.a. *Polynomgleichungen* als einen Spezialfall nichtlinearer Gleichungen antrifft (siehe Abschn. 11.5). Weiterhin sind *Polynomgleichungen* bei Eigenwertproblemen (siehe Kap. 9) und bei linearen Differentialgleichungen (siehe Kap. 17) zu lösen.

Weitere *ökonomischen Anwendungen* für *nichtlineare Gleichungen* geben wir im Abschn. 13.1.

In den Abschn. 13.2 und 13.3 werden wir kurz auf die Lösungsmöglichkeiten für Polynomgleichungen und nichtlineare Gleichungen im Rahmen der betrachteten Programmsysteme eingehen.

Da zur Lösung von nichtlinearen Gleichungen keine universellen endlichen Lösungsalgorithmen existieren, sind im Rahmen der Computeralgebra keine Wunder zu erwarten. In den meisten Fällen ist man auf *numerische Lösungsmethoden* angewiesen. Hierfür bieten die Programmsysteme ebenfalls Möglichkeiten, wie wir im Abschn. 13.3 sehen.

♦

13.1   Ökonomische Anwendungen

Im Abschn. 12.1 haben wir zahlreiche *ökonomische Funktionen* kennengelernt, die *nichtlinear* sind.

Nichtlineare Gleichungen ergeben sich hieraus, wenn

* *Nullstellen* dieser *ökonomischen Funktionen* (siehe Kap. 12) zu bestimmen,

* *Extremwerte* dieser *ökonomischen Funktionen* aus den *notwendigen Optimalitätsbedingungen* (siehe Abschn. 14.5) zu *berechnen*,

* *Ökonomische Gleichgewichte*, z.B. zwischen *Angebot* und *Nachfrage*, zu *ermitteln*

sind.

Betrachten wir einige *ökonomische Anwendungsbeispiele* für nichtlineare Gleichungen.

Beispiel 13.1:

a) Im Abschn. 12.1 haben wir Beispiele für *Angebotsfunktionen* $P_A(x)$ und *Nachfragefunktionen* $P_N(x)$ als Funktionen des Preises x gegeben (Beispiele 12.3a) und b). Möchte man das *Gleichgewicht* zwischen *Angebot* und *Nachfrage* bestimmen, so sind diejenigen x-Werte zu berechnen, für die die beiden Funktionen den gleichen Wert annehmen, d.h. $P_A(x) = P_N(x)$ und damit ist die *nichtlineare Gleichung* $P_A(x) - P_N(x) = 0$ zu lösen.

a1) Für die konkreten Funktionen

$$P_A(x) = 2 \cdot x^2 + x + 3 \quad , \quad P_N(x) = 10 - x$$

ist zur *Gleichgewichtsberechnung* die *Polynomgleichung* (*quadratische Gleichung*) $5 \cdot x^2 + 2 \cdot x - 7 = 0$ zu lösen.

a2) Für die konkreten Funktionen

$$P_A(x) = 5 \cdot \sqrt{3 \cdot x + 4} \quad , \quad P_N(x) = 1 - 2 \cdot x$$

ist zur *Gleichgewichtsberechnung* die *nichtlineare Gleichung* $5 \cdot \sqrt{3 \cdot x + 4} - 1 + 2 \cdot x = 0$ zu lösen.

b) Im Abschnitt 14.6.2 wird die *nichtlineare Gleichung*

$$f'(x) = \frac{f(x)}{x}$$

erhalten, um für die *Durchschnittskostenfunktion*

$$\bar{f}(x) = \frac{f(x)}{x}$$

die *Extremwerte* zu berechnen.

b1) Für die *neoklassische Kostenfunktion* (siehe Beispiel 12.3e) $f(x) = 2 \cdot x^2 + 3$ ergibt sich damit die einfache *Polynomgleichung* (*quadratische Gleichung*) $2 \cdot x^2 - 3 = 0$

b2) Für die *ertragsgesetzliche Kostenfunktion* (siehe Beispiel 12.3e) $f(x) = 5 \cdot x^3 + 3 \cdot x^2 + 4 \cdot x + 7$ ergibt sich damit die *Polynomgleichung* dritten Grades $10 \cdot x^3 + 3 \cdot x^2 - 7 = 0$

♦

13.2   Polynome

Man muß zwischen *Polynomfunktionen n-ten Grades* mit reellen Koeffizienten a_k (*ganze rationale Funktionen*) der Form

$$P_n(x) = \sum_{k=0}^{n} a_k \cdot x^k = a_n \cdot x^n + a_{n-1} \cdot x^{n-1} + \ldots + a_1 \cdot x + a_0 \qquad (a_n \neq 0)$$

und *Polynomgleichungen n-ten Grades* der Form

$$a_n \cdot x^n + a_{n-1} \cdot x^{n-1} + \ldots + a_1 \cdot x + a_0 = 0 \qquad\qquad (a_n \neq 0)$$

unterscheiden.

Offensichtlich entstehen *Polynomgleichungen* durch die *Nullstellenbestimmung* für *Polynomfunktionen*, wobei die *Nullstellen* diejenigen Werte x_i bezeichnen, für die $P_n(x_i) = 0$ gilt. Die Werte x_i werden als *Lösung* der *Polynomgleichung* $P_n(x) = 0$ bezeichnet.

Polynomgleichungen stellen einen wichtigen Spezialfall nichtlinearer Gleichungen dar. Sie werden in der Literatur kurz als *Polynome* bezeichnet.

♦

Bekanntlich besitzt eine *Polynomgleichung* n-ten Grades n *Lösungen*, die jedoch mehrfach und komplex sein können. Zur Bestimmung dieser *Lösungen* gibt es nur bis n=4 *Formeln*. Die bekannteste ist die für n=2.

Die *quadratische Gleichung* $x^2 + a_1 x + a_0 = 0$ hat die beiden *Lösungen*

$$x_{1,2} = -\frac{a_1}{2} \pm \sqrt{\frac{a_1^2}{4} - a_0}$$

Für n=3 und 4 gestalten sich die *Lösungsformeln* für *Polynome* wesentlich *schwieriger*. Ab n=5 existieren keine Formeln mehr für die Nullstellenberechnung, da allgemeine Polynome ab dem 5. Grad nicht durch Radikale lösbar sind. Deshalb kann von den Programmsystemen nicht erwartet werden, daß sie für n≥5 immer die exakten Lösungen liefern.

♦

Die *Lösung* von *Polynomgleichungen* P(x) = 0 geschieht in den *Programmsystemen* mit den gleichen *Kommandos/Menüs* wie bei der *Lösung* von *Gleichungen* (siehe Abschn. 9.2 und 13.3). Wir stellen sie im folgenden nochmals zusammen:

DERIVE Die *exakte Lösung* einer *Polynomgleichung* P(x) = 0 geschieht mittels *einer* der folgenden beiden *Menüfolgen*

* **Author:** P(x) = 0 $\Rightarrow$ **soLve**

* **Author: solve** (P(x) = 0 , x) $\Rightarrow$ **Simplify**

MAPLE Die *exakte Lösung* einer *Polynomgleichung* P(x) = 0 geschieht mittels des *Kommandos* **solve** (P(x) = 0 , x) **;**

MATHCAD Um eine *Polynomgleichung* P(x) = 0 zu *lösen*, wird sie in einer der folgenden *beiden Formen* in das *Arbeitsfenster eingegeben*:

* nur die *Polynomfunktion* P(x),

* die *Polynomgleichung* in der *Form* P(x)**=**0, wobei der *Gleichheitsoperator* (fettgedrucktes Gleichheitszeichen)

 aus der *Operatorpalette* Nr.2 (*Berechnungspalette*)

zu entnehmen ist. Er darf jedoch nicht mit dem numerischen Gleichheitszeichen = verwechselt werden, das sich ebenfalls in dieser Operatorpalette befindet.

Nach der Eingabe wird ein x in der Funktion P(x) markiert. Die abschließende Aktivierung der *Menüfolge* **Symbolic** $\Rightarrow$ **Solve for Variable** löst die *exakte Berechnung* aus.

MATHEMATICA Die *exakte Lösung* einer *Polynomgleichung* P(x) = 0 geschieht mittels des *Kommandos* **Solve** [P(x) == 0 , x]

$\blacklozenge$

Beispiel 13.2:

Die *Polynomgleichung* aus Beispiel 13.1b2) $10 \cdot x^3 + 3 \cdot x^2 - 7 \ = \ 0$ wird bei

* DERIVE

    mittels **Author: solve** (10*x^3 + 3*x^2 - 7 = 0 , x) $\Rightarrow$ **Simplify**

* MAPLE

    mittels **solve** (10*x^3 + 3*x^2 - 7 = 0 , x) **;**

* MATHCAD
    mittels *Eingabe* von 10*x^3 + 3*x^2 − 7 = 0 ,
    Markierung einer *Variablen* x und *abschließender Aktivierung*
    der *Menüfolge* **Symbolic** $\Rightarrow$ **Solve for Variable**

* MATHEMATICA

  mittels **Solve** [10*x^3 + 3*x^2 − 7 == 0 , x]

exakt gelöst, wobei für die einzige *reelle Lösung* (umfangreicher algebraischer Ausdruck) die *Gleitkommanäherung* 0.79833 ermittelt wird.

♦

Eng mit der Nullstellenbestimmung hängt die *Faktorisierung* von *Polynomfunktionen* zusammen. Unter *Faktorisierung* versteht man die *Schreibweise* einer *Polynomfunktion* als *Produkt* von *Linearfaktoren* (für die reellen Nullstellen) und *quadratischen Polynomen* (für die komplexen Nullstellen), d.h.

$$\sum_{k=0}^{n} a_k x^k =$$

$$(x - x_1) \cdot (x - x_2) \cdot \ldots \cdot (x - x_r) \cdot (x^2 + b_1 x + c_1) \cdot \ldots \cdot (x^2 + b_s x + c_s)$$

wobei $x_1, \ldots, x_r$ die reellen Nullstellen sind (in ihrer eventuellen Vielfachheit gezählt).

♦

Die *Faktorisierung* einer *Polynomfunktion* P(x) geschieht in den Programmsystemen mittels folgender *Kommandos/Menüs* :

DERIVE   mittels der *Menüfolge* **Author:** P(x) ⇒ **Factor**

MAPLE   mittels des *Kommandos* **factor** (P(x)) ;

MATHCAD   I.   Das *Polynom* P(x) in das *Arbeitsfenster eingeben*,

II. *mit* einer *Selektionsbox umrahmen*,

III. die abschließende *Aktivierung* der *Menüfolge* **Symbolic** ⇒ **Factor Expression** liefert die *Faktorisierung*.

MATHEMA-   mittels des *Kommandos* **Factor** [P(x)]
TICA
               ♦

Beispiel 13.3:

a) Das *Polynom* $10 \cdot x^3 + 3 \cdot x^2 - 7$ aus den Beispielen 13.1 und 13.2 wird von keinem Programm faktorisiert. Dies liegt darin begründet, daß zwei komplexe Nullstellen existieren und die einzige reelle Nullstelle nicht ganzzahlig ist.

b) Das *Polynom* $x^3 - 9 \cdot x^2 + 23 \cdot x - 15$, das die drei ganzzahligen Nullstellen 1, 3, 5 besitzt, *wird* von den Programmsystemen

   * DERIVE mittels **Author:** x^3 − 9*x^2 + 23*x − 15 ⇒ **Factor**

   * MAPLE mittels **factor** (x^3 − 9*x^2 + 23*x − 15) ;

* MATHCAD mittels *Eingabe* von x^3 − 9*x^2 + 23*x − 15
  Markierung einer *Variablen* x und abschließender *Aktivierung* der *Menüfolge* **Symbolic ⇒ Factor Expression**

* MATHEMATICA mittels **Factor** [x^3 − 9*x^2 + 23*x − 15]

faktorisiert.

So liefert z.B. MATHCAD die *Faktorisierung*

$$x^3 - 9 \cdot x^2 + 23 \cdot x - 15 \qquad \textit{by factoring yields}$$
$$(x - 5) \cdot (x - 1) \cdot (x - 3)$$

◆

Bei der *Faktorisierung* von P(x) wird man nur ein *Resultat* erwarten können, wenn sich die *Nullstellen* von P(x) exakt bestimmen lassen. Alle Programmsysteme haben Schwierigkeiten bei der Faktorisierung, wenn das Polynom komplexe Nullstellen besitzt.

◆

Wenn die exakte (symbolische) Bestimmung der Lösungen einer Polynomgleichung versagt, kann auf die *Numerikkommandos* der einzelnen Programmsysteme zur Lösung von Gleichungen zurückgegriffen werden, die wir im Abschn. 13.3 besprechen.

◆

13.3 Nichtlineare Gleichungen

Zur *exakten* (*symbolischen*) *Lösung* von *Systemen nichtlinearer Gleichungen* (m Gleichungen mit n Unbekannten) der Form
$$u_1(x_1,...,x_n) = 0$$
$$\vdots$$
$$u_m(x_1,...,x_n) = 0$$

werden in allen Programmsystemen die *Kommandos/Menüs* zur *Lösung linearer Gleichungen* verwendet, d.h., man kann als Argumente statt der linearen die nichtlinearen Gleichungen in die Kommandos aus Abschn. 9.4.2 eintragen. Im vorangehenden Abschn. 13.2 wurden die entsprechenden Kommandos/Menüs zur exakten Lösung beliebiger Gleichungen nochmals für die Lösung einer Polynomgleichung mit einer Unbekannten x zusammengestellt, so daß wir diese hier nicht erneut aufführen müssen.

Betrachten wir die Lösung einer praktischen nichtlinearen Gleichung im folgenden Beispiel.

Beispiel 13.4:

Die *nichtlineare Gleichung* aus Beispiel 13.1a2)

$$5 \cdot \sqrt{3 \cdot x + 4} - 1 + 2 \cdot x = 0 \quad \text{wird bei}$$

* DERIVE mittels **Author: solve** (5*sqrt(3*x+4)−1+2*x = 0 , x)
  ⇒ **Simplify**

* MAPLE mittels **solve** (5*sqrt(3*x+4)−1+2*x = 0 , x) ;

* MATHEMATICA mittels

  Solve [5*Sqrt [3*x+4] − 1 + 2*x == 0 , x]

exakt gelöst, während MATHCAD für diese Gleichung keine Lösung findet. Für die einzige *reelle Lösung* wird

$$\frac{79}{8} - \frac{5}{8}\sqrt{313}$$ ermittelt, die die *Gleitkommanäherung* −1.18238 be-

sitzt. Da die einzige reelle *Lösung negativ* ist, kann *kein Gleichge-wicht* zwischen *Angebot* und *Nachfrage* auftreten.

♦

Weil für allgemeine *nichtlineare Gleichungen keine endlichen Lö-sungsalgorithmen* existieren, kann man unter Verwendung der Pro-grammsysteme nur bei einfachen Gleichungen eine *exakte Lösung* erwarten. Deshalb ist man in den meisten Fällen auf *numerische Verfahren* angewiesen, für die ebenfalls Kommandos vorhanden sind.

♦

Die *Programmsysteme* bieten die folgenden *Möglichkeiten* zur *nu-merischen Lösung nichtlinearer Gleichungen:*

DERIVE Nach dem *Laden* des *Zusatzprogramms* SOLVE.MTH mittels der *Menüfolge* **Transfer** ⇒ **Load** ⇒ **Utility** ⇒ **file:** SOLVE

stehen zur *numerischen Lösung* folgende *Verfahren* zur Verfügung:

* *Newtonverfahren*

  Es kann mittels der *Menüfolge*

  Author: Newtons (u(x) , x , xa , n) ⇒ **approX**

  aktiviert werden. Dabei stehen

  * u(x)   für die Liste der Funktionen $[u_1(x),...,u_m(x)]$

  * x   für die Liste der Variablen $[x_1,...,x_n]$

  * xa   für die Liste der Schätzwerte (*Startwerte*) für die einzelnen Variablen

* n   für die Anzahl der durchzuführenden Iteratio-
                           nen

- *Fixpunktverfahren*

  Es wird mittels der *Menüfolge*

  Author: fixed_point (u(x) , x , xa , n) $\Rightarrow$ **approX**

  aktiviert, wobei die Argumente die gleiche Bedeutung wie beim
  Newtonverfahren besitzen.

Beispiel 13.5:
Keine der beiden *Menüfolgen*

* **Author:Newtons** (5*sqrt (3*x+4) − 1 + 2*x, x , 0 , 6) $\Rightarrow$ **approX**

* **Author: fixed_point** (5*sqrt (3*x+4) − 1 + 2*x , x , 0 , 6) $\Rightarrow$ **approX**

liefert für den Startwert xa=0 eine Lösung der Gleichung

$$5 \cdot \sqrt{3 \cdot x + 4} - 1 + 2 \cdot x = 0$$ aus Beispiel 13.1a2).

♦

MAPLE Der *Kommandoname* **solve** für die exakte (symbolische) Lösung ist
bei der *numerischen Lösung* lediglich *durch* **fsolve** (Name für das
Numerikkommando) zu *ersetzen*, wobei *fsolve* die gleichen Argumente wie *solve* verwendet.

fsolve benötigt *keine Startwerte* und besitzt ein mögliches drittes Argument, daß noch verschiedene Optionen zuläßt. So bewirkt z.B.
die Option *complex*, daß auch komplexe Lösungen numerisch bestimmt werden.

Beispiel 13.6:

Das *Kommando* **fsolve** (5*sqrt(3*x+4)−1+2*x=0 , x , *complex*) ;

liefert die *Lösung* −1.182378758 der *Gleichung*

$$5 \cdot \sqrt{3 \cdot x + 4} - 1 + 2 \cdot x = 0$$ aus Beispiel 13.1a2). Wenn man die
Option *complex* im Kommando wegläßt, wird keine Lösung be-
rechnet.

♦

MATHCAD MATHCAD besitzt die *folgenden beiden Möglichkeiten* zur *numerischen Lösung*

- Das *Numerikkommando* **root** (u(x) , x)

  liefert nach *Eingabe* des *numerischen Gleichheitszeichens* eine
  reelle oder *komplexe Näherungslösung* für eine Gleichung u(x)=
  0, wenn vorher mittels der *Zuweisung* x := xa für x ein reeller

oder komplexer *Startwert* xa festgelegt wurde (siehe Beispiel 13.7a).

- das *Kommando* **find** (x1 , x2 , ...)

  liefert nach *Eingabe* des *numerischen Gleichheitszeichens reelle* oder *komplexe Näherungslösungen* für ein *System nichtlinearer Gleichungen*, wenn das Gleichungssystem nach **given** eingegeben und vor *given* den Variablen x1, x2, ... *Startwerte* zugewiesen wurden (siehe Beispiel 13.7b).

Bei der Eingabe der zu lösenden *Gleichungen* (nach *given*) ist der *Gleichheitsoperator* (fettgedrucktes Gleichheitszeichen)

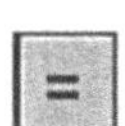   aus der *Operatorpalette* Nr.2 (*Berechnungspalette*)

zu verwenden.

Er darf jedoch nicht mit dem numerischen Gleichheitszeichen = verwechselt werden, das sich ebenfalls in dieser Operatorpalette befindet.

Die genaue Vorgehensweise bei der numerischen Lösung von Gleichungen ist aus dem folgenden Beispiel ersichtlich.

Beispiel 13.7:

a) Das Kommando *FindRoot* liefert mit dem *Startwert* x = 0 die reelle *Nullstelle* x = −1.182 der *Gleichung* $5 \cdot \sqrt{3 \cdot x + 4} - 1 + 2 \cdot x = 0$ aus Beispiel 13.1a2) auf die folgende Art:

   x := 0

   $$\mathrm{root}\left(5 \cdot \sqrt{3 \cdot x + 4} - 1 + 2 \cdot x, x\right) = {}^{-}1.182 + 2.525 \cdot 10^{-6} \, i$$

   worin der Imaginärteil vernachlässigt werden kann.

b) Die Anwendung des Kommandos *find* für die Aufgabe aus a) geschieht folgendermaßen:

   x := 0

   given

   $$5 \cdot \sqrt{3 \cdot x + 4} - 1 + 2 \cdot x = 0$$

   find(x) = ${}^{-}$1.182

**MATHEMA-
TICA**

MATHEMATICA besitzt die *Numerikkommandos*

- **FindRoot** [u(x) == 0 , { x , xa }]

das eine reelle oder komplexe Näherungslösung der Gleichung u(x)=0 für den *Startwert* x=xa liefert, falls es erfolgreich ist,

* **Nsolve** [u(x) == 0 , x]

  das *ohne Startwert* auskommt und bei erfolgreichem Einsatz auch mehrere Lösungen der Gleichung u(x)=0 berechnen kann.

Aufgrund der gegebenen Eigenschaften sollte man mit dem Kommando *Nsolve* beginnen und nur bei dessen Versagen auf das Kommando *FindRoot* zurückgreifen.

♦

Beispiel 13.8:
Das *Kommando* **FindRoot** [5*Sqrt[3*x+4] − 1 + 2*x == 0 , { x , 0 }] liefert mit dem *Startwert* xa = 0 die reelle *Nullstelle* x = −1.18238 der Gleichung $5 \cdot \sqrt{3 \cdot x + 4} - 1 + 2 \cdot x = 0$ aus Beispiel 13.1a2).

Das gleiche Ergebnis liefert das *Kommando* **Nsolve** [5*Sqrt[3*x+4] − 1 + 2*x == 0] ohne Startwert.

♦

EXCEL Bei EXCEL geschieht die *numerische Lösung nichtlinearer Gleichungen analog* zur *Lösung linearer Gleichungen* (siehe Abschn. 9.2) mittels des in EXCEL integrierten *Solvers* , der durch die *Menüfolge* **Extras ⇒ Solver...** *aktiviert* wird.

Im einzelnen ist bei der *Lösung* von (*linearen* und *nichtlinearen*) *Gleichungen* folgende *Vorgehensweise* erforderlich, wobei wir *alle Gleichungen* zur Vereinheitlichung auf die *Form* (*Normalform*) bringen, daß auf der *rechten Seite Null* steht :

I. Zuerst tragen wir in zusammenhängende Zellen einer Spalte der *aktuellen Tabelle* die zu lösenden *Gleichungen* als Text ein, d.h. im *Textmodus*. Dies kann auch weggelassen werden, da es nur zur Information dient.

II. Danach tragen wir in zusammenhängende Zellen einer Zeile der *Tabelle* die *Namen* der *Unbekannten* (*Variablen*) ein und darunter ihre *Startwerte* für das von EXCEL verwendete *numerische Lösungsverfahren* (siehe Abb. 13.1). Anschließend *markieren* wir diese *Zellen* und aktivieren die *Menüfolge*

Einfügen ⇒ Namen ⇒ Übernehmen...

Damit erhalten die Variablen die gegebenen Namen und ihnen werden die Startwerte zugewiesen. Es ist zu beachten, daß Variablennamen der Form x1, x2, ... in EXCEL nicht verwendet werden sollten, da sie mit Zelladressen verwechselt werden können.

III. Wir wählen eine *freie Zelle* der *Tabelle* als *Ergebniszelle* (*Zielzelle*) und tragen hier die *linke Seite* der *ersten Gleichung* als Formel ein. Analog werden in *weitere leere Zellen* die *linken Seiten* der *restlichen Gleichungen* des Systems als *Formeln* eingetragen.

Man braucht die *Zielzelle nicht verwenden* und kann stattdessen *alle Gleichungen* auf *dieselbe Art eingeben*, wie im Beispiel 13.9 demonstriert wird (siehe Abb. 13.1).

IV. Abschließend wird der *Solver* von EXCEL mittels der *Menüfolge*

Extras ⇒ Solver...

aufgerufen und die erscheinende *Dialogbox* wie im Abschn. 9.2 (Beispiel 9.13) *ausgefüllt* (siehe Abb. 13.2).

V. Das *Ergebnis* wird durch *Anklicken* von *Lösen* in der Dialogbox des Solvers erhalten und kann im *Antwortbericht* angesehen werden (siehe Abb. 13.3).

Beispiel 13.9:

Lösen wir die Gleichung $5 \cdot \sqrt{3 \cdot x + 4} - 1 + 2 \cdot x = 0$ aus Beispiel 13.1a2). Für den *Startwert* x = 0 berechnet EXCEL *keine Lösung*. Für den *Startwert* x=−0.5 berechnet EXCEL die Lösung (Nullstelle) x = −1.182378692 nach den gegebenen Schritten I. bis V., wie aus den Abb. 13.1 − 13.3 ersichtlich ist.

Abb.13.1.
Tabellenausschnitt von EXCEL für Beispiel 13.9

	A	B
1	X	
2	-0,5	
3		5,90569415
4		

Abb.13.2.
Dialogbox
des Solvers
von EXCEL
für Beispiel
13.9

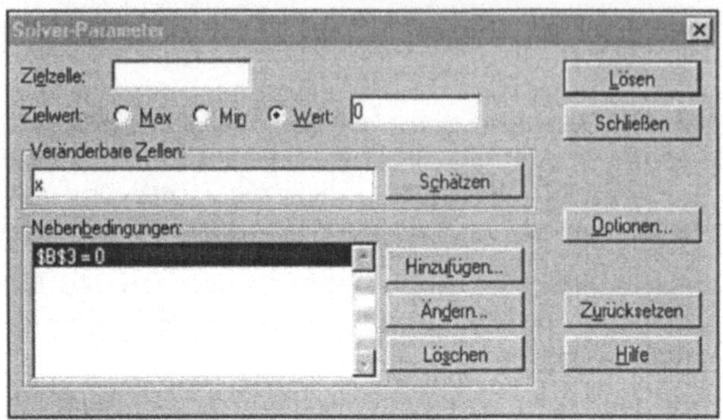

Abb.13.3.
Antwortbe-
richt von
EXCEL für
Beispiel 13.9

Zusammenfassend kann zur *numerischen Lösung* nichtlinearer *Gleichungen* mittels der Programmsysteme festgestellt werden, daß diese nicht immer erfolgreich sind. Dies ist nicht anders zu erwarten, da man aus der numerischen Mathematik weiß, daß alle bisher bekannten Methoden zur näherungsweisen Lösung nichtlinearer Gleichungen nicht notwendigerweise eine Lösung liefern müssen, selbst wenn die Startwerte nahe bei einer Lösung liegen.

14 Differentialrechnung

Ebenso wie in den Naturwissenschaften spielt in der *Ökonomie* nicht nur der funktionale Zusammenhang zwischen betrachteten Größen eine Rolle, sondern man ist auch an dem *Einfluß* ihrer *Änderungen* interessiert, wie z.B. an *Preisänderungen, Lohnänderungen, Kostenänderungen*.

Mathematisch lassen sich derartige *Änderungen* mit den Hilfsmitteln der *Differentialrechnung charakterisieren*.

Betrachten wir hierzu ein einfaches Beispiel.

Beispiel 14.1:

In Beispiel 12.3e) haben wir eine *Kostenfunktion* $K(x)$ betrachtet, die die *Kosten* K in *Abhängigkeit* von der *Produktionsmenge* x darstellt. Wenn sich eine gegebene *Produktionsmenge* x um Δx *verändert*, so ist man an der dadurch hervorgerufenen

* *absoluten Kostenänderung* $\Delta K = K(x + \Delta x) - K(x)$

* *relativen Kostenänderung*

$$\frac{\Delta K}{\Delta x} = \frac{K(x + \Delta x) - K(x)}{\Delta x} \quad (Differenzenquotient)$$

interessiert.

Die *momentane relative Kostenänderung* erhält man für kleine Änderungen Δx, d.h. für $\Delta x \to 0$. Dies führt zur Berechnung des *Differentialquotienten* (der *Ableitung*) der Funktion $K(x)$

$$\lim_{\Delta x \to 0} \frac{\Delta K}{\Delta x} = \lim_{\Delta x \to 0} \frac{K(x + \Delta x) - K(x)}{\Delta x} = K'(x)$$

◆

Die *Ableitungen* einer *Funktion* $f(x)$ lassen sich weiterhin zur *Bestimmung*

* der *Extremwerte* (siehe Abschn.14.5)

* des *Monotonieverhaltens*

* der *Wendepunkte*

* der *Krümmung*

einer Funktion f(x) heranziehen, wie im Abschn. 14.7 im Rahmen der *Kurvendiskussion* demonstriert wird.

Bei *ökonomischen Funktionen* werden mittels der *Ableitung* so wichtige *Begriffe*, wie

* *Grenzfunktion,*

* *Durchschnittsfunktion,*

* *Wachstum,*

* *Elastizität*

definiert.

Diese Begriffe werden wir im Rahmen der *Marginalanalyse* (siehe Abschn. 14.6) behandeln, wobei wir unter *Marginalanalyse* allgemein die *Untersuchung ökonomischer Funktionen* mit den *Mitteln* der *Differentialrechnung* verstehen.

Der Begriff *Marginalanalyse* wird in der *Ökonomie nicht einheitlich* gehandhabt. In der Literatur versteht man hierunter u.a.

* Behandlung ökonomischer Problemstellungen unter Verwendung von *Grenzfunktionen.*

* *Kurvendiskussion* für ökonomische Funktionen einschließlich der ökonomischen Interpretation des Kurvenverlaufs.

* allgemein die *Anwendung* der *Differentialrechnung* auf *ökonomische Funktionen.*

♦

Im Rahmen dieses *Kapitels* werden wir neben der ökonomischen Anwendung der Differentialrechnung (Marginalanalyse) und Kurvendiskussionen die

* *Berechnung* von *Ableitungen* (Abschn. 14.1),

* *Anwendung* des *Gradienten* (Abschn. 14.2),

* *Anwendung* der *Taylorreihe* (Abschn. 14.3),

* *Berechnung* von *Grenzwerten* (Abschn. 14.4),

* *Berechnung* von *Extremwerten* (Abschn. 14.5)

unter Verwendung der einzelnen Programmsysteme behandeln.

14.1 Berechnung von Ableitungen

Wie wir bereits in der Einleitung (Kap. 1) erwähnten, läßt sich für die *Berechnung* der *Ableitung* einer differenzierbaren *Funktion* ein *endlicher Algorithmus* angeben, so daß alle Computeralgebra-Programme jede noch so komplizierte differenzierbare Funktionen ohne große Mühe differenzieren und das Ergebnis in Sekundenschnelle liefern. Damit geben sie uns für die Differentiation ein wirkungsvolles Hilfsmittel in die Hand und befreien uns von oft langwierigen Rechnungen per Hand, die meistens auch noch fehlerbehaftet sind.

Mit den Computeralgebra-Programmen lassen sich

* die *Ableitungen* beliebiger Ordnung

$$f'(x) , f''(x) , ..., f^{(n)}(x)$$

  für *Funktionen* $y = f(x)$ *einer Variablen* ,

* die *partiellen Ableitungen* beliebiger Ordnung

$$f_x = \frac{\partial f}{\partial x} , \quad f_{xx} = \frac{\partial^2 f}{\partial x^2} , \quad f_{xy} = \frac{\partial^2 f}{\partial x \partial y} , ...$$

  für *Funktionen* $z = f(x,y)$ *zweier Variablen* ,

* allgemein die *partiellen Ableitungen* beliebiger Ordnung

$$f_{x_1} = \frac{\partial f}{\partial x_1} , \quad f_{x_1 x_1} = \frac{\partial^2 f}{\partial x_1^2} , \quad f_{x_1 x_2} = \frac{\partial^2 f}{\partial x_1 \partial x_2} , ...$$

  für *Funktionen* $z = f(x_1,x_2,...,x_n)$ von *n Variablen* (die wir unter Verwendung des Vektors $\mathbf{x} = (x_1,x_2,...,x_n)$ in der Form $f(\mathbf{x})$ schreiben)

berechnen.

Zur *Differentiation* von Funktionen stellen die einzelnen Programmsysteme folgende *Kommandos/Menüs* zur Verfügung, wobei für $f(\mathbf{x})$ der konkrete Funktionsausdruck einzusetzen ist:

DERIVE Folgende *Vorgehensweisen* sind für die *exakte (symbolische) Differentiation* möglich: Eine der *Menüfolgen*

  I. **Author:** f(x) $\Rightarrow$ **Calculus** $\Rightarrow$ **Differentiate (expression: #...,** **variable:** x , **Order:** n) $\Rightarrow$ **Simplify**

  II. **Author: dif** (f(x) , x , n) $\Rightarrow$ **Simplify**

  mit dem *Differentiationskommando* **dif**

berechnet die n-te (partielle) *Ableitung* der Funktion f(x) nach x, wobei bei der Menüfolge I. in *expression:* nach # die Nummer der vorher eingegebenen Funktion f(x) steht, unter der diese im Arbeitsfenster zu finden ist. Möchte man eine andere Funktion aus dem Arbeitsfenster differenzieren, so ist nach # die entsprechende Nummer dieser Funktion einzutragen.

Möchte man eine *gemischte partielle Ableitung* berechnen, so ist die Vorgehensweise aus dem folgenden Beispiel ersichtlich.

Beispiel 14.2:

a) Die *gemischte partielle Ableitung fünfter Ordnung*

$$\frac{\partial^5 f(x,y)}{\partial x^2 \partial y^3}$$

kann auf folgende beiden Arten, mittels

* *Schachtelung* des *Differentiationskommandos* **dif**

   Author: dif (dif (f(x,y) , x , 2) , y , 3) $\Rightarrow$ Simplify

* zweimalige Anwendung der *Menüfolgefolge* I mit n=2 (für x) bzw. n=3 (für y)

berechnet werden.

b) Falls man die *Quotientenregel*

$$\left(\frac{f(x)}{g(x)}\right)^{'} = \frac{f'(x) \cdot g(x) - f(x) \cdot g'(x)}{g^2(x)}$$

vergessen hat, so muß man zuerst die beiden *Funktionen* f(x) und g(x) mittels **Declare $\Rightarrow$ Function** *definieren*, bevor man die *Menüfolge* **Author: dif (f(x)/g(x) , x) $\Rightarrow$ Simplify** aktiviert, die die Quotientenregel liefert.

$\blacklozenge$

MAPLE   Folgende *Vorgehensweisen* sind für die *exakte (symbolische) Differentiation* möglich: Die *Kommandos*

* **diff (f(x) , x\$n) ;**

   berechnen die *n-te* (partielle) *Ableitung* der Funktion f(x) nach x,

* **diff (f(x,y) , x\$n , y\$m) ;**

   berechnen die *gemischte partielle Ableitung*

$$\frac{\partial^{n+m} f(x,y)}{\partial x^n \partial y^m} \quad \text{der Funktion f(x,y)}.$$

Beispiel 14.3:

a) Die *gemischte partielle Ableitung fünfter Ordnung*

$$\frac{\partial^5 f(x,y)}{\partial x^2 \partial y^3}$$

wird mittels des *Kommandos* **diff** (f(x,y) , x\$2 , y\$3) ; berechnet.

b) Falls man die *Quotientenregel*

$$\left(\frac{f(x)}{g(x)}\right)^{'} = \frac{f'(x) \cdot g(x) - f(x) \cdot g'(x)}{g^2(x)}$$

vergessen hat, so erhält man diese mittels des Kommandos

diff (f(x)/g(x) , x) ;

c) Möchte man *partielle Ableitungen* der *Funktion*

z = f(x,y) = F(u(x,y) , v(x,y)) berechnen, muß die *Kettenregel* herangezogen werden. So kann man z.B. zur Berechnung der *gemischten Ableitung zweiter Ordnung* das *Kommando*

diff (F(u(x,y) , v(x,y)) , x , y) ;

anwenden. Aus der *Bildschirmkopie* sind Kommando und Ergebnis bei der Berechnung der Ableitung

$$z_{xy} = F_{uu} \cdot u_x \cdot u_y + F_{uv} \cdot u_x \cdot v_y + F_u \cdot u_{xy} + F_{vu} \cdot u_y \cdot v_x + F_{vv} \cdot v_x \cdot v_y + F_v \cdot v_{xy}$$

zu entnehmen. Die Ausgabe des Ergebnisses erfolgt allerdings nicht in der üblichen mathematischen Form:

> **diff** (F (u(x,y) , v(x,y)) , x , y) ;

$$\left(D_{1,1}(F)(u(x,y),v(x,y))\left(\frac{\partial}{\partial y}u(x,y)\right) + D_{1,2}(F)(u(x,y),v(x,y))\left(\frac{\partial}{\partial y}v(x,y)\right)\right)$$

$$\left(\frac{\partial}{\partial x}u(x,y)\right) + D_1(F)(u(x,y),v(x,y))\left(\frac{\partial^2}{\partial x \partial y}u(x,y)\right) +$$

$$\left(D_{1,2}(F)(u(x,y),v(x,y))\left(\frac{\partial}{\partial y}u(x,y)\right) + D_{2,2}(F)(u(x,y),v(x,y))\left(\frac{\partial}{\partial y}v(x,y)\right)\right)$$

$$\left(\frac{\partial}{\partial x}v(x,y)\right) + D_2(F)(u(x,y),v(x,y))\left(\frac{\partial^2}{\partial y \partial x}v(x,y)\right)$$

♦

MATHCAD Folgende *Vorgehensweisen* sind für die *exakte (symbolische) Differentiation* der *Funktion* f(x) *einer Variablen* x möglich:

I. Die *Funktion* f(x) wird in das *Arbeitsfenster eingegeben* und eine Variable x mit dem Kursor markiert. Anschließend ist die *Menüfolge* **Symbolic** $\Rightarrow$ **Differentiate on Variable** zu aktivieren. Als *Ergebnis* erhält man die *erste Ableitung* der Funktion f(x) nach der markierten Variablen x. Möchte man eine höhere Ableitung berechnen, so muß die eben beschriebene Vorgehensweise wiederholt ausgeführt werden.

II. Die *erste Ableitung* einer Funktion f(x) kann auch mittels des *Differentiationsoperators*

   aus der *Operatorpalette* Nr.5 (*Berechnungspalette*)   

berechnet werden. Dieser Operator wird durch Mausklick aktiviert und im Arbeitsfenster erscheint das *Symbol*

$$\frac{d}{d\,\blacksquare}\blacksquare$$

in dem die beiden *Platzhalter* wie folgt ausfüllt werden

$$\frac{d}{d\,x}f(\,x\,)$$

Der gesamte Ausdruck wird mit einer *Selektionsbox umrahmt* und abschließend eine der folgenden *Aktivitäten*

(1)   **Symbolic ⇒ Evaluate ⇒ Evaluate Symbolically**

(2)   **Symbolic ⇒ Simplify**

(3)   Eingabe des *symbolischen Gleichheitszeichens* →

durchgeführt.

Möchte man hiermit eine *höhere Ableitung* berechnen, so ist der *Differentiationsoperator* entsprechend oft zu *schachteln*.

III. Unter Verwendung des *Differentiationsoperators*

   aus der *Operatorpalette* Nr.5 (*Berechnungspalette*)   

läßt sich die *Ableitung n-ter Ordnung* (n = 1, 2, 3, ...) einer Funktion f(x) direkt berechnen, indem man die *Platzhalter* des erscheinenden Symbols

$$\frac{d^{\,\blacksquare}}{d\,\blacksquare^{\,\blacksquare}}\blacksquare$$

folgendermaßen ausfüllt

$$\frac{d^{\,n}}{d\,x^{\,n}}\,f(\,x\,)$$

den gesamten Ausdruck mit einer *Selektionsbox umrahmt* und abschließend eine der *Aktivitäten*

(1)   **Symbolic ⇒ Evaluate ⇒ Evaluate Symbolically**

(2)   **Symbolic ⇒ Simplify**

(3)   Eingabe des *symbolischen Gleichheitszeichens* →

durchführt.

Die *Methoden* I und II empfehlen sich, wenn man *Ableitungen erster Ordnung* bestimmen möchte. Die *Methode* III ist vorteilhaft, wenn man *höhere Ableitungen* benötigt.

♦

Partielle Ableitungen für *Funktionen mehrerer Variablen* kann MATHCAD mittels einer der folgenden Methoden analog wie bei Funktionen einer Variablen *berechnen*:

IV. Die zu differenzierende Funktion wird in das Arbeitsfenster eingegeben. Eine *Variable*, nach der differenziert werden soll, wird mit dem Kursor *markiert* und abschließend die *Menüfolge*

Symbolic ⇒ Differentiate on Variable aktiviert.

Bei partiellen Ableitungen höherer Ordnung ist diese Vorgehensweise entsprechend oft anzuwenden.

V. Eine partielle Ableitung erster Ordnung läßt sich mittels des *Differentiationsoperators*

 aus der *Operatorpalette* Nr.5 (*Berechnungspalette*)

berechnen, indem man in dem erscheinenden *Symbol*

$$\frac{d}{d\,\blacksquare}\blacksquare$$

in den *Platzhalter* hinter d die Variable, nach der differenziert werden soll, und in den *Platzhalter* nach dem Differentiationsoperator die zu differenzierende Funktion einträgt. Abschließend wird der gesamte Ausdruck mit einer Selektionsbox umrahmt und *eine* der *folgenden Aktivitäten* durchgeführt :

(1)   Aktivierung der *Menüfolge*

      Symbolic ⇒ Evaluate ⇒ Evaluate Symbolically

(2)   Aktivierung der *Menüfolge*

      Symbolic ⇒ Simplify

(3)   Eingabe des *symbolischen Gleichheitszeichens* →

Bei *partiellen Ableitungen höherer Ordnung* ist diese Prozedur entsprechend oft anzuwenden bzw. der Differentiationsoperator zu schachteln.

VI. Bei *partiellen Ableitungen höherer Ordnung* empfiehlt sich die Anwendung des *Differentiationsoperators*

 aus der *Operatorpalette* Nr.5 (*Berechnungspalette*)  indem man die *Platzhalter* des erscheinenden Symbols

$$\frac{d^{\blacksquare}}{d\,\blacksquare^{\blacksquare}}\,\blacksquare$$

analog zu III ausfüllt. Bei *gemischten partiellen Ableitungen höherer Ordnung* muß dieser Operator geschachtelt werden (siehe Beispiel 14.4a).

Beispiel 14.4:

a) Die *gemischte partielle Ableitung fünfter Ordnung*

$$\frac{\partial^5 f(x,y)}{\partial x^2 \partial y^3}$$

wird durch *Schachtelung* des *Differentiationsoperators*

aus der *Operatorpalette* Nr.5 mittels

$$\frac{d^2}{d\,x^2}\;\frac{d^3}{d\,y^3}\;f(x,y)$$

berechnet.

b) Falls man die *Quotientenregel*

$$\left(\frac{f(x)}{g(x)}\right)' = \frac{f'(x)\cdot g(x) - f(x)\cdot g'(x)}{g^2(x)}$$

vergessen hat, so erhält man diese unter Verwendung des *Differentiationsoperators* und des *symbolischen Gleichheitszeichens* mittels

$$\frac{d}{d\,x}\frac{f(x)}{g(x)} \rightarrow \frac{\dfrac{d}{d\,x}f(x)}{g(x)} - \frac{f(x)}{g(x)^2}\cdot\frac{d}{d\,x}g(x)$$

♦

MATHEMA
TICA
Folgende *Vorgehensweisen* sind für die *exakte (symbolische) Differentiation* möglich: Die *Kommandos*

* **D** [f[x] , { x , n }]

    berechnen die *n-te* (partielle) *Ableitung* der Funktion f(x) nach x

* **D** [f[x,y] , { x , n } , { y , m }]

    berechnen die *gemischte partielle Ableitung*

$$\frac{\partial^{n+m} f(x,y)}{\partial x^n \partial y^m} \text{ der Funktion f(x,y)}$$

Beispiel 14.5:

a) Die gemischte *partielle Ableitung fünfter Ordnung*

$$\frac{\partial^5 f(x,y)}{\partial x^2 \partial y^3} \qquad \text{wird mittels des } Kommandos$$

D[f[x,y] , { x , 2 } , { y , 3 }] *berechnet.*

b) Falls man die *Quotientenregel*

$$\left(\frac{f(x)}{g(x)}\right)' = \frac{f'(x) \cdot g(x) - f(x) \cdot g'(x)}{g^2(x)}$$

vergessen hat, so erhält man diese mittels des *Kommandos*

D[f[x]/g[x] , x]

c) Möchte man *partielle Ableitungen* der Funktion

z = f(x,y) = F(u(x,y) , v(x,y))

berechnen, muß die *Kettenregel* herangezogen werden. So kann
man z.B. zur Berechnung der *gemischten Ableitung zweiter Ordnung* das *Kommando* **D** [F[u[x,y] , v[x,y]] , x , y] anwenden.
Aus der Bildschirmkopie

In[1] :=

D[F[u[x,y] , v[x,y]] , x , y]

Out[1] –

$$v^{(1,0)}[x,y] \, (v^{(0,1)}[x,y] \, F^{(0,2)}[u[x,y],v[x,y]] + u^{(0,1)}[x,y]$$

$$F^{(1,1)}[u[x,y],v[x,y]]) + F^{(1,0)}[u[x,y],v[x,y]] \, u^{(1,1)}[x,y] +$$

$$F^{(0,1)}[u[x,y],v[x,y]] \, v^{(1,1)}[x,y] + u^{(1,0)}[x,y](v^{(0,1)}[x,y]$$

$$F^{(1,1)}[u[x,y],v[x,y]] + u^{(0,1)}[x,y] \, F^{(2,0)}[u[x,y],v[x,y]])$$

sind Kommando und Ergebnis bei der Berechnung der Ableitung

$$z_{xy} - F_{uu} \cdot u_x \cdot u_y + F_{uv} \cdot u_x \cdot v_y + F_u \cdot u_{xy} + F_{vu} \cdot u_y \cdot v_x + F_{vv} \cdot v_x \cdot v_y + F_v \cdot v_{xy}$$

zu entnehmen. Die Ausgabe des Ergebnisses erfolgt allerdings
nicht in der üblichen mathematischen Form.

♦

EXCEL bietet *keine Möglichkeiten* zur *exakten Berechnung* von *Ableitungen*. In [10] werden *Näherungsmethoden* beschrieben, um Ableitungen berechnen zu können. Da aber aus der numerischen Mathematik bekannt ist, daß diese Näherungen sehr ungenau sein können, sollte man EXCEL nur verwenden, wenn kein anderes Programmsystem zur Verfügung steht.

♦

14.2 Anwendung des Gradienten

Der *Gradient* **grad** f einer Funktion f ist ein *Vektor*, der als *Komponenten* die *partiellen Ableitungen* der Funktion f enthält, d.h., er hat *folgende Gestalt:*

$$* \quad \mathbf{grad}\, f(x,y) \; = \; \begin{pmatrix} \dfrac{\partial f(x,y)}{\partial x} \\[2mm] \dfrac{\partial f(x,y)}{\partial y} \end{pmatrix}$$

für *Funktionen zweier Variablen* $z = f(x,y)$

$$* \quad \operatorname{grad} f(x_1, x_2, \ldots, x_n) \; = \; \begin{pmatrix} \dfrac{\partial f(x_1, x_2, \ldots, x_n)}{\partial x_1} \\[2mm] \dfrac{\partial f(x_1, x_2, \ldots, x_n)}{\partial x_2} \\[1mm] \vdots \\[1mm] \dfrac{\partial f(x_1, x_2, \ldots, x_n)}{\partial x_n} \end{pmatrix}$$

für *Funktionen* von *n Variablen* $z = f(x_1, x_2, \ldots, x_n)$

Für Aufgaben der Wirtschaftsmathematik ist die *Eigenschaft* des *Gradienten* einer Funktion f von Bedeutung, daß er in die *Richtung* des *stärksten Anstiegs* (Wachstums) der Funktion f *zeigt* (siehe Beispiel 14.6).

♦

Obwohl man den Gradienten in allen Programmsystemen mit den Kommandos zur partiellen Differentiation berechnen kann, stellen folgende *Programmsysteme* gesonderte *Kommandos* zur *Gradientenberechnung* zur Verfügung:

DERIVE   Bei DERIVE steht die *Menüfolge*

Author: grad (*Funktion* , *Vektor*) $\Rightarrow$ **Simplify**

zur *Gradientenberechnung* zur Verfügung, in dem für das Argument *Funktion* der Funktionsausdruck einzusetzen ist, für den der Gradient berechnet werden soll. Für *Vektor* muß der Vektor der Variablen der Funktion eingesetzt werden.

So ist zum Beispiel für eine Funktion der zwei Variablen (x,y) für *Vektor* der Ausdruck [x , y] einzusetzen (siehe Beispiel 14.6).

MAPLE

Nach dem Laden des Pakets *linalg* mittels **with** (linalg) ; steht das *Kommando* **grad** (*Funktion* , *Vektor*) ; zur *Gradientenberechnung* zur Verfügung, in dem für das Argument *Funktion* der Funktionsausdruck einzusetzen ist, für den der Gradient berechnet werden soll. Für *Vektor* muß der Vektor der Variablen der Funktion eingesetzt werden.

So ist zum Beispiel für eine Funktion der zwei Variablen (x,y) für *Vektor* der Ausdruck [x , y] einzusetzen (siehe Beispiel 14.6).

MATHEMA-TICA

Nach dem Laden des Pakets *VectorAnalysis* mittels

Needs ["Calculus`VectorAnalysis`"] steht das *Kommando*

Grad [Funktion] zur *Gradientenberechnung* von Funktionen von zwei und drei Variablen zur Verfügung, in dem für das Argument *Funktion* der Funktionsausdruck einzusetzen ist, für den der Gradient berechnet werden soll. Die Variablen müssen dabei mit x , y , z bezeichnet werden (siehe Beispiel 14.6).

♦

Beispiel 14.6:

Betrachten wir als *Nutzenfunktion* für zwei Waren x und y die *Cobb–Douglas–Funktion* (siehe Beispiel 12.3i)

$$z = f(x,y) = x^2 \cdot y$$

Der *Gradient* dieser Funktion

$$\operatorname{grad} f(x,y) = \begin{pmatrix} 2 \cdot x \cdot y \\ x^2 \end{pmatrix} \text{ wird von}$$

* DERIVE mittels der *Menüfolge*

  Author: grad (x^2*y , [x , y]) ⇒ **Simplify**

  in der *Form* [2 · x · y , x^2]

* MAPLE mittels des *Kommandos* **grad** (x^2*y , [x , y]) ;

  in der *Form* [2 x y , x^2]

* MATHEMATICA mittels des *Kommandos* **Grad** [x^2*y]

  in der *Form* { 2 x y, x^2 , 0 }

berechnet.

Möchte man nun z.B. wissen, wie bei einer *Produktion* von zwei Waren x und y diese zu *verändern* ist, um einen *maximalen Zuwachs* des *Nutzens* zu erreichen, so muß man in *Richtung des Gradienten* der Funktion verändern, da dieser in die Richtung des stärksten Anstiegs der Funktion zeigt, d.h.

$$\begin{pmatrix} x \\ y \end{pmatrix} + \lambda \cdot \mathbf{grad}\,(x^2 \cdot y) = \begin{pmatrix} x \\ y \end{pmatrix} + \lambda \cdot \begin{pmatrix} 2 \cdot x \cdot y \\ x^2 \end{pmatrix} \qquad (\,\lambda > 0\,)$$

So ergibt sich z.B. bei einer *Produktion* von x=30 , y=50 die *Produktionsänderung* in der Form

$$\begin{pmatrix} 30 \\ 50 \end{pmatrix} + \lambda \cdot \begin{pmatrix} 2 \cdot 30 \cdot 50 \\ 30^2 \end{pmatrix} = \begin{pmatrix} 30 + \lambda \cdot 3000 \\ 50 + \lambda \cdot 900 \end{pmatrix}$$

d.h., x und y sind in der Form $x = 30 + \lambda \cdot 3000$, $y = 50 + \lambda \cdot 900$ zu verändern, wobei $\lambda > 0$ passend zu wählen ist.

♦

14.3   Anwendung der Taylorentwicklung

In der Wirtschaftsmathematik spielt die *Taylorentwicklung* u.a. eine wichtige Rolle, um komplizierte ökonomische Funktionen durch einfachere Funktionen (Polynome) anzunähern.

Nach dem *Satz von Taylor* gilt für eine Funktion f, die im Intervall $(x_0 - r\,,\ x_0 + r\,)$ (n+1)-mal stetig differenzierbar ist, im Punkt x_0 die *Taylorentwicklung*

$$f(x) = \sum_{k=0}^{n} \frac{f^{(k)}(x_0)}{k!} \cdot (x - x_0)^k + R_n(x)$$

für $x \in (x_0 - r\,,\ x_0 + r\,)$, wobei das *Restglied* $R_n(x)$ in der *Form* von *Lagrange* $(0<\vartheta<1)$

$$R_n(x) = \frac{f^{(n+1)}(x_0 + \vartheta \cdot (x - x_0))}{(n+1)!} \cdot (x - x_0)^{n+1}$$

lautet.

Das in der Taylorentwicklung vorkommende Polynom n-ten Grades

$$\sum_{k=0}^{n} \frac{f^{(k)}(x_0)}{k!} \cdot (x - x_0)^k$$

heißt n-tes *Taylorpolynom* von f an der Stelle x_0 .

Gilt für alle $x \in (x_0 - r, x_0 + r)$ für das *Restglied* $\lim\limits_{n\to\infty} R_n(x) = 0$, so läßt sich die Funktion f durch die *Taylorreihe*

$$f(x) = \sum_{k=0}^{\infty} \frac{f^{(k)}(x_0)}{k!} \cdot (x - x_0)^k$$

mit dem *Konvergenzgebiet* $|x - x_0| < r$ darstellen.

Der Nachweis, daß sich f in eine Taylorreihe entwickeln läßt, gestaltet sich i.a. schwierig (die Existenz der Ableitungen beliebiger Ordnung von f reicht hierfür nicht aus).

Für praktische Anwendungen in der Wirtschaftsmathematik genügt i.a. das *n-te Taylorpolynom* (für n=1,2,...), um eine *komplizierte Funktion* f in der Nähe des Entwicklungspunktes x_0 durch ein Polynom n-ten Grades anzunähern.

♦

Da sich die Berechnung des Taylorpolynoms für die meisten Funktionen f mühsam gestaltet, besitzen alle Computeralgebra-Programme *Kommandos* zur *Taylorentwicklung*, die das gewünschte n-te Taylorpolynom in Sekundenschnelle liefern:

DERIVE

Eine der *Menüfolgen*

I. **Author:** f(x) ⇒ **Calculus** ⇒ **Taylor (expression: #...**

   variable: x   **Degree:** n **Point:** x_0) ⇒ **Simplify**

II. **Author: taylor** (f(x) , x , x_0 , n) ⇒ **Simplify**

berechnet das *n-te Taylorpolynom* der Funktion f an der Stelle x_0, wobei bei der Menüfolge I. in *expression:* nach # die Nummer der vorher eingegebenen Funktion f(x) steht, unter der diese im Arbeitsfenster zu finden ist. Möchte man eine andere Funktion aus dem Arbeitsfenster entwickeln, so ist nach # die entsprechende Nummer dieser Funktion einzutragen.

MAPLE

Jedes der *Kommandos*

* **series** (f(x) , x=x_0 , n) ;
* **series** (f(x) , x, n) ;   (für x_0 =0)

liefert das (n-1)-te *Taylorpolynom* der Funktion f an der Stelle x_0

mit dem *Restglied* in der Form $O(x - x_0)^n$. Das *anschließende Kommando* **convert** (" , polynom) ; erzeugt das *Taylorpolynom ohne Restglied*.

MATHCAD

Man muß die *Funktion* f(x) *eingeben*, eine *Variable* x *markieren* und die *Menüfolge* **Symbolic** ⇒ **Expand to Series...** *aktivieren*.

Danach erscheint eine *Dialogbox,* in die n (*Order of Approximation*) eingetragen wird. Als Ergebnis folgt das (n-1)-te *Taylorpolynom* der Funktion f an der *Stelle* $x_0 = 0$ mit dem *Restglied* $O(x^n)$.

Benötigt man für weitere Rechnungen nur das *Taylorpolynom ohne Restglied,* so kann man es aus dem angezeigten Ausdruck gewinnen, indem es durch eine Selektionsbox umrahmt und an die gewünschte Stelle kopiert wird.

♦

MATHEMA-TICA

Das *Kommando* **Series** [f(x) , { x , x_0 , n }] liefert das *n-te Taylorpolynom* der Funktion f an der Stelle x_0 mit dem *Restglied* $O[x - x_0]^{n+1}$. Mittels des anschließenden *Kommandos* **Normal** [%] ergibt sich das *Taylorpolynom ohne Restglied.*

Das *gleiche Resultat* erhält man, wenn an das Kommando *Series* der Zusatz //*Normal* angehängt wird, d.h. das Kommando in der Form **Series** [f(x), { x, x_0 , n }] //**Normal** verwendet wird.

♦

Beispiel 14.7:

Wenn wir den *Aufzinsungsfaktor* $(1 + i)^T$ als Funktion des Zinssatzes i betrachten (siehe Abschn. 11.2), so kann er mittels der Taylorschen Formel (an der Stelle i=0) durch ein Polynom zweiten Grades (*Taylorpolynom*) angenähert werden, d.h.

$$(1 + i)^T = 1 + T \cdot i + \frac{1}{2} \cdot T \cdot (T - 1) \cdot i^2$$

Die *Programmsysteme* berechnen dieses Taylorpolynom folgendermaßen:

* DERIVE mittels der *Menüfolge*

   Author: taylor ((1+i)^T , i , 0 , 2) ⇒ **Simplify**

* MAPLE mittels des *Kommandos* **series** ((1+i)^T , i , 3) ;

* MATHCAD liefert nach der gegebenen Vorgehensweise

   $(1 + i)^T$ *converts to the series* $1 + T \cdot i + \left[\frac{1}{2} \cdot T \cdot (T - 1) \right] \cdot i^2 + O(i^3)$

* MATHEMATICA
   mittels des *Kommandos* **Series** [(1+i)^T, { i , 0 , 2 }]

   ♦

14.4 Berechnung von Grenzwerten

Grenzwerte werden z.B. bei der Untersuchung ökonomischer Funktionen auf Stetigkeit benötigt.

Bei der *Berechnung* von *Grenzwerten* einer Funktion f(x) an der Stelle x=a, d.h. $\lim\limits_{x\to a} f(x)$ können *unbestimmte Ausdrücke* der Form

$$\frac{0}{0}\ ,\ \frac{\infty}{\infty}\ ,\ 0\cdot\infty\ ,\ \infty-\infty\ ,\ 0^0\ ,\ \infty^0\ ,\ 1^\infty\ ,\ \dots\ \text{auftreten.}$$

Es genügt, nur Ausdrücke der Form $\dfrac{0}{0}$, $\dfrac{\infty}{\infty}$ zu betrachten, da sich die anderen hierauf zurückführen lassen.

Eine wirksame Lösungsmethode zur Berechnung unbestimmter Ausdrücke ist durch die *Regel von de l'Hospital* gegeben, die in die Programmsysteme integriert ist.

Die einzelnen Programme stellen die folgenden *Kommandos/Menüs* zur *Grenzwertberechnung* (für x→a) zur Verfügung, wobei Grenzwerte auch für x→∞ berechnet werden (a ist nur durch die entsprechende Bezeichnung für ∞ zu ersetzen):

DERIVE

Eine der beiden *Menüfolgen*

* **Author:** f(x) ⇒ **Calculus** ⇒ **Limit (expression:** #..., **variable:** x , **Point:** a , **From:** (Both)) ⇒ **Simplify**

  wobei in *expression:* nach # die Nummer der vorher eingegebenen Funktion f(x) steht, unter der diese im Arbeitsfenster zu finden ist. Möchte man von einer anderen Funktion aus dem Arbeitsfenster den Grenzwert berechnen, so ist nach # die entsprechende Nummer dieser Funktion einzutragen.

* **Author: lim** (f(x) , x , a) ⇒ **Simplify**

berechnet den *Grenzwert* der *Funktion* f(x) für x→a.

MAPLE

Das *Kommando* **limit** (f(x) , x = a) ;

berechnet den *Grenzwert* der *Funktion* f(x) für x→a.

MATHCAD

Die *Berechnung* eines *Grenzwertes* wird *folgendermaßen* durchgeführt:

I. Zuerst wird der *Grenzwertoperator*

aus der *Operatorpalette* Nr.5 (*Berechnungspalette*) durch Mausklick ausgewählt und in dem erscheinenden Symbol in die Platzhalter entsprechend f(x), x und a eingetragen, d.h. $\lim\limits_{x\to a} f(x)$

II. Abschließend markiert man den gesamten Ausdruck mit einer Selektionsbox und führt eine der folgenden *Aktivitäten:*

(1)   **Symbolic $\Rightarrow$ Evaluate $\Rightarrow$ Evaluate Symbolically**

(2)   **Symbolic $\Rightarrow$ Simplify**

(3)   Eingabe des *symbolischen Gleichheitszeichens* $\rightarrow$

durch.

MATHEMA-   Das *Kommando* **Limit** [f(x) , x–>a]
TICA

berechnet den *Grenzwert* der *Funktion* f(x) für x→a.

Falls a gleich ∞ ist, führt dieses Kommando nicht zum Erfolg, so daß man auf das *Numerikkommando* **NLimit** [f(x) , x–>Infinity]

zurückgreifen muß. Der Pfeil –> im Argument der Kommandos wird mittels – und > gebildet. Dieses Numerikkommando ist erst anwendbar, wenn vorher das folgende *Zusatzpaket geladen* wurde:

Needs [" NumericalMath`NLimit` "]

$\blacklozenge$

Beispiel 14.8:

a) *Berechnen* wir für die *Lagerkostenfunktion* aus Beispiel 12.3h)

$$f(x) \; = \; a \cdot x + \frac{b}{x} + c$$

mit den noch frei wählbaren Konstanten a, b und c unter Verwendung der Programmsysteme den *Grenzwert* für x→0, der nicht definiert ist.

* DERIVE berechnet mittels **lim** (a*x + b/x + c , x , 0)

  das *Ergebnis* $\pm\infty$.

* MAPLE berechnet mittels **limit** (a*x + b/x + c , x = 0) ;

  das Ergebnis *undefined* (nichtdefiniert)

* MATHCAD berechnet

  $$\lim_{x \,\to\, 0} \left(a \cdot x + \frac{b}{x} + c \right) \; \to \; \text{undefine}$$

* MATHEMATICA berechnet mittels

  Limit [a*x + b/x + c , x –> 0]

  das Ergebnis *Indeterminate* (unbestimmt)

Alle Programme erkennen, daß kein Grenzwert existiert.

b) Für die *logistische Funktion* (a>0, S>0)

$$y(t) \; = \; \frac{S}{1 + c \cdot e^{-a \cdot S \cdot t}}$$

berechnen die Programmsysteme für den *Grenzwert* t→∞ folgendes:

* DERIVE berechnet mittels

  lim (S/(1 + c*exp(-abs (a*S)*t)) , t , inf)

  kein Ergebnis.

* MAPLE berechnet mittels

  limit (S/(1 + c*exp(-abs (a*S)*t)) , t = infinity) ;

  das *Ergebnis* S.

* MATHCAD berechnet das *Ergebnis* S:

$$\lim_{t \to \infty} \left(\frac{S}{1 + c \cdot e^{-|a \cdot S| \cdot t}} \right) \to S$$

* MATHEMATICA berechnet mittels

  NLimit [S/(1+c*Exp[−Abs[a*S] *t]) , t −> Infinity]

  kein Ergebnis

  ◆

Bei der *Berechnung* von *Grenzwerten* für x→±∞ können bei den Programmsystemen Schwierigkeiten auftreten, wie Beispiel 14.8b) zeigt.

◆

14.5 Berechnung von Extremwerten

Eine *Optimierungsaufgabe* bei Funktionen besteht darin, *Minima* oder *Maxima*, d.h. *kleinste* oder *größte Funktionswerte*, zu bestimmen, d.h.

* $y = f(x) \to$ Minimum / Maximum

  $\quad\quad\quad\quad\quad\quad x$

  bei *Funktionen einer Variablen*

* $z = f(x_1, x_2, \ldots, x_n) \to$ Minimum / Maximum

  $\quad\quad\quad\quad\quad\quad\quad\quad x_1, x_2, \ldots, x_n$

  bei *Funktionen von n Variablen*.

Wenn man nicht explizit zwischen Minimum oder Maximum unterscheidet, spricht man von einem *Extremum* (*Extremwert*) oder *Optimum* (*Optimalwert*). Deshalb sind Aufgaben dieser Art unter der Bezeichnung *Extremwertaufgaben* (*Extremalaufgaben*) bekannt. Dabei werden die Funktionswerte als *Extremwerte* und die dazugehörigen Punkte als *Extremwertstellen* (*Extremalstellen*) bezeichnet.

Bei *Extremwerten* ist zwischen *lokalen* (relativen) und *globalen* (absoluten) Extremwerten zu unterscheiden. Während *lokale Extremwerte* nur in einer Umgebung des berechneten Wertes ein Minimum oder Maximum einer Funktion realisieren, liefern *globale Extremwerte* im gesamten Definitionsbereich bzw. einem gegebenen abgeschlossenem Gebiet das Minimum oder Maximum einer Funktion.

Für *praktische Anwendungen* sind meistens *globale Extremwerte* gesucht, die jedoch rechnerisch schwieriger zu bestimmen sind (siehe Kap. 18).

♦

Bei den im folgenden behandelten *Extremwertaufgaben* werden nur *lokale (relative) Extremwerte* bestimmt. Für diese Aufgaben sind bei Funktionen ab zwei Variablen noch *Nebenbedingungen* (Beschränkungen) in Form von *Gleichungen* zugelassen sind, d.h., es sind Aufgaben der folgenden Form zu lösen:

$$z = f(x_1, x_2, ..., x_n) \underset{x_1, x_2, ..., x_n}{\longrightarrow} \text{Minimum / Maximum}$$

unter den m *Nebenbedingungen*

$$g_j(x_1, x_2, ..., x_n) = 0, \quad j = 1, 2, ..., m \ (<n)$$

Optimierungsprobleme treten häufig bei *ökonomischen Problemen* auf. Dies liegt darin begründet, daß ein *Hauptziel* ökonomischer Untersuchungen darin besteht, *optimal* zu *wirtschaften* (d.h. nach einer *optimalen Strategie*).

Bereits *Extremwertaufgaben* als klassische (seit langem bekannte) Optimierungsaufgaben besitzen eine Reihe von *Anwendungen* in der *Ökonomie*, wie im Beispiel 14.9 zu sehen ist.

Einen *breiteren Anwendungsbereich* besitzen jedoch Aufgaben der *linearen* und *nichtlinearen Optimierung*, die wir im Kap. 18 betrachten. Dies liegt darin begründet, daß bei *ökonomischen Problemen* meistens *Ungleichungen* als Beschränkungen (Nebenbedingungen) auftreten und *globale (absolute)* Extremwerte gesucht sind.

♦

Beispiel 14.9:

a) Wenn eine *ökonomische Größe* x durch m Beobachtungen (Zählungen, Messungen) x_i bestimmt wurde, so ensteht die *Frage* nach dem *optimalen Beobachtungswert*. Eine Möglichkeit zur Bestimmung dieses optimalen Beobachtungswertes besteht in der Lösung der *Extremwertaufgabe*

$$f(x) = \sum_{k=1}^{m}\left(x_k - x\right)^2 \;\to\; \underset{x}{\text{Minimum}}$$

Diese unter dem Namen *Methode der kleinsten Quadrate (Fehlerquadratmethode)* bekannte Extremwertaufgabe wird bei Problemen dieser Art (d.h. bei Messungen) häufig angewandt.

b) *Gewinnfunktionen* $G(x)$ für die Produktion der Menge x einer Ware werden als *Differenz* aus *Erlös* $E(x)$ und *Kosten* $K(x)$ (Produktionskosten) gebildet (siehe Beispiel 12.3f). Da jeder Betrieb den *Gewinn maximieren* möchte, ergibt sich die *Extremwertaufgabe*

$$G(x) = E(x) - K(x) = p \cdot x - K(x) \;\to\; \underset{x}{\text{Maximum}}$$

wobei p den Preis darstellt.

c) Eine schon seit langem bekannte, praktisch bedeutende Extremwertaufgabe ist das *Standortproblem (Steiner-Weber-Problem)*: *In einem vorgegebenen Gebiet ist ein neuer Standort so zu bestimmen, daß die Summe seiner Abstände zu vorhandenen Standorten minimal wird.*

Das *mathematische Modell* für diese Aufgabe erhält man *folgendermaßen*:

Das gegebene Gebiet wird als Ebene (mit xy-Koordinatensystem) und die Standorte als Punkte in dieser Ebene dargestellt. Ordnet man den *vorhandenen n Standorten* die *Koordinaten*

$$\left(a_i, b_i\right) \quad (i = 1, \dots, n)$$

und dem gesuchten *neuen Standort* die *Koordinaten* (x, y) zu, so ergibt sich die *Extremwertaufgabe*

$$F(x, y) = \sum_{i=1}^{n} m_i \cdot \sqrt{\left(x - a_i\right)^2 + \left(y - b_i\right)^2} \;\to\; \underset{x,y}{\text{Minimum}}$$

wenn man als Abstand zwischen zwei Punkten den bekannten Euklidischen Abstand verwendet. Die in der Zielfunktion $F(x,y)$ enthaltenen *Faktoren* m_i (>0) können noch frei gewählt werden und dienen zur *Wichtung* der einzelnen Standorte. Sie werden deshalb als *Gewichtsfaktoren* bezeichnet.

Betrachten wir ein *konkretes Beispiel* zum *Standortproblem*:

Der Standort (x, y) eines neu zu bauenden Flugplatzes soll so bestimmt werden, daß drei vorhandene U-Bahnstationen mit den Koordinaten U1(1,2) , U2(4,1) , U3(3,3) optimal angebunden werden, wobei die Station U2 gegenüber den anderen Stationen U1 und U3 das größte Aufkommen besitzt. Deshalb wählen wir für U2 den Gewichtsfaktor 2 und erhalten die Aufgabe

$$F(x,y)=\sqrt{(x-1)^2+(y-2)^2}+2\cdot\sqrt{(x-4)^2+(y-1)^2}+\sqrt{(x-3)^2+(y-3)^2}\;\xrightarrow[x,y]{}\;\text{Minimum}$$

d) Da jede Firma ihre *Lagerhaltunskosten minimieren* möchte, ensteht eine Extremwertaufgabe bzgl. der *Lagerkostenfunktionen* aus Abschn. 12.1 (Beispiel 12.3h).

Diese *Extremwertaufgaben* haben die *Form* (a>0, b>0, c>0, d>0, e>0) :

$$(1)\qquad y = f(x) = a\cdot x + \frac{b}{x} + c\;\xrightarrow[x]{}\;\text{Minimum}$$

wenn die *Lagerkosten* y (>0) für den *Lagerbestand* x (>0) eines *Produkts* zu *minimieren* sind.

Betrachten wir für diese Aufgabe ein *konkretes Zahlenbeispiel* :

Die *Lagerhaltungskosten* einer *Firma* für ein bestimmtes *Produkt* sollen *minimiert* werden. Die Firma hat *pro Woche* einen *Bedarf* von *400 Stück* dieses Produkts. Die *Transportkosten* für die *Anlieferung* des benötigten Produkts belaufen sich *pro Lieferung* auf *100 DM*, unabhängig von der gelieferten Anzahl. Der Firma entstehen für dieses Produkt *Lagerkosten* von *2 DM* pro *Stück* und *Woche*. Das Problem, die *Lagerhaltungskosten* für das Produkt zu *minimieren*, läßt sich *mathematisch folgendermaßen formulieren*:

Wenn *pro Transport x Stück* geliefert werden, so benötigt man insgesamt *L = 400/x Lieferungen* pro *Woche* und die *Transportkosten* betragen *pro Stück 100/x*. Setzt man voraus, daß sich der Bestand des Produkts linear verringert, so kann man für jedes Stück die gleiche Lagerzeit annehmen. Sie beträgt die halbe Zeit zwischen zwei Lieferungen, d.h. 1/2L Wochen. Da man pro Woche 2 DM Lagerkosten hat, entstehen bei *L Lieferungen* pro Stück *Kosten* von *1/L DM*. Damit ergibt sich die *Lagerkostenfunktion*

$$f(x) = \frac{100}{x} + \frac{x}{400}\quad\text{die bzgl. x }zu\ minimieren\text{ ist.}$$

$$(2) \quad z = f(x_1, x_2) = a \cdot x_1 + b \cdot x_2 + \frac{c}{x_1} + \frac{d}{x_2} + e \to \underset{x_1, x_2}{\text{Minimum}}$$

wenn die *Gesamtlagerkosten* z der Bestellmengen x_1 und x_2 von *zwei Produkten* zu *minimieren* sind.

e) Verwenden wir eine ökonomische Nutzenfunktion

$$N = N(x_1, x_2, \ldots, x_n)$$

die den *Nutzen* beim *Verbrauch* der *Mengen* $x_1, x_2, \ldots, x_n$ von n gegebenen *Gütern* $G_1, G_2, \ldots, G_n$ berechnet.

Dieser *Nutzen* soll *maximiert* werden. Dabei ist allerdings zu beachten, daß der Verbrauch durch die gegebenen Haushaltmittel (Geldmittel) h beschränkt ist, d.h., es ist zusätzlich die Gleichung

$$p_1 \cdot x_1 + p_2 \cdot x_2 + \ldots + p_n \cdot x_n = h$$

zu erfüllen, in der die Konstanten $p_1, p_2, \ldots, p_n$ (>0) die Preise der einzelnen Güter bezeichnen.

Damit ist die folgende *Extremwertaufgabe* mit einer *Gleichungs-nebenbedingung* zu lösen:

$$N(x_1, x_2, \ldots, x_n) \to \underset{x_1, x_2, \ldots, x_n}{\text{Maximum}}$$

unter der *Gleichungsnebenbedingung*

$$p_1 \cdot x_1 + p_2 \cdot x_2 + \ldots + p_n \cdot x_n = h$$

Betrachten wir zwei *konkrete Beispiele* :

(1) Verwenden wir als *Nutzenfunktion* eine *Cobb-Douglas-Funktion* mit *zwei* Variablen, d.h. es werden nur zwei Güter mit den Mengenbezeichnungen x und y zugelassen. Die zugehörigen Preise werden mit c und d bezeichnet. Dafür lautet die Extremwertaufgabe (A>0, a>0, b>0, c>0, d>0):

$$A \cdot x^a \cdot y^b \to \underset{x,y}{\text{Maximum}} , \ c \cdot x + d \cdot y = h$$

(2) Gegeben sind drei Güter mit der *Nutzenfunktion*

$$N(x_1, x_2, x_3) = 2 \cdot \sqrt{x_1} + 4 \cdot \sqrt{x_2} + 8 \cdot \sqrt{x_3} \to \underset{x_1, x_2, x_3}{\text{Maximum}}$$

unter der *Nebenbedingung* $3 \cdot x_1 + 6 \cdot x_2 + 9 \cdot x_3 = 175$

f) Zur *Herstellung* der *Menge* a einer *Ware* benötigt man drei *Roh-stoffe* mit den Mengen x_1, x_2, x_3, wobei der Zusammenhang durch $x_1 \cdot x_2 \cdot x_3 = a$ gegeben sei. Die *Kosten* pro Einheit für die drei Rohstoffe betragen b, c bzw. d, so daß sich die *Gesamt-*

kosten K zu $K = b \cdot x_1 + c \cdot x_2 + d \cdot x_3$ ergeben. Da die *Kosten* K für den Kauf der Rohstoffe *minimal* sein sollen, ergibt sich folgendes *Extremalproblem* (a>0, b>0, c>0, d>0) mit einer *Gleichungsnebenbedingung*:

$$\underset{x_1,x_2,x_3}{b \cdot x_1 + c \cdot x_2 + d \cdot x_3 \;\to\; \text{Minimum}}\;,\; x_1 \cdot x_2 \cdot x_3 = a$$

♦

Da bei vielen *ökonomischen Funktionen* die *Variablen* x_i nur *positive Werte* annehmen können, muß bei den Extremwertaufgaben ihre Positivität gefordert werden, d.h. $x_i \geq 0$. Diese *Positivitätsforderung* wurde bei den Beispielen 14.9a), b), d), e), f) weggelassen, da sie sonst mit der im folgenden angegebenen Lösungsmethode nicht mehr lösbar sind, sondern auf die Methoden der *nichtlinearen Optimierung* aus Abschn. 18.2 zurückgegriffen werden muß.

♦

Zur *Lösung* von *Extremwertaufgaben* gibt es die Möglichkeit, die *notwendigen Optimalitätsbedingungen* für *lokale Extremwertstellen*

* für *Funktionen einer Variablen* $f'(x) = 0$

* für *Funktionen* von *n Variablen*

$$\frac{\partial f(x_1,\ldots,x_n)}{\partial x_1} = 0$$

$$\vdots$$

$$\frac{\partial f(x_1,\ldots,x_n)}{\partial x_n} = 0$$

heranzuziehen.

Lösungen der *Gleichungen* aus den *Optimalitätsbedingungen* bezeichnet man als *stationäre Punkte*. Die stationären Punkte müssen mittels *hinreichender Bedingungen* (z.B. $f''(x) \neq 0$ für $y=f(x)$) auf Optimalität überprüft werden. Für $n \geq 3$ (d.h. ab drei Variablen) gestaltet sich diese Überprüfung für praktische Probleme häufig undurchführbar, da man die aus den Ableitungen zweiter Ordnung der Zielfunktion gebildete n-reihige Hesse-Matrix auf positive Definitheit untersuchen muß.

Kommen bei *Optimierungsaufgaben* noch *Gleichungen* als *Nebenbedingungen* hinzu, d.h., werden Aufgaben der Form

$$z = f(x_1, x_2, \ldots, x_n) \underset{x_1, x_2, \ldots, x_n}{\longrightarrow} \text{Minimum / Maximum}$$

$$g_j(x_1, x_2, \ldots, x_n) = 0, \quad j = 1, 2, \ldots, m \ (<n)$$

betrachtet, so sind *zwei Lösungsmöglichkeiten* anwendbar:

I. Falls man die *Gleichungen nach gewissen Variablen auflösen* kann, werden diese in die *Zielfunktion eingesetzt* und man erhält ein *Problem ohne Nebenbedingungen*, wie im Beispiel 14.10e) und g) demonstriert wird. Diese Vorgehensweise wird als *Eliminationsmethode* bezeichnet.

II. Die *Lagrangesche Multiplikatorenmethode* als universelle Lösungsmethode ist immer anwendbar und beruht auf folgender *Vorgehensweise*:

(1) Zuerst wird aus der *Zielfunktion* und den Funktionen der *Nebenbedingungen* die *Lagrangefunktion*

$$L(\mathbf{x};\boldsymbol{\lambda}) = L(x_1, x_2, \ldots, x_n ; \lambda_1, \lambda_2, \ldots, \lambda_m) =$$

$$f(x_1, x_2, \ldots, x_n) + \sum_{i=1}^{m} \lambda_i \cdot g_i(x_1, x_2, \ldots, x_n)$$

mit den *Lagrangeschen Multiplikatoren* $\lambda_1, \lambda_2, \ldots, \lambda_m$ gebildet.

(2) Anschließend werden die *notwendigen Optimalitätsbedingungen* auf die *Lagrangefunktion* L bzgl. der Variablenvektoren $\mathbf{x}$ und $\boldsymbol{\lambda}$ angewandt. Dies gibt die folgenden n+m *Gleichungen* (k=1, ,n ; i=1, ,m)

$$\frac{\partial}{\partial x_k} L(x_1, x_2, \ldots, x_n ; \lambda_1, \lambda_2, \ldots, \lambda_m) = 0$$

$$\frac{\partial}{\partial \lambda_i} L(x_1, x_2, \ldots, x_n ; \lambda_1, \lambda_2, \ldots, \lambda_m) = g_i(x_1, x_2, \ldots, x_n) = 0$$

die sich unter *Verwendung* des *Gradienten* in der folgenden *vektoriellen Form* schreiben:

$$\mathbf{grad}\, f(x_1, x_2, \ldots, x_n) + \sum_{i=1}^{m} \lambda_i \cdot \mathbf{grad}\, g_i(x_1, x_2, \ldots, x_n) = 0$$

$$\mathbf{g}(x_1, x_2, \ldots, x_n) = 0$$

Die *Lagrangeschen Multiplikatoren* besitzen für die Lösung des betrachteten Optimierungsproblems keine Bedeutung, d.h., ihr Zahlenwert ist hierfür uninteressant. Bei *Optimierungsproblemen* in der *Ökonomie* lassen sich die *Lagrangeschen Multiplikatoren* jedoch *ökonomisch deuten*. Man interpretiert sie als *Schattenpreise*. Wir demonstrieren dies an einer allgemeinen Aufgabe für Funktionen f(x) einer Variablen x mit nur einer Gleichungsnebenbedingung :

I. Für die *Aufgabe* f(x) $\to$ Minimum
$$_{x}$$

verwenden wir *anstatt* der *Nebenbedingung* g(x) = 0 die *Nebenbedingung* mit der *rechten Seite* ε, d.h. g(x) = ε

II. Für diese *modifizierte Aufgabe* lautet die *Lagrangefunktion*

$$L(x , \lambda , \varepsilon) = f(x) + \lambda \cdot (-g(x) + \varepsilon)$$

Wenn man auf diese Lagrangefunktion die notwendigen Optimalitätsbedingungen anwendet und die hierdurch entstandenen Gleichungen löst, so ergeben sich die Lösungen x und λ in Abhängigkeit von ε, d.h. x(ε) und λ(ε)

III. Für die erhaltenen Lösungen erhält man als *Wert*

* der *Zielfunktion* f(ε) = f(x(ε))

* der *Lagrangefunktion* L(ε) = L(x(ε) , λ(ε) , ε)

IV. Da f(ε) = L(ε) ist, folgt unter Anwendung der Kettenregel

$$\frac{df(\varepsilon)}{d\varepsilon} = \frac{dL(\varepsilon)}{d\varepsilon} = \frac{\partial L(x,\lambda)}{\partial x} \cdot \frac{dx}{d\varepsilon} + \frac{\partial L(x,\lambda)}{\partial \lambda} \cdot \frac{d\lambda}{d\varepsilon} + \frac{\partial L(\varepsilon)}{\partial \varepsilon} = \lambda$$

weil $\dfrac{\partial L(x,\lambda)}{\partial x} = 0$ und $\dfrac{\partial L(x,\lambda)}{\partial \lambda} = 0$ gelten.

V. Die erhaltene Gleichung $\dfrac{df(\varepsilon)}{d\varepsilon} = \lambda$

besagt, daß der *Lagrangesche Multiplikator* λ ein *Maß* für die *Veränderung* des *Optimalwertes* der *Zielfunktion* f(x) *bezogen auf* eine *Veränderung* der *rechten Seite* ε der *Nebenbedingung* darstellt, d.h., wenn sich ε um einen kleinen Wert dε ändert, so ändert sich der Optimalwert der Zielfunktion f(ε) *näherungsweise* um den Wert df(ε) = λ· dε, d.h., λ gibt den Anstieg der Funktion f(ε) und wird als *Schattenpreis* oder *Opportunitätskosten* bezeichnet. Diese Bezeichnung kommt von der Tatsache, daß λ den Wert von ε darstellt, wenn f eine Kostenfunktion ist, d.h., die Änderung der Kostenfunktion ergibt sich aus der Änderung des *Rohstoffs* ε durch Multiplikation mit λ. *Speziell* liefert λ *näherungsweise* die *Änderung* der *Zielfunktion* df(ε), wenn sich ε um eine Einheit (d.h. dε = 1) verändert.

Im *Beispiel* 14.10e) werden die *Schattenpreise* an einer *konkreten Aufgabe* erläutert. ◆

Wenden wir die eben beschriebenen Lösungsmethoden (Lösung der notwendigen Optimalitätsbedingungen) auf die im Beispiel 14.9 gegebenen Aufgaben an.

Beispiel 14.10:

a) Für die in Beispiel 14.9a) nach der *Methode der kleinsten Quadrate* erhaltene Extremwertaufgabe

$$f(x) = \sum_{k=1}^{m} \left(x_k - x \right)^2 \rightarrow \underset{x}{\text{Minimum}}$$

liefert die *notwendige Optimalitätsbedingung*

$$f'(x) = -2 \cdot \sum_{k=1}^{m} \left(x_k - x \right) = 0$$

aus der sich als *Lösung* das *arithmetische Mittel* aus den n *Meßwerten* ergibt:

$$x = \frac{1}{n} \cdot \sum_{k=1}^{m} x_k$$

Da die *hinreichende Bedingung* $f''(x) = 2 \cdot m > 0$ erfüllt ist, liefert die gefundene Lösung das Minimum.

b) Für die in Beispiel 14.9b) zur *Gewinnmaximierung* erhaltene Extremwertaufgabe (x – abgesetzter Menge der Ware)

$$G(x) = E(x) - K(x) \rightarrow \underset{x}{\text{Maximum}}$$

liefert die *notwendige Optimalitätsbedingung*

$$G'(x) = E'(x) - K'(x) = 0$$

Damit kann man unabhängig von der konkreten Form der Funktionen $E(x)$ und $K(x)$ erkennen, daß in einem *lokalen Gewinnmaximum Grenzerlös* $E'(x)$ und *Grenzkosten* $K'(x)$ (siehe Abschn. 14.6) übereinstimmen.

Da für die *hinreichende Optimalitätsbedingung*

$$G''(x) = E''(x) - K''(x) < 0$$

gilt, hat man ein lokales Minimum, wenn der Anstieg des Grenzerlöses kleiner als der Anstieg der Grenzkosten ist, d.h. $E''(x) < K''(x)$.

Stellt man den *Erlös* $E(x)$ als *Produkt* aus *Preis* (konstant) und *abgesetzter Menge* x dar, d.h. $E(x) = p \cdot x$, so liefert die *Optimalitätsbedingung* für die *Gewinnmaximierung* $p = K'(x)$.

In diesem Fall erhält man ein *Maximum* x_m des *Gewinns*,

$*$ wenn der Preis p gleich den Grenzkosten ist, d.h.
$p = K'(x_m)$

$*$ wenn $K''(x_m) > 0$ gilt.

c) Für das in Beispiel 14.9c) gegebene *Standortproblem*

$$F(x,y) = \sqrt{(x-1)^2+(y-2)^2} + 2\cdot\sqrt{(x-4)^2+(y-1)^2} + \sqrt{(x-3)^2+(y-3)^2} \quad\to\ \underset{x,y}{\text{Minimum}}$$

liefern die *notwendigen Optimalitätsbedingungen* das folgende
nichtlineare Gleichungssystem

$$\frac{\partial F(x,y)}{\partial x} = \frac{x-1}{\sqrt{(x-1)^2+(y-2)^2}} + \frac{2\cdot(x-4)}{\sqrt{(x-4)^2+(y-1)^2}} + \frac{x-3}{\sqrt{(x-3)^2+(y-3)^2}} = 0$$

$$\frac{\partial F(x,y)}{\partial y} = \frac{y-2}{\sqrt{(x-1)^2+(y-2)^2}} + \frac{2\cdot(y-1)}{\sqrt{(x-4)^2+(y-1)^2}} + \frac{y-3}{\sqrt{(x-3)^2+(y-3)^2}} = 0$$

das *nicht* mehr auf einfache Weise *exakt gelöst werden* kann. Selbst MAPLE und MATHEMATICA liefern mit ihren *solve* - Kommandos keine Lösung dieser Gleichungen. Man ist bei der Lösung dieser Optimierungsaufgabe auf *Numerikkommandos* angewiesen, wobei diejenigen zur direkten Lösung der Optimierungsaufgabe vorzuziehen sind (siehe Abschn. 18.2.2).

d) Für die *Lagerhaltunskostenminimierung* bei einem Produkt aus Beispiel 14.9d)

$$y = f(x) = a\cdot x + \frac{b}{x} + c \to \underset{x}{\text{Minimum}}$$

liefert die *notwendige Optimalitätsbedingung*

$$f'(x) = a - \frac{b}{x^2} = 0 \quad \text{die \textit{optimale Bestellmenge}}\ x = \sqrt{\frac{b}{a}}$$

Für die *Lagehaltungskostenminimierung* bei *zwei Produkten*

$$z = f(x_1,x_2) = a\cdot x_1 + b\cdot x_2 + \frac{c}{x_1} + \frac{d}{x_2} + e \to \underset{x_1,x_2}{\text{Minimum}}$$

liefern die *notwendigen Optimalitätsbedingungen*

$$\frac{\partial f}{\partial x_1} = a - \frac{c}{x_1^2} = 0 \quad \text{und} \quad \frac{\partial f}{\partial x_2} = b - \frac{d}{x_2^2} = 0$$

die *optimalen Bestellmengen* $x_1 = \sqrt{\dfrac{c}{a}}$ und $x_2 = \sqrt{\dfrac{d}{b}}$

e) Für die zur *Nutzenmaximierung* in Beispiel 14.9e) gegebene Aufgabe

$$f(x, y) = A \cdot x^a \cdot y^b \to \underset{x,y}{\text{Maximum}} \quad , \quad c \cdot x + d \cdot y = h$$

lassen sich die *zwei* beschriebenen *Lösungsmöglichkeiten* anwenden :

I. *Auflösung* der *Gleichungsnebenbedingung* nach einer Variablen, z.B. (für d>0)

$$y = \frac{1}{d} \cdot (h - c \cdot x)$$

und *Einsetzen* in die *Zielfunktion* ergibt die *Aufgabe*

$$F(x) = \frac{A}{d^b} \cdot x^a \cdot \left(h - c \cdot x\right)^b \to \underset{x}{\text{Maximum}}$$

ohne Nebenbedingungen.

Die *notwendige Optimalitätsbedingung* liefert

$$F'(x) = \frac{A}{d^b} \cdot \left(a \cdot x^{a-1} \cdot \left(h - c \cdot x\right)^b - b \cdot c \cdot x^a \left(h - c \cdot x\right)^{b-1}\right) = 0$$

Hieraus erhält man die Gleichung $a \cdot \left(h - c \cdot x\right) - b \cdot c \cdot x = 0$

die die folgende *Lösung* für *x* besitzt $x = \dfrac{a \cdot h}{c \cdot (a + b)}$

Wenn man dies in die Gleichungsnebenbedingung für y einsetzt, ergibt sich als *Lösung* für *y*

$$y = \frac{b \cdot h}{d \cdot (a + b)}$$

II. Die Anwendung der *Lagrangeschen Multiplikatorenmethode* liefert die *Lagrangefunktion*

$$L(x, \lambda) = A \cdot x^a \cdot y^b + \lambda \cdot (-c \cdot x - d \cdot y + h)$$

Hierfür ergeben die *notwendigen Optimalitätsbedingungen* das Gleichungssystem

$$\frac{\partial}{\partial x} L(x, y, \lambda) = A \cdot a \cdot x^{a-1} \cdot y^b - \lambda \cdot c = 0$$

$$\frac{\partial}{\partial y} L(x, y, \lambda) = A \cdot b \cdot x^a \cdot y^{b-1} - \lambda \cdot d = 0$$

$$\frac{\partial}{\partial \lambda} L(x, y, \lambda) = -c \cdot x - d \cdot y + h = 0$$

das für x, y, λ die gleiche *Lösung* wie bei I. besitzt.

Die *Lösung* ist *per Hand* möglich:

* Man löst die beiden ersten Gleichungen nach λ auf.

* Das anschließende Gleichsetzen liefert

$$y = \frac{b \cdot c}{a \cdot d} \cdot x$$

* Abschließend liefert das Einsetzen in die letzte Gleichung die Lösungen für x, y und λ :

$$x = \frac{a \cdot h}{c \cdot (a + b)} \, , y = \frac{b \cdot h}{d \cdot (a + b)} \, ,$$

$$\lambda = \left(\frac{a}{c}\right)^{a-1} \cdot \left(\frac{b}{d}\right)^{b} \cdot \left(\frac{h}{a + b}\right)^{a+b-1}$$

Man kann für beide Lösungsmöglichkeiten auch die in den Programmsystemen vorhandenen Kommandos zur Gleichungslösung verwenden.

Betrachten wir das *Zahlenbeispiel* (A=a=b=c=1, d=10, h=100)

$$x \cdot y \;\to\; \underset{x,y}{\text{Maximum}} \; , \; x + 10 \cdot y = 100$$

für das wir aus den gegebenen Formeln die Lösung x=50, y=5, λ=5 erhalten. Damit gilt der *Schattenpreis* λ=5, d.h., bei einer Änderung von h um eine Einheit (h=101) ändert sich der *maximale Zielfunktionswert* näherungsweise um 5 (exakter Wert 5,025).

f) Für die zur *Nutzenmaximierung* in Beispiel 14.9e) gegebene Aufgabe

$$N(x_1, x_2, x_3) = 2 \cdot \sqrt{x_1} + 4 \cdot \sqrt{x_2} + 8 \cdot \sqrt{x_3} \;\to\; \underset{x_1, x_2, x_3}{\text{Maximum}}$$

mit der *Gleichungsnebenbedingung*

$$3 \cdot x_1 + 6 \cdot x_2 + 9 \cdot x_3 = 175$$

lautet die *Lagrangefunktion*

$$L(x_1, x_2, x_3, \lambda) = 2 \cdot \sqrt{x_1} + 4 \cdot \sqrt{x_2} + 8 \cdot \sqrt{x_3} + \lambda \cdot (3 \cdot x_1 + 6 \cdot x_2 + 9 \cdot x_3 - 175)$$

wofür sich folgende *notwendige Optimalitätsbedingungen* ergeben :

$$\frac{\partial L}{\partial x_1} = \frac{1}{\sqrt{x_1}} + 3 \cdot \lambda = 0$$

$$\frac{\partial L}{\partial x_2} = \frac{2}{\sqrt{x_2}} + 6 \cdot \lambda = 0$$

$$\frac{\partial L}{\partial x_3} = \frac{4}{\sqrt{x_3}} + 9 \cdot \lambda = 0$$

$$\frac{\partial L}{\partial \lambda} = 3 \cdot x_1 + 6 \cdot x_2 + 9 \cdot x_3 - 175 = 0$$

Die Lösung dieser vier Gleichungen ist per Hand mittels Elimination möglich.

Mit *weniger Aufwand* findet man die Lösung unter Verwendung der *Kommandos* zur *Gleichungslösung* in den einzelnen Programmsystemen:

So liefern die *solve* -Kommandos (für λ wird la verwendet)

* bei MAPLE

   solve ({ 1/sqrt(x1) + 3*la = 0 , 2/sqrt(x2) + 6*la = 0 , 4/sqrt(x3) + 9*la = 0 , 3*x1 + 6*x2 + 9*x3 = 175 } , { x1 , x2 , x3 , la }) ;

* bei MATHEMATICA
   Solve [{ 1/Sqrt[x1] + 3*la == 0 , 2/Sqrt[x2] + 6*la == 0 , 4/Sqrt[x3] + 9*la == 0, 3*x1 + 6*x2+9*x3 == 175 } , { x1 , x2 , x3 , la }]

   die Lösung $x_1 = 7$, $x_2 = 7$, $x_3 = \dfrac{112}{9}$, $\lambda = \dfrac{-1}{3 \cdot \sqrt{7}}$

g) Für das Problem der *Kostenminimierung* aus Beispiel 14.9f)

$$b \cdot x_1 + c \cdot x_2 + d \cdot x_3 \underset{x_1, x_2, x_3}{\longrightarrow} \text{Minimum} \ , \ x_1 \cdot x_2 \cdot x_3 = a$$

können ebenfalls die *zwei* im vorangehenden Beispiel angewandten *Lösungsmethoden* herangezogen werden:

I. Das *Auflösen* der *Gleichungsnebenbedingung* nach x_3 und Einsetzen in die Zielfunktion ergibt die Extremwertaufgabe ohne Beschränkungen

$$F(x_1, x_2) = b \cdot x_1 + c \cdot x_2 + d \cdot \frac{a}{x_1 \cdot x_2} \underset{x_1, x_2}{\longrightarrow} \text{Minimum}$$

für die die *notwendigen Optimalitätsbedingungen* die folgende Gestalt haben:

$$\frac{\partial F}{\partial x_1} = b - \frac{a \cdot d}{x_1^2 \cdot x_2} = 0 \quad , \quad \frac{\partial F}{\partial x_2} = c - \frac{a \cdot d}{x_1 \cdot x_2^2} = 0$$

Aus diesen beiden Gleichungen erhält man per Hand durch Elimination und Verwendung der Nebenbedingung die *Lösung*

$$x_1 = \sqrt[3]{\frac{a \cdot c \cdot d}{b^2}} \quad , \quad x_2 = \sqrt[3]{\frac{a \cdot b \cdot d}{c^2}} \quad , \quad x_3 = \sqrt[3]{\frac{a \cdot b \cdot c}{d^2}}$$

II. Die Anwendung der *Lagrangeschen Multiplikatorenmethode* liefert die *Lagrangefunktion*

$$L(x_1, x_2, x_3, \lambda) = b \cdot x_1 + c \cdot x_2 + d \cdot x_3 + \lambda \cdot (x_1 \cdot x_2 \cdot x_3 - a)$$

Hierfür ergeben sich die *notwendigen Optimalitätsbedingungen*

$$\frac{\partial}{\partial x_1} L(x_1, x_2, x_3, \lambda) = b + \lambda \cdot x_2 \cdot x_3 = 0$$

$$\frac{\partial}{\partial x_2} L(x_1, x_2, x_3, \lambda) = c + \lambda \cdot x_1 \cdot x_3 = 0$$

$$\frac{\partial}{\partial x_3} L(x_1, x_2, x_3, \lambda) = d + \lambda \cdot x_1 \cdot x_2 = 0$$

$$\frac{\partial}{\partial \lambda} L(x_1, x_2, x_3, \lambda) = x_1 \cdot x_2 \cdot x_3 - a = 0$$

Diese *vier Gleichungen* für die *vier Unbekannten* x_1 , x_2 , x_3 , λ lassen sich per Hand durch Elimination lösen und man erhält die gleichen Lösungen wie bei I.

Mit *weniger Aufwand* findet man auch in diesem Beispiel die Lösung der notwendigen Optimalitätsbedingungen unter Verwendung der *Kommandos/Menüs* zur *Gleichungslösung* in den einzelnen Programmsystemen.

◆

Da in den Beispielen 14.10a), b), d), e), f), g) die *Positivitätsforderungen* für die Variablen weggelassen wurden, dürfen eventuell auftretende negative Lösungen nicht verwendet werden.

◆

Es sei nochmals darauf hingewiesen, daß die mit den beschriebenen Mitteln der Differentialrechnung bestimmten Werte nur *lokale* (relative) *Extremwerte* sind. Die *Bestimmung globaler* (absoluter)

Extremwerte führt zur *nichtlinearen Optimierung*, die im Abschn. 18.2 behandelt wird.

♦

Die im folgenden aufgeführten *Kommandos* der *Programmsysteme* dienen der *Suche* eines *lokalen Extremums*, ohne daß man sich um die einzelnen Lösungsschritte kümmern muß:

MAPLE

Nach dem *Laden* des Zusatzpaketes *student* mittels **with** (student); stehen die *Kommandos*

* **maximize** (f , V) ;   zur *Maximierung*,

* **minimize** (f , V) ;   zur *Minimierung*

einer Funktion f zur Verfügung, wobei im Argument für V in Mengenschreibweise die Variablen einzugeben sind, bzgl. der das Maximum bzw. Minimum zu berechnen ist.

Ein *Nachteil* dieser *beiden Kommandos* besteht darin, daß manchmal globale (absolute) Extremwerte über dem gesamten Definitionsgebiet der Funktion f bestimmt werden. Dies ist aber wenig nützlich, da man entweder lokale (relative) Extremwerte oder globale (absolute) in einem beschränkten Bereich sucht.

Bessere Eigenschaften besitzt das ebenfalls in diesem Zusatzpaket vorhandene Kommando *extrema*, das nur *relative Extremwerte* bestimmt. Dieses *Kommando* ist *folgendermaßen anzuwenden:*

extrema (f , G , V , 'erg') : erg ;

Im Argument sind neben der *Funktion* f die eventuell vorhandenen *Gleichungsnebenbedingungen* G und die *Variablen* V in Mengenschreibweise einzugeben. Wenn keine Nebenbedingungen vorliegen, muß { } geschrieben werden. Das vierte Argument bezeichnet einen *Variablennamen* (hier wurde *erg* gewählt). Diese Angabe bewirkt die Ausgabe der Extremalstellen (stationären Punkte). Fehlt dieses Argument, so werden nur die Werte der Funktion f (Extremwerte) an den Extremalstellen ausgegeben.

Ein weiterer *Vorteil* des Kommandos *extrema* gegenüber den beiden anderen Kommandos liegt darin, daß *Gleichungsnebenbedingungen* berücksichtigt werden.

♦

Veranschaulichen wir die Anwendung der Kommandos im folgenden Beispiel.

Beispiel 14.11:

a) Zur Lösung der *Aufgabe* der *Lagerkostenminimierung* aus Beispiel 14.9d)

$$\frac{100}{x} + \frac{x}{400} \xrightarrow[x]{} \text{Minimum} \quad \textit{liefert} \text{ MAPLE mittels des}$$

* *Kommandos*

   minimize (100/x + x/400 , x) ;

   die Lösung $-\infty$, d.h. das *globale Minimum*. Diese *Lösung* besitzt jedoch *keine praktische Bedeutung*, da man lokale Minima im Bereich positiver x-Werte sucht.

* *Kommandos*

   extrema (100/x + x/400 , { } , x , 'erg') ; erg ;

   die *lokalen Minimalstellen* x=−200 und x=200 von denen wegen der Positivitätsvoraussetzung nur der Wert x=200 interessant ist.

* *Kommandos*

   solve (**diff** (100/x + x/400 , x) = 0 , x) ;

   zur *Lösung* der *notwendigen Optimalitätsbedingung*

   $$\frac{d}{dx}\left(\frac{100}{x} + \frac{x}{400}\right) = 0$$

   ebenfalls die *lokalen Minimalstellen* x=−200 und x=200, von denen wegen der Positivitätsvoraussetzung nur der Wert x=200, interessant ist.

b) Die Aufgabe der *Nutzenmaximierung* aus Beispiel 14.10f)

$$N(x_1, x_2, x_3) = 2 \cdot \sqrt{x_1} + 4 \cdot \sqrt{x_2} + 8 \cdot \sqrt{x_3} \xrightarrow[x_1, x_2, x_3]{} \text{Maximum}$$

mit der *Gleichungsnebenbedingung*

$$3 \cdot x_1 + 6 \cdot x_2 + 9 \cdot x_3 = 175$$

wird von MAPLE durch das *Kommando*

extrema (2*sqrt(x1) + 4*sqrt(x2) + 8*sqrt(x3) , { 3*x1 + 6*x2 + 9*x3 = 175 } , { x1 , x2 , x3 } , 'erg') : erg ;

gelöst und liefert das *Ergebnis* $x_1 = 7$, $x_2 = 7$, $x_3 = \dfrac{112}{9}$

Hier besteht der Vorteil darin, daß man die Gleichungsnebenbedingung direkt eingibt und nicht nach einer Variablen auflösen muß.

c) Das *Standortproblem* aus Beispiel 14.10c)

$$F(x,y) = \sqrt{(x-1)^2 + (y-2)^2} + 2 \cdot \sqrt{(x-4)^2 + (y-1)^2} + \sqrt{(x-3)^2 + (y-3)^2}$$

$$\rightarrow \underset{x,y}{\text{Minimum}}$$

wird von keinem Kommando von MAPLE gelöst.

♦

MATHEMA-TICA

MATHEMATICA besitzt *keine Kommandos* zur *exakten Lösung* von *Extremwertaufgaben*. Man findet *nur* das *Numerikkommando* **FindMinimum** zur *näherungsweisen Berechnung* eines *lokalen* (relativen) *Minimums* von Funktionen einer oder mehrerer Variablen. Im Argument dieses Kommandos stehen neben der zu minimierenden Funktion f noch die Listen der unabhängigen Variablen und ihrer Startwerten für die Minimumsuche. So suchen die *Kommandos*

* **FindMinimum** [f[x] , { x , a }]

   ein *lokales Minimum* der *Funktion einer Variablen* f(x) für den *Startwert* x = a,

* **FindMinimum** [f[x] , { x , a , b , c }]

   ein *lokales Minimum* der *Funktion einer Variablen* f(x) für den *Startwert* x = a im Intervall [b , c],

* **FindMinimum** [f[x,y] , { x , a } , { y , b }]

   ein *lokales Minimum* der *Funktion zweier Variablen* f(x,y) für die *Startwerte* x = a und y = b.

Wenn MATHEMATICA *zwei Startwerte* verlangt, z.B., wenn keine Ableitungen gebildet werden können, so sind die Kommandos in der Form

* **FindMinimum** [f[x] , { x , { a , b } }]

   für *Funktionen einer Variablen*

* **FindMinimum** [f[x,y] , { x , { a , b } } , { y, { c , d } }]

   für *Funktionen zweier Variablen*

einzugeben.

Sucht man ein *Maximum* für die Funktion f, so ist dies äquivalent zur Minimumsuche von –f, so daß das obige Kommando ebenfalls anwendbar ist.

♦

Günstige *Startwerte* für die *Minimumsuche* kann man z.B. bei Funktionen mit einer oder zwei unabhängigen Variablen aus der grafischen Darstellung (mittels des Kommandos *Plot* aus Abschn. 12.2) erhalten.

♦

Beispiel 14.12:

a) Zur Lösung der Aufgabe der *Lagerkostenminimierung* aus Beispiel 14.9d)

$$\frac{100}{x} + \frac{x}{400} \;\to\; \underset{x}{\text{Minimum}}$$ *liefert* MATHEMATICA *mittels* des

   * *Kommandos*

     FindMinimum [100/x + x/400 , { x , 1 }]

     für den *Startwert* x=1 die *Lösung* x=200

   * *Kommandos*

     Solve [**D** [100/x + x/400 , x] == 0 , x]

     zur *Lösung* der *notwendigen Optimalitätsbedingung*

     $$\frac{d}{dx}\left(\frac{100}{x} + \frac{x}{400}\right) = 0$$

     die *lokalen Minimalstellen* x=−200 und x=200, von denen wegen der *Positivitätsvoraussetzung* nur der Wert x=200 interessant ist.

b) Für die Aufgabe der *Nutzenmaximierung* aus Beispiel 14.10f)

$$N(x_1,x_2,x_3) = 2\cdot\sqrt{x_1} + 4\cdot\sqrt{x_2} + 8\cdot\sqrt{x_3} \;\to\; \underset{x_1,x_2,x_3}{\text{Maximum}}$$

   mit der *Gleichungsnebenbedingung*
   $$3\cdot x_1 + 6\cdot x_2 + 9\cdot x_3 = 175$$

   existiert in MATHEMATICA *kein* direktes *Lösungskommando*.

   Deshalb bieten sich folgende *Vorgehensweisen* an :

   I. Man kann die *notwendigen Optimalitätsbedingungen* für die *Lagrangefunktion*

   $$\frac{\partial L}{\partial x_1} = \frac{1}{\sqrt{x_1}} + 3\cdot\lambda = 0$$

   $$\frac{\partial L}{\partial x_2} = \frac{2}{\sqrt{x_2}} + 6\cdot\lambda = 0$$

$$\frac{\partial L}{\partial x_3} = \frac{4}{\sqrt{x_3}} + 9 \cdot \lambda = 0$$

$$\frac{\partial L}{\partial \lambda} = 3 \cdot x_1 + 6 \cdot x_2 + 9 \cdot x_3 - 175 = 0$$

mittels des *Solve - Kommandos* (zur Gleichungslösung) von MATHEMATICA *lösen* (für λ wird la verwendet):

Solve [{ 1/Sqrt[x1] + 3*la == 0 , 2/Sqrt[x2] + 6*la == 0 , 4/Sqrt[x3] + 9*la == 0 , 3*x1 + 6*x2 + 9*x3 == 175 } , { x1 , x2 , x3 , la }]]

und erhält das *Ergebnis*

$$x_1 = 7, x_2 = 7, x_3 = \frac{112}{9}, \lambda = \frac{-1}{3 \cdot \sqrt{7}}$$

II. Man wendet eine *Straffunktionenmethode* an. Durch Einführung der *Straffunktion*

$$P(x_1, x_2, x_3, \lambda) = -2 \cdot \sqrt{x_1} - 4 \cdot \sqrt{x_2} - 8 \cdot \sqrt{x_3} +$$

$$+ \lambda \cdot (3 \cdot x_1 + 6 \cdot x_2 + 9 \cdot x_3 - 175)^2 \rightarrow \underset{x_1, x_2, x_3}{\text{Minimum}}$$

mit der Nebenbedingung als *Strafterm* und dem noch frei wählbaren *Strafparameter* $\lambda > 0$, kann man mittels des *Kommandos*

FindMinimum [−2*Sqrt[x1] − 4*Sqrt[x2] − 8*Sqrt[x3] + lambda* (3*x1 + 6*x2 + 9*x3 − 175)^2 , { x1 , 1 } , { x2 , 1 } , { x3 , 1 }]

für wachsende λ(lambda)–Werte Minimalwerte dieser Straffunktionfunktion bestimmen.

Für die *Startwerte* $x_1 = 1$, $x_2 = 1$, $x_3 = 1$ ergeben sich die für verschiedene λ(lambda)–Werte berechneten Minimalwerte der Straffunktion aus der folgenden Tabelle

	$\lambda=1$	$\lambda=10$	$\lambda=100$
x1	6,96	6,95	6,77
x2	7,03	7,03	6,88
x3	12,45	12,44	12,60

Man erkennt bereits für die gegebenen drei λ(lambda)–Werte, den bei Straffunktionenmethoden bekannten Einfluß von Rundungsfehlern, wenn man λ zu groß wählt.

c) Für das *Standortproblem* aus Beispiel 14.9c)

$$F(x,y) = \sqrt{(x-1)^2 + (y-2)^2} + 2 \cdot \sqrt{(x-4)^2 + (y-1)^2} + \sqrt{(x-3)^2 + (y-3)^2} \rightarrow \underset{x,y}{\text{Minimum}}$$

wird durch das *Kommando*

FindMinimum [Sqrt [(x–1)^2 + (y–2)^2] + 2*Sqrt [(x–4)^2 + (y–1)^2] + Sqrt [(x–3)^2 + (y–3)^2] , { x , 0 } , { y , 0 }]

mit dem *Startwert* x=0 , y=0 die *Näherungslösung* x=4 , y=1 mit dem *Zielfunktionalwert* 5.398 erhalten.

♦

EXCEL

Die *Lösung* von *Extremwertaufgaben* geschieht bei EXCEL ähnlich wie die Lösung linearer Gleichungssysteme (Abschn. 9.2), wobei wir vorhandene *Gleichungsnebenbedingungen* in der *Normalform* schreiben (d.h. auf der rechten Seite der Gleichung steht eine Null), in *folgenden Etappen* :

I. Zuerst tragen wir in *zusammenhängende freie Zellen* einer *Spalte* der aktuellen *Tabelle* die zu minimierende *Zielfunktion* und die eventuell vorhandenen *Gleichungsnebenbedingungen* ein. Dies kann auch weggelassen werden, da es nur zur Information dient (siehe Abb.14.1).

II. Danach tragen wir in *zusammenhängende freie Zellen* einer *Zeile* der aktuellen Tabelle die *Namen* der *Variablen* (*Unbekannten*) ein und *darunter* ihre *Startwerte* für das von EXCEL verwendete numerische Verfahren. *Anschließend markieren* wir *diese Zellen* und aktivieren die *Menüfolge*

Einfügen ⇒ Namen ⇒ Übernehmen...

Damit erhalten die Variablen die in den Zellen stehenden Bezeichnungen (siehe Abb.14.1 und 14.4) und ihnen werden die Startwerte zugewiesen.

III. Wir wählen eine *freie Zelle* der Tabelle als *Ergebniszelle* (*Zielzelle*) und tragen hier die *Zielfunktion* als Formel ein. Analog werden in weitere *freie Zellen* die *linken Seiten* der *Gleichungsnebenbedingungen* (falls vorhanden) als Formeln eingetragen (siehe Abb.14.4).

IV. Abschließend wird der in EXCEL integrierte *Solver* mittels der *Menüfolge* **Extras ⇒ Solver...**

aufgerufen und die erscheinende *Dialogbox* wie folgt *ausgefüllt* (siehe Abb. 14.2 und 14.5) :

(1) Bei *Zielzelle* wird die *Zelle* mit der *Zielfunktion* eingetragen.

(2)   Bei *Zielwert* wird *Max* oder *Min* angeklickt, wenn die Zielfunktion maximiert bzw. minimiert werden soll.

(3)   In *veränderbare Zellen* werden die *Zellen* der *Startwerte* eingetragen (siehe II.).

(4)   In *Nebenbedingungen* werden die Gleichungsnebenbedingungen der Aufgabe eingetragen (siehe Abb. 14.5). Dies geschieht durch Anklicken des Knopfes (Buttons) *Hinzufügen*.

(5)   Durch Anklicken von Optionen kann in der erscheinenden *Dialogbox* zwischen der *Anwendung* des *Newton*- oder des *Gradientenverfahrens* zur *numerischen Lösung* gewählt werden.

(6)   Abschließend wird das *Ergebnis* durch *Anklicken* von *Lösen* erhalten und kann im *Antwortbericht* (siehe Abb. 14.3 und 14.6) angesehen werden.

Es ist zu beachten, daß in EXCEL bei *Variablen* (in Zielfunktion und Funktionen der Nebenbedingungen) *Bezeichnungen* der Form x1, x2, ... nicht verwendet werden sollten, weil sie mit Zelladressen verwechselt werden können.

♦

Demonstrieren wir die Vorgehensweise im folgenden Beispiel.

Beispiel 14.13:

a) Lösen wir die Aufgabe aus Beispiel 14.10c) :

$$F(x,y) = \sqrt{(x-1)^2 + (y-2)^2} + 2 \cdot \sqrt{(x-4)^2 + (y-1)^2} + \sqrt{(x-3)^2 + (y-3)^2} \rightarrow \underset{x,y}{\text{Minimum}}$$

nach dem *gegebenen Schema* :

I.   Zuerst tragen wir in die *Zelle* A2 die zu minimierende *Zielfunktion* ein. Dies kann auch weggelassen werden, da es nur zur Information dient (siehe Abb.14.1).

II.   Danach tragen wir in *zusammenhängende Zellen* (A4:B4) einer *Zeile* die *Namen* der *Variablen* (*Unbekannten*) ein und *darunter* ihre *Startwerte* (A5:B5) für das von EXCEL verwendete numerische Verfahren. Falls man Näherungswerte für die Lösung kennt, verwendet man natürlich diese als Startwerte. Wir haben x=0, y=0 gewählt. Anschließend *markieren* wir *diese Zellen* (A4, A5, B4, B5) und aktivieren die *Menüfolge*

Einfügen ⇒ Namen ⇒ Übernehmen...

Damit erhalten die Variablen die in den Zellen A4 und B4 stehenden Bezeichnungen (siehe Abb.14.1).

III.   Wir wählen eine *freie Zelle* (A9) als Ergebniszelle (Zielzelle) und tragen hier die *Zielfunktion* als Formel ein (siehe Abb. 14.1).

IV.   Abschließend wird der in EXCEL integrierte *Solver* mittels der *Menüfolge* **Extras ⇒ Solver...**

aufgerufen und die erscheinende *Dialogbox* (*Solver-Parameter*) wie folgt *ausgefüllt* (siehe Abb. 14.2) :

(1)   Bei *Zielzelle* wird die *Zelle* ($A$9) mit der *Zielfunktion* eingetragen.

(2)   Bei *Zielwert* wird *Min* angeklickt, da die Zielfunktion minimiert werden soll.

(3)   In *veränderbare Zellen* werden die *Zellen* der *Startwerte* ($A$5:$B$5) eingetragen.

(4)   In *Nebenbedingungen* wird nichts eingetragen, da keine Nebenbedingungen vorkommen.

(5)   Abschließend wird die *Näherungslösung* x=4 und y=1 (Zielfunktionswert 5,398) durch *Anklicken* von *Lösen* erhalten und kann im *Antwortbericht* (siehe Abb. 14.3) angesehen werden.

Abb.14.1. Tabellenausschnitt von EXCEL zur Lösung der Extremwertaufgabe aus Beispiel 14.13a)

	A	B	C	D	E	F
1	Zielfunktion					
2	WURZEL((x-1)^2+(y-2)^2)+2*WURZEL((x-4)^2+(y-1)^2)+WURZEL((x-3)^2+(y-3)^2)					
3						
4	x	y				
5	0	0				
6						
7						
8	Zielfunktion					
9	14,7249199					
10						

Abb.14.2.
Dialogbox
des Solvers
von EXCEL
für die Lö-
sung der Ex-
tremwert-
aufgabe aus
Beispiel
14.13a)

Abb.14.3.
Antwortbe-
richt von
EXCEL für
die Lösung
der Extrem-
wertaufgabe
aus Beispiel
14.13a)

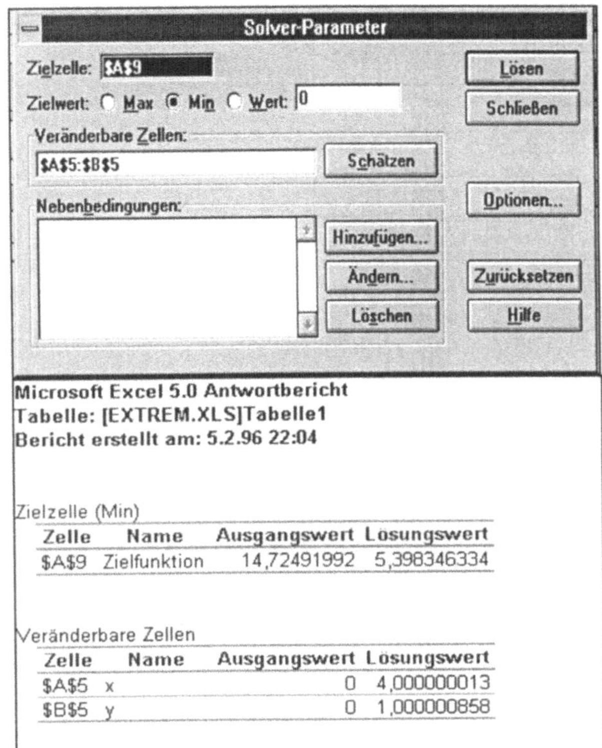

b) Lösen wir die Aufgabe aus Beispiel 14.10f)

$$N(x_1, x_2, x_3) = 2 \cdot \sqrt{x_1} + 4 \cdot \sqrt{x_2} + 8 \cdot \sqrt{x_3} \xrightarrow[x_1, x_2, x_3]{} \text{Maximum}$$

mit der *Gleichungsnebenbedingung*

$$3 \cdot x_1 + 6 \cdot x_2 + 9 \cdot x_3 = 175$$

Die Lösung erfolgt nach dem gleichen Schema, das ausführlich im Beispiel a) erklärt wurde. Wir geben deshalb nur in den drei Abb. 14.4, 14.5 und 14.6 *Tabellenausschnitt, Dialogbox* des Solvers und *Antwortbericht*, aus dem auch die gefundene Näherung für die Lösung ersichtlich ist.

Abb.14.4.
Tabellenaus-
schnitt von
EXCEL zur
Lösung der
Extremwert-
aufgabe aus
Beispiel
14.13b)

Abb.14.5.
Dialogbox
des Solvers
von EXCEL
für die Lö-
sung der Ex-
tremwertauf-
gabe aus
Beispiel
14.13b)

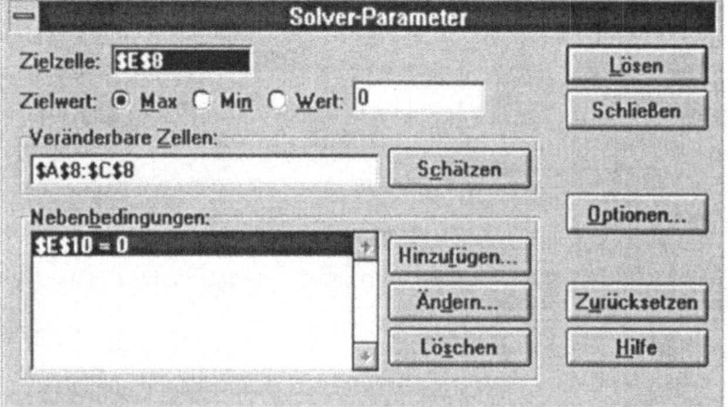

Abb.14.6.
Antwortbe-
richt von
EXCEL für
die Lösung
der Extrem-
wertaufgabe
aus Beispiel
14.13b)

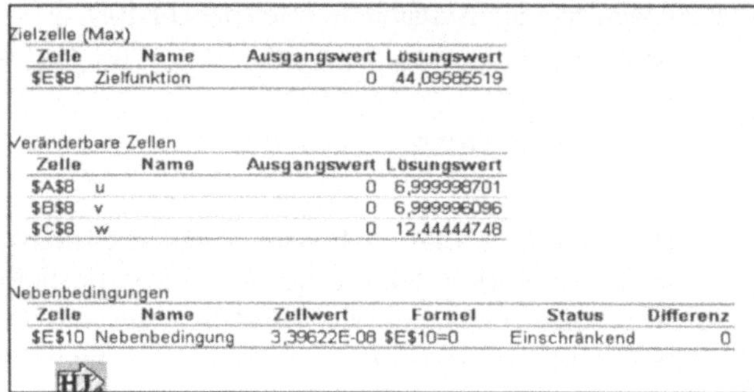

Zelle	Name	Ausgangswert	Lösungswert
$E$8	Zielfunktion	0	44,09585519

Zelle	Name	Ausgangswert	Lösungswert
$A$8	u	0	6,999998701
$B$8	v	0	6,999996096
$C$8	w	0	12,44444748

Zelle	Name	Zellwert	Formel	Status	Differenz
$E$10	Nebenbedingung	3,39622E-08	$E$10=0	Einschränkend	0

Nur MAPLE und EXCEL sind mit dem Kommando *extrema* bzw. mit dem *Solver* in der Lage, *Gleichungsnebenbedingungen* bei Extremwertaufgaben direkt zu verarbeiten, wie wir in den Beispielen sahen. Dies ist natürlich für den Anwender wesentlich vorteilhafter, da sich das Auflösen von Gleichungen meistens schwierig gestaltet. ♦

Zusammenfassend kann man zur *Lösung* von *Extremwertaufgaben* der Form

$$z = f(x_1, x_2, \ldots, x_n) \underset{x_1, x_2, \ldots, x_n}{\longrightarrow} \text{Minimum / Maximum}$$

wobei höchstens noch *Nebenbedingungen* in *Gleichungsform* (*Gleichungsnebenbedingungen*)

$$g_j(x_1, x_2, \ldots, x_n) = 0, \quad j = 1, 2, \ldots, m$$

auftreten dürfen, folgendes bemerken:

Es bieten sich mehrere *Vorgehensweisen* unter Verwendung der Programmsysteme an, um existierende Lösungen zu erhalten:

I.   Die *exakte* oder *numerische Lösung* der *Optimalitätsbedingungen* kann mit *allen Programmen schrittweise* versucht werden, indem man

   (1)   die *Optimalitätsbedingungen* unter Verwendung der Kommandos zur Differentiation *aufstellt,*

   (2)   die entstandenen *Gleichungen* mit den Kommandos zur Gleichungslösung (aus Abschn. 9.2 und Kap. 13) exakt oder näherungsweise *löst.* Da diese Gleichungen i.a. nichtlinear sind, wird man schnell an Grenzen stoßen.

Die so erhaltenen Lösungen sind auf *Optimalität* zu *überprüfen,* da die Optimalitätsbedingungen nur notwendig sind.

Diese Methode sollte aber nur angewandt werden, wenn in dem gegebenen Programmsystem kein Kommando zur Minimierung/Maximierung existiert (z.B. bei DERIVE und MATHCAD), bzw. dieses versagt (siehe Beispiel 14.12b).

II. Anwendung von *Kommandos* zur *exakten* (symbolischen) *Lösung* von *Extremwertaufgaben,* die jedoch nur für einfache Aufgaben ein Resultat liefern. Allerdings besitzt von allen Programmsystemen nur MAPLE derartige Kommandos.

III. Falls die unter I und II beschriebenen Methoden versagen, ist man auf *numerische Methoden* (*direkte Methoden*) zur Lösung von *Extremwertaufgaben* angewiesen. Hierfür besitzen nur MATHEMATICA und EXCEL das Kommando *FindMinimum* bzw. den *Solver,* so daß man für die anderen Programmsysteme eventuell vorhandene Zusatzprogramme (z.B. bei MATHCAD das Elektronische Buch *Numerical Recipes*) nutzen bzw. selbst schreiben muß.

   ◆

14.6 Marginalanalyse

In diesem Abschnitt werden einige wichtige *Anwendungen* der *Differentialrechnung* in der *Ökonomie* gegeben, die auch unter dem Sammelbegriff *Marginalanalyse* geführt werden.

Wichtige Begriffe der *Marginalanalyse* sind

* *Grenzfunktionen (Marginalfunktionen)*

* *Durchschnittsfunktion*

* *Wachstum*

* *Elastizität*

Im folgenden werden wir diese Begriffe an einigen Anwendungsbeispielen veranschaulichen.

Da sich die Differentiation im Rahmen der Computeralgebra problemlos durchführen läßt, bereiten die *Berechnungen* im Rahmen der *Marginalanalyse* für die *Programmsysteme keine Schwierigkeiten.*

◆

14.6.1 Grenzfunktionen

Die *erste Ableitung* $f'(x)$ einer *ökonomischen Funktion* $f(x)$ bezeichnet man als zugehörige *Grenzfunktion* oder *Marginalfunktion.*

So spricht man von

* *Grenzkosten* (bei Kostenfunktionen)

* *Grenzerlös* (bei Erlösfunktionen)

* *Grenzproduktivität* (bei Produktionsfunktionen)

* *Grenzgewinn* (bei Gewinnfunktionen)

* *marginaler Konsumquote* (bei Konsumfunktionen)

Erklären wir die ökonomische Interpretation der Grenzfunktion am Beispiel der *Grenzkosten* als *Grenzfunktion* der *Kostenfunktion* (siehe Abschn. 12.1).

Beispiel 14.14:

Wenn sich die *Produktionsmenge (Output)* x um Δx *ändert*, so *ändern* sich die *Kosten* K (in GE) absolut um ΔK (*marginale Kosten*), d.h. $\Delta K = K(x + \Delta x) - K(x)$.

Dividiert man die marginalen Kosten ΔK durch die Mengenänderung Δx, so erhält man die *relative Kostenänderung*

$$\frac{\Delta K}{\Delta x}$$

aus der sich durch Grenzübergang $\Delta x \to 0$ die *Grenzkostenfunktion* K'(x) ergibt. Diese gibt näherungsweise an, um wieviel sich die Kosten ändern, wenn sich der Output für ein festes x um eine Mengeneinheit (ME) ändert, d.h., für $\Delta x = 1$ gilt näherungsweise

$$K(x + \Delta x) - K(x) \approx K'(x)$$

Für das *Zahlenbeispiel* $K(x) = 5 \cdot x^3 - 3 \cdot x^2 + 50 \cdot x + 100$

ergeben sich bei einer Produktion von 100 ME die *Grenzkosten* von K'(100) = 149 450 GE/ME, d.h., bei Erhöhung des Outputs auf 101 ME erhöhen sich die Kosten näherungsweise um 149 450 ME.

Die Näherung K'(x) für die Kostenänderung ist umso besser, je größer x im Vergleich zu einer ME ist.

♦

Sämtliche *Grenzfunktionen* lassen sich einfach mit den in den Programmsystemen enthaltenen *Differentiationskommandos berechnen*. Es empfiehlt sich, diesen berechneten *Grenzfunktionen* durch eine *Funktionsdefinition* eine *Funktionsbezeichnung* zuzuweisen. Für das Zahlenbeispiel aus Beispiel 14.14 bieten MAPLE, MATHCAD und MATHEMATICA folgende Vorgehensweise an:

* MAPLE
  Die *Grenzkostenfunktion* GK(x) zur *Kostenfunktion*
  $K(x) = 5 \cdot x^3 - 3 \cdot x^2 + 50 \cdot x + 100$ wird *mittels*
  GK := x $\to$ **diff** (5*x^3–3*x^2+50*x+100, x) ;
  definiert.

* MATHCAD
  Die *Grenzkostenfunktion* GK (x) zur *Kostenfunktion*
  $K(x) = 5 \cdot x^3 - 3 \cdot x^2 + 50 \cdot x + 100$ wird unter Verwenduntg des symbolischen Gleichheitszeichens *mittels*

  $$GK(x) := \frac{d}{dx} \, 5*x^3 - 3*x^2 + 50*x + 100 \to 15x^2 - 6x + 50$$

  definiert.

* MATHEMATICA
  Die *Grenzkostenfunktion* GK (x) zur *Kostenfunktion*
  $K(x) = 5 \cdot x^3 - 3 \cdot x^2 + 50 \cdot x + 100$ wird *mittels*
  GK[x_] := **D** [5*x^3–3*x^2+50*x+100, x] *definiert.*

♦

Analog zu den Grenzkosten im Beispiel 14.14 geben

*   der *Grenzerlös* näherungsweise die Änderung des *Erlöses* E an, wenn sich der Preis x um eine GE ändert.

*   die *Grenzproduktivität* näherungsweise die Änderung des *Output* (Ertrag) einer *Produktion*, wenn sich der *Input* (Einflußfaktoren/ Produktionsfaktoren, z.B. Arbeitskräfte, Kapital) x dieser Produktion um eine Einheit ändert.

*   der *Grenzgewinn* näherungsweise die Änderung des *Gewinns* G für ein Produkt, wenn sich der *Preis* x um eine GE ändert.

*   die *marginaler Konsumquote* näherungsweise die Änderung der *Gesamtausgaben* y, wenn sich das *Sozialprodukt* x um eine GE ändert.

♦

Bei *Funktionen mehrerer Variablen* definiert man analog *partielle Grenzfunktionen* bzgl. einzelner Variablen.

♦

14.6.2   Durchschnittsfunktionen

Neben der Grenzfunktion f'(x) einer ökonomischen Funktion f(x) ist die zu f(x) gehörige *Durchschnittsfunktion*

$$\bar{f}(x) = \frac{f(x)}{x}$$

ökonomisch wichtig. Diese Definition wird anschaulich klar, wenn die unabhängige Variable x in Mengen- oder Geldeinheiten gemessen werden.

Ebenso wie Grenzfunktionen stellen *Durchschnittsfunktionen* einer ökonomischen Funktion *mengen–* bzw. *stückbezogene Größen* dar.

♦

Zwischen einer *ökonomischen Funktion* f(x), ihrer *Grenzfunktion* f'(x) und ihrer *Durchschnittsfunktion* $\bar{f}$(x) bestehen folgende *Eigenschaften*, die wir am *Beispiel* der *Kostenfunktion* erklären :

*   f(1) = $\bar{f}$(1) , d.h., für x = 1 stimmen Kosten und Durchschnittskosten überein.

*   Für die *Extremwertstellen* der *Durchschnittskostenfunktion* $\bar{f}$(x) folgt aus der *Optimalitätsbedingung*

$$\bar{f}'(x) = \frac{d}{dx}\left(\frac{f(x)}{x}\right) = \frac{f'(x)\cdot x - f(x)\cdot 1}{x^2} = 0$$

die Beziehung

$$f'(x) = \frac{f(x)}{x} = \bar{f}(x)$$

d.h., für die Kostenfunktion f(x) stimmen die Werte der Grenzkosten f'(x) und der Durchschnittskosten $\bar{f}(x)$ genau in den stationären Punkten (speziell den Extremwertstellen) der Durchschnittskostenfunktion überein.

♦

14.6.3   Wachstum

Das *Wachstumsverhalten* von Funktionen spielt in der Wirtschaftsmathematik eine große Rolle.

Eine erste *Charakterisierung* des *Wachstums* ist *mittels* der *Monotonie* möglich :

Eine Funktion f(x) heißt *monoton*
* *wachsend*, wenn f(a) ≤ f(b) für a ≤ b
* *fallend*, wenn f(a) ≥ f(b) für a ≤ b

gelten.

Für *differenzierbare Funktionen* läßt sich die *Monotonie* von Funktionen folgendermaßen festellen. Eine Funktion f(x) ist in einem Intervall [a,b] *monoton*
* *wachsend*, wenn $f'(x) \geq 0$ für alle $x \in [a,b]$
* *fallend*, wenn $f'(x) \leq 0$ für alle $x \in [a,b]$

gelten.

Diese einfache Klassifikation des Wachstums reicht für ökonomische Interpretationen nicht immer aus. Man möchte zusätzlich wissen, ob das Wachstum einer Funktion beschleunigt oder verlangsamt verläuft. Dies läßt sich durch das *Krümmungsverhalten* (*Konvexität/Konkavität*) feststellen, das man für differenzierbare Funktionen mittels der zweiten Ableitung f''(x) bestimmen kann :

* $f''(x) > 0$: f(x) ist *konvex*

* $f''(x) < 0$: f(x) ist *konkav*

* $f''(x) = 0$: f(x) hat einen *Wendepunkt*, wenn $f'''(x) \neq 0$ gilt

Unter Verwendung der Konvexität/Konkavität spricht man bei *monoton wachsenden Funktionen* von

* *progressivem* (überproportionalem) *Wachstum*, wenn f(x) wachsend und konvex ist,

* *degressivem* (unterproportionalem) *Wachstum,* wenn f(x) wachsend und konkav ist,

* *linearem Wachstum,* wenn f(x) wachsend und $f''(x) \equiv 0$ ist.

Analog kann man die Abnahme bei monoton fallenden Funktionen mittels der Konvexität/Konkavität charakterisieren.

Im Beispiel 14.17 werden wir im Rahmen der Kurvendiskussion die gegebenen Wachstumsbegriffe veranschaulichen.

Eine weitere Möglichkeit zur Beschreibung des Wachstums einer Funktion f(t) der Zeit t wird durch das *Wachstumstempo* w(f,t) gegeben:

$$w(f,t) \;=\; \frac{f'(t)}{f(t)}$$

Beispiel 14.15:

Für einige im Abschn. 12.1 betrachtete *ökonomische* Funktionen wurde aus ökonomischen Gesichtspunkten die *Monotonie gefordert* (siehe Beispiel 12.3). Für die in den Funktionen enthaltenen noch frei wählbaren Parameter ergeben sich daraus Bedingungen, die mittels der ersten Ableitung bestimmt werden können:

a) Für die als *monoton fallend* vorausgesetzten *Nachfragefunktionen* N(x) aus Beispiel 12.3a) ergeben sich folgende Bedingungen für die enthaltenen Parameter (für x>0):

   a1) $N(x) = a - b \cdot x$

   Wegen $N'(x) = -b < 0$ muß $b > 0$ gelten.

   a2) $N(x) = c \cdot x^d$

   Wegen $N'(x) = c \cdot d \cdot x^{d-1} < 0$ muß $c \cdot d < 0$ gelten.

   a3) $N(x) = a \cdot b^x$

   Wegen $N'(x) = a \cdot b^x \cdot \ln b < 0$ müssen $a \cdot \ln b < 0$ und b>0 gelten.

b) Für die als *monoton wachsend* vorausgesetzten *Angebotsfunktionen* f(x) aus Beispiel 12.3b) ergeben sich folgende Bedingungen für die enthaltenen Parameter (für x>0):

   b1) $f(x) = a + b \cdot x$

   Wegen $f'(x) = b > 0$ muß $b > 0$ gelten.

   b2) $f(x) = a \cdot x^2 + b \cdot x + c$

   Wegen $f'(x) = 2 \cdot a \cdot x + b > 0$ muß $a > 0$, $b > 0$ gelten.

   b3) $f(x) = a \cdot \sqrt{b \cdot x + c}$

$$\text{Wegen} \quad f'(x) = \frac{a \cdot b}{2 \cdot \sqrt{b \cdot x + c}} > 0 \quad \text{muß } a{>}0,\ b{>}0,\ c{>}0 \text{ gelten.}$$

♦

14.6.4   Elastizität

Um die *Anpassungsfähigkeit* einer *ökonomischen Größe* y=f(x) an veränderte Bedingungen zu charakterisieren, verwendet man in der Wirtschaftsmathematik die *Elastizität* $E_f(x)$, die als Verhältnis von relativer (prozentualer) Änderung der abhängigen Größe y zur relativen (prozentualen) Änderung der unabhängigen Größe (Einflußgröße) x definiert ist, d.h.

$$\frac{\dfrac{\Delta y}{y}}{\dfrac{\Delta x}{x}} = \frac{\Delta y}{\Delta x} \cdot \frac{x}{y} = \frac{\Delta y}{\Delta x} \cdot \frac{x}{f(x)} \approx E_f(x) \quad \text{für kleine } \Delta x$$

In diesem Ausdruck geht man analog wie bei der Differentialrechnung von dem enthaltenen Differenzenquotienten durch Grenzwertbildung $\Delta x \rightarrow 0$ zum Differentialquotienten über und definiert

$$E_f(x) = \frac{f'(x)}{f(x)} \cdot x$$

als *Elastizität* (*Punktelastizität*) der Funktion f(x) bzgl. x, falls die betrachtete Funktion f(x) differenzierbar ist.

Die so definierte *Elastizität* ist *dimensionslos* und läßt sich *folgendermaßen charakterisieren* :

* Wenn man die unabhängige Variable x um a % (a klein) verändert, so verändert sich die abhängige Variable (Output) y=f(x) um näherungsweise $E_f(x) \cdot a\%$.

* Elastizitäten können sowohl positive als auch negative Werte annehmen. *Positive Elastizitäten* vergrößern die Funktion f(x), während *negative Elastizitäten* die Funktion f(x) verkleinern, wenn sich die unabhängige Variable x vergrößert. Je größer $|E_f(x)|$ ist, desto größer ist dabei die Änderung von f(x).

♦

Ein *ökonomische Funktion* f(x) *heißt*

* *elastisch* in x, wenn $|E_f(x)| > 1$

* *proportional–elastisch* in x, wenn $|E_f(x)| = 1$

* *unelastisch* in x, wenn $\left|E_f(x)\right| < 1$

Veranschaulichen wir die Elastizität in einem Anwendungsbeispiel.

Beispiel 14.16:

Betrachten wir die Elastizität für ein *Zahlenbeispiel* linearer *Nachfragefunktionen* $N(x) = -0{,}2 \cdot x + 400$ aus Beispiel 12.3a), wobei $N(x)$ die Nachfrage als Funktion des Preises (in GE) bedeutet.

Für die gegebene *Nachfragefunktion* ergibt sich die folgende *Elastizität*

$$E_N(x) = \frac{-0{,}2}{-0{,}2 \cdot x + 400} \cdot x$$

Berechnen wir diese *Elastizität* für *verschiedene x-Werte* in der folgenden *Tabelle*

x	800	900	1000	1100	1200	1300	1400	1500
$E_N(x)$	-0.67	-0.82	-1	-1.22	-1.5	-1.86	-2.33	-3

Die berechneten Werte zeigen, daß diese *Nachfragefunktion*

* für Preise von 800 und 900 GE *unelastisch* ist, d.h., in diesem Bereich haben Preisänderungen einen geringen Einfluß auf die Nachfrage.

* für den Preis von 1000 GE *proportional–elastisch* ist, d.h., eine Preisteigerung von a % hat einen Nachfragerückgang von a % zur Folge.

* für die Preise von 1100 bis 1500 GE *elastisch* ist, d.h., kleine Preisänderungen haben größere Nachfrageänderungen zur Folge (z.B. bei Konsumgütern)

♦

Bei *Funktionen mehrerer Variablen* definiert man analog zur Differentialrechnung *partielle Elastizitäten* bzgl. einzelner Variablen bzw. *Richtungselastizitäten*.

♦

14.7   Kurvendiskussion

Wir werden uns bei der *Kurvendiskussion* auf *Funktionen einer Variablen* beschränken. Bei Funktionen mehrerer Variablen ist die Vorgehensweise analog.

Wenn eine *Funktion* in *grafischer Darstellung* vorliegt, so lassen sich ihre wesentlichen *Eigenschaften*

* Definitions– und Wertebereich

* Nullstellen (Schnittpunkte mit der x–Achse)

* Schnittpunkte mit der y–Achse

* Extremwerte

* Wendepunkte

* Monotoniebereiche

* Krümmungsverhalten (Konvexität/Konkavität)

* Unstetigkeitsstellen(u.a. Lücken, Polstellen)

* Beschränktheit

* Verhalten im Unendlichen

näherungsweise aus der *Grafik ablesen.*

Meistens sind aber *Funktionen* in *analytischer Form,* d.h. durch *Formeln* gegeben. Die *Bestimmung* der aufgezählten *Eigenschaften* für analytisch gegebene Funktionen bezeichnet man als *Kurvendiskussion,* die meistens mit einer *grafischen Darstellung* der Funktion abgeschlossen wird.

Die wesentlichen *Eigenschaften* einer gegebenen *Funktion* lassen sich unter Verwendung der *Kommandos* zur

* *Gleichungslösung*

* *Differentiation*

* *grafischen Darstellung*

mit den einzelnen *Programmsystemen* einfach bestimmen. Wir demonstrieren dies im folgenden Beispiel an zwei ökonomischen Funktionen.

♦

Beispiel 14.17:

a) Betrachten wir ein konkretes Zahlenbeispiel für eine *Lagerkostenfunktion* aus Beispiel 12.3h)

$$y = 2 \cdot x + \frac{1}{x} + 3$$

die nur für postive x–Werte (Definitionsbereich) ökonomisch interessant ist.

Wir verwenden MATHEMATICA zur

* Berechnung der *Nullstellen* mittels des *Kommandos* zur *Gleichungslösung* **Solve** [2*x + 1/x + 3 == 0 , x]

  Man erhält die beiden negativen *Nullstellen* −1 und −1/2, die außerhalb des gegebenen Definitionsbereichs liegen.

* Berechnung der *Extremwerte* durch *Lösen* der *notwendigen Optimalitätsbedingungen*

  Solve [**D** [2*x + 1/x + 3 , x] == 0 , x]

  die ein *Minimum* für x= $\sqrt{2}$ / 2 liefert. Für diesen Wert (*optimaler Lagerbestand*) sind die Lagerkosten am niedrigsten.

* Untersuchung des *Verhaltens* im *Nullpunkt* (von rechts) und im *Unendlichen* mittels

  Limit [2*x + 1/x + 3 , x–>0 , Direction →−1]   bzw.

  Limit [2*x + 1/x + 3 , x–>Infinity]

  liefert für beide Unendlich, d.h., die Funktion strebt nach Unendlich, wenn x gegen Null oder Unendlich strebt.

* *Berechnung* der *ersten Ableitung* mittels

  D [2*x + 1/x + 3 , x]

  die für x < $\sqrt{2}$ / 2 negativ (Funktion *monoton fallend*) und für x > $\sqrt{2}$ / 2 positiv (Funktion *monoton wachsend*) ist.

* *Berechnung* der *zweiten Ableitung* mittels

  D [2*x + 1/x + 3 , { x , 2}]

  liefert das Ergebnis $\dfrac{2}{x^3}$, d.h., sie ist für positive x–Werte positiv, so daß die Funktion *konvex* ist und *keine Wendepunkte* besitzt.

  Mit den berechneten Monotonieintervallen ergeben sich damit für die betrachtete *Lagerkostenfunktion*

  ⇒ *progressives Wachstum* für x > $\sqrt{2}$ / 2

  ⇒ *degressive Abnahme* für x < $\sqrt{2}$ / 2

* *grafischen Darstellung* der *Funktionskurve*

  mittels des *Grafikkommandos*

  Plot [2*x + 1/x + 3 , { x , 0 , 5 } , PlotRange –> { { 0 , 5 } , { 0 , 25 } } , AxesOrigin –> { 0 , 0 }]

Die in Abb. 14.7 zu sehende *Funktionskurve* bestätigt die abgeleiteten Eigenschaften der Funktion.

Abb.14.7. Graph der Funktion aus Beispiel 14.17a) mittels MATHE-MATICA

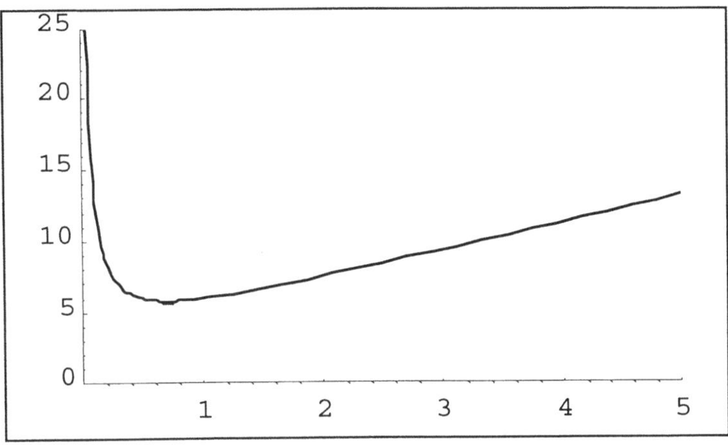

b) Betrachten wir ein konkretes *Zahlenbeispiel* für die *logistische Funktion* aus Beispiel 12.3j)

$$y = y(t) = \frac{10}{1 + 5 \cdot e^{-2 \cdot t}}$$

die nur für postive t–Werte (Definitionsbereich) ökonomisch interessant ist. Wir verwenden MAPLE zur

* Berechnung der *Nullstellen* mittels des *Kommandos* zur *Gleichungslösung* **solve** (10/(1 + 5*E^(–2*t))) = 0 , t) ;

  Da *keine Nullstellen* existieren, findet MAPLE ebenfalls keine.

* Berechnung der *Extremwerte* durch *Lösen* der *notwendigen Optimalitätsbedingungen*

  solve (**diff** (10/(1 + 5*E^(–2*t)) , t) = 0 , t) ;

  Da *keine Extremwerte* existieren, findet MAPLE ebenfalls keine.

* Untersuchung des *Verhaltens* im *Nullpunkt* und im *Unendlichen* mittels

  limit (10/(1 + 5*E^(–2*t)) , t = 0) ;   bzw.

  limit (10/(1 + 5*E^(–2*t)) , t = infinity) ;

  liefert 5/3 bzw. 10, d.h., die Funktion strebt gegen die Asymptote y=10, wenn x gegen Unendlich strebt.

* Berechnung der *ersten Ableitung* mittels

  diff (10/(1 + 5*E^(–2*t)) , t) ;

  MAPLE liefert das *Ergebnis*

$$100\,\frac{E^{(-2t)}}{\left(1 + 5\,E^{(-2t)}\right)^2}$$

d.h., die erste Ableitung ist für alle t–Werte positiv. Dies bedeutet, daß die Funktion monoton wächst.

* Berechnung der *zweiten Ableitung* mittels

   diff (10/(1 + 5*E^(−2*t))) , t\$2) ;

   liefert die Funktion

$$2000\,\frac{E^{(-2t)^2}}{\left(1 + 5\,E^{(-2t)}\right)^3} - 200\,\frac{E^{(-2t)}}{\left(1 + 5\,E^{(-2t)}\right)^2}$$

für die MAPLE die Nullstelle $t_0 = \ln(5)/2$ berechnet. Damit besitzt die logistische Funktion in t_0 einen Wendepunkt, in dem sie von konvex in konkav übergeht. Mit dem berechneten monotonen Wachstum ergibt sich damit für die betrachtete *Lagerkostenfunktion*

$\Rightarrow$ *progressives Wachstum* für $t < t_0$

$\Rightarrow$ *degressives Wachstum* für $t > t_0$

* *grafischen Darstellung* der *Funktionskurve*

   mittels des *Grafikkommandos*

   plot (10/(1 + 5*E^(−2*t)) , t = 0 .. 5) ;

   Die in Abb. 14.8 zu sehende Funktionskurve bestätigt die abgeleiteten Eigenschaften der Funktion.

Abb.14.8.
Graph der
Funktion aus
Beispiel
14.17b) mit-
tels MAPLE

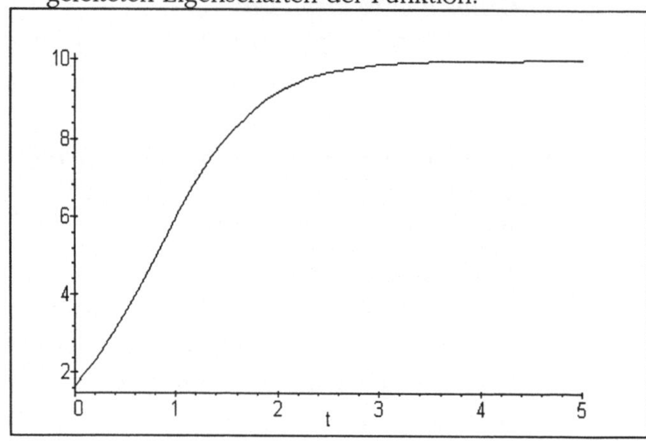

15 Integralrechnung

Beginnen wir mit dem einfachsten Fall der *Integration* von *Funktionen einer Variablen* $y = f(x)$:

* Die Lösung der Aufgabe, ob eine gegebene Funktion $f(x)$ die Ableitung einer zunächst noch unbekannten Funktion $F(x)$ ist (d.h. $F'(x) = f(x)$), führt zur *Integralrechnung*.

* Die gesuchte Funktion $F(x)$ wird als *Stammfunktion* bezeichnet.

* Alle für eine Funktion $f(x)$ existierenden *Stammfunktionen* $F(x)$ unterscheiden sich höchstens um eine Konstante.

* Die Gesamtheit von Stammfunktionen für die Funktion $f(x)$ bezeichnet man als *unbestimmtes Integral* und schreibt

$$\int f(x)\, dx$$

Es stellen sich folgende zwei *Fragen:*

I. Besitzt jede Funktion $f(x)$ eine Stammfunktion $F(x)$?

II. Wie kann man für eine gegebene Funktion $f(x)$ eine Stammfunktion $F(x)$ bestimmen ?

Die *erste Frage* läßt sich für eine große Klasse von Funktionen positiv beantworten:

Jede auf einem Intervall $[a,b]$ *stetige Funktion* $f(x)$ *besitzt dort eine Stammfunktion* $F(x)$.

Dies ist jedoch nur eine *Existenzaussage*, die keinen Algorithmus zur Bestimmung der Stammfunktion liefert. So läßt sich die *zweite Frage* nicht immer positiv beantworten.

Neben dem unbestimmten Integral wird das *bestimmte Integral*

$$\int_a^b f(x)\, dx$$

benötigt, das bei vielen Problemen der Wirtschaftsmathematik eine große Rolle spielt.

Beide Integraltypen sind durch den *Hauptsatz* der *Differential-* und *Integralrechnung*

$$\int_a^b f(x)\, dx = F(b) - F(a)$$

miteinander verbunden, wobei F(x) eine Stammfunktion von f(x) ist. Dieser Satz liefert die folgende *Formel* für eine *Stammfunktion*

$$F(x) = \int_a^x f(x)\, dx + F(a)$$

Damit ist aber das *Problem nicht gelöst*, zu einer gegebenen stetigen Funktion f(x), die sich aus bekannten Elementarfunktionen

$$x^n,\ e^x,\ \ln x,\ \sin x, \ldots$$

zusammensetzt, die *Stammfunktion* F(x) *explizit* zu *bestimmen*.

Im Falle der Stetigkeit der Funktion f(x) ist bekannt, daß eine Stammfunktion F(x) existiert, man weiß aber nicht, ob und wie F(x) durch elementare Funktionen gebildet werden kann, d.h., es existieren *keine* universellen *endlichen Algorithmen* zur *Bestimmung* der *Stammfunktion* F(x) für eine beliebige stetige Funktion f(x).

Es gibt eine Reihe von *Verfahren*, um für spezielle Funktionen f(x) die *Stammfunktion* F(x) zu *konstruieren*. Hierzu gehören *partielle Integration, Partialbruchzerlegung* (für gebrochenrationale Funktionen) und *Substitution*, die auch von den *Computeralgebra-Programmen* genutzt werden.

Aufgrund der geschilderten Problematik stößt die Computeralgebra bei der *exakten (symbolischen) Berechnung* von Integralen schnell an Grenzen, befreit aber von aufwendiger Rechenarbeit bei lösbaren Aufgaben. Alle Programmsysteme besitzen zusätzlich *Numerikkommandos* zur *numerischen (näherungsweisen) Berechnung* bestimmter Integrale, wenn die exakte (symbolische) Berechnung versagt.

♦

15.1 Ökonomische Anwendungen

Aus der Vielzahl der *ökonomischen Anwendungen* von Integralen können wir nur einige wichtige Beispiele herausgreifen.

Beispiel 15.1:

a) Da sich die im Abschn. 14.6.1 gegebenen *Grenzfunktionen* als Ableitungen ökonomischer Funktionen definieren, gestattet die

Integralrechnung die *Bestimmung ökonomischer Funktionen* aus ihren *Grenzfunktionen*, wie im folgenden an drei Beispielen gezeigt wird:

(1) Wenn die *Grenzkostenfunktion* $K'(x)$ gegeben ist, so berechnet sich die *Kostenfunktion* $K(x)$ unter Verwendung des Hauptsatzes der Differential- und Integralrechnung aus

$$K(x) = \int_0^x K'(s)\,ds + K(0)$$

wobei $K(0)$ die *fixen Kosten* darstellen.

(2) Die *Erlösfunktion* $E(x)$ ist eine *Stammfunktion* des *Grenzerlöses* $E'(x)$, d.h., sie ergibt sich aus

$$E(x) = \int_0^x E'(s)\,ds$$

da der Erlös $E(0)$ bei einem Absatz $x=0$ wegen

$E(x) = x \cdot p(x)$ immer Null ist.

(3) Die *stetige Funktion* $S(x)$ bezeichne den zum Jahreseinkommen x (in GE) gehörigen *Steuersatz* eines Steuerpflichtigen, der sich folgendermaßen berechnet:

* $S(x) = 0$ für $x \in [\,0,\,12\,000\,]$ (*steuerfreies Existenzminimum*)

* $S'(x) = \dfrac{x}{190\,000} + \dfrac{1}{10}$ für $x \in [\,12\,000\,,\,120\,000\,]$

(*linearer Grenzsteuersatz*)

* $S'(x) = 0.73$ für $x \geq 120\,000$ (*konstanter Grenzsteuersatz*)

Damit ergibt sich durch *Integration*

* im Intervall $x \in [\,12\,000\,,\,120\,000\,]$ der *Steuersatz*

$$S(x) = \int (\frac{x}{190\,000} + \frac{1}{10})\,dx = \frac{x^2}{380\,000} + \frac{x}{10} + c$$

worin sich die Integrationskonstante c wegen der Stetigkeit der Steuerfunktion $S(x)$ aus

$$S(12\,000) = \frac{12\,000^2}{380\,000} + \frac{12\,000}{10} + c = 0$$

berechnet, d.h. $c = -1579$.

*   für $x \geq 120\,000$ der *Steuersatz*

$$S(x) = \int 0.73 \; dx = 0.73 \cdot x + c$$

worin sich die Integrationskonstante c wegen der Stetigkeit aus $S(120\,000) = 48\,316 = 0.73 \cdot 120\,000 + c$ berechnet, d.h. $c = -39\,284$.

Damit wurde folgende *stetige Steuersatzfunktion* berechnet

$$S(x) = \begin{cases} 0 & \text{für} & x \leq 12\,000 \\[2mm] \dfrac{x^2}{380\,000} + \dfrac{x}{10} - 1579 & \text{für} & 12\,000 \leq x \leq 120\,000 \\[2mm] 0.73 \cdot x - 39\,284 & \text{für} & x \geq 120\,000 \end{cases}$$

b) *Konsumentenrente*

Betrachten wir für eine *Ware* die *Nachfragefunktion* $p = P_N(x)$, in der $P_N(x)$ den Preis (in GE) und x die abgesetzte/nachgefragte Menge (in ME) der Ware darstellen (siehe Beispiel 12.3a). Diese Funktion wird in der Ökonomie als monoton fallend vorausgesetzt, da der Preis $P_N(x)$ sinkt, je mehr von der Ware angeboten wird, d.h., je größer x wird.

Wenn sich aufgrund des *Marktmechanismus* in x_0 ein *Gleichgewichtszustand* mit dem *Preis* $p_0 = P_N(x_0)$ einstellt, für den der *Erlös* $E_0 = x_0 \cdot p_0$ beträgt, so ergibt sich der theoretisch *mögliche Gesamterlös* E bis zu x_0 aus

$$E = \int_0^{x_0} P_N(x) \; dx$$

Dieses Integral folgt unmittelbar aus der *Integraldefinition* als *Grenzwert* der *Summe*, die die Konsumenten insgesamt gezahlt hätten, wenn jeder den für ihn maximalen Preis gezahlt hätte:

$$E = \lim_{n \to \infty} \sum_{i=1}^{n} \frac{x_0}{n} \cdot P_N \left(\frac{i \cdot x_0}{n} \right)$$

Die *Konsumentenrente* im *Gleichgewichtszustand* $K_R(x_0)$ wird als *Differenz*

$$K_R(x_0) = E - E_0 = \int_0^{x_0} P_N(x) \; dx - x_0 \cdot p_0$$

definiert und liefert aus der Sicht des *Konsumenten* die *Einsparung*, wenn erst im *Gleichgewichtszustand gekauft* wird.

c) *Produzentenrente*

Das *Analogon* zur *Konsumentenrente* für den *Konsumenten* aus Beispiel b) bildet für den *Produzenten* die *Produzentenrente.*

Hier wird für eine Ware die *Angebotsfunktion* p = $P_A(x)$ betrachtet (siehe Beispiel 12.3b), in der $P_A(x)$ den Preis (in GE) und x die vom Produzenten angebotene Menge (in ME) der Ware darstellen. Diese Funktion wird in der Ökonomie als *monoton wachsend* vorausgesetzt, da die angebotene Menge x der Ware erhöht wird, wenn der Preis $P_A(x)$ steigt.

Die zur Ware gehörige *monoton fallende Nachfragefunktion* (siehe Beispiel b)) sei durch p = $P_N(x)$ gegeben.

Im *Marktgleichgewicht* (x_0, p_0) *schneiden* sich die beiden *Funktionen,* d.h., es gilt $p_0 = P_A(x_0) = P_N(x_0)$. Für diesen *Gleichgewichtsfall* beträgt der *Erlös* für den *Produzenten* $E_0 = x_0 \cdot p_0$, während sich der theoretisch *mögliche Gesamterlös* E bis zu x_0 aus

$$E = \int_0^{x_0} P_A(x)\, dx$$

analog wie im Beispiel b) ergibt.

Diejenigen *Produzenten*, die zu einem niedrigeren Preis verkauft hätten, erreichen damit den *zusätzlichen Gewinn*

$$\Gamma_R(x_0) = E_0 \quad E = x_0 \cdot p_0 - \int_0^{x_0} P_A(x)\, dx$$

der als *Produzentenrente* bezeichnet wird.

d) *kontinuierliche Zahlungen*

In einem ökonomischen Prozeß wird vorausgesetzt, das die Zahlungen mittels eines stetigen (kontinuierlichen), zeitabhängigen *Zahlungsstromes* R(t) (in GE/Zeiteinheit) durchgeführt werden. Die *Summe* K der in einem kleinen *Zeitintervall* dt durchgeführten *Zahlungen* ergeben sich näherungsweise aus R(t) · dt so daß man die gesamten im Zeitintervall [0,T] geflossenen Zahlungen K_T aus dem bestimmten *Integral*

$$K_T = \int_0^T R(t)\, dt$$

erhält.

Den *Gegenwartswert* eines von 0 bis T kontinuierlich fließenden Zahlungsstromes erhält man durch Multiplikation von R(t) mit dem *Barwertfaktor* (siehe Abschn. 11.2) mittels des bestimmten Integrals

$$K_0 \;=\; \int\limits_0^T R(t)\cdot e^{-r\,\cdot\,t}\; dt$$

Ist der *Zahlungsstrom zeitlich nicht beschränkt,* kommt man zu *unendlichen Zahlungsströmen.* Man kann T immer größer wählen (d.h. T→∞), so daß sich der *Gegenwartswert* aus dem *uneigentlichen Integral*

$$K_0 \;=\; \int\limits_0^\infty R(t)\cdot e^{-r\,\cdot\,t}\; dt \qquad \textit{berechnet.}$$

e) *Kapitalstock*

Die zeitliche *Änderung* K'(t) des *Kapitalstocks* K(t) einer Volkswirtschaft ergibt sich aus den Nettoinvestitionen N(t) zum Zeitpunkt t, d.h. K'(t) = I(t)

Damit berechnet sich der Kapitalstock K(T) zum Zeitpunkt T als bestimmtes Integral aus den Investitionen I(t) im Zeitraum von 0 bis T:

$$K(T) \;=\; \int\limits_0^T I(t)\, dt \;+\; K(0)$$

wenn der Kapitalstock zum Zeitpunkt 0 bekannt ist.

f) *Wachstumsprozesse*

Im Abschn. 14.6.3 wurde zur Beschreibung des Wachstums einer zeitabhängigen *ökonomischen Funktion* f(t) das *Wachstumstempo* w(f,t) mittels

$$w(f,t) \;=\; \frac{f'(t)}{f(t)}$$

eingeführt. Wenn das *Wachstumstempo* w(f,t) als *konstant* gleich k gegeben ist, so berechnet sich die Funktion f(t) (>0 vorausgesetzt) durch Integration aus $\ln f(t) = k\cdot t + K$, wobei K die Integrationskonstante darstellt. Eine Auflösung nach f(t) liefert das *Ergebnis* $f(t) = C\cdot e^{k\cdot t}$ mit der noch frei wählbaren *Integrationskonstanten* $C = e^K$.

Eine *typische Anwendung* von *Wachstumsprozessen* wird durch den Prozeß der *kontinuierlichen Verzinsung* geliefert (siehe

Abschn. 11.2), bei dem sich das *Endkapital* K(T) nach der Zeit T bei einem *Zinssatz* i aus dem *Anfangskapital* K_0 mittels

$$K(T) = K_0 \cdot e^{i \cdot T}$$

berechnet. Das *Wachstumstempo* ist hier *konstant* und durch den Zinssatz i gegeben.

g) In einer Firma ist der Bedarf pro Zeiteinheit an einem Artikel durch eine stetige Funktion b(t) gegeben und wird aus einem Lager mit dem Anfangsbestand von L(0) Einheiten befriedigt. Der *Lagerbestand* L(T) zur Zeit T berechnet sich dann aus

$$L(T) = L(0) - \int_0^T b(t)\, dt$$

wenn das Lager nicht wieder aufgefüllt wird.

Wenn die Lagerkosten pro Zeiteinheit für eine Einheit des Artikels durch die Funktion k(t) gegeben ist, so berechnen sich die gesamten *Lagerkosten* K(T) bis zum Zeitpunkt T mittels des *Doppelintegrals*

$$K(T) = \int_0^T k(t) \cdot \left(L(0) - \int_0^t b(s)\, ds \right) dt = L(0) \cdot \int_0^T k(t)\, dt - \int_0^T \int_0^t k(t) \cdot b(s)\, ds\, dt$$

◆

15.2 Berechnung unbestimmter und bestimmter Integrale

Zur *exakten (symbolischen) Berechnung* bestimmter und unbestimmter *Integrale* besitzen die einzelnen Programmsysteme folgende *Kommandos/Menüs*:

DERIVE DERIVE stellt für die *Integration* der *Funktion* f(x) folgende *Menüfolgen* zur Verfügung:

* **Author:** f(x) $\Rightarrow$ **Calculus** $\Rightarrow$ **Integrate (expression: #... variable:** x **Lower limit: Upper limit:)** $\Rightarrow$ **Simplify**

  wobei in *expression:* nach # die Nummer der vorher eingegebenen Funktion f(x) steht, unter der diese im Arbeitsfenster zu finden ist. Möchte man eine andere Funktion aus dem Arbeitsfenster integrieren, so ist nach # die entsprechende Nummer dieser Funktion einzutragen.

  Möchte man ein *unbestimmtes Integral* berechnen, so ist bei *Lower limit* (untere Grenze) und *Upper limit* (obere Grenze) nichts einzutragen, während man für *bestimmte Integrale* hier a (untere Grenze) bzw. b (obere Grenze) eingibt.

* **Author: int** (f(x) , x) $\Rightarrow$ **Simplify** (für *unbestimmte Integrale*)
* **Author: int** (f(x) , x , a , b) $\Rightarrow$ **Simplify** (für *bestimmte Integrale*)

Beispiel 15.2:

a) Das *unbestimmte Integral* aus Beispiel 15.1a)

$$S(x) = \int (\frac{x}{190\,000} + \frac{1}{10}) \, dx = \frac{x^2}{380\,000} + \frac{x}{10} + c$$

wird *mittels* **Author: int** (x/190000 + 1/10 , x) $\Rightarrow$ **Simplify** *berechnet.*

b) Das *bestimmte Integral* aus Beispiel 15.1d) mit konstantem R

$$K_0 = \int_0^T R \cdot e^{-r \cdot t} \, dt = \frac{R}{r} - \frac{R \cdot e^{-r \cdot T}}{r}$$

wird *mittels* **Author: int** (R*exp(– r*t) , t , 0 , T) $\Rightarrow$ **Simplify** *berechnet.*

$\blacklozenge$

MAPLE MAPLE stellt für die *Integration* der *Funktion* f(x) folgende *Kommandos* zur Verfügung:

* **int** (f(x) , x) ;   für *unbestimmte Integrale*
* **int** (f(x) , x = a .. b) ;   für *bestimmte Integrale*

Beispiel 15.3:

a) Das *unbestimmte Integral* aus Beispiel 15.1a)

$$S(x) = \int (\frac{x}{190\,000} + \frac{1}{10}) \, dx = \frac{x^2}{380\,000} + \frac{x}{10} + c$$

wird *mittels* **int** (x/190000 + 1/10 , x) ; *berechnet.*

b) Das *bestimmte Integral* aus Beispiel 15.1d) mit konstantem R

$$K_0 = \int_0^T R \cdot e^{-r \cdot t} \, dt = \frac{R}{r} - \frac{R \cdot e^{-r \cdot T}}{r}$$

wird *mittels* **int** (R*exp(– r*t) , t = 0 .. T) ; *berechnet.*

$\blacklozenge$

MATHCAD Für die *Berechnung unbestimmter Integrale*

$\int f(x) \, dx$ gibt es *zwei Möglichkeiten* :

I. Die zu integrierende Funktion f(x) wird eingegeben, danach eine Variable x mit dem Kursor markiert und abschließend die *Menüfolge* **Symbolic** $\Rightarrow$ **Integrate on Variable** aktiviert.

II. Durch Anklicken des *Integraloperators* (für die unbestimmte Integration)

 aus der *Operatorpalette* Nr.5 (*Berechnungspalette*) erscheint das *Symbol*

$$\int \blacksquare \, d\blacksquare$$

im Arbeitsfenster, in dessen beide *Platzhalter* man die *Funktion* f(x) und die *Integrationsvariable* x einträgt, d.h.

$$\int f(x)\, dx$$

Danach *umrahmt* man den gesamten *Ausdruck* mit einer *Selektionsbox*. Die *abschließende Durchführung einer* der folgenden *Aktivitäten*

(1) **Symbolic $\Rightarrow$ Evaluate $\Rightarrow$ Evaluate Symbolically**

(2) **Symbolic $\Rightarrow$ Simplify**

(3) *Eingabe* des *symbolischen Gleichheitszeichens* $\rightarrow$

berechnet das *unbestimmte Integral*.

Die *Berechnung bestimmter Integrale*

$$\int_a^b f(x)\, dx$$ geschieht *folgendermaßen*:

* Durch Anklicken des *Integraloperators* (für die *bestimmte Integration*)

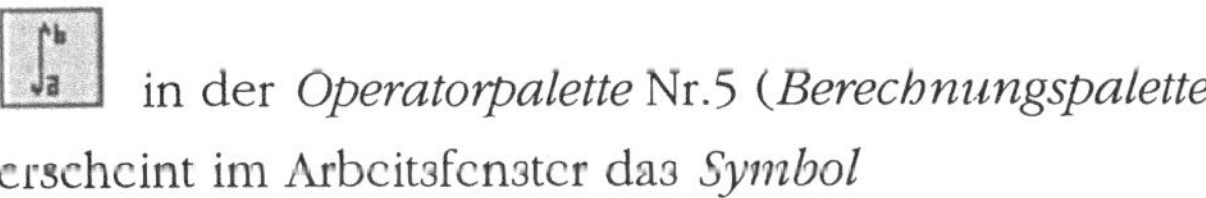 in der *Operatorpalette* Nr.5 (*Berechnungspalette*) erscheint im Arbeitsfenster das *Symbol*

$$\int_{\blacksquare}^{\blacksquare} \blacksquare \, d\blacksquare$$

* in die *Platzhalter* dieses Symbols werden die *Integrationsgrenzen* a und b, die zu integrierende *Funktion* f(x) und die *Integrationsvariable* x eingetragen, d.h.

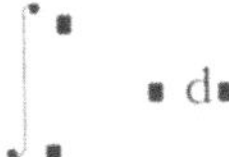
$$\int_a^b f(x)\, dx$$

* Danach *umrahmt* man den gesamten *Ausdruck* mit einer *Selektionsbox.*

* Die *abschließende Durchführung einer* der folgenden *Aktivitäten*

 (1) **Symbolic $\Rightarrow$ Evaluate $\Rightarrow$ Evaluate Symbolically**

 (2) **Symbolic $\Rightarrow$ Simplify**

 (3) *Eingabe* des *symbolischen Gleichheitszeichens* $\rightarrow$

berechnet das *bestimmte Integral.*

Beispiel 15.4:

a) Das *unbestimmte Integral* aus Beispiel 15.1a)

$$S(x) \;=\; \int (\frac{x}{190\,000} + \frac{1}{10})\, dx \;=\; \frac{x^2}{380\,000} + \frac{x}{10} + c$$

wird nach Eingabe des Integrals *mittels* des *symbolischen Gleichheitszeichens*

$$\int \frac{x}{190000} + \frac{1}{10}\, dx \;\rightarrow\; \frac{1}{380000}\cdot x^2 + \frac{1}{10}\cdot x$$

oder *mittels* der *Menüfolge*

Symbolic $\Rightarrow$ Evaluate $\Rightarrow$ Evaluate Symbolically

$$\int \frac{x}{190000} + \frac{1}{10}\, dx \qquad \text{yields} \qquad \frac{1}{380000}\cdot x^2 + \frac{1}{10}\cdot x$$

berechnet.

b) Das *bestimmte Integral* aus Beispiel 15.1d) mit konstantem R

$$K_0 \;=\; \int_0^T R\cdot e^{-r\cdot t}\, dt \;=\; \frac{R}{r} - \frac{R\cdot e^{-r\cdot T}}{r}$$

wird nach Eingabe des Integrals *mittels* des *symbolischen Gleichheitszeichens*

$$\int_0^T R\cdot e^{-r\cdot t}\, dt \;\rightarrow\; \frac{-1}{r}\cdot \exp(-r\cdot T)\cdot R + \frac{1}{r}\cdot R$$

oder *mittels* der *Menüfolge*

Symbolic $\Rightarrow$ Evaluate $\Rightarrow$ Evaluate Symbolically

$$\int_0^T R \cdot e^{-r \cdot t}\, dt \qquad \text{yields} \qquad \frac{-1}{r} \cdot \exp(-r \cdot T) \cdot R + \frac{1}{r} \cdot R$$

berechnet.

♦

MATHEMA-TICA

MATHEMATICA stellt für die *Integration* der *Funktion* f(x) folgende *Kommandos* zur Verfügung:

* **Integrate** [f(x) , x]   für *unbestimmte Integrale*

* **Integrate** [f(x) , { x , a , b }]   für *bestimmte Integrale*

Beispiel 15.5:

a) Das *unbestimmte Integral* aus Beispiel 15.1a)

$$S(x) \;=\; \int \left(\frac{x}{190\,000} + \frac{1}{10} \right) dx \;=\; \frac{x^2}{380\,000} + \frac{x}{10} + c$$

wird *mittels* **Integrate** [x/190000 + 1/10 , x] *berechnet.*

b) Das *bestimmte Integral* aus Beispiel 15.1d) mit konstantem R

$$K_0 \;=\; \int_0^T R \cdot e^{-r \cdot t}\, dt \;=\; \frac{R}{r} - \frac{R \cdot e^{-r \cdot T}}{r}$$

wird *mittels* **Integrate** [R*Exp [−r*t] , { t , 0 , T }] *berechnet.*

♦

Können die Programme ein *Integral nicht* exakt (symbolisch) *berechnen*, so zeigen sie es auf eine der folgenden Arten an:

* Es erscheint eine *Meldung*, so z.B. bei MATHCAD:

  No closed form found for integral (Keine geschlossene Form für das Integral gefunden).

* Das zu berechnende *Integral* wird *unverändert* als Ergebnis auf dem Bildschirm *ausgegeben.*

* Die *Berechnung* wird *nicht beendet.*

♦

Wenn die *exakte (symbolische) Berechnung* eines *bestimmten Integrals*

$$\int_a^b f(x)\, dx$$

versagt, kann man auf die *Numerikkommandos* der Computeralgebra-Programme zurückgreifen.

Mit den Numerikkommandos läßt sich auch eine *Stammfunktion* F(x) (und damit das *unbestimmte Integral*) in einzelnen Punkten x *berechnen*, wenn man die Formel

$$F(x) \;=\; \int\limits_{a}^{x} f(x)\,dx$$

verwendet und das darin enthaltene bestimmte Integral für die gewünschten x-Werte numerisch berechnet. Man erhält damit eine Liste von Funktionswerten, d.h. eine *tabellarische Darstellung* von F(x)

*   die man mit den Grafikkommandos *grafisch darstellen* kann (siehe Abschn.12.2),

*   die man durch *analytische Funktionen* mittels *Interpolation* oder *Methode der kleinsten Quadrate annähern* kann.

♦

Zur *numerischen (näherungsweisen) Berechnung* von *bestimmten Integralen* stellen die einzelnen Programmsysteme folgende *Kommandos/Menüs* zur Verfügung:

DERIVE In der *Menüfolge* zur *symbolischen Berechnung* des bestimmten Integrals ist das Menü *Simplify* durch **approX** zu *ersetzen*.

MAPLE Es bestehen zwei Möglichkeiten:

I.   Die direkte Anwendung des *Numerikkommandos*

evalf (**int** (f(x) , x = a .. b)) ;

berechnet das *bestimmte Integral näherungsweise.*

II. Falls man zuerst eine symbolische Berechnung des Integrals mittels **int** (f(x) , x = a .. b) ; versucht hat und kein Ergebnis geliefert wurde, schließt man das *Numerikkommando* **evalf** (") ; an.

MATHCAD Bei der *numerischen Berechnung* eines Integrals geht man *folgendermaßen* vor:

I.   Durch Anklicken des *Integraloperators* (für die *bestimmte Integration*)

 in der *Operatorpalette* Nr.5 (*Berechnungspalette*) erscheint das *Symbol*

$$\int_{\blacksquare}^{\blacksquare} \blacksquare \; d\blacksquare$$

im Arbeitsfenster.

II. In die entsprechenden *Platzhalter* dieses Symbols werden die zu integrierende *Funktion* f(x), die *Integrationsgrenzen* a und b und die *Integrationsvariable* x eingetragen.

III. Im Unterschied zur exakten Berechnung wird *abschließend* das *numerische Gleichheitszeichen* = eingegeben.

MATHEMA-TICA

Für die *numerische Berechnung* eines *bestimmten Integrals* sind *zwei Vorgehensweisen* möglich:

I. An das *Kommando* zur *symbolischen Integration* wird der *Zusatz* //**N** *angehängt*, d.h. **Integrate** [f(x) , { x , a , b }] //**N**

II. Das *Kommando* zur *numerischen Integration* wird verwendet:

NIntegrate [f(x) , { x , a , b }]

◆

EXCEL

Zur *numerischen Berechnung* eines *Integrals* gibt es in EXCEL keine integrierten Funktionen. Es bleibt hier nur die Möglichkeit, mit den enthaltenen Programmiersprachen einen numerischen Algorithmus zu implementieren, wie in [10] beschrieben wird.

◆

Aus den Handbüchern zu den einzelnen Programmsystemen ist nicht immer ersichtlich, welche *numerischen Integrationsmethoden* angewendet werden. Falls ein Numerikkommando keine befriedigenden Ergebnisse für ein zu berechnendes Integral liefert, kann man eigene Programme schreiben, wenn man die im Kap. 5 gegebenen Hilfsmittel verwendet.

◆

Beispiel 15.6:

Das *bestimmte Integral* $\int_{1}^{2} e^{x^2}\, dx$ läßt sich *nicht exakt* (symbolisch) berechnen. Man ist auf *numerische Methoden* angewiesen.

Mit den in den einzelnen Programmsystemen integrierten *Numerikkommandos* ergibt sich folgendes:

* DERIVE berechnet mittels der *Menüfolge*

   Author: exp (x∧2) ⇒ **Calculus** ⇒ **Integrate (expression: #...
   variable:** x **Lower limit:**1   **Upper limit:**2   ) ⇒ **approX**

   den *Näherungswert* 14.99, wobei in *expression:* nach # die Nummer der eingegebenen Funktion exp (x∧2) steht , unter der diese im Arbeitsfenster zu finden ist.

* MAPLE berechnet mittels **evalf (int** (exp (x^2)), x = 1 .. 2)) ; den *Näherungswert* 14.99.

* MATHCAD berechnet mittels des *numerischen Gleichheitszeichen*

$$\int_1^2 e^{x^2}\, dx = 14.99$$

* MATHEMATICA berechnet mittels

  NIntegrate [Exp[x^2] , { x , 1 , 2 }] den *Näherungswert* 14.99.

  ♦

15.3   Berechnung uneigentlicher Integrale

Die Berechnung *uneigentlicher Integrale* spielt auch bei ökonomischen Problemen eine Rolle, wie wir im Beispiel 15.1 gesehen haben.

Man unterscheidet die folgenden drei *Formen* uneigentlicher Integrale:

I. Das *Integrationsintervall* ist *unbeschränkt*, z.B.

$$\int_1^\infty \frac{1}{x^2}\, dx$$

II. Der *Integrand* f(x) ist im Integrationsintervall [a,b] *unbeschränkt*, z.B.

$$\int_{-1}^1 \frac{1}{x^4}\, dx$$

III. Sowohl das *Integrationsintervall* als auch der *Integrand* sind *unbeschränkt*, z.B.

$$\int_0^\infty \frac{1}{x-1}\, dx$$

Der Fall I. des unbeschränkten Integrationsintervalls kommt bei ökonomischen Problemen am häufigsten vor und kann mit allen Programmen einfach behandelt werden, da diese als Integrationsgrenzen *Unendlich* (∞) zulassen.

Beispiel 15.7:

Für das *uneigentliche Integral* $\displaystyle\int_0^\infty R \cdot e^{-r \cdot t}\, dt$

aus Beispiel 15.1d) bei konstantem Zahlungsstrom R kann man per Hand unter der Voraussetzung r>0 das *Ergebnis* R/r berechnen.

Dieses Ergebnis kann man von den Programmsystemen nicht erwarten, da das Integral für r<0 divergiert. Bis auf MAPLE liefern die Programme kein Ergebnis. Lediglich MAPLE erkennt die Abhängigkeit des Ergebnisses von r.

Wenn man für r einen *Zahlenwert* eingibt, z.B. r = 5, so *berechnen* die *Programmsysteme*

*   DERIVE *mittels*

    Author: int (R*exp(-5*t) , t , 0 , inf) $\Rightarrow$ **Simplify**

*   MAPLE *mittels* **integrate** (R*exp(-5*t) , t = 0 .. infinity) **;**

*   MATHCAD nach Eingabe des Integrals mittels des *symbolischen Gleichheitszeichens*

    $$\int_0^\infty R \cdot e^{-5 \cdot t}\, dt \rightarrow \frac{1}{5} \cdot R$$

    oder der *Menüfolge*

    Symbolic $\Rightarrow$ Evaluate $\Rightarrow$ Evaluate Symbolically

    $$\int_0^\infty R \cdot e^{-5 \cdot t}\, dt \qquad \text{yields} \qquad \frac{1}{5} \cdot R$$

*   MATHEMATICA *mittels*

    Integrate [R*Exp [-5*t] , { t , 0 , Infinity }]

das *Ergebnis* R/5.

♦

Falls mit den Integrationskommandos kein zufriedenstellendes Ergebnis für den Fall unbeschränkter Integrationsintervalle erhalten wird, kann man noch folgendermaßen vorgehen:

Statt des *uneigentlichen Integrals* $\int_a^\infty f(x)\, dx$

berechnet man das *bestimmte Integral* $\int_a^s f(x)\, dx$

mit fester oberer Grenze s und führt anschließend mit den Kommandos aus Abschn. 14.4

den *Grenzübergang* $\lim_{s \to \infty} \int_a^s f(x)\, dx$ durch.

Diese Vorgehensweise wird auch zusätzlich zur Überprüfung empfohlen, wenn die Integrationskommandos ein Ergebnis liefern.

◆

Wesentlich schwieriger gestaltet sich mit den Programmsystemen die Berechnung *uneigentlicher Integrale* mit *beschränktem Integrationsbereich* [a,b] aber *unbeschränktem Integranden* f(x). Dieser Fall wird nicht immer von den Programmen erkannt, so daß falsche Ergebnisse auftreten können. Da diese Art von Aufgaben in der Wirtschaftsmathematik seltener vorkommen, gehen wir hierauf nicht näher ein.

◆

15.4 Berechnung mehrfacher Integrale

Mehrfache Integrale treten ebenfalls in der Wirtschaftsmathematik auf, wie wir bereits im Beispiel 15.1g) sahen. Das betrifft sowohl *zweifache* als auch *dreifache* Integrale, d.h.

$$\iint_D f(x,y)\,dx\,dy \qquad \text{bzw.} \qquad \iiint_G f(x,y,z)\,dx\,dy\,dz$$

wobei D und G *beschränkte Gebiete* in der Ebene bzw. im Raum sind.

Die *Berechnung* dieser Integrale läßt sich *auf* die *Berechnung* mehrerer (zwei bzw. drei) *einfacher Integrale* zurückführen, so daß man die im Abschn. 15.2 behandelten Kommandos heranziehen kann. Dabei erhöht eine vorher per Hand durchgeführte Koordinatentransformation häufig die Effektivität der eingesetzten Programme.

Diskutieren wir die *Berechnung mehrfacher Integrale* an einem Beispiel.

Beispiel 15.8:

Berechnen wir das Integral $\displaystyle\int_0^T\int_0^t k(t)\cdot b(s)\,ds\,dt$ aus Beispiel 15.1g) für

die *konkreten Funktionen* $k(t) = e^t$, $b(s) = 1 + s$

d.h., es ist das folgende *Doppelintegral* zu berechnen:

$$\int_0^T\int_0^t e^t\cdot(1+s)\,ds\,dt$$

Dabei ist zu beachten, daß die *richtige Berechnungsreihenfolge* eingehalten wird:

I. *Zuerst* ist das *innere Integral* mit der variablen oberen Grenze t zu *berechnen.*

II. *Danach* ist das *äußere Integral* mit der festen oberen Grenze T zu *berechnen.*

Diese Reihenfolge muß auch bei der Anwendung der Programmsysteme eingehalten werden, die das gegebene Integral mittels *folgender Kommandos /Menüfolgen* berechnen:

DERIVE

Author: int (int (exp(t)*(1+s) , s , 0, t) , t , 0 , T) ⇒ Simplify

♦

MAPLE

int (int (exp(t)*(1+s) , s = 0 .. t) , t= 0 .. T) ;

♦

MATHCAD

Zuerst wird das *Doppelintegral*

$$\int_0^T \int_0^t e^t \cdot (1 + s)\, ds\, dt$$

durch Schachtelung des *Integraloperators* aus der *Operatorpalette* Nr.5 eingegeben. Danach wird der gesamte Ausdruck mit einer Selektionsbox umrahmt.

Eine der abschließenden *Aktivitäten*

* **Symbolic ⇒ Evaluate ⇒ Evaluate Symbolically**

$$\int_0^T \int_0^t e^t \cdot (1 + s)\, ds\, dt \quad \text{yields} \quad \frac{1}{2} \cdot \exp(T) \cdot T^2$$

* *Eingabe* des *symbolischen Gleichheitszeichens* →

$$\int_0^T \int_0^t e^t \cdot (1 + s)\, ds\, dt \quad \rightarrow \quad \frac{1}{2} \cdot \exp(T) \cdot T^2$$

♦

MATHEMATICA

Integrate [Integrate [Exp[t] * (1 + s) , { s , 0 , t }] , { t , 0 , T }]

16 Differenzengleichungen

Dynamische (d.h.*zeitabhängige*) *ökonomische Vorgänge* werden häufig als *ökonomische Prozesse* bezeichnet. Hier treten *Differenzengleichungen* auf, wenn der *Prozeß* nur zu gewissen *Zeitpunkten* betrachtet wird. Im folgenden demonstrieren wir die Problematik der Differenzengleichungen an praktischen Beispielen und geben einen kurzen Einblick in die Lösungsmöglichkeiten unter Verwendung der Programmsysteme.

16.1 Ökonomische Anwendungen

Wenn man *ökonomische Prozesse* nur zu bestimmten Zeitpunkten betrachtet (*diskontinuierliche / diskrete Betrachtungsweise*), ergeben sich bei der mathematischen Modellierung *Differenzengleichungen* im Gegensatz zur *kontinuierlichen Betrachtungsweise*, bei der man *Differentialgleichungen* (siehe Kap. 17) erhält.

Beschreiben wir diesen Sachverhalt an einfachen Beispielen.

Beispiel 16.1:

a) Wird bei der *Zinseszinsrechnung* eine *jährliche Verzinsung* (d.h. *diskrete/diskontinuierliche Verzinsung*) zugrundegelegt, so berechnet sich das Kapital K_n nach dem n-ten Jahr mittels der linearen *Differenzengleichung* (siehe Abschn. 11.2)

$$K_n = K_{n-1} \cdot (1 + i) \qquad (n=1, 2, \dots)$$

aus dem Kapital K_{n-1} des (n-1)-ten Jahres, wenn der Zinssatz i beträgt. Diese *Differenzengleichung* besitzt die *Lösung*

$$K_n = K_0 \cdot (1 + i)^n$$

wobei K_0 das *Anfangskapital* zu Beginn der Verzinsung bezeichnet (siehe Abschn. 11.2).

Bei *stetiger / kontinuierlicher Verzinsung* ergibt sich für die Berechnung des Kapitals K(T) nach T Jahren die lineare *Differentialgleichung* (siehe Beispiel 16.2a) und Abschn. 17.1)

$$K'(T) = i \cdot K(T) \qquad \text{mit der } \textit{Anfangsbedingung } K(0) = K_0 \ .$$

Dieses *Anfangswertproblem* besitzt die *Lösung* (siehe Abschn. 11.2 und 17.1) $K(T) = K_0 \cdot e^{i \cdot T}$

b) Betrachten wir das *Wachstumsmodell* von *Harrod* (postkeynesianisches Wachstumsmodell). In diesem *diskreten Modell* für eine Volkswirtschaft wird angenommen, daß in der Zeitperiode t der *Betrag* s_t *gespart* wird, der *proportional* zum *Volkseinkommen* y_t ist, d.h. $s_t = a \cdot y_t$ (a – Proportionalitätsfaktor).

Der *gesparte Betrag* soll als *Investition* verwendet werden, die *proportional* zur *Differenz* $y_t - y_{t-1}$ ist, d.h.

$$s_t = b \cdot (y_t - y_{t-1})$$ (b – Proportionalitätsfaktor)

Damit ergibt sich die *Differenzengleichung erster Ordnung*

$$a \cdot y_t = b \cdot (y_t - y_{t-1})$$ (t=1, 2, ...)

die sich auf die folgende Form vereinfachen läßt

$$y_t = \frac{b}{b - a} \cdot y_{t-1}$$

Bei dem *analogen stetigen Wachstumsmodell* (von *Baumol*) berechnet sich das Volkseinkommen $y(t)$ als Lösung der *Differentialgleichung* erster Ordnung (*Wachstumsdifferentialgleichung*)

$$y'(t) = \frac{a}{b} \cdot y(t)$$

wie in den Beispielen 16.2b) und 17.1b) gezeigt wird.

c) Betrachten wir eine praktische Aufgabenstellung für eine *Differenzengleichung zweiter Ordnung*. Dazu verwenden wir ein weiteres Wachstumsmodell, und zwar das *Multiplikator -Akzelerator -Modell* für das *Wachstum* des *Volkseinkommens* von *Samuelson*.

In diesem *Modell* für eine *Volkswirtschaft* wird angenommen, daß die Summe von *Konsumnachfrage* k_t und *Investititionsnachfrage* i_t in einem *Zeitabschnitt* t dem *Volkseinkommen* y_t dieses Zeitabschnitts entspricht. Damit ergibt sich die *Gleichung*

$$y_t = k_t + i_t$$

Des weiteren wird in diesem Modell davon ausgegangen, daß der *aktuelle Konsum* k_t *proportional* zum *Volkseinkommen* y_{t-1} des *vorhergehenden Zeitabschnitts* t–1 ist, d.h.

$$k_t = p \cdot y_{t-1}$$

Nach dem *Akzelerationsprinzips* hängen die *Investitionen* i_t nicht vom aktuellen Einkommen y_t ab, sondern sind der *Ver-*

änderungsrate des aggregierten Einkommens $y_{t-1} - y_{t-2}$ *proportional*, d.h. $i_t = c \cdot (y_{t-1} - y_{t-2})$

Das Einsetzen der beiden letzten Beziehungen in die erste Gleichung liefert die folgende *homogene lineare Differenzengleichung zweiter Ordnung* für das Volkseinkommen ($d = c + p$)

$$y_t - d \cdot y_{t-1} + c \cdot y_{t-2} = 0 \qquad (t = 2, 3, 4, \dots)$$

Diese *homogene Differenzengleichung* besitzt unter der Bedingung $1 - d + c = 0$ einen *Gleichgewichtszustand*.

Die abgeleitete *Differenzengleichung* wird *inhomogen*, d.h.

$$y_t - d \cdot y_{t-1} + c \cdot y_{t-2} = b$$

wenn man annimmt, daß sich das *Volkseinkommen* folgendermaßen zusammensetzt:

$$y_t = k_t + i_t + s_t$$

d.h., es kommen noch die *Staatsausgaben* s_t hinzu, die als konstant betrachtet werden ($s_t = b$).

◆

Bei *diskreten ökonomischen Prozessen* stellt sich die Frage nach *Gleichgewichtszuständen*.

Das bedeutet für die beschreibende Differenzengleichung folgendes:

* Bei einer *Differenzengleichung erster Ordnung* müssen zwei aufeinanderfolgend Werte y_t und y_{t-1} den gleichen Wert annehmen, d.h. es muß gelten

  $$y_t = y_{t-1} = c = \text{ konstant} \qquad (\text{für } t = 1, 2, \dots)$$

* Bei einer *Differenzengleichung zweiter Ordnung* muß folgendes erfüllt sein (siehe Beispiel 16.1c):

  $$y_t = y_{t-1} = y_{t-2} = c = \text{ konstant} \qquad (\text{für } t = 2, 3, 4, \dots)$$

◆

Wenn man bei einem ökonomischen Prozeß von der *diskreten/diskontinuierlichen Betrachtungsweise* zur *kontinierlichen* übergeht, so geht die beschreibende *Differenzengleichung* in eine *Differentialgleichung* über. Aus diesem Sachverhalt erklärt sich der enge Zusammenhang der Lösungstheorien für beide Arten von Gleichungen. Wir demonstrieren diesen Übergang im folgenden Beispiel.

◆

Beispiel 16.2:

a) Im Beispiel 16.1a) wurden für die *Zinsezinsrechnung*

   (1) bei *jährlicher* (diskreter/diskontuierlicher) *Verzinsung* die
       Differenzengleichung
       $$K_n = K_{n-1} \cdot (1 + i) \qquad (n=1, 2, 3, \dots)$$
       mit dem *Anfangskapital* K_0,

   (2) bei *kontinuierlicher* (stetiger) *Verzinsung* die *Differentialglei-*
       chung $K'(T) = i \cdot K(T)$ mit der Anfangsbedingung (*Anfangs-*
       kapital) $K(0) = K_0$

für die Berechnung des *Endkapitals* K_n bzw. $K(T)$ angegeben.

Im folgenden zeigen wir, daß die *Differenzengleichung* aus (1)
die *Differentialgleichung* aus (2) liefert, wenn man von der *dis-*
kontinuierlichen Verzinsung zur *kontinuierlichen* übergeht :
$K_n = K_{n-1} \cdot (1 + i)$ kann man folgendermaßen umformen

$$\frac{K_n - K_{n-1}}{\Delta n} = \frac{\Delta K_{n-1}}{\Delta n} = K_{n-1} \cdot i \qquad \text{mit } \Delta n = n - (n-1) = 1$$

Betrachtet man jetzt Δn als kontinuierlich veränderbar und läßt
es gegen Null gehen, so ergibt sich unmittelbar die gesuchte Differentialgleichung

$$\frac{d K_n}{d n} = K_n \cdot i$$

b) Wenn man die *Differenzengleichung* für das *Wachstumsmodell*
    aus Beispiel 16.1b) der Form

    $$a \cdot y_t = b \cdot (y_t - y_{t-1}) \text{ durch } \Delta t = t - (t-1) = 1 \text{ dividiert, d.h.}$$

    $$a \cdot y_t = b \cdot \frac{y_t - y_{t-1}}{\Delta t}$$

und anschließend Δt als kontinuierlich veränderbar betrachtet
und gegen Null gehen läßt, so ergibt sich unmittelbar die im
Beispiel 16.1b) gegebene *Wachstumsdifferentialgleichung* für
das *stetige Modell*

$$y'(t) = \frac{a}{b} \cdot y(t)$$

♦

16.2 Lösungsmethoden

Die im Beispiel 16.1 gegebenen ökonomischen Anwendungen lassen die *allgemeine Aufgabe* für *Differenzengleichungen* m-ter Ordnung erkennen:

Es ist eine *Folge* (*Lösungsfolge*) $\{y_n\}$

derart zu bestimmen, daß eine gegebene *Differenzengleichung* der *Form*

$$F\left(y_n, y_{n-1}, y_{n-2}, \ldots, y_{n-m}, n\right) = 0$$

(F beliebige Funktion von m+2 Variablen) für alle positiven ganzen Zahlen $n = m$, m+1, m+2, ... ($m \geq 1$) erfüllt ist.

Neben der im vorliegenden Buch verwendeten *Schreibweise* für Differenzengleichungen (*als datierte Form* bezeichnet) wird in der Literatur noch die *Differenzenform* herangezogen, d.h., man verwendet Differenzen erster, zweiter, ... Ordnung der Form

$$\Delta y_n = y_n - y_{n-1}, \quad \Delta^2 y_n = \Delta y_n - \Delta y_{n-1}, \ldots$$

Die beiden unterschiedlichen Schreibweisen haben aber keinen Einfluß auf die Lösungstheorie.

♦

Die einfachste in der Ökonomie häufig verwendete Klasse von Differenzengleichungen stellen die *linearen Gleichungen m-ter Ordnung* mit *konstanten reellen Koeffizienten* dar:

$$y_n + a_1 \cdot y_{n-1} + a_2 \cdot y_{n-2} + \ldots + a_m \cdot y_{n-m} = b_n \quad (n \geq m)$$

In dieser Gleichung bedeuten

* a_1, a_2, ..., a_m gegebene *konstante reelle Koeffizienten*,

* $\{b_n\}$ (n = m, m+1, ...) Folge der gegebenen *rechten Seiten*. Sind alle Glieder b_n der Folge gleich Null, so spricht man analog zu Differentialgleichungen von *homogenen Differenzengleichungen*,

* $\{y_n\}$ (n = 0, 1, 2, ...) Folge der gesuchten *Lösungen*.

Für diese *linearen Differenzengleichungen* existiert eine zu *linearen Differentialgleichungen analoge Lösungstheorie*, die wir aber im Rahmen des vorliegenden Buches nicht umfassend behandeln können. Wir geben im folgenden nur einige *wichtige Eigenschaften* linearer *Differenzengleichungen* und lösen einige Gleichungen der Ökonomie.

Fassen wir wichtige mathematischen *Eigenschaften linearer Differenzengleichungen* kurz zusammen:

* Die *Lösungseigenschaften linearer Differenzengleichungen* sind die gleichen wie die von linearen algebraischen Gleichungen und Differentialgleichungen.

* Jede *lineare Differenzengleichung* m-ter Ordnung ist *lösbar*. Die allgemeine Lösung hängt noch von m frei wählbaren reellen Konstanten ab.

* Wenn man bei einer linearen Differenzengleichung m-ter Ordnung die *Anfangswerte*

  y_0 , y_1 , ... , y_{m-1}

  vorgibt, so ist die *Lösungsfolge*

  y_m , y_{m+1} , y_{m+2} , ...

  eindeutig bestimmt

* *Lösungen* einer *homogenen linearen Differenzengleichung* m-ter Ordnung mit konstanten Koeffizienten (d.h. die *allgemeine Lösung*) ergeben sich mittels des *Ansatzes*

  $y_n = \lambda^n$

  der die *charakteristische Gleichung* (*charakteristisches Polynom* n-ten Grades)

  $$\lambda^m + a_1 \cdot \lambda^{m-1} + a_2 \cdot \lambda^{m-2} + ... + a_{m-1} \cdot \lambda + a_m = 0$$

  liefert.

Der einfachste Fall liegt vor, wenn dieses *charakteristische Polynom* m paarweise *verschiedene reelle Nullstellen*

λ_1 , λ_2 , ... , λ_m

besitzt. In diesem Fall lautet die *allgemeine Lösung*

$$y_n = c_1 \cdot \lambda_1^n + c_2 \cdot \lambda_2^n + c_3 \cdot \lambda_3^n + ... + c_m \cdot \lambda_m^n$$

(c_i – beliebige Konstanten)

Die *allgemeine Lösung* einer *inhomogenen linearen Differenzengleichung* ergibt sich analog zu Differentialgleichungen als *Summe* aus der *allgemeinen Lösung* der *homogenen* und einer *speziellen Lösung* der *inhomogenen Gleichung*.

Die *Konvergenz* der *Lösungsfolge* der inhomogenen Gleichung hängt von den Werten der Lösungen des charakteristischen Polynoms ab.

* Statt des Indexes n wird häufig der *Index* t verwendet, um darauf hinzuweisen, daß es sich um die *Zeit* handelt

♦

Von allen Programmsystemen besitzt nur MAPLE ein direktes *Kommando* zur *Lösung* von *Differenzengleichungen*:

MAPLE   MAPLE kann vor allem *lineare Differenzengleichungen* mit konstanten Koeffizienten· mittels des *Kommandos*
rsolve $(y(n) + a_1 \cdot y(n-1) + a_2 \cdot y(n-2) + ...$

$+ a_m \cdot y(n-m) = b(n), y)$;

lösen. Das gegebene Kommando bestimmt die *allgemeine Lösung*.

Zur Berechnung einer *speziellen Lösung* für die gegebenen *Anfangswerte* y_0 , y_1 , ... , y_{m-1} muß das Kommando *rsolve* in der folgenden Form angewandt werden
rsolve $(\{y(n) + a_1 \cdot y(n-1) + a_2 \cdot y(n-2) + ...+ a_m \cdot y(n-m) =$

$b(n), y(0) = y_0, y(1) = y_1,..., y(m-1) = y_{m-1}\}, y)$;
Im Beispiel 16.3 wird die Anwendung des Kommandos *rsolve* an konkreten Differenzengleichungen demonstriert.

Das gegebene Kommando *rsolve* zeigt nur bei linearen Differenzengleichungen (mit konstanten Koeffizienten) gute Lösungseigenschaften. Die Problematik ist hier analog zu Differentialgleichungen (siehe Kap. 17).

♦

Wenn in einem Programmsystem kein direktes Kommando zur Lösung von Differenzengleichungen vorhanden ist, werden folgende Möglichkeiten empfohlen:

* Bei linearen Gleichungen mit konstanten Koeffizienten kann man die Lösung über die Berechnung der *Nullstellen* (siehe Kap. 13) des *charakteristischen Polynoms* in Angriff nehmen.

* Falls in einem Programmsystem Kommandos zur *Z–Transformation* integriert sind, so kann man diese zur *Lösung* linearer *Differenzengleichungen* heranziehen. Die Z-Transformation ist mit der Laplacetransformation verwandt. Deshalb ist die Vorgehensweise analog zur Anwendung der Laplacetransformation bei der Lösung von Differentialgleichungen (siehe [1]).

Die *Anwendung* der *Z–Transformation* zur *Lösung* von linearen *Differenzengleichungen* mit konstanten Koeffizienten gestaltet sich in *folgenden Etappen*:

I. Die gegebene *Differenzengleichung* wird mit der Z–Transformation *transformiert*.

II. Die *transformierte Gleichung* wird mit einem Kommando zur Gleichungslösung nach der *Z–Transformierten aufgelöst*.

III. Die *Rücktransformation* der Formel für die Z-Transformierte liefert die *Lösung* der gegebenen *Differenzengleichung*.

Die genaue Vorgehensweise bei der Anwendung der Z–Transformation wird im Beispiel 16.3c) demonstriert.

♦

Im folgenden demonstrieren wir die Lösungsproblematik linearer Differenzengleichungen an zwei ökonomischen Beispielen.

Beispiel 16.3:

a) Die *Differenzengleichung erster Ordnung* für die *Zinseszinsrechnung* aus Beispiel 16.1a)

$$K_n = K_{n-1} \cdot (1 + i) \qquad (n=1, 2, \dots)$$

läßt sich mit dem gegebenen *Ansatz* $K_n = \lambda^n$ leicht lösen.

Das *charakteristische Polynom* hat damit die Form:

$$\lambda^n = \lambda^{n-1} \cdot (1 + i) \qquad \text{d.h.} \qquad \lambda = (1 + i)$$

so daß sich die *allgemeine Lösung* $K_n = c \cdot (1 + i)^n$ ergibt.

Die noch *frei wählbare Konstante* c bestimmt sich aus dem gegebenen *Anfangskapital* K_0 (n gleich Null in der allgemeinen Lösung setzen). Damit ergibt die *gesuchte Lösung* die bereits im Abschn. 11.2 behandelte Formel der Zinseszinsrechnung bei jährlicher Verzinsung:

$$K_n = K_0 (1 + i)^n$$

MAPLE liefert mittels des *Kommandos*
rsolve (K(n) − K(n−1)*(1+i) , K) ;
die *allgemeine Lösung* der *Differenzengleichung* für die *Zinseszinsrechnung* in der *Form* $K(0)(1+i)^n$

b) Lösen wir die Differenzengleichung zweiter Ordnung aus Beispiel 16.1c) für das folgende konkrete *Zahlenbeispiel*:

$$y_t - 10 \cdot y_{t-1} + 24 \cdot y_{t-2} = 30 \qquad (t = 2, 3, \dots)$$

mit den *Anfangsbedingungen* $y_0 = 3$, $y_1 = 12$

Die *allgemeine Lösung* der *homogenen Gleichung* erhält man mit dem *Ansatz* $y_t = \lambda^t$

Das sich hiermit ergebende *charakteristische Polynom*

$\lambda^2 - 10 \cdot \lambda + 24 = 0$ hat die Lösungen 4 und 6 , so daß

$$y_t = c_1 \cdot 4^t + c_2 \cdot 6^t$$

als *allgemeine Lösung* der *homogenen Gleichung* folgt.

Um die *allgemeine Lösung* der *inhomogenen Gleichung* zu bekommen, benötigt man noch eine *spezielle Lösung* der *inhomogenen Gleichung* (siehe Analogie zu Differentialgleichungen). Für die gegebene Gleichung läßt sich dies mittels des *Ansatzes*

$y_t = k = $ konst. erreichen. Man erhält hiermit k=2, d.h. die *spezielle Lösung* $y_t = 2$.

Damit hat die *allgemeine Lösung* der inhomogenen Gleichung die *Gestalt*

$$y_t = c_1 \cdot 4^t + c_2 \cdot 6^t + 2$$

Das *Einsetzen* der *Anfangsbedingungen* in die allgemeine Lösung liefert das *lineare Gleichungssystem*

$$y_0 = c_1 + c_2 + 2 = 3$$
$$y_1 = c_1 \cdot 4 + c_2 \cdot 6 + 2 = 12$$

zur Bestimmung der Konstanten c_1 und c_2. Das Ergebnis -2 , 3 kann per Hand oder mit den Kommandos zur Gleichungslösung der Programmsysteme ermittelt werden, so daß sich die folgende *Lösung* des *Anfangswertproblems* ergibt:

$$y_t = -2 \cdot 4^t + 3 \cdot 6^t + 2$$

MAPLE liefert mittels des *Kommandos*
rsolve (y(t) − 10* y(t−1) + 24*y(t−2) = 30 , y) ;

die *allgemeine Lösung* der Differenzengleichung in der *Form*

$$-(2y(0) - \frac{1}{2}y(1))6^t - (-3y(0) + \frac{1}{2}y(1))4^t + 3 \cdot 6^t - 5 \cdot 4^t + 2$$

und mittels des *Kommandos*

rsolve ({ y(t) − 10* y(t−1) + 24*y(t−2) = 30, y(0)=3 , y(1)=12 } , y) ;

die *Lösung* des gegebenen *Anfangswertproblems* in der *Form*

$$-2 \cdot 4^t + 3 \cdot 6^t + 2$$

c) Lösen wir das Anfangswertproblem für die Differenzengleichung aus Beispiel b) mittels der in MAPLE integrierten *Z–Transformation*. Dazu müssen wir die gegebene Gleichung

$$y_t - 10 \cdot y_{t-1} + 24 \cdot y_{t-2} = 30 \qquad (t = 2, 3, 4, \dots)$$

in die Form

$$y_{t+2} - 10 \cdot y_{t+1} + 24 \cdot y_t = 30 \qquad (t = 0, 1, 2, \dots)$$

transformieren, da in der Z-Transformation der Index t ab Null gezählt wird.

Für MAPLE empfiehlt sich folgende Vorgehensweise:

I. Zuerst wird die *Differenzengleichung eingegeben* und einer *Variablen* eq *zugewiesen*. Dabei ist zu beachten, daß MAPLE *keine indizierten Größen* verarbeiten kann. So muß man y(t) statt y_t eingeben, d.h.

eq := y(t+2) − 10*y(t+1) + 24*y(t) = 30 ;

II. Da MAPLE die Z-Transformierte von y(t) in der *unhandlichen Form* **ztrans** (y(t), t, z) darstellt, wird ihr mittels des anschließenden *Kommandos*

alias (Y(z) = ztrans (y(t) , t , z)) ;

die *Bezeichnung* Y(z) zugewiesen.

III. Die anschließende Anwendung des *Kommandos*

ztrans (eq , t , z) ;

liefert die *Z–Transformation* der *Differenzengleichung* in der folgenden *Form*

$$z^2\, Y(z) - y(0)z^2 - y(1)z - 10\,z\,Y(z) + 10\,y(0)z + 24\,Y(z) = 30\,\frac{z}{z-1}$$

IV. Mittels des anschließenden *Kommandos*
subs (y(0)=3 , y(1)=12 , ") ;
werden in die transponierte Gleichung aus III. die *Anfangsbedingungen* $y_0 = 3$, $y_1 = 12$

für die Differenzengleichung eingesetzt. MAPLE berechnet

$$z^2\, Y(z) - 3\,z^2 + 18\,z - 10\,z\,Y(z) + 24\,Y(z) = 30\,\frac{z}{z-1}$$

V. Anschließend wird die *Gleichung* aus IV. mittels des *Lösungskommandos* für Gleichungen **solve** (" , Y(z)) ;

nach der Z-Transformierten Y(z) aufgelöst. MAPLE liefert die *Lösung*

$$3\,\frac{z(z^2 - 7z + 16)}{z^3 - 11z^2 + 34z - 24}$$

VI. Die abschließende Anwendung des *Kommandos* für die *inverse Z-Transformation* **invztrans** (" , z , t) ;

auf die in V. berechnete Z-Transformierte Y(z) liefert als *Ergebnis* die *Lösung* y(t) für das Anfangswertproblem der gegebenen Differenzengleichung in der *Form*

$$2 + 3 \cdot 6^t - 2 \cdot 4^t$$

Da die verwendeten Kommandos zur Lösung der Differenzengleichung nacheinander eingegeben wurden, konnte aus praktischen Gründen das Zeichen " verwendet werden, wenn in einem Kommando das Ergebnis des vorhergehenden Kommandos benötigt wird.

17   Differentialgleichungen

Wir wir im Kap. 16 sahen, entstehen aus Differenzengleichungen bei der Beschreibung *ökonomischer Prozesse Differentialgleichungen*, wenn man von der *diskreten* zur *kontinuierlichen Betrachtungsweise* übergeht.

Differentialgleichungen sind Gleichungen, in denen *unbekannte Funktionen* und deren *Ableitung* vorkommen. Diese unbekannten Funktionen sind so zu bestimmen, daß die Differentialgleichung identisch erfüllt wird.

Der *Unterschied* zwischen *gewöhnlichen* und *partiellen Differentialgleichungen* besteht darin, daß bei gewöhnlichen die gesuchte Funktion nur von einer (unabhängigen) Variablen, während bei partiellen die gesuchte Funktion von mehreren (unabhängigen) Variablen abhängt.

Für *gewöhnliche, lineare Differentialgleichungen n-ter Ordnung* der Form

$$a_n(x) \cdot y^{(n)} + a_{n-1}(x) \cdot y^{(n-1)} + \dots + a_1(x) \cdot y' + a_0(x) \cdot y = f(x)$$

existieren Methoden zur *Bestimmung* einer *exakten Lösung*, wenn die *Koeffizienten* $a_k(x)$ gewisse *Bedingungen* erfüllen, so u.a.:

* $a_k(x) = $ konstant, d.h., die *Gleichung* hat *konstante Koeffizienten*.

* $a_k(x) = b_k \cdot x^k$ (b_k – konstant), d.h., es liegt eine *Eulersche Gleichung* vor.

   ♦

Die *allgemeine Lösung* einer *Differentialgleichung* n-ter Ordnung hängt von n *frei wählbaren Konstanten (Integrationskonstanten)* ab. Bei praktischen Problemen sind jedoch Bedingungen (*Anfangs-* oder *Randbedingungen*) gegeben, die die Lösung erfüllen muß, so daß sich die Konstanten der allgemeinen Lösung hieraus bestimmen (siehe Beispiel 17.1).

Bei *ökonomischen Problemen* treten hauptsächlich *Anfangswertprobleme* auf, d.h., für die gesuchte Lösungsfunktion y(x) einer gegebenen Differentialgleichung sind die Werte der Funktion und ihrer Ableitungen für einen festen x-Wert vorgegeben.

Da bei *ökonomischen Aufgabenstellungen* die *unabhängige Variable* meistens die *Zeit* t darstellt, sind die *Anfangsbedingungen* i.a. für den Beginn des Prozesses y(t) vorgegeben (d.h. t=0), so z.B.

y(0) = a , y'(0) = b , y''(0) = c , ...   (a, b, c, ... gegebene Zahlen)

17.1   Ökonomische Anwendungen

Wenn *ökonomische Prozesse* nur zu bestimmten Zeitpunkten betrachtet werden, ergeben sich *Differenzengleichungen* (siehe Kap. 16).

Neben dieser *diskontinuierlichen/diskreten Betrachtungsweise* werden in der Ökonomie häufig Prozesse in *kontinuierlicher/stetiger Form* verwendet, d.h., die *Prozesse* werden durch Funktionen y(t) beschrieben, die von der *Zeit* t *abhängen*.

Die *mathematische Beschreibung* derartiger Prozesse führt zu *Differentialgleichungen*, wie im Kap. 16 und im folgenden an Beispielen gezeigt wird.

Die *erste Ableitung* y'(t) eines durch die Funktion y(t) beschriebenen ökonomischen Prozesses stellt ein *Maß* für seine *zeitliche Änderung* (*Momentangeschwindigkeit*) dar.

Falls die *zeitliche Änderung* y'(t) eines ökonomischen Prozesses *proportional* zu seinem *gegenwärtigen Zustand* y(t) ist, läßt er sich durch die einfache *Differentialgleichung erster Ordnung*

y'(t) = k· y(t)   (k – *Proportionalitätsfaktor*)

beschreiben, die man folgerichtig als *Wachstumsgleichung* (*Wachstumsdifferentialgleichung*) bezeichnet.

Die *Wachstumsdifferentialgleichung* besitzt als *allgemeine Lösung* eine Exponentialfunktion (*Wachstumsfunktion*) der Form

$$y(t) = C \cdot e^{k \cdot t}$$

mit der frei wählbaren Konstanten C (Integrationskonstante). Diese Konstante wird bei einer konkreten Aufgabenstellung durch die gegebene Anfangsbedingung bestimmt.

♦

Wachstumsdifferentialgleichungen trifft man in der Wirtschaftsmathematik häufig an. Im folgenden Beispiel geben wir hierfür einige *Anwendungen*.

Beispiel 17.1:

a) Ein typisches *Beispiel* für eine *Wachstumsdifferentialgleichung* wird durch die *Bevölkerungsentwicklung* geliefert. Hier nimmt man an, daß die zeitliche *Änderung* der *Bevölkerung* $b'(t)$ im Zeitpunkt t (in der Welt oder in einem Land) *proportional* zum aktuellen *Bevölkerungszustand* $b(t)$ ist (mit dem *Proportionalitätsfaktor* k). Kennt man die Anzahl der Bevölkerung b_0 zu einem konkreten Zeitpunkt t_0 , so ergibt sich das *Anfangswertproblem*

$$b'(t) = k \cdot b(t) , \quad b(t_0) = b_0$$

das die *Lösung* $b(t) = b_0 \cdot e^{k \cdot t}$ besitzt. Die erhaltene Lösung zeigt, daß die *Bevölkerung exponentiell wächst*, falls der Proportionalitätsfaktor k größer Null ist.

Das gleiche Modell gilt, wenn man das *Wachstum* einer *Tierpopulation* betrachtet.

b) Ein einfaches *Modell* für das *Wachstum* einer *Wirtschaft* (von *Baumol*) ergibt sich (siehe Beispiele 16.1b) und 16.2b), wenn man annimmt, daß ein Teil a des *Volkseinkommens* $y(t)$ gespart wird, d.h. $s(t) = a \cdot y(t)$, wobei die *Sparbeträge* $s(t)$ wieder als *Nettoinvestitionen* $i(t)$ verwendet werden, die den *Einkommensänderungen* proportional sind, d.h. $i(t) = b \cdot y'(t)$.

Dies ergibt die *Wachstumsdifferentialgleichung*

$$b \cdot y'(t) = a \cdot y(t)$$

Für eine eindeutige Lösung benötigt man als *Anfangsbedingung* das *Volkseinkommen* y_0 zu einem gegebenen *Zeitpunkt* t_0 , d.h.

$$y(t_0) = y_0$$

c) Das *Endkapital* $K(t)$ bei *stetiger Verzinsung* (siehe Abschn. 11.2 und Beispiel 16.2a)

$$K(t) = K_0 \cdot e^{i \cdot t}$$

(i – *Zinssatz* , t – *Laufzeit* , K_0 – *Anfangskapital*) ergibt sich als Lösung des *Anfangswertproblems* für die *Wachstumsdifferentialgleichung* $K'(t) = i \cdot K(t)$, $K(0) = K_0$

♦

Ebenso wie bei diskreten ökonomischen Prozessen stellt sich bei *stetigen Prozessen* y(t) die Frage nach *Gleichgewichtszuständen*. Darunter versteht man *Zustände*, bei denen die *Prozesse zeitunabhängig* sind. Bei *stetigen Prozessen* y(t) bedeutet dies, daß die erste Ableitung als Maß für Änderungen gleich Null sein muß, d.h. y'(t) ≡ 0.

Bei den im Beispiel 17.1 gegebenen *homogenen Wachstumsgleichungen* existieren für praktisch sinnvolle Prozesse mit von Null verschiedenen Anfangsbedingungen offensichtlich *keine Gleichgewichtszustände*. Diese können aber bei inhomogenen Gleichungen erster Ordnung auftreten, wie wir in den Beispielen 17.2 und 17.3c) und d) zeigen.

♦

Beispiel 17.2:

a) Wenn sich *Angebot* a(t) und *Nachfrage* n(t) einer Ware folgendermaßen in Abhängigkeit des *Preises* p(t) darstellen:

$$a(t) = A + B \cdot p(t) + C \cdot p'(t) \qquad \text{(mit den } Konstanten \text{ A, B, C} \geq 0)$$

$$n(t) = D - E \cdot p(t) - F \cdot p'(t) \qquad \text{(mit den } Konstanten \text{ D, E, F} \geq 0)$$

d.h., das Angebot wächst mit der Erhöhung des Preises, während die Nachfrage fällt, so ergibt sich bei einem *Gleichgewicht* des *Marktes*, d.h. a(t) = n(t), die folgende inhomogene lineare *Differentialgleichung* erster Ordnung:

$$G \cdot p'(t) + H \cdot p(t) - I = 0 \quad \text{(mit den } Konstanten \text{ G = C + F , H} = \text{B + E, I = D - A)}$$

Für eine eindeutige Lösung benötigt man als *Anfangsbedingung* den Preis p_0 zu einem gegebenen Zeitpunkt t_0, d.h. $p(t_0) = p_0$

Ein *Preisgleichgewicht* stellt sich für p'(t) = 0 ein, d.h. für

$$p(t) = \frac{I}{H}$$

b) Die im Abschn. 12.1 behandelten *logistischen Funktionen* der Form

$$y = y(t) = \frac{S}{1 + c \cdot e^{-a \cdot S \cdot t}} \qquad (S - Sättigungsgrad, \text{ c} - Integrationskonstante)$$

ergeben sich als *Lösung* der *Differentialgleichung* (*logistische Gleichung*) y'(t) = a · y(t) · (S − y(t)), wie im Abschn. 17.2 unter Verwendung der Programmsysteme gezeigt wird. Sie dienen als *Prognosefunktionen* für langfristige Prognosen für zeitabhängige *Wachstumsprozesse,* z.B. Entwicklung des Autobestandes oder der Steuereinnahmen y(t) zum Zeitpunkt (Jahr) t. Das *Gleichgewicht* (*Sättigung* S) stellt sich für y'(t)=0 ein, d.h. für y(t) = S.

♦

Bei *ökonomischen Prozessen* treten nicht nur Wachstumsdifferentialgleichungen, sondern weitere *gewöhnliche Differentialgleichungen erster* und *höherer Ordnung* auf, wie wir bereits im Beispiel 17.2 sahen und zusätzlich im folgenden Beispiel demonstrieren.

Beispiel 17.3:

a) Im Beispiel 16.1c) haben wir ein *diskretes Multiplikator-Akzelerator-Modell* (von Samuelson) betrachtet, das auf eine *Differenzengleichung* zweiter Ordnung führt.

Betrachten wir jetzt ein *stetiges* Analogon des *Multiplikator-Akzelerator-Modell* für das *Wachstum* des *Volkseinkommens* (nach Phillips) :

Mit den *Größen*

* y(t) – *Volkseinkommen*

* n(t) – *Nachfrage*

* k(t) – *geplanter Konsum*

* i(t) – *induzierte Investitionen* als Reaktion auf die Veränderung von y(t)

* ik(t) – *Investitionen* und *Konsum*

lauten die *Modellgleichungen* (p, b, c, d – *Konstanten*)

* y'(t) = p· (y(t) – n(t))
* k(t)   = b · y(t)
* n(t)   = k(t) + ik(t) + i(t)
* i'(t) = c · (i(t) – d · y'(t))

Bei bekannter Funktion ik(t) sind damit zwei Differentialgleichungen erster Ordnung für y(t) und i(t) gegeben.

b) Ein *weiteres Modell* für das *Volkseinkommen* y(t) ergibt sich mit den Bezeichnungen aus Beispiel a) aus den folgenden *Definitionsgleichungen* :

* Das *Volkseinkommen* ergibt sich als *Summe* aus *Konsum* k(t) und *Investitionen* i(t), d.h. y(t) = i(t) + k(t)

* Der *Konsum* ergibt sich *aus* dem *Volkseinkommen* durch

$$k(t) \;=\; a + b \cdot y(t) \qquad (\text{ mit } 0 < a < 1)$$

* Die *Investitionen* i(t) sind *proportional* zu den *Konsumänderungen* k'(t), d.h. $i(t) \;=\; c \cdot k'(t)$

Aus den letzten drei Gleichungen ergeben sich durch Differentiation und *Elimination* die folgenden drei *Differentialgleichungen* erster Ordnung für y(t), i(t) und k(t) :

$$y'(t) \;+\; \frac{b-1}{b \cdot c} \cdot y(t) \;+\; \frac{a}{b \cdot c} \;=\; 0$$

$$i'(t) \;+\; \frac{b-1}{b \cdot c} \cdot i(t) \;=\; 0$$

$$k'(t) \;+\; \frac{b-1}{b \cdot c} \cdot k(t) \;+\; \frac{a}{b \cdot c} \;=\; 0$$

c) Betrachten wir ein *Wachstumsmodell* nach *Solow*, das auf eine *nichtlineare Differentialgleichung erster Ordnung* führt :

Unter der Annahme, daß sich das *Nettosozialprodukt* Y(t) als *Cobb-Douglas-Funktion* von *Kapital* K(t) und *Arbeit* A(t) in der *Form* ($0 < a < 1$)

$Y(t) = K(t)^{a} \cdot A(t)^{1-a}$ darstellt, wobei sich

* die *Bevölkerungsanzahl* und damit auch das Angebot an *Arbeit* A(t) als Lösung einer *Wachstumsdifferentialgleichung* (siehe Beispiel 17.1a), d.h als *Wachstumsfunktion*

$$A(t) \;=\; A_0 \cdot e^{c \cdot t} \text{ darstellt,}$$

* das *Kapital* K(t) *proportional* zum *Nettosozialprodukt* Y(t) verändert, d.h. $K'(t) = p \cdot Y(t)$ (p – Proportionalitätsfaktor)

Die gegebenen drei Gleichungen bilden das *Wachstumsmodell* von *Solow*. Durch Einführung des

* *Pro-Kopf-Kapitals* $\qquad\qquad k(t) = \dfrac{K(t)}{A(t)}$

* *Pro-Kopf-Nettosozialprodukts* $\qquad y(t) = \dfrac{Y(t)}{A(t)}$

und Differentiation von k(t), erhält man aus den drei gegebenen Gleichungen die folgende *Differentialgleichung* erster Ordnung für das *Pro-Kopf–Kapital* k(t) : $k'(t) = p \cdot k(t)^{a} - c \cdot k(t)$, die die *allgemeine Lösung*

$$k(t) = \left(\frac{p}{c} + e^{(-1+a)\cdot c \cdot t} \cdot A \right)^{\frac{1}{1-a}}$$

besitzt (A – frei wählbare *Konstante*). Im Abschn. 17.2 wird die *Lösung* dieser Differentialgleichung unter *Verwendung* der *Programmsysteme* versucht. Für eine eindeutige Lösung benötigt man als *Anfangsbedingung* das *Pro-Kopf-Kapital* k_0 zu einem gegebenen Zeitpunkt t_0, d.h. $k(t_0) = k_0$. Damit ergibt sich für $t_0 = 0$ die folgende *Lösungsfunktion*

$$k(t) = \left(\frac{p}{c} + e^{(-1+a)\cdot c \cdot t} \cdot \left(k_0^{1-a} - \frac{p}{c} \right) \right)^{\frac{1}{1-a}}$$

Mit $k'(t) = 0$ erhält man als *Gleichgewichtszustand* des *Pro-Kopf-Kapitals* $k(t)$ die Beziehung:

$$k(t) = \left(\frac{p}{c} \right)^{\frac{1}{1-a}}$$

wie man leicht nachrechnet.

d) Wenn sich *Angebot* a(t) und *Nachfrage* n(t) einer Ware aus Beispiel 17.2a) folgendermaßen in Abhängigkeit des *Preises* p(t) darstellen:

a(t)=A + B· p(t) + C· p'(t) + D· p''(t)   (mit den *Konstanten* A, B, C, D $\geq$ 0)

n(t)=E – F· p(t) – G· p'(t) – H· p''(t)   (mit den *Konstanten* E, F, G, H $\geq$ 0)

d.h., beide noch zusätzlich von der *Preisbeschleunigung* p''(t) abhängen, so ergibt sich bei einem *Gleichgewicht* des Marktes, d.h. a(t) = n(t), die folgende inhomogene lineare *Differentialgleichung* zweiter Ordnung: I· p''(t) + J· p'(t) + K· p(t) – L = 0

(mit den *Konstanten* I = D + H, J = C + G, K = B + F, L = E – A)

Für eine *eindeutige Lösung* benötigt man als *Anfangsbedingung* den *Preis* p_0 und die *Preisänderung* p'_0 zu einem gegebenen Zeitpunkt t_0, d.h. $p(t_0) = p_0$ und $p'(t_0) = p'_0$.

Ein *Preisgleichgewicht* stellt sich für $p(t) = \dfrac{L}{K}$ ein.

$\blacklozenge$

17.2 Lösungsmethoden

Für *lineare Differentialgleichungen* n-ter Ordnung mit *konstanten Koeffizienten* der Form

$$a_n \cdot y^{(n)} + a_{n-1} \cdot y^{(n-1)} + \ldots + a_1 \cdot y' + a_0 \cdot y = f(x)$$

bzw. *Systeme linearer Differentialgleichungen erster Ordnung* mit *konstanten Koeffizienten* der Form

$$a_{11} \cdot y'_1 + \ldots + a_{1n} \cdot y'_n = f_1(x)$$

$$\vdots$$

$$a_{n1} \cdot y'_1 + \ldots + a_{nn} \cdot y'_n = f_n(x)$$

und weitere *einfache nichtlineare Differentialgleichungen* stellen die einzelnen Programmsysteme folgende *Kommandos/Menüs* für eine *exakte* bzw. *numerische Lösung* zur Verfügung:

DERIVE Es gibt *keine Standardkommandos* zur exakten Lösung von Differentialgleichungen. Erst durch Laden der mitgelieferten *Zusatzdateien* ODE1.MTH, ODE2.MTH und ODE_APPR.MTH

mittels der *Menüfolge* **Transfer ⇒ Load ⇒ Derive ⇒ file:**

lassen sich *Differentialgleichungen* erster bzw. zweiter Ordnung *exakt* bzw. *numerisch lösen*. Dazu stehen eine Reihe von Kommandos zur Verfügung, die man dem Handbuch oder dem Hilfemenü

Help ⇒ Utility entnehmen kann. Zwei häufig gebrauchte *Kommandos* aus diesen Zusatzdateien sind:

* *dsolve1* (aus der Datei ODE1.MTH):

  Die *Menüfolge*

  Author: dsolve1_gen (p , q , x , y, d) ⇒ **Simplify**

  liefert die *allgemeine Lösung* y(x) der *Differentialgleichung* erster Ordnung p(x,y) + q(x,y) · y' = 0 mit der *Integrationskonstanten* d. Die *Menüfolge*

  Author: dsolve1 (p , q , x , y , x_0 , y_0) ⇒ **Simplify**
  berechnet für diese Differentialgleichung die *spezielle Lösung* mit der *Anfangsbedingung* $y(x_0) = y_0$

* *dsolve2* (aus der Datei ODE2.MTH) :

  Die *allgemeine Lösung* y(x) der *Differentialgleichung* zweiter Ordnung y'' + p(x) · y' + q(x) · y = r(x) mit den *Integrationskonstanten* c und d berechnet die *Menüfolge*

  Author: dsolve2 (p , q , r , x , c , d) ⇒ **Simplify**

Die *Menüfolge*

Author: dsolve2_IV (p , q , r , x , x_0 , y_0, y_1) $\Rightarrow$ **Simplify**

liefert für diese Differentialgleichung die *spezielle Lösung* mit den *Anfangsbedingungen* $y(x_0) = y_0$, $y'(x_0) = y_1$

Beispiel 17.4:

a) Berechnen wir die *allgemeine Lösung* der *Differentialgleichung*

$$k'(t) = k(t)^{\frac{1}{2}} - 2 \cdot k(t) \text{ aus Beispiel 17.3c)}$$

Nach dem Laden der *Zusatzdatei* ODE1.MTH mittels

Transfer $\Rightarrow$ **Load** $\Rightarrow$ **Utility** $\Rightarrow$ **file:** ODE1

wird mittels **Author: dsolve1_gen** ($-k^\wedge(1/2) + 2\cdot$ k, 1, t, k, d)

die *Lösung* k(t) in der Form $\ln(2 \cdot \sqrt{k} - 1) + t = d$ erhalten.

b) Die zu den *Anfangsbedingungen* p(0) = 20 , p'(0) = 1

gehörende *Lösung* (*Preisfunktion*) p(t) der *Differentialgleichung*

p''(t) + 2 · p'(t) + p(t) = 5

aus Beispiel 17.3d) (mit I=1 , J=2 , K=1 , L=5)

wird mittels **dsolve2_IV** (2, 1, 5, t, 0, 20, 1) erhalten.

DERIVE liefert die *Lösung* p(t) in der Form

$$p(t) = e^{-t} \cdot (16 \cdot t + 15) + 5$$

$\blacklozenge$

MAPLE

Das *Kommando* **dsolve** (*Dgl* , y(x)) ; liefert die *allgemeine Lösung* der als Argument bei *Dgl* einzugebenden Differentialgleichung. Die Form dieser Eingabe ist aus den Aufgaben a) und b) des Beispiels 17.5 ersichtlich.

Falls von MAPLE keine exakte (symbolische) Lösung für eine eingegebene Differentialgleichung gefunden wird, kann man die *numerische Lösung* heranziehen, indem man im Argument des Kommandos *dsolve* die zusätzliche Option *numeric* angibt (siehe Beispiel 17.5c). *Numerisch* lassen sich allerdings keine allgemeinen Lösungen berechnen, sondern *nur Gleichungen* mit *Anfangsbedingungen* lösen.

$\blacklozenge$

Beispiel 17.5:

a) Zur Bestimmung der zu den *Anfangsbedingungen* p(0) = 20, p'(0) = 1 gehörenden *Lösung* (*Preisfunktion*) p(t) der *Differen-*

tialgleichung p''(t) + 2 · p'(t) + p(t) = 5 aus Beispiel 17.3d) (mit I=1 , J=2 , K=1 , L=5) ist das *Kommando*

dsolve ({ **diff** (p(t) , t\$2) + 2***diff** (p(t) , t) + p(t) = 5 , p(0)=20 , D(p)(0)=1 } , p(t)) ;

zu verwenden. MAPLE liefert die *Lösung* p(t) in der *Form*

$$p(t) \; = \; \frac{5 \cdot e^t + 15 + 16 \cdot t}{e^t}$$

b) Zur Bestimmung der allgemeinen Lösung der *logistischen Differentialgleichung* aus Beispiel 17.2b) y'(t) = a · y(t) · (S − y(t))

ist das *Kommando*

dsolve (**diff** (y(t) , t) = a*y(t) *(S-y(t)) , y(t)) ;

zu verwenden. MAPLE liefert die *Lösung* y(t) in der *Form*

$$\frac{1}{y(t)} = \frac{1 + e^{(-a\,S\,t)}\_C1 S}{S}$$

wobei die frei wählbare *Integrationskonstante* in der Form _C1 geschrieben wird.

c) Für die *nichtlineare Differentialgleichung* erster Ordnung

$$k'(t) \; = \; k(t)^{\frac{1}{2}} \; - \; 2 \cdot k(t)$$

des Wachstumsmodell von Solow (für p=1 , c=2) aus Beispiel 17.3c) liefert MAPLE mittels des *Kommandos*

dsolve (**diff** (k(t) , t) = k(t)^(1/2) − 2*k(t) , k(t)) ;

die *allgemeine Lösung* k(t) in der folgenden *impliziten Form*

$$\frac{1}{2}\ln(4\,k(t)-1)-\arctan(2\sqrt{k(t)})+t \; = \; \_C1$$

mit der *Integrationskonstanten* _C1.

Die spezielle Lösung mit der *Anfangsbedingung* k(0) = 10 kann MAPLE mittels des *Kommandos*

dsolve ({ **diff** (k(t) , t) = k(t)^(1/2) − 2*k(t), k(0) = 10 } , k(t)) ;

nicht exakt bestimmen.

In diesem Fall kann man auf das *Numerikkommando*

sol:= **dsolve** ({ **diff** (k(t) , t) = k(t)^(1/2) − 2*k(t) , k(0) = 10 } , k(t) , numeric) ;

zurückgreifen, das der Funktion *sol* eine *Prozedur* zur *Berechnung* der *Näherungswerte* der *Lösung* k(t) in der *Form sol* := **proc** (rkf45_x) **... end**   *zuordnet.*

Mittels *sol (t)* ; wird der *Näherungswert* der Lösung an der *Stelle* t berechnet. So berechnet z.B. *sol (1)* ; den Funktionswert von k(t) für t=1 in der Form [t = 1 , k(t) = 2.188616115348530]

Nach dem Laden des Pakets *plots* durch **with** (plots) ; kann die berechnete *Näherungslösung* mittels des speziell für Differentialgleichungen vorhandenen *Grafikkommandos*

odeplot (sol , [t , k(t)] , 0 .. 10) ;

gezeichnet werden (z.B. im Intervall [0,10]), wie in Abb. 17.1 zu sehen ist.

♦

Abb.17.1.
Bild der Lösungskurve aus Beispiel 17.5c) mittels MAPLE

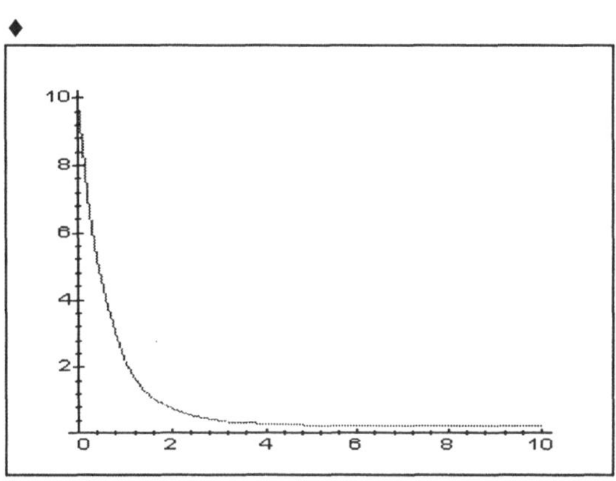

MATHCAD Die Kommandos von MAPLE zur exakten (symbolischen) Lösung von Differentialgleichungen wurden nicht übernommen. MATHCAD enthält aber von allen Programmsystemen die größte Palette von *Kommandos* zur *numerischen Lösung.*

Da bei *ökonomischen Anwendungen* hauptsächlich *Anfangswertaufgaben* vorkommen, beschränken wir uns auf ein Kommando von MATHCAD zur Lösung dieser Aufgabenstellung.

Betrachten wir ein *System* von *n Differentialgleichungen erster Ordnung* der Form $\mathbf{y}'(x) = \mathbf{f}(x, \mathbf{y}(x))$

mit den *Anfangsbedingungen* $\mathbf{y}(x_0) = \mathbf{y}^0$, wobei $\mathbf{y}(x)$ und $\mathbf{f}(x, y)$ die n-dimensionalen Vektoren

$$\mathbf{y}(x) = \begin{pmatrix} y_1(x) \\ y_2(x) \\ \vdots \\ y_n(x) \end{pmatrix} \qquad \text{bzw.} \qquad \mathbf{f}(x, y) = \begin{pmatrix} f_1(x, y) \\ f_2(x, y) \\ \vdots \\ f_n(x, y) \end{pmatrix}$$

bezeichnen. Zur *Lösung* dieser *Aufgabe* ist das *Standardkommando*
rkfixed (**y** , x_0 , x_1 , punkte , **D**)

verfügbar, das ein *Runge-Kutta-Verfahren* vierter Ordnung verwendet und für viele Fälle akzeptable numerische Lösungswerte liefert.

Für die Argumente des Kommandos *rkfixed* ist folgendes einzugeben:

* **y** bezeichnet den Vektor der *Anfangswerte* $\mathbf{y}^0$ an der Stelle x
  = x_0, dem diese vorher in der Form $\mathbf{y} := \mathbf{y}^0$ zugewiesen wurden.

* x_0 und x_1 sind die *Endpunkte* des *Lösungsintervalls* $[x_0, x_1]$ auf
  der x-Achse, wobei x_0 der *Anfangswert* für x ist, für den der
  Funktionswert $\mathbf{y}(x_0) = \mathbf{y}^0$ des Lösungsvektors $\mathbf{y}$ (x) gegeben
  sein muß.

* *punkte* bezeichnet die Anzahl der vorzugebenden Punkte zwischen x_0 und x_1, in denen das Verfahren Näherungslösungen
  bestimmen soll.

* **D** bezeichnet den Vektor der *rechten Seiten* des Differentialgleichungssystems, dem diese vorher in der Form $\mathbf{D}(x,y) := \mathbf{f}(x,y)$
  zugewiesen wurden.

Am einfachsten läßt sich dieses Kommando auf *e i n e Differentialgleichung erster Ordnung* der Gestalt y'(x) = f(x,y(x)) mit der *Anfangsbedingung* $y(x_0) = y^0$ anwenden und liefert eine *Ergebnismatrix* mit zwei Spalten. Darin stehen in der ersten Spalte die x-Werte
und in der zweiten die hierfür berechneten y-Werte der Lösung
y(x). Die Anzahl der Zeilen dieser Matrix wird durch das Argument
punkte im Kommando bestimmt.

Da das gegebene Kommando *rkfixed* nur für Differentialgleichungen erster Ordnung anwendbar ist, muß man Differentialgleichungen höherer Ordnung auf ein System von Differentialgleichungen
erster Ordnung zurückführen, wie wir im Beispiel 17.6b) zeigen.

♦

Beispiel 17.6:

a) Zur Bestimmung der *Näherungslösung* einer konkreten *logistischen Differentialgleichung* aus Beispiel 17.2b) der Form

$y'(t) = y(t) \cdot (10 - y(t))$ mit der *Anfangsbedingung* $y(0) = 1$

ist in MATHCAD *folgende Kommandofolge* erforderlich, wenn die Lösung $y(t)$ im Intervall [0,2] an zehn Stellen 0.2 , 0.4 , ... , 1.8 , 2 berechnet werden soll:

$$y_0 := 1 \qquad D(t, y) := y \cdot (10 - y)$$

$$U := \text{rkfixed}(y, 0, 2, 10, D)$$

$$U = \begin{bmatrix} 0 & 1 \\ 0.2 & 4.421 \\ 0.4 & 8.494 \\ 0.6 & 9.552 \\ 0.8 & 9.853 \\ 1 & 9.951 \\ 1.2 & 9.984 \\ 1.4 & 9.995 \\ 1.6 & 9.998 \\ 1.8 & 9.999 \\ 2 & 10 \end{bmatrix}$$

In der ausgegebenen *Ergebnismatrix* U findet man in der *ersten Spalte* die t–Werte 0.2 , 0.4 , ... , 1.8 , 2, für die die in der *zweiten Spalte* befindlichen Funktionswerte der Lösung $y(t)$ numerisch mit dem Runge-Kutta-Verfahren berechnet wurden.

Man kann sich die berechneten Punkte der *Lösung* $y(t)$ von MATHCAD *zeichnen* und durch Geraden verbinden (lineare Interpolation) lassen, wie aus Abbildung 17.2 ersichtlich ist.

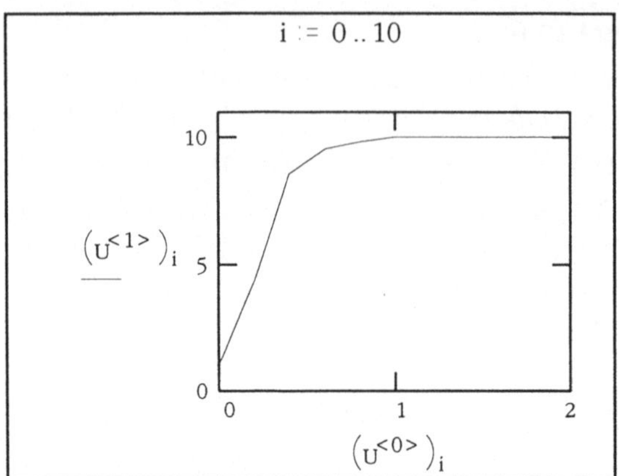

Abb.17.2.
Bild der Lösungskurve aus Beispiel 17.6a) mittels MATHCAD

b) Zur *numerischen Bestimmung* der zu den *Anfangsbedingungen*

$p(0) = 20$, $p'(0) = 1$ gehörenden *Lösung* (*Preisfunktion*) $p(t)$ der *Differentialgleichung* $p''(t) + 2 \cdot p'(t) + p(t) = 5$

aus Beispiel 17.3d) (mit I=1 , J=2 , K=1 , L=5) mittels MATHCAD muß man die gegebene Differentialgleichung zweiter Ordnung zuerst in das äquivalente *System* von *zwei Differentialgleichungen erster Ordnung*

$$p_1{}' = p_2$$

$$p_2{}' = 5 - 2 \cdot p_2 - p_1$$

mit den *Anfangsbedingungen* $p_1(0) = 20$, $p_2(0) = 1$ *überführen.* Danach kann man dieses System mit dem Kommando *rkfixed* lösen :

$$p := \begin{pmatrix} 20 \\ 1 \end{pmatrix} \qquad D(t,p) := \begin{pmatrix} p_2 \\ 5 - 2 \cdot p_2 - p_1 \end{pmatrix}$$

$$U := \text{rkfixed}(p, 0, 4, 10, D)$$

$$U = \begin{bmatrix} 0 & 20 & 1 \\ 0.4 & 19.34 & -3.613 \\ 0.8 & 17.485 & -5.294 \\ 1.2 & 15.295 & -5.474 \\ 1.6 & 13.193 & -4.961 \\ 2 & 11.358 & -4.191 \\ 2.4 & 9.842 & -3.39 \\ 2.8 & 8.635 & -2.661 \\ 3.2 & 7.698 & -2.045 \\ 3.6 & 6.983 & -1.546 \\ 4 & 6.447 & -1.153 \end{bmatrix}$$

In der ausgegebenen *Ergebnismatrix* U findet man in der *ersten Spalte* die t–Werte 0.4 , 0.8 , ... , 3.6 , 4, für die die in der *zweiten* und *dritten Spalte* befindlichen Funktionswerte der *Lösungen* $p_1(t)$ bzw. $p_2(t)$ *numerisch* mit dem *Runge-Kutta-Verfahren* berechnet wurden.

Interessant ist allerdings nur die Funktion $p_1(t)$ die gleich der gesuchten Lösungsfunktion p(t) ist. Die zweite berechnete Funktion $p_2(t)$ liefert die erste Ableitung von p(t).

♦

MATHEMA-
TICA

Das *Kommando* **DSolve** [*Dgl* , y[x] , x] liefert die *allgemeine Lösung* der als Argument bei *Dgl* einzugebenden *Differentialgleichung* (siehe Beispiel 17.7a). Sind *Anfangswerte* vorhanden, so sind diese mit der Differentialgleichung zusammen als *Liste einzugeben* (siehe Beispiel 17.7b).

Falls keine exakte (symbolische) Lösung für eine eingegebene Differentialgleichung gefunden wird, kann die *numerische Berechnung* mittels des *Kommandos* **NDSolve** veranlaßt werden, wie wir im folgenden Beispiel 17.7b) sehen. *Numerisch* lassen sich allerdings keine allgemeinen Lösungen berechnen, sondern *nur Gleichungen* mit *Anfangsbedingungen* lösen.

♦

Beispiel 17.7:

a) Berechnen wir die *allgemeine Lösung* der *Differentialgleichung*

$$k'(t) = k(t)^{\frac{1}{2}} - 2 \cdot k(t)$$

aus Beispiel 17.3c). Mittels des *Kommandos*

DSolve [k'[t] == k[t]^(1/2) − 2*k[t] , k[t] , t]

bestimmt MATHEMATICA die *allgemeine Lösung* k(t) in der Form

$$k(t) \; = \; \frac{\left(\dfrac{e^t}{2} + C \right)^2}{e^{2 \cdot t}}$$

mit der *Integrationskonstanten* C. MATHEMATICA erkennt auch, daß k(t) = 0 eine Lösung ist.

b) Die *spezielle Lösung* der Differentialgleichung aus a) mit der *Anfangsbedingung* k(0) = 10 bestimmt MATHEMATICA mittels des *Kommandos*

DSolve [{ k'[t] == k[t]^(1/2) − 2*k[t] , k[0] == 10 } , k[t] , t]

folgendermaßen:

$$k(t) \; = \; \frac{\left(\dfrac{e^t}{2} - \dfrac{1}{2} + \sqrt{10} \right)^2}{e^{2 \cdot t}} \qquad , \qquad k(t) \; = \; \frac{\left(\dfrac{e^t}{2} - \dfrac{1}{2} - \sqrt{10} \right)^2}{e^{2 \cdot t}}$$

d.h., es existieren zwei Lösungen.

Die Anwendung des *Numerikkommandos*

sol := **NDSolve** [{ k'[t] == k[t]^(1/2) − 2*k[t] , k[0] == 10 } , k[t] , { t , 0 , 10 }]

berechnet eine *Lösungsfunktion* k(t) *näherungsweise* im *Intervall* [0,10] und gibt das *Ergebnis* als *Interpolationsfunktion* in der folgenden Form aus

{ { k[t] −> InterpolatingFunction [{ 0., 10.} , <>] [t] } }

Diese *symbolische Darstellung* ordnet der Funktion k(t) noch nicht das berechnete Ergebnis zu. Dies erreicht man durch die sich an das Numerikkommando anschließende *Funktionsdefinition* der Form k[t_] = k[t] /.%[[1]] .

Mittels des *Grafikkommandos* **Plot** [k[t] , { t , 0 , 10 }] läßt sich die berechnete *Näherungslösung zeichnen* (siehe Abb. 17.3).

c) Zur Bestimmung der zu den *Anfangsbedingungen* p(0) = 20 , p'(0) = 1 gehörenden *Lösung* (*Preisfunktion*) p(t) der *Differentialgleichung* p''(t) + 2 · p'(t) + p(t) = 5 aus Beispiel 17.3d) (mit I=1 , J=2 , K=1 , L=5) ist das *Kommando*

DSolve [{ p''[t] + 2*p'[t] + p[t] == 5 , p[0]==20 , p'[0]==1} , p[t] , t] zu verwenden. MATHEMATICA liefert die *Lösung* p(t) in der Form

$$p(t) = 5 + \frac{15}{e^t} + \frac{16 \cdot t}{e^t}$$

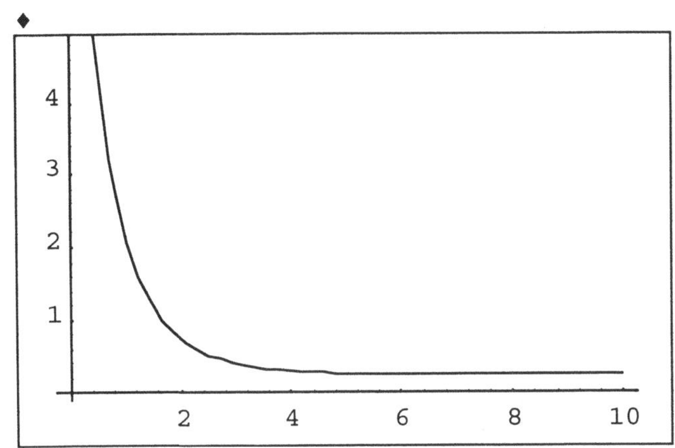

Abb.17.3.
Bild der von MATHEMATICA numerisch bestimmten Lösungskurve aus Beispiel 17.7b)

Zusammenfassend läßt sich *feststellen*, daß

* ein Kommando *dsolve* (*d* steht für Differentialgleichung und *solve* für lösen) bei DERIVE, MAPLE und MATHEMATICA zur exakten (symbolischen) Lösung von Differentialgleichungen existiert. Aber nur MAPLE und MATHEMATICA zeigen bei der exakten Lösung einfacher linearer Gleichungen gute bis zufriedenstellende Lösungseigenschaften, wobei MATHEMATICA das Ergebnis öfters in einer unüblichen komplexen Schreibweise liefert,

* bei den Programmen DERIVE, MAPLE, MATHCAD und MATHEMATICA *Zusatzpakete* zur exakten (symbolischen) und numerischen Lösung spezieller (nichtlinearer) Differentialgleichungen aus der Praxis existieren,

* MATHCAD *nur Numerikkommandos* besitzt, von denen es aber unter allen Programmsystemen die breiteste Palette bereitstellt,

* die in den Programmsystemen vorhandenen *Numerikkommandos* nur anwendbar sind, wenn genügend Anfangsbedingungen gegeben sind, um die Eindeutigkeit der Lösung zu sichern,

* man von den Programmsystemen keine Wunderdinge erwarten darf, da die Lösung von Differentialgleichungen eng mit der Integration zusammenhängt,

* in EXCEL keine Kommandos zur Lösung von Differentialgleichungen vorhanden sind.

18   Optimierungsaufgaben

Es gibt eine Vielzahl von *Optimierungsaufgaben*. Hierzu zählen u.a. die *lineare, nichtlineare, ganzzahlige, dynamische* und *stochastische Optimierung*, die *Vektoroptimierung*, die *Variationsrechnung* und die *optimale Steuerung*.

Probleme der *Optimierung* gewinnen für praktische Problemstellungen in der *Ökonomie* immer mehr an *Bedeutung*. Die Ursache hierfür ist, daß ein *Hauptziel ökonomischer Untersuchungen* darin besteht, *optimal* zu *wirtschaften* (d.h. nach einer *optimalen Strategie*). Dabei versteht man unter optimal, daß ein *Gütekriterium* (Kostenfunktion, Gewinnfunktion, Nutzenfunktion ...) *minimal* oder *maximal* wird, wobei gewisse *Beschränkungen* zu beachten sind. Zu Aufgabenstellungen dieser Art führen u.a. die *Maximierung* des *Gewinns* bzw. die *Minimierung* der *Kosten* (Lagerhaltungs-, Lohn-, Rohstoff-, Energiekosten usw.) einer Firma.

Theoretische Hilfsmittel zum Auffinden der gewünschten optimalen Strategie liefert die *mathematische Optimierung* (auch als *mathematische Programmierung* bezeichnet).

♦

Mathematische Modelle für *Optimierungsaufgaben* haben die *folgende Struktur*:

Maximiere oder *minimiere* ein *gegebenes Gütekriterium* (als *Zielfunktion* bezeichnet) unter *Berücksichtigung* gewisser *Nebenbedingungen/Beschränkungen* (Gleichungen und Ungleichungen).

♦

Die einzelnen *Gebiete* der *mathematischen Optimierung* unterscheiden sich durch die *Gestalt*

* der *Zielfunktion*,

* der *Nebenbedingungen*

♦

Im Rahmen dieses Buches betrachten wir Aufgaben, in denen die *Zielfunktionen* und die Funktionen der *Nebenbedingungen* durch *reelle Funktion* von *n reellen Variablen* gebildet werden und die *Nebenbedingungen* Gleichungen oder Ungleichungen sind.

Dies sind aber nicht die einzigen Optimierungsaufgaben, die in der Ökonomie von Bedeutung sind. Optimierungsaufgaben über Funktionenräumen (*Variationsrechnung, optimale Steuerung*), die als Aufgaben der *dynamischen Optimierung* bezeichnet werden, gewinnen zunehmend Bedeutung bei der Optimierung ökonomischer Prozesse (siehe [30]).

Eine *erste Begegnung* mit *Optimierungsproblemen* hatten wir bereits im Abschn. 14.5, in dem *klassische Extremwertaufgaben* betrachtet werden, bei denen höchstens noch Nebenbedingungen in Gleichungsform (*Gleichungsnebenbedingungen*) vorkommen. Aufgaben dieser Form treten in einer Reihe von *ökonomischen Anwendungen* auf, wie im Abschn. 14.5 demonstriert wird.

♦

Häufiger kommen jedoch *Ungleichungen* als *Beschränkungen* in Optimierungsaufgaben vor. Es trifft die *ökonomische Realität* wesentlich besser, wenn statt der genauen Einhaltung der Beschränkungen (d.h. Gleichungen) nur gefordert wird, daß eine gegebene Grenze nicht unter- oder überschritten wird (d.h. Ungleichungen). Deshalb benötigt man die Theorie der *linearen* und *nichtlinearen Optimierung*, die wir im Abschn. 18.1 bzw. 18.2 dieses Kapitels besprechen.

♦

18.1   Lineare Optimierung

Die *einfachste Struktur* ergibt sich für ein *Optimierungsproblem* mit *Ungleichungsnebenbedingungen*, wenn die *Zielfunktion* f und die *Funktionen* g_j der *Nebenbedingungen linear* sind, d.h., wenn das Optimierungsproblem die folgende Form besitzt:

$$c_1 \cdot x_1 + c_2 \cdot x_2 + \dots + c_n \cdot x_n \; \to \; \underset{x_1, x_2, \dots, x_n}{\text{Minimum}}$$

$$a_{11} \cdot x_1 + a_{12} \cdot x_2 + \dots + a_{1n} \cdot x_n \;\le\; b_1$$

$$a_{21} \cdot x_1 + a_{22} \cdot x_2 + \dots + a_{2n} \cdot x_n \;\le\; b_2$$

$$\vdots \qquad\qquad\qquad \vdots$$

$$a_{m1} \cdot x_1 + a_{m2} \cdot x_2 + \dots + a_{mn} \cdot x_n \;\le\; b_m$$

$$x_j \ge 0 \;,\quad j = 1, \dots, n$$

bzw. in *Matrizenschreibweise* (siehe Abschn. 9.1)

$$\mathbf{c}^T \cdot \mathbf{x} \to \text{Minimum} \;,\qquad \mathbf{A} \cdot \mathbf{x} \le \mathbf{b} \;,\qquad \mathbf{x} \ge 0$$

wobei die *Konstanten*

$$a_{ij} \;,\quad b_i \;,\quad c_j \qquad (i = 1, 2, \dots, m \;;\; j = 1, 2, \dots, n)$$

gegeben und die *Variablen* $x_1, x_2, \dots, x_n$ zu *bestimmen* sind.

Aufgaben dieser Art werden als *Probleme* der *linearen Optimierung* (*linearen Programmierung*) bezeichnet, deren Theorie seit den vierziger Jahren stark entwickelt wurde.

Die *gegebene Aufgabenstellung* der *linearen Optimierung* enthält alle auftretenden Fälle :

* Falls eine *Gleichungsnebenbedingung* vorkommt, so kann diese durch zwei Ungleichungen beschrieben werden.

* Falls *Ungleichungen* mit $\ge$ vorkommen, so können sie durch Multiplikation mit -1 in Ungleichungen mit $\le$ transformiert werden.

* Falls ein *Zielfunktion* zu *maximieren* ist, so erhält man durch Multiplikation mit -1 eine zu minimierende Zielfunktion.

$\blacklozenge$

Im Gegensatz zu den Extremwertaufgaben aus Abschn. 14.5 sind bei den Aufgaben der *linearen Optimierung* nur *globale* (*absolute*) *Extrema* gesucht, d.h. für unsere Aufgabenstellung *globale Minima*. Da die Zielfunktion linear ist, können hier keine lokalen Extrema existieren, wie man sich leicht überlegt.

$\blacklozenge$

Für *lineare Optimierungsprobleme* existieren *Lösungsverfahren*, die eine vorhandene *Lösung* in *endlich vielen Schritten* (mit Ausnahme der Entartungsfälle) liefern. Damit sind sie im Rahmen der Computeralgebra lösbar. Das bekannteste dieser Verfahren ist die *Simplex-*

methode. Sie ist in die Programme MAPLE, MATHEMATICA und EXCEL integriert, aber nicht in MATHCAD, wo man auf das Elektronische Buch *Numerical Recipes* zurückgreifen muß (siehe Abschn. 18.1.2).

♦

18.1.1   Ökonomische Anwendungen

Aufgaben der *linearen Optimierung* besitzen in der *Ökonomie* ein *breites Anwendungsfeld*, da man *näherungsweise* sowohl die *Zielfunktion* als auch die *Nebenbedingungen* für viele Problemstellungen als *linear voraussetzen* kann. Im folgenden geben wir hierfür einige Beispiele.

Beispiel 18.1:

a) Aufgaben der *Gewinnmaximierung* haben die Form:
   Eine *Firma* stellt n *Produkte* P_1 , P_2 , ... , P_n

   mit den *Mengen* x_1 , x_2 , ... , x_n

   mit Hilfe von m *Produktionsfaktoren* (Arbeit, Maschinen, Energie, Rohstoffe usw.)
   F_1 , F_2 , ... , F_m her, die mit maximal b_1 , b_2 , ... , b_m

   Mengeneinheiten (ME) pro betrachteter Produktionsperiode verfügbar sind und für die *Reingewinne* (in GE)
   g_1 , g_2 , ... , g_n je Stück erzielt werden.

   Die Aufgabe der *Gewinnmaximierung* besteht darin, den *Betriebsgewinn* zu *maximieren.*

   Mathematisch bedeutet dies, die folgende *Gewinnfunktion* zu *maximieren* :
   $$G(x_1, x_2, ..., x_n) = g_1 \cdot x_1 + g_2 \cdot x_2 + ... + g_n \cdot x_n \rightarrow \underset{x_1, x_2, ..., x_n}{\text{Maximum}}$$

   Wenn für die einzelnen Produkte P_i
   * die *Herstellungskosten* c_i
   * die *Verkaufspreise* p_i

   bekannt sind, so gilt für die *Reingewinne* g_i offensichtlich

   $$g_i = p_i - c_i \qquad (i = 1, 2, ... , n)$$

   In diesem Fall ist folgende *Gewinnfunktion* zu *maximieren* :
   $$p_1 \cdot x_1 + p_2 \cdot x_2 + ... + p_n \cdot x_n - c_1 \cdot x_1 - c_2 \cdot x_2 - ... - c_n \cdot x_n \rightarrow \underset{x_1, x_2, ..., x_n}{\text{Maximum}}$$

Die *Nebenbedingungen* für die *Gewinnmaximierung* ergeben sich *folgendermaßen*:

Für die *Erzeugung* von je einer *Einheit* der n *Produkte* werden die in der folgenden Tabelle gegebenen *Mengen* von *Produktionsfaktoren* benötigt:

	P_1	P_2	$\ldots$	P_n
F_1	a_{11}	a_{12}	$\ldots$	a_{1n}
F_2	a_{21}	a_{22}	$\ldots$	a_{2n}
$\vdots$	$\vdots$	$\vdots$	$\vdots$	$\vdots$
F_m	a_{m1}	a_{m2}	$\ldots$	a_{mn}

Aus dieser Tabelle ergibt sich unter Verwendung der verfügbaren Mengen an Produktionsfaktoren das folgende *System* von *Ungleichungen*:

$$a_{11} \cdot x_1 + a_{12} \cdot x_2 + \ldots + a_{1n} \cdot x_n \leq b_1$$
$$a_{21} \cdot x_1 + a_{22} \cdot x_2 + \ldots + a_{2n} \cdot x_n \leq b_2$$
$$\vdots$$
$$a_{m1} \cdot x_1 + a_{m2} \cdot x_2 + \ldots + a_{mn} \cdot x_n \leq b_m$$

$$x_j \geq 0 \quad , \quad j = 1, \ldots, n$$

Betrachten wir ein *konkretes Zahlenbeispiel* für die *Gewinnmaximierung* in einer Firma, die *vier Produkte* mit Hilfe der *drei Produktionsfaktoren Energie, Rohstoffe* und *Maschinen* herstellt.

$$6 \cdot x_1 + 7 \cdot x_2 + 6 \cdot x_3 + 8 \cdot x_4 \rightarrow \underset{x_1, x_2, x_3, x_4}{\text{Maximum}}$$

$$3 \cdot x_1 + 4 \cdot x_2 + 8 \cdot x_3 + 6 \cdot x_4 \leq 5500$$
$$8 \cdot x_1 + 2 \cdot x_2 + 4 \cdot x_3 + 2 \cdot x_4 \leq 6100$$
$$4 \cdot x_1 + 6 \cdot x_2 + 2 \cdot x_3 + 4 \cdot x_4 \leq 5200$$
$$x_1 \geq 0 \, , \, x_2 \geq 0 \, , \, x_3 \geq 0 \, , \, x_4 \geq 0$$

Diese Aufgabe besitzt die *Lösung*
$$x_1 = 600, \quad x_2 = 100, \quad x_3 = 0, \quad x_4 = 550$$

die im Abschn. 18.1.2 mit Hilfe der Programmsysteme berechnet wird.

b) Aufgaben der *Kostenminimierung* betrachten wir im folgenden Beispiel:

Aus n *Rohstoffen* R_1, R_2, $\ldots$, R_n

mit den *Kapazitätsbeschränkungen* (Mengenbeschränkungen) b_1 , b_2 , ... , b_n und den *Preisen* (je ME)

$$p_1 , p_2 , \cdots , p_n$$

soll in einer *Firma* ein *Endprodukt* mit vorgegebenen *Eigenschaften* derart *hergestellt* werden, daß die dabei *auftretenden Rohstoffkosten minimal* sind.

Verwendet man von den einzelnen Rohstoffen die *Mengen*

$$x_1 , x_2 , \cdots , x_n \quad (\geq 0)$$

so erhält man die zu *minimierende Kostenfunktion*

$$K(x_1, x_2, \ldots, x_n) = p_1 \cdot x_1 + p_2 \cdot x_2 + \ldots + p_n \cdot x_n \to \underset{x_1, x_2, \ldots, x_n}{\text{Minimum}}$$

Die *Nebenbedingungen* (Beschränkungen) ergeben sich *aus* den *Kapazitätsbeschränkungen* für die *Rohstoffe* und die für das *Endprodukt* geforderten *Eigenschaften*.

Betrachten wir als *konkretes Zahlenbeispiel* ein *Mischungsproblem* :

Aus *zwei* begrenzt zur Verfügung stehenden landwirtschaftlichen *Produkten* (d.h. n=2), die Eiweiß, Fett und Energie enthalten, ist kostengünstig ein *Futtermittel herzustellen*, das einen vorgegebenen Mindestgehalt an diesen drei Bestandteilen enthält. Die *konkreten Zahlenwerte* sind aus der folgenden *Tabelle* zu entnehmen.

	Produkt I	Produkt II	Mindestgehalt(ME) im Endprodukt
Eiweiß(ME)/ME	25	45	3931
Fett(ME)/ME	31	52	772
Energie(ME)/ME	18	29	598
verfügbar(ME)	75	57	
Preis/ME	100	98	

Aus dieser Tabelle ergeben sich die bezüglich der beiden Variablen x_1 , x_2 zu minimierende *Zielfunktion*

$$K(x_1, x_2) = 100 \cdot x_1 + 98 \cdot x_2 \to \underset{x_1, x_2}{\text{Minimum}}$$

und die *Nebenbedingungen*

$$25 \cdot x_1 + 45 \cdot x_2 \geq 3931$$

$$31 \cdot x_1 + 52 \cdot x_2 \geq 772$$

$$18 \cdot x_1 + 29 \cdot x_2 \geq 598$$

$$0 \leq x_1 \leq 75 \quad , \quad 0 \leq x_2 \leq 57$$

Diese Aufgabe besitzt die *Lösung* $x_1 = 54{,}64$, $x_2 = 57{,}00$ mit dem *Zielfunktionswert* 11050, die im Abschn. 18.1.2 mit den Programmsystemen berechnet wird.

c) Betrachten wir ein allgemeines *Transportproblem* :
Von m verschiedenen *Orten* P_1 , P_2 , ... , P_m sind eine *Ware* (*Rohstoff*) nach n anderen *Orten* Q_1 , Q_2 , ... , Q_n zu *transportieren*, wobei die *Transportkosten* zu *minimieren* sind. Wenn man für die vom *i-ten* nach dem *k-ten Ort transportierte Ware* die Menge mit x_{ik} (≥ 0) und den *Transportpreis* für eine Einheit mit p_{ik} (≥ 0) bezeichnet, ergibt sich die bezüglich der Variablen

$$x_{11}, \dots, x_{1n}, \dots, x_{21}, \dots, x_{2n}, \dots, x_{m1}, \dots, x_{mn} \quad zu \quad minimierende$$

Zielfunktion für die *Transportkosten* in der Form :

$$p_{11} \cdot x_{11} + \dots + p_{1n} \cdot x_{1n} + \dots + p_{m1} \cdot x_{m1} + \dots + p_{mn} \cdot x_{mn} \rightarrow \underset{x_{11}, \dots, x_{mn}}{\text{Minimum}}$$

Mit den bisherigen Beschränkungen $x_{ik} \geq 0$ würde man für das Minimum Null erhalten, d.h., es werden keine Waren transportiert.

Für *praktische Aufgabenstellungen* hat man *weitere Beschränkungen* :

* In den *Orten* Q_k werden von der Ware die *Mengen* b_k benötigt, d.h., es sind die folgenden *Gleichungen* zu *erfüllen* :

$$x_{11} + x_{21} + x_{31} + \dots + x_{m1} = b_1$$

$$x_{12} + x_{22} + x_{32} + \dots + x_{m2} = b_2$$

$$\vdots \qquad\qquad \vdots$$

$$x_{1n} + x_{2n} + x_{3n} + \dots + x_{mn} = b_n$$

* Da die *Lieferorte* P_i *Kapazitätsbeschränkungen* a_i haben, entstehen *Beschränkungen* in Form von *Ungleichungen* :

$$x_{11} + x_{12} + x_{13} + \dots + x_{1n} \leq a_1$$

$$x_{21} + x_{22} + x_{23} + \dots + x_{2n} \leq a_2$$

$$\vdots \qquad\qquad \vdots$$

$$x_{m1} + x_{m2} + x_{m3} + \dots + x_{mn} \leq a_m$$

Betrachten wir ein *konkretes Zahlenbeispiel* für die *Minimierung* der *Transportkosten* :

Von *zwei* verschiedenen *Kiesgruben* sind *drei Baustellen* mit Kies zu beliefern. Die bezüglich der Variablen

$$x_{11}\,,\,x_{12}\,,\,x_{13}\,,\,x_{21}\,,\,x_{22}\,,\,x_{23}$$

zu *minimierende Zielfunktion* für die *Transportkosten* habe die Gestalt:

$$2 \cdot x_{11} + 3 \cdot x_{12} + 5 \cdot x_{13} + 4 \cdot x_{21} + 7 \cdot x_{22} + 6 \cdot x_{23} \;\rightarrow\; \underset{x_{11},\ldots,\,x_{23}}{\text{Minimum}}$$

Die *Gleichungen* für die auf den Baustellen *benötigten Mengen* an Kies haben folgende Gestalt:

$$x_{11} + x_{21} = 1200$$

$$x_{12} + x_{22} = 1500$$

$$x_{13} + x_{23} = 1000$$

Die *Ungleichungen* für die *Kapazitätsbeschränkungen* der Kiesgruben haben folgende Gestalt:

$$x_{11} + x_{12} + x_{13} \leq 2100$$

$$x_{21} + x_{22} + x_{23} \leq 2300$$

Diese Aufgabe besitzt die *Lösung*

$$x_{11} = 600\;,\;\;x_{12} = 1500\;,\;\;x_{13} = 0\;,\;\;x_{21} = 600\;,\;\;x_{22} = 0\;,\;\;x_{23} = 1000$$

die im Abschn. 18.1.2 (Beispiel 18.7) mit Hilfe der Programmsysteme berechnet wird.

♦

Jedem Problem der *linearen Optimierung* kann man ein *duales Problem* zuordnen:

So gehört zu dem gegebenen Problem (*primales Problem*)

$$\mathbf{c}^{T} \cdot \mathbf{x} \rightarrow \underset{x}{\text{Maximum}} \quad , \quad \mathbf{A} \cdot \mathbf{x} \leq \mathbf{b}\,,\,\mathbf{x} \geq 0$$

das *duale Problem*

$$\mathbf{b}^{T} \cdot \mathbf{u} \rightarrow \underset{u}{\text{Minimum}}, \quad \mathbf{A}^{T} \cdot \mathbf{u} \geq \mathbf{c}\,,\,\mathbf{u} \geq 0$$

wobei beide Zielfunktionswerte für die jeweilige Lösung übereinstimmen.

Ähnlich zu den *Lagrangeschen Multiplikatoren* bei Extremwertaufgaben (siehe Abschn. 14.5) lassen sich die *Lösungen* u des *dualen Problems* ökonomisch als *Schattenpreise* interpretieren, da sie die *Änderung* des *optimalen Zielfunktionswertes* angeben, wenn sich die rechten Seiten b der Ungleichungen (Mengenbeschränkungen) um eine Einheit ändern.

♦

Betrachten wir die *Problematik* der *Schattenpreise* an einem konkreten *Zahlenbeispiel* der *Gewinnmaximierung*

Beispiel 18.2:

Zum folgenden einfachen Beispiel der *Gewinnmaximierung*

$$P(x_1, x_2) = 5 \cdot x_1 + 6 \cdot x_2 \rightarrow \underset{x_1, x_2}{\text{Maximum}}$$

$$3 \cdot x_1 + 2 \cdot x_2 \leq 120$$

$$4 \cdot x_1 + 6 \cdot x_2 \leq 260 \qquad \textit{primales Problem}$$

$$x_1 \geq 0 \ , \ x_2 \geq 0$$

mit der *Lösung* $x_1 = 20$ und $x_2 = 30$ und dem *Zielfunktionswert*

$$P(20, 30) = 280 \ \textit{gehört}$$

$$D(u_1, u_2) = 120 \cdot u_1 + 260 \cdot u_2 \rightarrow \underset{u_1, u_2}{\text{Minimum}}$$

$$3 \cdot u_1 + 4 \cdot u_2 \geq 5$$

$$2 \cdot u_1 + 6 \cdot u_2 \geq 6 \qquad \textit{duales Problem}$$

$$u_1 \geq 0 \ , \ u_2 \geq 0$$

mit der *Lösung* $u_1 = \dfrac{3}{5}$ und $u_2 = \dfrac{4}{5}$ und dem *Zielfunktionswert*

$$D\left(\frac{3}{5}, \frac{4}{5}\right) = 280$$

Vergrößert man die rechten Seiten der Ungleichungen des *primalen Problems* (120, 260) um *eine Einheit*, d.h. (121, 261), so ergibt sich die *neue Lösung*

$$x_1 = \frac{102}{5} \text{ und } x_2 = \frac{299}{10} \text{ mit dem } \textit{Zielfunktionalwert}$$

$$P\left(\frac{102}{5}, \frac{299}{10}\right) = 281.4$$

Diesen *Zuwachs* des *optimalen Zielfunktionswertes* um 1.4 erhält man ebenso, wenn man aufgrund der Eigenschaften der dualen Aufgabe ihre beiden *Lösungen*

$$u_1 = \frac{3}{5} \ , \ u_2 = \frac{4}{5} \ \textit{addiert.} ♦$$

18.1.2   Lösungsmethoden

Die am häufigsten angewandte *Methode* zur *exakten Lösung* von Problemen der *linearen Optimierung* ist die *Simplexmethode*, die bis auf wenige Ausnahmen (sogenannte Entartungsfälle) die Lösung in endlich vielen Schritten liefert. Diese Methode ist in den folgenden Programmsystemen enthalten:

MAPLE

Nach dem Laden des Zusatzpakets *Simplexmethode* mittels des *Kommandos* **with** (simplex) ; stehen die *Kommandos*

* **maximize** (ZF , NB , NONNEGATIVE) ;

* **minimize** (ZF , NB , NONNEGATIVE) ;

zur Verfügung, mit denen sich das *Maximum* bzw. *Minimum* der linearen *Zielfunktion* ZF berechnen läßt, wobei die linearen *Nebenbedingungen* NB als Menge einzugeben sind. Das mögliche dritte Argument NONNEGATIVE bewirkt die *Nichtnegativität* der Variablen x_j, d.h. $x_j \geq 0$ für $j = 1,...,n$.

Beispiel 18.3:

Betrachten wir das *konkrete Zahlenbeispiel* aus *Beispiel* 18.1a) für die *Gewinnmaximierung* in einer Firma, die *vier Produkte* mit Hilfe der *drei Produktionsfaktoren Energie, Rohstoffe* und *Maschinen* herstellt.

Für die Lösung dieser Aufgabe ist das Kommando *maximize* folgendermaßen einzugeben:

maximize (6*x1 + 7*x2 + 6*x3 + 8*x4 , { 3*x1 + 4*x2 + 8*x3 + 6*x4 <= 5500 , 8*x1 + 2*x2 + 4*x3 + 2*x4 <= 6100 , 4*x1 + 6*x2 + 2*x3 + 4*x4 <=5200 } , NONNEGATIVE) ;

MAPLE liefert die berechnete *Lösung* in der folgenden Form

{ x3 = 0 , x2 = 100 , x4 = 550 , x1 = 600 }

♦

MATHCAD

MATHCAD besitzt keine integrierten Kommandos zur Lösung von Aufgaben der linearen Optimierung, so daß man auf das Elektronischen Buch *Numerical Recipes* zurückgreifen muß. In diesem Buch befindet sich ein Abschnitt über *lineare Optimierung* (Abschn. 8.6), in dem man das Kommando *simplx* zur Lösung dieser Aufgaben findet. In der Abb. 18.1 findet man den erläuternden Text aus diesem Buch.

Abb.18.1.
Erläuternder
Text zur li-
nearen Op-
timierung
aus dem
Elektroni-
schen Buch
*Numerical
Recipes*

8.6	Linear Programming and the Simplex Method

simplx — uses the simplex algorithm to maximize an objective function subject to a set of inequalities. Its arguments are:

C₁ 439
F₁ 432

- the submatrix of the first tableau containing the original objective function and inequalities written in restricted normal form
- nonnegative integers **m1** and **m2**, giving the number of constraints of the form ≤ and ≥ ; the number of equality constraints is equal to **r - m1 - m2 - 1**, where **r** is the number of rows in the matrix

The output is either:

- a vector containing the values of the variables that maximize the objective function; or
- an error message if no solution satisfies the constraint or the objective function is unbounded

Die Anwendung des Kommandos *simplx* erläutern wir an zwei Beispielen

Beispiel 18.4:

a) Betrachten wir die einfache Aufgabe aus Beispiel 18.2

$$P(x_1, x_2) = 5 \cdot x_1 + 6 \cdot x_2 \; \underset{x_1, x_2}{\to} \; \text{Maximum}$$

$$3 \cdot x_1 + 2 \cdot x_2 \leq 120$$

$$4 \cdot x_1 + 6 \cdot x_2 \leq 260$$

$$x_1 \geq 0 \; , \; x_2 \geq 0$$

Das Kommando *simplx* benötigt die *drei Argumente*

I. *Matrix* der *Koeffizienten* der zu maximierenden *Zielfunktion* (Konstanten werden weggelassen) und der *Nebenbedingungen*. Die erste Spalte der Matrix ist für die rechten Seiten der Ungleichungen reserviert (in der ersten Zeile ist hier eine Null einzutragen).

II. *Anzahl* m_1 der *Ungleichungen* mit ≤

III. *Anzahl* m_2 der *Ungleichungen* mit ≥

Wir übernehmen den *Berechnungsteil aus* dem gegebenen *Elektronischen Buch* und setzen die Koeffizienten für unser Beispiel ein. Es ist zu beachten, daß die *Variablen* mit *Literalindex* (siehe Kap. 7) zu verwenden sind:

Objective function : $\qquad \text{Ob}(x_1, x_2) := 5 \cdot x_1 + 6 \cdot x_2$

$$Constraints: \qquad 3 \cdot x_1 + 2 \cdot x_2 \leq 120$$

$$4 \cdot x_1 + 6 \cdot x_2 \leq 260$$

$$x_1 \geq 0 \, , \, x_2 \geq 0$$

$$v := simplx\left(\begin{pmatrix} 0 & 5 & 6 \\ 120 & -3 & -2 \\ 260 & -4 & -6 \\ 0 & -1 & 0 \\ 0 & 0 & -1 \end{pmatrix} , 2 , 2 \right) \qquad\qquad v = \begin{pmatrix} 20 \\ 30 \end{pmatrix}$$

$$\textit{Maximum value of objective function}: \qquad Ob\left(v_1 , v_2 \right) = 280$$

Wie die *Matrix* im *Argument* des Kommandos *simplx* für eine konkrete Aufgabe zu *bilden* ist, läßt sich gut erkennen. Die erste Zeile enthält die beiden Koeffizienten der zu maximierenden Zielfunktion. Die Art der Eingabe für die Koeffizienten der Nebenbedingungen (mit umgekehrten Vorzeichen) läßt sich unmittelbar aus dem Vergleich dieser Bedingungen und der zweiten bis fünften Zeile der Matrix entnehmen. Die beiden restlichen Argumente des Kommandos bezeichnen die Anzahl der Ungleichungen mit $\leq$ (2) und $\geq$ (2). Die gefundene *Lösung*
$$x_1 = 20 \, , \, x_2 = 30$$

steht im Vektor **v** und abschließend wird der *Optimalwert* (hier Maximum) 280 der Zielfunktion berechnet.

b) Lösen wir das *konkrete Zahlenbeispiel* aus Beispiel 18.1a) für die *Gewinnmaximierung* in einer Firma, die *vier Produkte* mit Hilfe der *drei Produktionsfaktoren Energie, Rohstoffe* und *Maschinen* herstellt. Dazu wenden wir das Kommando *simplx* analog wie bei Beispiel a) an und erhalten:
Objective function :
$$Ob(x_1, x_2, x_3, x_4) := 6 \cdot x_1 + 7 \cdot x_2 + 6 \cdot x_3 + 8 \cdot x_4$$

Constraints :
$$3 \cdot x_1 + 4 \cdot x_2 + 8 \cdot x_3 + 6 \cdot x_4 \leq 5500$$

$$8 \cdot x_1 + 2 \cdot x_2 + 4 \cdot x_3 + 2 \cdot x_4 \leq 6100$$

$$4 \cdot x_1 + 6 \cdot x_2 + 2 \cdot x_3 + 4 \cdot x_4 \leq 5200$$

$$x_1 \geq 0 \,,\; x_2 \geq 0 \,,\; x_3 \geq 0 \,,\; x_4 \geq 0$$

$$v := \mathrm{simplx}\left(\begin{bmatrix} \begin{array}{rrrrr} 0 & 6 & 7 & 6 & 8 \\ 5500 & -3 & -4 & -8 & -6 \\ 6100 & -8 & -2 & -4 & -2 \\ 5200 & -4 & -6 & -2 & -4 \\ 0 & -1 & 0 & 0 & 0 \\ 0 & 0 & -1 & 0 & 0 \\ 0 & 0 & 0 & -1 & 0 \\ 0 & 0 & 0 & 0 & -1 \end{array} \end{bmatrix}, 3, 4\right) \qquad v = \begin{bmatrix} 600 \\ 100 \\ 0 \\ 550 \end{bmatrix}$$

Maximum value of objective function:

$$\mathrm{Ob}\left(v_1, v_2, v_3, v_4\right) = 8.7 \cdot 10^3$$

Die gefundene *Lösung* $x_1 = 600$, $x_2 = 100$, $x_3 = 0$, $x_4 = 550$

steht im Vektor **v** und abschließend wird der *Optimalwert* (hier Maximum) 8700 der Zielfunktion berechnet.

♦

MATHEMA-TICA

Mittels der *Kommandos*

* **ConstrainedMin** [ZF , NB , V]

* **ConstrainedMax** [ZF , NB , V]

lassen sich Aufgaben der *linearen Optimierung* für die *Minimierung* bzw. *Maximierung* der *Zielfunktion* ZF lösen, wobei die *Nebenbedingungen* NB und die *Variablen* V in *Listenform einzugeben* sind, während die *Bedingungen* $x_j \geq 0$ von MATHEMATICA *automatisch berücksichtigt* werden.

Einfacher gestaltet sich die Eingabe der Zielfunktion und der Nebenbedingungen bei der Anwendung des weiteren in MATHEMATICA integrierten *Kommandos* **LinearProgramming** [c , A , b] zur Lösung des *linearen Optimierungsproblems*

$$\mathbf{c} \cdot \mathbf{x} \underset{x}{\rightarrow} \text{Minimum} \quad , \quad \mathbf{A} \cdot \mathbf{x} \geq \mathbf{b} \quad , \quad \mathbf{x} \geq 0$$

Als *Argumente* dieses *Kommandos* sind lediglich der Vektor **c** der *Koeffizienten* der *Zielfunktion*, die Matrix **A** der *Koeffizienten* der *Nebenbedingungen* und der Vektor **b** der *rechten Seiten* der *Nebenbedingungen* einzugeben. Die Variablenbezeichnungen werden bei diesem Kommando nicht benötigt.

Bei dem Kommando *LinearProgramming* ist zu beachten, daß im Gegensatz zu den Kommandos *ConstrainedMin* und *Constrained-Max* in den Nebenbedingungen die Ungleichungen mit $\geq$ zu bilden sind und daß die Zielfunktion immer minimiert wird.

Aufgaben, die noch nicht diese Form besitzen, lassen sich durch eventuelle Multiplikationen mit -1 auf die geforderte Form transformieren (siehe Beispiel 18.5).

♦

Beispiel 18.5:

Betrachten wir das *konkrete Zahlenbeispiel* aus *Beispiel* 18.1a) für die *Gewinnmaximierung* in einer Firma, die *vier Produkte* mit Hilfe der *drei Produktionsfaktoren Energie, Rohstoffe* und *Maschinen* herstellt.

Wir lösen im folgenden diese Aufgabe mit den beiden gegebenen Kommandos *ConstrainedMax* und *LinearProgramming*:

* Bei Verwendung des Kommandos *ConstrainedMax* liefert

  ConstrainedMax [6*x1 + 7*x2 + 6*x3 + 8*x4 , { 3*x1 + 4*x2 + 8*x3 + 6*x4 <= 5500 , 8*x1 + 2*x2 + 4*x3 + 2*x4 <= 6100 , 4*x1 + 6*x2 + 2*x3 + 4*x4 <= 5200 } , { x1 , x2 , x3 , x4 }]

  die *Lösung* in der folgenden *Form*

  { 8700 , { x1 –> 600 , x2 –> 100 , x3 –> 0 , x4 –> 550 } }

  wobei die erste Zahl 8700 nach der geschweiften Klammer den Wert der Zielfunktion für die berechnete Lösung angibt.

* Bei Verwendung des Kommandos *LinearProgramming* liefert

  LinearProgramming [–{ 6 , 7 , 6 , 8 } ,–{ { 3 , 4 , 8 , 6 } , { 8 , 2 , 4 , 2 } , { 4 , 6 , 2 , 4 } } , –{ 5500 , 6100 , 5200 }]

  die *Lösung* in der folgenden *Form* { 600 , 100 , 0 , 550 }

  ♦

EXCEL *Lineare Optimierungsprobleme* werden mit EXCEL ähnlich wie lineare Gleichungssysteme (Abschn. 9.2) gelöst, wobei die *Nebenbedingungen* in *Normalform* geschrieben werden, d.h., auf der rechten Seite der Ungleichungen steht eine Null.

Die *Lösung* geschieht in *folgenden Etappen* :

I.   Zuerst tragen wir in *zusammenhängend freie Zellen* einer *Spalte* der aktuellen Tabelle die zu minimierende *Zielfunktion* und die *Nebenbedingungen* ein (siehe Abb.18.2). Dies kann auch weggelassen werden, da es nur zur Information dient.

II. Danach tragen wir in *zusammenhängende freie Zellen* einer *Zeile* der aktuellen Tabelle die *Namen* der *Unbekannten* (*Variablen*) ein und *darunter* ihre *Startwerte* für das von EXCEL verwendete numerische Verfahren. *Anschließend markieren* wir *diese Zellen* und aktivieren die *Menüfolge*

Einfügen ⇒ Namen ⇒ Übernehmen...

Damit erhalten die Variablen die in den Zellen stehenden Bezeichnungen und ihnen werden die Startwerte zugewiesen (siehe Abb. 18.2).

III. Wir wählen eine *freie Zelle* der aktuellen Tabelle als *Ergebniszelle* (*Zielzelle*) und tragen hier die *Zielfunktion* als Formel ein. Analog werden in *weitere leere Zellen* die *linken Seiten* der *Nebenbedingungen* des linearen Optimierungsproblems als Formeln eingetragen (siehe Abb.18.2).

IV. Abschließend wird der in EXCEL integrierte *Solver* mittels der *Menüfolge* **Extras ⇒ Solver...** *aufgerufen* und die erscheinende *Dialogbox* wie folgt *ausgefüllt* (siehe Abb. 18.3) :

(1) Bei *Zielzelle* wird die *Zelle* mit der *Zielfunktion* eingetragen.

(2) Bei *Zielwert* wird *Max* oder *Min* angeklickt, jenachdem ob die Zielfunktion maximiert oder minimiert werden soll.

(3) In *veränderbare Zellen* werden die *Zellen* der *Startwerte* eingetragen (siehe II).

(4) In *Nebenbedingungen* werden die Nebenbedingungen der Aufgabe durch Anklicken des Knopfes (Buttons) *Hinzufügen* eingetragen.

(5) Abschließend wird das *Ergebnis* durch *Anklicken* von *Lösen* erhalten und kann im *Antwortbericht* (siehe Abb. 18.4) angesehen werden.

Es ist zu beachten, daß man in EXCEL bei Variablen (in Zielfunktion und Funktionen der Nebenbedingungen) *keine Bezeichnungen* der *Form* x1, x2 , ... verwenden sollte, weil sie mit Zelladressen verwechselt werden können.

♦

Demonstrieren wir die Vorgehensweise zur Lösung linearer Optimierungsprobleme mittels EXCEL an einem Beispiel.

Beispiel 18.6:

Lösen wir die Aufgabe aus Beispiel 18.1b) :

$$K(x_1, x_2) = 100 \cdot x_1 + 98 \cdot x_2 \to \underset{x_1, x_2}{\text{Minimum}}$$

mit den *Nebenbedingungen* 1) bis 7):

1) $25 \cdot x_1 + 45 \cdot x_2 \geq 3931$

2) $31 \cdot x_1 + 52 \cdot x_2 \geq 772$

3) $18 \cdot x_1 + 29 \cdot x_2 \geq 598$

4) $0 \leq x_1$, 5) $0 \leq x_2$, 6) $x_1 \leq 75.$, 7) $x_2 \leq 57$

Für die Lösung mittels EXCEL wählen wir als Variablen x und y, da in EXCEL Variablenbezeichnungen der Form x1 und x2 nicht verwendet werden sollten, weil sie mit Zelladressen verwechselt werden können.

Lösen wir das *Problem* nach dem *gegebenen Schema* :

I.   Zuerst tragen wir in *zusammenhängende freie Zellen* einer *Spalte* der aktuellen Tabelle die zu minimierende *Zielfunktion* (A2) und die *Nebenbedingungen* (A4:A8) ein (siehe Abb.18.2). Dies kann weggelassen werden, da es nur zur Information dient.

II.   Danach tragen wir in *zusammenhängende freie Zellen* (C1:D1) einer *Zeile* der aktuellen Tabelle die *Namen* der *Variablen* x und y ein und *darunter* ihre *Startwerte* (C2:D2) für das von EXCEL verwendete numerische Verfahren. Falls man Näherungswerte für die Lösung kennt, verwendet man natürlich diese als Startwerte. Wir haben x=0, y=0 gewählt. Anschließend *markieren* wir *diese Zellen* (C1, D1, C2, D2) und aktivieren die *Menüfolge* **Einfügen** $\Rightarrow$ **Namen** $\Rightarrow$ **Übernehmen...**

Damit erhalten die Variablen die in den Zellen C1 und D1 stehenden Bezeichnungen und ihnen werden die Startwerte zugewiesen (siehe Abb.18.2).

III.   Wir wählen eine *freie Zelle* (E2) der aktuellen Tabelle als *Ergebniszelle* (*Zielzelle*) und tragen hier die *Zielfunktion* als Formel ein. Analog werden in *weitere leere Zellen* (E4:E10) die *linken Seiten* der *Nebenbedingung* des Optimierungsproblems in beliebiger Reihenfolge als Formel eingetragen (siehe Abb. 18.2).

IV.   Abschließend wird der in EXCEL integrierte *Solver* mittels der *Menüfolge* **Extras** $\Rightarrow$ **Solver...***aufgerufen* und die erscheinende

Dialogbox (*Solver-Parameter*) wie folgt *ausgefüllt* (siehe Abb. 18.3) :

(1) Bei *Zielzelle* wird die *Zelle* ($E$2) mit der *Zielfunktion* eingetragen.

(2) Bei *Zielwert* wird *Min* angeklickt, da die Zielfunktion minimiert werden soll.

(3) In *veränderbare Zellen* werden die *Zellen* der *Startwerte* ($C$2:$D$2) eingetragen.

(4) In *Nebenbedingungen* werden die gegebenen Ungleichungsnebenbedingungen in der Form $E$4>=0 (Nebenbedingung 1)), $E$5>=0 (Nebenbedingung 2)), $E$6>=0 (Nebenbedingung 3)), $E$7<=0 (Nebenbedingung 6)), $E$8>=0 (Nebenbedingung 4)), $E$9<=0 (Nebenbedingung 7)), $E$10>=0 (Nebenbedingung 5)) durch Anklicken des Knopfes (Buttons) *Hinzufügen* eingetragen.

(5) Abschließend wird das *Ergebnis* x=54,64 und y=57,00 (Zielfunktionswert 11 050) durch *Anklicken* von *Lösen* erhalten und kann im *Antwortbericht* (siehe Abb. 18.4) angesehen werden.

Abb.18.2. Tabellenausschnitt von EXCEL zur Lösung des Optimierungsproblems aus Beispiel 18.6

	A	B	C	D	E	F
1	Zielfunktion		x	y	Zielfunktion	
2	100*x+98*y		0	0	0	
3	Nebenbedingungen				Nebenbedingungen	
4	25*x+45*y>=3931				-3931	
5	31*x+52*y>=772				-772	
6	18*x+29*y>=598				-598	
7	0<=x<=75				-75	
8	0<=y<=57				0	
9					-57	
10					0	
11						
12						

Abb.18.3.
Dialogbox
des Solvers
von EXCEL
für die Lö-
sung des
Optimie-
rungspro-
blems aus
Beispiel 18.6

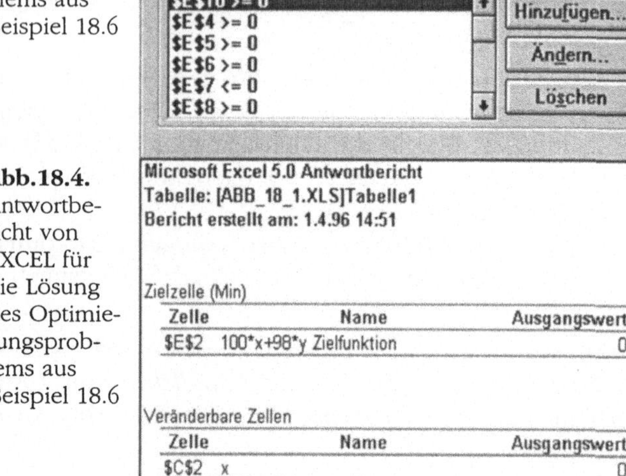

Abb.18.4.
Antwortbe-
richt von
EXCEL für
die Lösung
des Optimie-
rungsprob-
lems aus
Beispiel 18.6

Da MAPLE, MATHCAD, MATHEMATICA und EXCEL auch *lineare Nebenbedingungen* in *Gleichungsform* zulassen, können diese Aufgaben der *Transportoptimierung* (*Transportprobleme*) lösen, die einen Spezialfall der linearen Optimierung bilden (siehe Beispiel 18.7).

♦

Beispiel 18.7:

Lösen wir das im Beispiel 18.1c) gegebene *Zahlenbeispiel* für ein *Transportproblem*. In den einzelnen *Programmsystemen* geschieht die *Lösung* mit folgenden Kommandos:

* MAPLE berechnet mittels des *Kommandos*

  minimize (2*x11 + 3*x12 + 5*x13 + 4*x21 + 7*x22 + 6*x23 , {
  x11 + x21 = 1200 , x12 + x22 = 1500 , x13 + x23 = 1000 , x11 +
  x12 + x13 <= 2100 , x21 + x22 + x23 <= 2300 } , NONNEGATIVE
) ;

die *Lösung* in der folgenden *Form*

{ x13 = 0 , x23 = 1000 , x22 = 0 , x12 = 1500 , x21 = 600 , x11 = 600 }

* MATHCAD berechnet mittels des Kommandos *simplx* aus dem Elektronischen Buch *Numerical Recipes* (ausführliche Erläuterung im Beispiel 18.4):

Objective function:

$$Ob(x_{11}, x_{12}, x_{13}, x_{21}, x_{22}, x_{23}) :=$$

$$2 \cdot x_{11} + 3 \cdot x_{12} + 5 \cdot x_{13} + 4 \cdot x_{21} + 7 \cdot x_{22} + 6 \cdot x_{23}$$

Constraints:

$$x_{11} + x_{12} + x_{13} \le 2100 \quad x_{21} + x_{22} + x_{23} \le 2300$$

$$x_{11} \ge 0 \quad x_{12} \ge 0 \quad x_{13} \ge 0 \quad x_{21} \ge 0 \quad x_{22} \ge 0 \quad x_{23} \ge 0$$

$$x_{11} + x_{21} = 1200 \quad x_{12} + x_{22} = 1500 \quad x_{13} + x_{23} = 1000$$

$$v := \text{simplx}\left(\begin{bmatrix} 0 & -2 & -3 & -5 & -4 & -7 & -6 \\ 2100 & -1 & -1 & -1 & 0 & 0 & 0 \\ 2300 & 0 & 0 & 0 & -1 & -1 & -1 \\ 0 & -1 & 0 & 0 & 0 & 0 & 0 \\ 0 & 0 & -1 & 0 & 0 & 0 & 0 \\ 0 & 0 & 0 & -1 & 0 & 0 & 0 \\ 0 & 0 & 0 & 0 & -1 & 0 & 0 \\ 0 & 0 & 0 & 0 & 0 & -1 & 0 \\ 0 & 0 & 0 & 0 & 0 & 0 & -1 \\ 1200 & -1 & 0 & 0 & -1 & 0 & 0 \\ 1500 & 0 & -1 & 0 & 0 & -1 & 0 \\ 1000 & 0 & 0 & -1 & 0 & 0 & -1 \end{bmatrix}, 2, 6\right) \qquad v = \begin{bmatrix} 600 \\ 1.5 \cdot 10^3 \\ 0 \\ 600 \\ 0 \\ 1 \cdot 10^3 \end{bmatrix}$$

Minimum value of objective function:

$$Ob(v_1, v_2, v_3, v_4, v_5, v_6) = 1.41 \cdot 10^4$$

Die *Eingabe* der *Zielfunktion* und der *Nebenbedingungen* in die Matrix des Kommandos *simplx* geschieht in der *folgenden Reihenfolge*:

I. *Eingabe* der *Zielfunktion*, wobei die Koeffizienten mit negativen Vorzeichen zu versehen sind, da die Funktion zu minimieren ist.

II. Eingabe der Nebenbedingungen mit $\leq$

III. Eingabe der Nebenbedingungen mit $\geq$

IV. Eingabe der Nebenbedingungen mit = (Koeffizienten mit entgegengesetzten Vorzeichen)

Abschließend werden im Kommando *simplx* als zweites Argument die Anzahl (2) der Ungleichungen mit $\leq$ und als drittes Argument (6) der Ungleichungen mit $\geq$ eingetragen.

Das berechnete *Ergebnis* wird im Vektor **v** *angezeigt* und als *minimaler Zielfunktionswert* 14100 berechnet.

* MATHEMATICA berechnet mittels des *Kommandos*

  ConstrainedMin [2*x11 + 3*x12 + 5*x13 + 4*x21 + 7*x22 + 6*x23 , { x11 + x21 == 1200 , x12 + x22 == 1500 , x13 + x23 == 1000 , x11 + x12 + x13 <= 2100 , x21 + x22 + x23 <= 2300 } , { x11 , x12 , x13 , x21 , x22 , x23 }]

  die *Lösung* in der folgenden *Form*

  { 14100 , { x11 –> 600 , x12 –> 1500 , x13 –> 0 , x21 –> 600 , x22 –> 0 , x23 –> 1000 } }

  wobei die erste Zahl 14100 nach der geschweiften Klammer den Wert der Zielfunktion für die berechnete Lösung angibt.

* EXCEL *berechnet* die gesuchte *Lösung* des *Transportproblems* mittels des *Solvers* analog wie im Beispiel 18.6, so daß wir im folgenden nur den Tabellenausschnitt (Abb. 18.5), die Dialogbox des Solvers (Abb. 18.6) und den Antwortbericht (mit der Lösung in Abb. 18.7) für das gelöste Problem geben. Als *Variablenbezeichnungen* verwenden wir in der Reihenfolge t, u, v, w, x, y und als *Anfangsnäherung* für alle Variablen 0.

  ◆

Abb.18.5.
Tabellenausschnitt von EXCEL zur Lösung des Transportproblems aus Beispiel 18.7

Abb.18.6.
Dialogbox des Solvers von EXCEL für die Lösung des Transportproblems aus Beispiel 18.7

Abb.18.7.
Antwortbericht von EXCEL für die Lösung des Transportproblems aus Beispiel 18.7

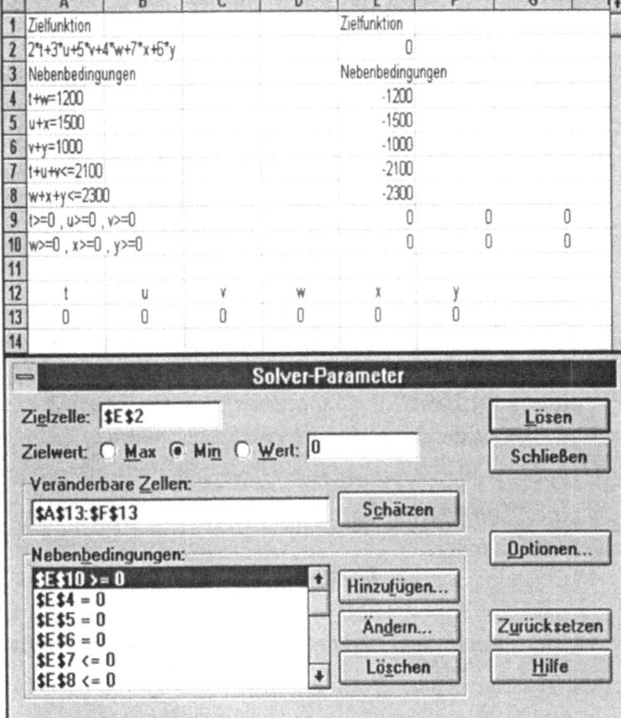

18.2 Nichtlineare Optimierung

Im Abschn. 18.1 haben wir gesehen, daß sich die einfachste Struktur für ein Optimierungsproblem mit Ungleichungsnebenbedingungen ergibt, wenn die Zielfunktion f und die Funktionen g_j der Nebenbedingungen lineare reelle Funktionen von n Variablen sind.

Es lassen sich jedoch nicht alle Optimierungsaufgaben in der Ökonomie zufriedenstellend durch die lineare Optimierung beschreiben. So treten Anwendungsprobleme auf, bei denen die Annahme nicht mehr real ist, daß die in den linearen Funktionen auftretenden Koeffizienten konstant sind. In diesem Abschnitt demonstrieren wir dies an einigen Beispielen. Deshalb ist es für die *Wirtschaftsmathematik* notwendig, sich auch mit Problemen der *nichtlinearen Optimierung* zu beschäftigen.

Sobald eine Ungleichung der *Nebenbedingungen* oder die *Zielfunktion* einer Optimierungsaufgabe *nichtlinear* sind, spricht man von einem Problem der *nichtlinearen Optimierung*, deren Theorie seit den fünfziger Jahren stark entwickelt wurde.

Probleme der *nichtlinearen Optimierung* haben die *folgende Form*:

Eine *Zielfunktion* f ist bezüglich der Variablen $x_1, x_2, ..., x_n$ zu *minimieren*, d.h.

$$f(x_1, x_2, ..., x_n) \to \underset{x_1, x_2, ..., x_n}{\text{Minimum}}$$

wobei noch *Nebenbedingungen* in Form von *Ungleichungen*

$$g_j(x_1, x_2, ..., x_n) \le 0 \ , \ j = 1, 2, ..., m$$

zu berücksichtigen sind.

♦

Die *gegebene Aufgabenstellung* der *nichtlinearen Optimierung* ist hinreichend allgemein, d.h. sie enthält alle auftretenden Fälle :

* Falls eine *Gleichungsnebenbedingung* vorkommt, so kann sie durch zwei Ungleichungen beschrieben werden.

* Falls *Ungleichungen* mit $\ge$ vorkommen, so können sie durch Multiplikation mit -1 in Ungleichungen mit $\le$ transformiert werden.

* Falls ein *Zielfunktion* zu *maximieren* ist, so erhält man durch Multiplikation mit -1 eine zu minimierende Zielfunktion.

♦

Im Gegensatz zu den Extremwertaufgaben aus Abschn. 14.5 sind bei den Aufgaben der *nichtlinearen Optimierung* ebenso wie bei der *linearen Optimierung* nur *globale* (*absolute*) *Extrema* gesucht, d.h. für unsere Aufgabenstellung *globale Minima*. ♦

18.2.1   Ökonomische Anwendungen

Die Modelle der *linearen Optimierung* beruhen alle auf der *Annahme*, daß die *Koeffizienten* der linearen Funktionen aus Nebenbedingungen und Zielfunktion *konstant* sind. Diese *Annahme* kann aber bei einer Reihe ökonomischer Aufgabenstellung *nicht aufrechterhalten* werden, ohne daß die Realitätsnähe verlorengeht und die erhaltenen Ergebnisse nicht mehr anwendbar sind.

Des weiteren treten in *ökonomischen Optimierungsmodellen* sowohl in den Zielfunktionen als auch in den Nebenbedingungen von vornherein *nichtlineare Funktionen* auf.

Betrachten wir die Problematik an einigen *Anwendungsbeispielen*.

Beispiel 18.8:

a) Das Problem der *Gewinnmaximierung* aus Beispiel 18.1a) führt zum folgenden *linearen Optimierungsproblem* :

$$g_1 \cdot x_1 + g_2 \cdot x_2 + \ldots + g_n \cdot x_n \;\to\; \underset{x_1, x_2, \ldots, x_n}{\text{Maximum}}$$

$$a_{11} \cdot x_1 + a_{12} \cdot x_2 + \ldots + a_{1n} \cdot x_n \leq b_1$$

$$a_{21} \cdot x_1 + a_{22} \cdot x_2 + \ldots + a_{2n} \cdot x_n \leq b_2$$

$$\vdots \qquad\qquad \vdots$$

$$a_{m1} \cdot x_1 + a_{m2} \cdot x_2 + \ldots + a_{mn} \cdot x_n \leq b_m$$

$$x_j \geq 0 \quad, \quad j = 1, \ldots, n$$

In der *Praxis* wird jedoch der Einfluß von *Angebot* und *Nachfrage* und die Möglichkeit der Kosteneinsparung bei größerer Produktionsmenge dazu führen, daß die *Gewinne* g_k (pro ME) *nicht konstant* sind, sondern von den *hergestellten Mengen* $x_1, x_2, \ldots, x_n$ abhängen, d.h.

$$g_k = g_k(x_1, x_2, \ldots, x_n)$$

Da der *Gewinn* g_k sich als *Differenz* aus *Verkaufspreis* p_k und *Herstellungskosten* c_k ergibt, folgt seine Abhängigkeit von den hergestellten Mengen aus der Abhängigkeit von Preis und Herstellungskosten, d.h.

$$g_k(x_1, x_2, \ldots, x_n) = p_k(x_1, x_2, \ldots, x_n) - c_k(x_1, x_2, \ldots, x_n)$$

Da der Preis stark von Angebot und Nachfrage abhängt, beeinflußt er hauptsächlich den Gewinn, während die *Herstellungskosten* meistens als *konstant* angesehen werden, d.h.

$$g_k(x_1, x_2, \ldots, x_n) = p_k(x_1, x_2, \ldots, x_n) - c_k$$

so daß für die gegebenen *linearen Nebenbedingungen* eine *nichtlineare Zielfunktion*

$$g_1(x_1, x_2, \dots, x_n) \cdot x_1 + \dots + g_n(x_1, x_2, \dots, x_n) \cdot x_n \ \to \ \underset{x_1, x_2, \dots, x_n}{\text{Maximum}}$$

und damit ein Problem der *nichtlinearen Optimierung* entsteht.

Falls die *Preise linear* von den *produzierten Mengen* in der folgenden Form abhängen

$$p_k = \sum_{i=1}^{n} q_{ki} \cdot x_i + r_k$$

erhält man die *Zielfunktion*

$$\sum_{k=1}^{n} \sum_{i=1}^{n} q_{ki} \cdot x_i \cdot x_k + \sum_{k=1}^{n} (r_k - c_k) \cdot x_k \ \to \ \underset{x_1, x_2, \dots, x_n}{\text{Maximum}}$$

Unter Verwendung der *Matrizenschreibweise*

$$\mathbf{Q} = \begin{pmatrix} q_{11} & \cdots & q_{1n} \\ \vdots & \vdots & \vdots \\ q_{n1} & \cdots & q_{nn} \end{pmatrix}, \ \mathbf{d} = \begin{pmatrix} r_1 - c_1 \\ \vdots \\ r_n - c_n \end{pmatrix}, \ \mathbf{b} = \begin{pmatrix} b_1 \\ \vdots \\ b_m \end{pmatrix}, \ \mathbf{x} = \begin{pmatrix} x_1 \\ \vdots \\ x_n \end{pmatrix}$$

ergibt sich die zu *maximierende Zielfunktion*

$$\mathbf{x}^T \cdot \mathbf{Q} \cdot \mathbf{x} + \mathbf{d}^T \cdot \mathbf{x} \ \to \ \underset{x}{\text{Maximum}}$$

mit den *Nebenbedingungen* $\mathbf{A}^T \cdot \mathbf{x} \le \mathbf{b}$, $\mathbf{x} \ge 0$

Diese Aufgabe bezeichnet man als Aufgabe der *quadratischen Optimierung*, da die *Zielfunktion* durch eine *quadratische Funktion* und die *Nebenbedingungen* durch *lineare Funktionen* gebildet werden.

b) Eine ähnliche Problematik wie im Beispiel a) ergibt sich bei der *Kostenminimierung* aus Beispiel 18.1b). Die *Preise* p_k (Preis pro ME) der Rohstoffe R_k sind in der Praxis *nicht konstant*, sondern verändern sich durch Angebot und Nachfrage und durch Preisnachlaß bei größerer Abnahmemenge, so daß die p_k von den *Mengen* der *Rohstoffe* $x_1, x_2, \dots, x_n$ *abhängen*, d.h.

$$p_k = p_k(x_1, x_2, \dots, x_n).$$

Damit ist die *nichtlineare Zielfunktion*

$$p_1(x_1, x_2, \dots, x_n) \cdot x_1 + p_2(x_1, x_2, \dots, x_n) \cdot x_2 + \dots + p_n(x_1, x_2, \dots, x_n) \cdot x_n \ \to \underset{x_1, x_2, \dots, x_n}{\text{Maximum}}$$

zu minimieren, wobei in den meisten Anwendungsfällen *lineare Nebenbedingungen* hinzukommen.

c) Die *Extremwertaufgabe* zur *Nutzenmaximierung* aus Beispiel 14.9e)

$$N(x_1, x_2, \ldots, x_n) \to \underset{x_1, x_2, \ldots, x_n}{\text{Maximum}}$$

wird zur Aufgabe der *nichtlinearen Optimierung*, wenn man anstatt der *vollständigen Ausgabe* der *Haushaltmittel* h , d.h.

$$p_1 \cdot x_1 + p_2 \cdot x_2 + \ldots + p_n \cdot x_n = h$$

nur fordert, daß diese die *obere Grenze* h *nicht überschreiten,* d.h.

$$p_1 \cdot x_1 + p_2 \cdot x_2 + \ldots + p_n \cdot x_n \leq h$$

und die vernachlässigte *Positivität* der Variablen hinzunimmt, d.h. $x_1 \geq 0, \ldots, x_n \geq 0$.

d) Die im Beispiel 14.9c) betrachtete Extremwertaufgabe für das *Standortproblem* (Steiner-Weber-Problem)

$$F(x, y) = \sum_{i=1}^{n} m_i \cdot \sqrt{(x - a_i)^2 + (y - b_i)^2} \to \underset{x, y}{\text{Minimum}}$$

läßt sich nur für wenige praktische Probleme anwenden, da der *gesuchte Standort* (x,y) in den meisten Fällen *nicht frei wählbar* ist, weil zahlreiche *Hindernisse* (*Barrieren*) auszuschließen sind, d.h., der *Standort* kann nur in einem *vorgegebenen Bereich* B liegen :

I. Der *einfachste Fall* liegt vor, wenn sich dieser *Bereich* B *durch Geraden begrenzen* läßt, d h , die folgende Form besitzt (*polyedrischer Bereich*) :

$$a_{11} \cdot x + a_{12} \cdot y \leq b_1$$
$$a_{21} \cdot x + a_{22} \cdot y \leq b_2$$
$$\vdots \qquad \qquad \vdots$$
$$a_{m1} \cdot x + a_{m2} \cdot y \leq b_m$$

II. Eine andere Form von Beschränkungen ensteht, wenn der *Standort* (x, y) gegebene *Kreisgebiete* mit den Mittelpunkten (c_i, d_i) und den Radien r_i *nicht berühren* darf :

$$(x - c_i)^2 + (y - d_i)^2 \geq r_i^2$$

Mit *Ungleichungsnebenbedingungen* der Formen I und/oder II wird das *Standortproblem* zu einem *Problem* der *nichtlinearen Optimierung.*

e) Betrachten wir ein *Problem* der *Geldanlage* :

Ein *Geldbetrag* von maximal A (in GE) soll in n verschiedenen *Banken* B_i in den Beträgen von x_i (in GE) so *angelegt* werden, daß der *Gesamtgewinn* G *maximal* wird. Wenn die *Bank* B_i den *Gewinn* $G_i(x_i)$ verspricht, so ergibt sich das *Problem* der *nichtlinearen Optimierung* :

$$G = G_1(x_1) + G_2(x_2) + \ldots + G_n(x_n) \to \underset{x_1, x_2, \ldots, x_n}{\text{Maximum}}$$

$$x_1 + x_2 + \ldots + x_n = (\text{bzw.} \le)\ A$$

$$x_1 \ge 0,\ x_2 \ge 0,\ \ldots,\ x_n \ge 0$$

Dieses mathematische Modell für die Geldanlage ist noch sehr vereinfacht, da es nicht die Gewinnstreuungen berücksichtigt und bei großer Streuung fehlerhafte Ergebnisse liefert.

Häufig sind die *Gewinne* $G_i(x_i)$ *proportional* zum eingezahlten *Geldbetrag* x_i, d.h. $G_i(x_i) = G_i \cdot x_i$ (G_i – Kons tan te)

Wenn man die Gewinne G_i als normalverteilte *Zufallsgrößen* (siehe Kap. 19) mit den *Erwartungswerten* m_i und der *Kovarianzmatrix* $\mathbf{K} = (\sigma_{ik})$ voraussetzt, besitzt der *Gesamtgewinn*

$$\sum_{i=1}^{n} G_i \cdot x_i \text{ den } \textit{Erwartungswert } \mathbf{m}^T \cdot \mathbf{x} = \sum_{i=1}^{n} m_i \cdot x_i$$

$$\text{und die } \textit{Streuung } \mathbf{x}^T \cdot \mathbf{K} \cdot \mathbf{x} = \sum_{i=1}^{n}\sum_{k=1}^{n} \sigma_{ik} \cdot x_i \cdot x_k$$

Damit ergibt sich für den zu *minimierenden Gesamtgewinn*, wenn das durch die Streuung hervorgerufene *Risiko minimiert* werden soll :

$$G(x) = \mathbf{m}^T \cdot \mathbf{x} - c \cdot \mathbf{x}^T \cdot \mathbf{K} \cdot \mathbf{x} \to \underset{x}{\text{Maximum}} \qquad (c \ge 0)$$

mit den gleichen Nebenbedingungen wie oben, d.h., es wird ein *quadratisches Optimierungsproblem* (quadratische Zielfunktion und lineare Nebenbedingungen) erhalten. Die in der *Zielfunktion* enthaltene nichtnegative *Konstante* c spiegelt den Trade-off zwischen *Gewinn* und *Risiko* wieder. Setzt man c=0, so wird das *Risiko vernachlässigt* und man erhält ein *lineares Optimierungsproblem*.

f) Bei dem folgenden *Transportproblem* sind nicht nur die Transportkosten zu minimieren, sondern auch gleichzeitig die Kosten für die Verpackung:

Eine *Firma* benötigt in einem gegebenen Zeitraum A m^3 eines *Rohstoffs*, der von einem *Erzeuger* in zylindrischen *Fässern* (mit

Deckel) mit dem Radius x_1 und der Höhe x_2 geliefert wird. Die Anzahl N der von der Firma benötigten Fässer beträgt damit

$$N = \frac{A}{\pi \cdot x_1^2 \cdot x_2}$$

Die *Transportkosten* pro Faß (unabhängig von der Größe) ergeben sich zu B DM. Diese und die Kosten der Fässer müssen von der Firma getragen werden.

Die *Kosten* (Herstellungs- und Materialkosten) für die *Fässer* belaufen sich auf C DM pro m^2, wobei das *Volumen* der Fässer $D \; m^3$ *nicht überschreiten* darf.

Für die *Firma* entsteht das Problem der *Minimierung* der *Gesamtkosten* (Transportkosten + Kosten für die Fässer), so daß die folgende *Zielfunktion*

$$f(x_1, x_2) = B \cdot N + N \cdot C \cdot (2 \cdot \pi \cdot x_1^2 + 2 \cdot \pi \cdot x_1 \cdot x_2)$$

$$= \frac{A \cdot B}{\pi \cdot x_1^2 \cdot x_2} + 2 \cdot A \cdot C \cdot \left(\frac{1}{x_1} + \frac{1}{x_2} \right) \quad \rightarrow \quad \underset{x_1, x_2}{\text{Minimum}}$$

unter den *Beschränkungen* :

$$\pi \cdot x_1^2 \cdot x_2 \leq D \quad , \quad x_1 \geq 0 \quad , \quad x_2 \geq 0$$

zu minimieren ist.

g) Das lineare *Transportproblem* aus Beispiel 18.1c)

$$p_{11} \cdot x_{11} + \ldots + p_{1n} \cdot x_{1n} + \ldots + p_{m1} \cdot x_{m1} + \ldots + p_{mn} \cdot x_{mn} \rightarrow \underset{x_{11}, \ldots, x_{mn}}{\text{Minimum}}$$

$$x_{11} + x_{21} + x_{31} + \ldots + x_{m1} = b_1$$

$$x_{12} + x_{22} + x_{32} + \ldots + x_{m2} = b_2$$

$$\vdots \qquad\qquad\qquad \vdots$$

$$x_{1n} + x_{2n} + x_{3n} + \ldots + x_{mn} = b_n$$

$$x_{11} + x_{12} + x_{13} + \ldots + x_{1n} \leq a_1$$

$$x_{21} + x_{22} + x_{23} + \ldots + x_{2n} \leq a_2$$

$$\vdots \qquad\qquad\qquad \vdots$$

$$x_{m1} + x_{m2} + x_{m3} + \ldots + x_{mn} \leq a_m$$

wird zu einem Problem der *nichtlinearen Optimierung*, wenn die *Transportkosten* p_{ik} *nicht konstant* sind, sondern von der transportierten Menge x_{ik} abhängen, d.h. $p_{ik} = p_{ik}(x_{ik})$

Damit ergibt sich die zu minimierende *nichtlineare Zielfunktion*

$$p_{11}(x_{11}) \cdot x_{11} + ... + p_{1n}(x_{1n}) \cdot x_{1n} + ... + p_{m1}(x_{m1}) \cdot x_{m1} + ... + p_{mn}(x_{mn}) \cdot x_{mn}$$

$$\to \quad \underset{x_{11}, ..., x_{mn}}{\text{Minimum}}$$

unter den beibehaltenen *linearen Nebenbedingungen.*

Dieser Fall *variabler Transportkosten* tritt häufiger auf, da sich die Transportkosten bei geringer Transportmenge erhöhen und bei großer Transportmenge senken (Rabatt).

♦

Die in den Beispielen 14.9b), d), e), f) betrachteten *Extremwertaufgaben* sind streng genommen ebenfalls Aufgaben der *nichtlinearen Optimierung*, wenn man die vernachlässigten *Positivitätsforderungen* $x_i \geq 0$ hinzunimmt.

♦

Die Aufgaben aus Beispiel 18.8 lassen erkennen, daß in vielen ökonomischen Anwendungsaufgaben *nur* die *Zielfunktion nichtlinear* wird, wenn man das mathematische Optimierungsmodell besser den praktischen Gegebenheiten anpassen möchte. Die linearen Nebenbedingungen reichen meistens aus, um die Problematik hinreichend genau zu beschreiben.

♦

18.2.2   Lösungsmethoden

Für die allgemeine Aufgabe der *nichtlinearen Optimierung* ergeben sich unter *Verwendung* der *Lagrangefunktion* (hier als *Kuhn-Tucker-Funktion* bezeichnet)

$$L(\mathbf{x};\boldsymbol{\lambda}) = L(x_1, x_2, ..., x_n; \lambda_1, \lambda_2, ..., \lambda_m) =$$

$$f(x_1, x_2, ..., x_n) + \sum_{j=1}^{m} \lambda_j g_j(x_1, x_2, ..., x_n)$$

mit den *Lagrangeschen Multiplikatoren* (*Kuhn-Tucker-Multiplikatoren*) $\lambda_1, \lambda_2, ..., \lambda_m$

die *Optimalitätsbedingungen* (*Kuhn-Tucker-Bedingungen*)

$$\frac{\partial L}{\partial x_k} = \frac{\partial f(x_1, x_2, ..., x_n)}{\partial x_k} + \sum_{i=1}^{m} \lambda_i \cdot \frac{\partial g_i(x_1, x_2, ..., x_n)}{\partial x_k} = 0$$

$$(k = 1, ..., n\,; i = 1, ..., m)$$

$$\lambda_i \cdot g_i(x_1, x_2, ..., x_n) = 0 \quad , \quad g_i(x_1, x_2, ..., x_n) \leq 0 \quad , \quad \lambda_i \geq 0$$

die unter einer Reihe von Voraussetzungen *notwendig* und *hinreichend* sind.

Die *Kuhn-Tucker-Bedingungen* liefern ein *System* von *nichtlinearen Gleichungen* und *Ungleichungen* zur *Bestimmung* der *Unbekannten*

$$x_1, x_2, \ldots, x_n \, ; \lambda_1, \lambda_2, \ldots, \lambda_m$$

Dieses System läßt aber in den wenigsten Fällen eine exakte Lösung zu, da für nichtlineare Gleichungen und Ungleichungen *kein endlicher Lösungsalgorithmus* existiert (siehe Beispiel 18.9a). Deshalb gelingt die Lösung nichtlinearer Optimierungsprobleme meistens nicht mit den Mitteln der Computeralgebra und man ist auf *numerische Methoden* angewiesen (siehe Beispiel 18.11).

♦

Obwohl die *lineare Optimierung* eine spezielle Klasse der *nichtlinearen Optimierung* bildet, unterscheiden sich die *Lösungsalgorithmen* wesentlich. Während für die meisten praktischen Probleme der *linearen Optimierung* die *Simplexmethode* einen *endlichen Lösungsalgorithmus* liefert, existiert für die nichtlineare Optimierung keine derartige universelle Lösungsmethode.

♦

Betrachten wir die *Kuhn-Tucker-Bedingungen* an zwei *Beispielen*.

Beispiel 18.9:

a) Verwenden wir das Problem aus Beispiel 18.8f) mit den konkreten Zahlenwerten A=1000, B=10, C=20 D=10, so ergibt sich das *nichtlineare Optimierungsproblem*

$$f(x_1, x_2) = \frac{10000}{\pi \cdot x_1^2 \cdot x_2} + 40000 \cdot \left(\frac{1}{x_1} + \frac{1}{x_2} \right) \;\to\; \underset{x_1, x_2}{\text{Minimum}}$$

unter den *Beschränkungen*: $2 \cdot \pi \cdot x_1^2 \cdot x_2 \leq 20$, $x_1 \geq 0$, $x_2 \geq 0$

Hierfür lautet die *Kuhn-Tucker-Funktion*

$$L(x_1, x_2 \, ; \lambda_1, \lambda_2, \lambda_3) =$$

$$\frac{10000}{\pi \cdot x_1^2 \cdot x_2} + 40000 \cdot \left(\frac{1}{x_1} + \frac{1}{x_2} \right) + \lambda_1 \cdot \left(2 \cdot \pi \cdot x_1^2 \cdot x_2 - 20 \right) - \lambda_2 \cdot x_1 - \lambda_3 \cdot x_2$$

so daß die *Kuhn-Tucker-Bedingungen* die folgende Form haben:

$$\frac{\partial L}{\partial x_1} = -\frac{20000}{\pi \cdot x_1^3 \cdot x_2} - 40000 \cdot \frac{1}{x_1^2} + \lambda_1 \cdot 4 \cdot \pi \cdot x_1 \cdot x_2 - \lambda_2 = 0$$

$$\frac{\partial L}{\partial x_2} = -\frac{10000}{\pi \cdot x_1^2 \cdot x_2^2} - 40000 \cdot \frac{1}{x_2^2} + \lambda_1 \cdot 2 \cdot x_1^2 - \lambda_3 = 0$$

$$\lambda_1 \cdot \left(2 \cdot \pi \cdot x_1^2 \cdot x_2 - 20\right) = 0 \ , \quad \lambda_2 \cdot x_1 = 0 \ , \quad \lambda_3 \cdot x_2 = 0$$

$$2 \cdot \pi \cdot x_1^2 \cdot x_2 \leq 20 \ , \ x_1 \geq 0 \ , \ x_2 \geq 0 \ , \ \lambda_1 \geq 0 \ , \ \lambda_2 \geq 0 \ , \ \lambda_3 \geq 0$$

d.h., es sind 5 Gleichungen und 6 Ungleichungen bzgl. der Unbekannten x_1 , x_2 , λ_1 , λ_2 , λ_3 zu lösen.

Man erkennt bereits an diesem einfachen Beispiel, wie *kompliziert* die von den Kuhn-Tucker-Bedingungen erzeugten *Gleichungen* und *Ungleichungen* sind, für die sich eine exakte Lösung schwierig gestaltet. Dieses System von Gleichungen und Ungleichungen wird von keinem Programmsystem exakt gelöst, selbst wenn man die Ungleichungen wegläßt.

Deshalb führen nur *numerische Lösungsmethoden* zum Ziel. Im Beispiel 18.11b) werden wir diese Aufgabe mit EXCEL lösen, das als einziges Programm von den im Buch betrachteten Systemen die *numerische Lösung nichtlinearer Optimierungsprobleme* gestattet.

b) Für das einfache *quadratische Optimierungsproblem*

$$f(x_1, x_2) = \left(x_1 - 1\right)^2 + \left(x_2 - 1\right)^2 \ \to \ \underset{x_1, x_2}{\text{Minimum}}$$

$$x_1 + x_2 - 1 \leq 0$$

lauten die *Kuhn-Tucker-Funktion*

$$L(x_1, x_2, \lambda) = \left(x_1 - 1\right)^2 + \left(x_2 - 1\right)^2 + \lambda \cdot (x_1 + x_2 - 1)$$

und die *Kuhn-Tucker-Bedingungen*

$$2 \cdot \left(x_1 - 1\right) + \lambda = 0$$

$$2 \cdot \left(x_2 - 1\right) + \lambda = 0$$

$$\lambda \cdot (x_1 + x_2 - 1) = 0$$

$$x_1 + x_2 - 1 \leq 0 \ , \ \lambda \geq 0$$

aus denen sich die *Lösung* $x_1 = \dfrac{1}{2}$, $x_2 = \dfrac{1}{2}$, $\lambda = 1$

mit dem minimalen Zielfunktionswert 0.5 durch Elimination berechnen läßt.

Die Programmsysteme MATHCAD und MATHEMATICA finden nur Lösungen der Kuhn-Tucker-Bedingungen, wenn man die beiden Ungleichungen

(1) $x_1 + x_2 - 1 \leq 0$

(2) $\lambda \geq 0$

wegläßt und die Kommandos zur Gleichungslösung heranzieht (siehe Abschn. 9.2 und Kap.13). Lediglich MAPLE löst die kompletten Bedingungen:

* MAPLE *löst* die *kompletten Kuhn-Tucker-Bedingungen* mittels des *Kommandos* zur Lösung von Gleichungen und Ungleichungen:

   solve ({ 2*(x1 − 1) + lambda = 0 , 2*(x2 − 1) + lambda = 0, lambda*(x1 + x2 − 1) = 0 , x1 + x2−1 <= 0 , lambda >= 0 } , { x1 , x2 , lambda }) ;

   und liefert die *Lösung* in der *Form* { $\lambda = 1$, $x2 = \dfrac{1}{2}$, $x1 = \dfrac{1}{2}$ }

* MATHCAD *berechnet* nur *Lösungen* der *Gleichungsbedingungen* aus den Kuhn-Tucker-Bedingungen mittels:

   given

   $$2 \cdot \left(x_1 - 1 \right) + \lambda = 0$$

   $$2 \cdot \left(x_2 - 1 \right) + \lambda = 0$$

   $$\lambda \cdot \left(x_1 + x_2 - 1 \right) = 0$$

   $$\text{find}\left(x_1, x_2, \lambda \right) \rightarrow \begin{bmatrix} 1 & \dfrac{1}{2} \\ 1 & \dfrac{1}{2} \\ 0 & 1 \end{bmatrix}$$

   die *beiden Lösungen*

   I. $x_1 = 1$, $x_2 = 1$, $\lambda = 0$

   II. $x_1 = \dfrac{1}{2}$, $x_2 = \dfrac{1}{2}$, $\lambda = 1$

   wobei die *erste ausgesondert* werden muß, da diese die Ungleichung (1) nicht erfüllt.

* MATHEMATICA *berechnet* nur *Lösungen* der *Gleichungsbedingungen* aus den Kuhn-Tucker-Bedingungen mittels des *Kommandos* zur Lösung von Gleichungen:

   Solve [{ 2*(x1−1) + lambda == 0 , 2*(x2−1) + lambda == 0 , lambda*(x1+x2–1) == 0 } , { x1 , x2 , lambda }]

die *beiden Lösungen*

I. $x_1 = 1$, $x_2 = 1$, $\lambda = 0$

II. $x_1 = \dfrac{1}{2}$, $x_2 = \dfrac{1}{2}$, $\lambda = 1$

wobei die *erste ausgesondert* werden muß, da diese die Ungleichung (1) nicht erfüllt.

Die *Kuhn-Tucker-Multiplikatoren* λ besitzen für die Lösung des betrachteten Optimierungsproblems keine Bedeutung, d.h., ihr Zahlenwert ist hierfür uninteressant. Bei *Optimierungsproblemen* in der *Wirtschaft* lassen sich diese Multiplikatoren analog zu Extremwertaufgaben *ökonomisch deuten*. Man interpretiert sie als *Schattenpreise*. Wir demonstrieren dies an einer allgemeinen Aufgabe für Funktionen einer Variablen mit nur einer Ungleichungsnebenbedingung:

* Für die *Aufgabe* $f(x) \to \underset{x}{\text{Minimum}}$

  verwenden wir *anstatt* der *Nebenbedingung* $g(x) \le 0$ die *Nebenbedingung* mit der *rechten Seite* ε, d.h. $g(x) \le \varepsilon$

* Für diese modifizierte Aufgabe lautet die *Kuhn-Tucker-Funktion*

  $L(x, \lambda, \varepsilon) = f(x) + \lambda \cdot (g(x) - \varepsilon)$

  Wenn man hierfür die *Kuhn-Tucker-Bedingungen* löst, erhält man die Lösungen x und λ in Abhängigkeit von ε, d.h. $x(\varepsilon)$ und $\lambda(\varepsilon)$.

  Für diese Lösungen ergibt sich wegen $\lambda(\varepsilon) \cdot (g(x(\varepsilon)) - \varepsilon) = 0$ für die *Kuhn-Tucker-Funktion* $L(x(\varepsilon), \lambda(\varepsilon), \varepsilon) = f(x(\varepsilon))$

* Für die erhaltenen *Lösungen* erhält man als *Wert*

  $\Rightarrow$ der *Zielfunktion* $f(\varepsilon) = f(x(\varepsilon))$

  $\Rightarrow$ der *Kuhn-Tucker-Funktion* $L(\varepsilon) = L(x(\varepsilon), \lambda(\varepsilon), \varepsilon)$

* Da $f(\varepsilon) = L(\varepsilon)$ gilt, folgt

$$\frac{df(\varepsilon)}{d\varepsilon} = \frac{dL(\varepsilon)}{d\varepsilon} = \frac{\partial L(\varepsilon)}{\partial x} \cdot \frac{dx}{d\varepsilon} + \frac{\partial L(\varepsilon)}{\partial \lambda} \cdot \frac{d\lambda}{d\varepsilon} + \frac{\partial L(\varepsilon)}{\partial \varepsilon} = -\lambda$$

  weil $\dfrac{\partial L(\varepsilon)}{\partial x} = 0$ und $\dfrac{\partial L(\varepsilon)}{\partial \lambda} = 0$ gelten.

* Die erhaltene Gleichung

$$\frac{df(\varepsilon)}{d\varepsilon} = \frac{dL(\varepsilon)}{d\varepsilon} = -\lambda$$

besagt, daß der *Lagrangesche Multiplikator* λ ein *Maß* für die *Veränderung* der *Zielfunktion bezogen auf* eine *Veränderung* der *rechten Seite* der *Nebenbedingung* ist, d.h., wenn sich ε um einen kleinen Wert $d\varepsilon$ ändert, so ändert sich die Zielfunktion $f(\varepsilon)$ *näherungsweise* um den Wert $df(\varepsilon) = -\lambda \cdot d\varepsilon$.

$-\lambda$ gibt den Anstieg der Funktion $f(\varepsilon)$ an und wird als *Schattenpreis* oder *Opportunitätskosten* bezeichnet. Diese Bezeichnung kommt von der Tatsache, daß $-\lambda$ den Wert von ε darstellt, wenn f eine Kostenfunktion ist. Die Änderung der Kostenfunktion ergibt sich aus der Änderung des "Rohstoffs" ε durch Multiplikation mit $-\lambda$. *Speziell* gibt $-\lambda$ *näherungsweise* die *Änderung* der *Zielfunktion* $df(\varepsilon)$, wenn sich ε um eine Einheit (d.h. $d\varepsilon = 1$) verändert.

Im Beispiel 18.10 werden wir den *Schattenpreis* an einer einfachen Aufgabe erläutern.

♦

Beispiel 18.10:

Für das einfache *quadratische Optimierungsproblem* aus Beispiel 18.9b)

$$f(x_1, x_2) = \left(x_1 - 1\right)^2 + \left(x_2 - 1\right)^2 \to \underset{x_1, x_2}{\text{Minimum}}$$

$$x_1 + x_2 - 1 \leq 0$$

ergibt sich durch Lösung der Kuhn-Tucker-Bedingungen mittels Elimination das *Ergebnis* $x_1 = \frac{1}{2}$, $x_2 = \frac{1}{2}$, $\lambda = 1$

mit dem *minimalen Zielfunktionswert* 0.5.

Ändert man die rechte Seite der Ungleichung um 0.1 Einheiten ab, so ergibt sich eine näherunsweise Änderung des Zielfunktionswert um $-\lambda \cdot 0.1 = -0.1$, d.h., es folgt 0.4.

♦

Da in den Computeralgebra-Programmen keine Kommandos zur nichtlinearen Optimierung enthalten sind, kann man lediglich versuchen, die von den Kuhn-Tucker-Bedingungen gelieferten Gleichungen und Ungleichungen mit den in den Programmen enthaltenen Kommandos zur Gleichungslösung zu lösen. Dies ist aber nur bei sehr einfachen Aufgaben möglich, wie wir im Beispiel 18.9 gesehen haben.

Man ist deshalb auf numerische Methoden angewiesen.

♦

Numerische Methoden zur *Lösung* von *nichtlinearen Optimierungsaufgaben* sind *nur* im *Programm* EXCEL enthalten :

EXCEL

Die *numerische Lösung* für *nichtlineare Optimierungsprobleme* geschieht bei EXCEL auf die gleiche Weise wie bei linearen Optimierungsproblemen (Abschn. 18.1.2) und ähnlich wie bei linearen Gleichungssystemen (Abschn. 9.2), wobei die Nebenbedingungen in Normalform verwendet werden, d.h., auf den rechten Seiten der Ungleichungen steht eine Null.

Die *Lösung* geschieht in *folgenden Etappen* :

I. Zuerst tragen wir in *zusammenhängende freie Zellen* einer *Spalte* der aktuellen Tabelle die zu minimierende *Zielfunktion* und die *Nebenbedingungen* ein. Dies kann auch weggelassen werden, da es nur zur Information dient (siehe Abb.18.8).

II. Danach tragen wir in *zusammenhängende freie Zellen* einer *Zeile* der aktuellen Tabelle die *Namen* der *Unbekannten* (*Variablen*) ein und *darunter* ihre *Startwerte* für das von EXCEL verwendete numerische Verfahren. *Anschließend markieren* wir *diese Zellen* und aktivieren die *Menüfolge*

Einfügen ⇒ Namen ⇒ Übernehmen...

Damit erhalten die Variablen die in den Zellen stehenden Bezeichnungen und ihnen werden die Startwerte zugewiesen (siehe Abb.18.8).

III. Wir wählen eine *freie Zelle* der aktuellen Tabelle als *Ergebniszelle* (*Zielzelle*) und tragen hier die *Zielfunktion* als Formel ein. Analog werden in *weitere freie Zellen* die *linken Seiten* der *Nebenbedingungen* des Optimierungsproblems als Formeln eingetragen (siehe Abb.18.8).

IV. Abschließend wird der in EXCEL integrierte *Solver* mittels der *Menüfolge* **Extras ⇒ Solver...**

aufgerufen und die erscheinende *Dialogbox* wie folgt *ausgefüllt* (siehe Abb. 18.9) :

(1)   Bei *Zielzelle* wird die *Zelle* mit der *Zielfunktion* eingetragen.

(2)   Bei *Zielwert* wird *Min* angeklickt, da die Zielfunktion minimiert werden soll.

(3)   In *veränderbare Zellen* werden die *Zellen* der *Startwerte* eingetragen (siehe II).

(4)   In *Nebenbedingungen* werden die Nebenbedingungen der Aufgabe durch Anklicken von *Hinzufügen* eingetragen (siehe Abb. 18.9)

(5)   Abschließend wird das *Ergebnis* durch *Anklicken* von *Lösen* erhalten und kann im *Antwortbericht* (siehe Abb. 18.10) angesehen werden.

Es ist zu beachten, daß in EXCEL bei Funktionen (Zielfunktion, Funktionen der Nebenbedingungen) *Variablenbezeichnungen* der Form x1, x2, ... nicht verwendet werden sollten, weil sie mit Zelladressen verwechselt werden können.

♦

Betrachten wir die genaue Vorgehensweise an zwei Beispielen.

Beispiel 18.11:

a) Lösen wir das *Optimierungsproblem* aus *Beispiel* 18.9b)

$$f(x,y) = (x-1)^2 + (y-1)^2 \;\rightarrow\; \underset{x,y}{\text{Minimum}}$$

$$x + y - 1 \le 0$$

Wir haben als Variablen x und y gewählt, da in EXCEL Variablenbezeichnungen der Form x1 und x2 nicht verwendet werden sollten, weil sie mit Zelladressen verwechselt werden können.

Lösen wir das *Problem* nach dem *gegebenen Schema* :

I.   Zuerst tragen wir in *zusammenhängende freie Zellen* einer *Spalte* der aktuellen Tabelle die zu minimierende *Zielfunktion* (A2) und die *Nebenbedingung* (A5) ein. Dies kann auch weggelassen werden, da es nur zur Information dient (siehe Abb.18.8).

II. Danach tragen wir in *zusammenhängende freie Zellen* (A7:B7) einer *Zeile* der aktuellen Tabelle die *Namen* der *Unbekannten* (*Variablen*) ein und *darunter* ihre *Startwerte* (A8:B8) für das von EXCEL verwendete numerische Verfahren. Falls man Näherungswerte für die Lösung kennt, verwendet man natürlich diese als Startwerte. Wir haben x=0, y=0 gewählt. Anschließend *markieren* wir *diese Zellen* (A7, A8, B7, B8) und aktivieren die *Menüfolge*

Einfügen ⇒ Namen ⇒ Übernehmen...

Damit erhalten die Variablen die in den Zellen A7 und B7 stehenden Bezeichnungen und ihnen werden die Startwerte zugewiesen (siehe Abb.18.8).

III. Wir wählen eine *freie Zelle* (C10) der aktuellen Tabelle als *Ergebniszelle* (*Zielzelle*) und tragen hier die *Zielfunktion* als Formel ein. Analog wird in eine *weitere freie Zelle* (C8) die *linke Seite* x + y − 1 der *Nebenbedingung* des Optimierungsproblems als Formel eingetragen (siehe Abb. 18.8).

IV. Abschließend wird der in EXCEL integrierte *Solver* mittels der *Menüfolge* **Extras ⇒ Solver...**

aufgerufen und die erscheinende *Dialogbox* (*Solver-Parameter*) wie folgt *ausgefüllt* (siehe Abb. 18.9) :

(1)   Bei *Zielzelle* wird die *Zelle* ($C$10) mit der *Zielfunktion* eingetragen.

(2)   Bei *Zielwert* wird *Min* angeklickt, da die Zielfunktion minimiert werden soll.

(3)   In *veränderbare Zellen* werden die *Zellen* der *Startwerte* ($A$8:$B$8) eingetragen.

(4)   In *Nebenbedingungen* wird die Nebenbedingung durch Anklicken von *Hinzufügen* in der Form $C$8 <=0 eingetragen.

(5)   Abschließend wird das *Ergebnis* x=0,5 und y=0,5 (Zielfunktionswert 0,5) durch *Anklicken* von *Lösen* erhalten und kann im *Antwortbericht* (siehe Abb. 18.10) angesehen werden.

Abb.18.8. Tabellenausschnitt von EXCEL zur Lösung des Optimierungsproblems aus Beispiel 18.11a)

	A	B	C	D
1	zu minimierende Zielfunktion			
2	(x-1)^2 +(y-1)^2			
3				
4	Nebenbedingung			
5	x+y-1<=0			
6				
7	x	y	Nebenbedingung	
8	0	0	-1	
9			Zielfunktion	
10			2	
11				

Abb.18.9.
Dialogbox
des Solvers
von EXCEL
für die Lö-
sung des
Optimie-
rungspro-
blems aus
Beispiel
18.11a)

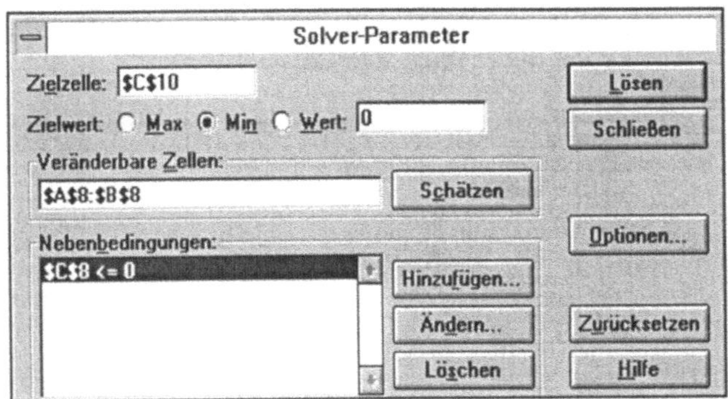

Abb.18.10.
Antwortbe-
richt von
EXCEL für
die Lösung
des Optimie-
rungspro-
blems aus
Beispiel
18.11a)

Zielzelle (Min)

Zelle	Name	Ausgangswert	Lösungswert
$C$10	Zielfunktion	1	0,50

Veränderbare Zellen

Zelle	Name	Ausgangswert	Lösungswert
$A$8	x	0	0,50
$B$8	y	1	0,50

Nebenbedingungen

Zelle	Name	Zellwert	Formel	Status	Differenz
$C$8	Nebenbedingung	-5,96046E-08	$C$8<=0	Einschränkend	0

b) Lösen wir das *Optimierungsproblem* aus *Beispiel* 18.9a)

$$f(x_1, x_2) = \frac{10000}{\pi \cdot x_1^2 \cdot x_2} + 40000 \cdot \left(\frac{1}{x_1} + \frac{1}{x_2} \right) \rightarrow \underset{x_1, x_2}{\text{Minimum}}$$

unter den *Beschränkungen* : $2 \cdot \pi \cdot x_1^2 \cdot x_2 \leq 20$, $x_1 \geq 0$, $x_2 \geq 0$

Die Lösung erfolgt nach dem gleichen Schema, das ausführlich im Beispiel a) erklärt wurde. Wir geben deshalb nur in den drei Abb. 18.11, 18.12 und 18.13 *Tabellenausschnitt, Dialogbox* des *Solvers* und *Antwortbericht*, aus dem auch die gefundene Näherung für die Lösung ersichtlich ist (für die Startwerte (1)). EXCEL berechnet als *Näherungslösung* $x_1 = 1,17$, $x_2 = 2,34$, wenn als *Startwerte* für das Verfahren z.B. eines der folgenden Paare

(1) $x_1 = 1$, $x_2 = 1$

(2) $x_1 = 5$, $x_2 = 5$

(3) $x_1 = 1$, $x_2 = 2$

verwendet werden. Es wird also auch für die nichtzulässigen Startwerte (2) eine Lösung geliefert.

♦

Abb. 18.11. Tabellenausschnitt von EXCEL zur Lösung des Optimierungsproblems aus Beispiel 18.11b)

	A	B	C	D
1	zu minimierende Zielfunktion			
2	10000/(3,14*x^2*y)+40000*(1/x+1/y)			
3				
4	Nebenbedingungen			
5	2*3,14*x^2*y-20<=0			
6	x>=0			
7	y>=0			
8				
9				
10	x	y	Nebenbedingungen	
11	1	1	-13,72	
12			1	
13			1	
14			Zielfunktion	
15			83184,7134	
16				

Abb. 18.12. Dialogbox des Solvers von EXCEL für die Lösung des Optimierungsproblems aus Beispiel 18.11b)

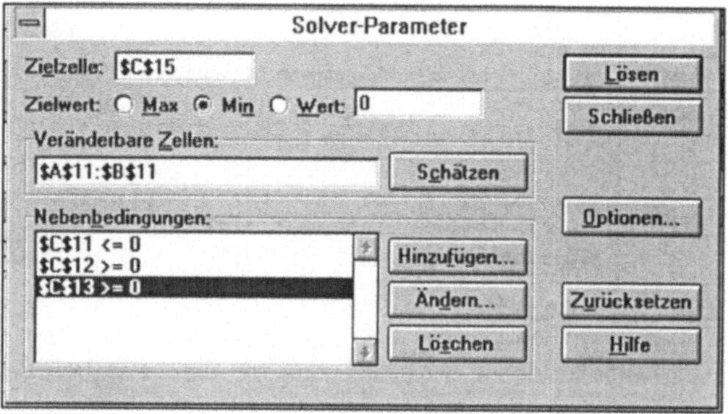

Abb. 18.13. Antwortbericht von EXCEL für die Lösung des Optimierungsproblems aus Beispiel 18.11b)

Zielzelle (Min)

Zelle	Name	Ausgangswert	Lösungswert
$C$15	Zielfunktion	83184,71338	52381,22619

Veränderbare Zellen

Zelle	Name	Ausgangswert	Lösungswert
$A$11	x	1	1,16771459
$B$11	y	1	2,335591799

Nebenbedingungen

Zelle	Name	Zellwert	Formel	Status	Differenz
$C$11	Nebenbedingungen	1,13083E-07	$C$11<=0	Einschränkend	0
$C$12	Nebenbedingungen	1,16771459	$C$12>=0	Nicht einschränkend	1,16771459
$C$13	Nebenbedingungen	2,335591799	$C$13>=0	Nicht einschränkend	2,335591799

Wie wir bereits erwähnten, muß man zur Lösung von praktischen Aufgaben der *nichtlinearen Optimierung* in der Regel *numerische Methoden* heranziehen, die nur in EXCEL enthalten sind. Im Rahmen der Systeme MAPLE, MATHCAD und MATHEMATICA können numerische Methoden auch realisiert werden, indem man die im Kap. 5 besprochenen Programmiermöglichkeiten dazu benutzt, *numerische Lösungsalgorithmen* zu *programmieren*. Im Buch [2] des Autors wird dies für MATHCAD demonstriert, indem das klassische *Gradientenverfahren* programmiert wird und *Straffunktionenmethoden* verwendet werden.

♦

19 Wahrscheinlichkeitsrechnung

Neben *deterministischen Ereignissen*, bei den der Ausgang eindeutig bestimmt ist, spielen in der Wirtschaft *Ereignisse* eine große Rolle, die vom *Zufall abhängen* (*Zufallsereignisse*).

Unter einem *zufälligen Ereignis* (*Zufallsereignis*) versteht man die mögliche Realisierung eines *Zufallsexperiments* (*zufälligen Versuchs*). *Zufallsexperimente* werden unter Zufallsbedingungen durchgeführt, so daß das Eintreffen oder Nichteintreffen eines Ereignisses zufällig ist.

Beispiele für *Zufallsexperimente* sind

* Werfen einer Münze,

* Würfeln mit einem Würfel,

* Ziehen von Lottozahlen,

* Auswahl von Personen, die befragt werden sollen,

* Auswahl von Produkten bei der Qualitätskontrolle

Der wesentliche *Unterschied* zu *deterministischen Ereignissen* besteht bei *zufälligen Ereignissen* darin, daß ihr *Ausgang unbestimmt* ist.

♦

Die *Wahrscheinlichkeitsrechnung* untersucht *zufällige Ereignisse* mit den Mitteln der Mathematik, indem sie unter Verwendung der Begriffe *Wahrscheinlichkeit*, *Zufallsgröße* und *Verteilungsfunktion* quantitative *Aussagen* über *zufällige Ereignisse* gewinnt.

♦

Da in der *Wirtschaft* häufig *zufällige Ereignisse* auftreten (siehe Beispiel 19.1) besitzt die *Wahrscheinlichkeitsrechnung* für *ökonomische Anwendungen* große Bedeutung.

♦

Beispiel 19.1:

Bei den meisten *Situationen* sowohl in der *Betriebs-* als auch in der *Volkswirtschaft* sind *Entscheidungen* unter *Unsicherheit* (*Zufall*) zu treffen, da die betrachteten Situationen so komplex sind, daß sie nicht mehr in allen Einzelheiten erfaßt werden können. Typische *Beispiele* hierfür sind *Qualitätskontrolle, Produktionsentscheidungen, Steuerentscheidungen, Rentenentscheidungen, Zinsfestlegungen* usw. Derartige Phänomene sind nicht mehr mit deterministischen Methoden zufriedenstellend zu bearbeiten. In den Wirtschafts– und Sozialwissenschaften treten weit zahlreicher zufällige Erscheinungen auf als in den Natur– und Technikwissenschaften, da hier häufig nicht objektive Erscheinungen, sondern Verhaltensweisen, Einstellungen und Gewohnheiten untersucht werden.

♦

Im Rahmen des vorliegenden Buches werden wir *wichtige Standardaufgaben* der Wahrscheinlichkeitsrechnung *mittels* der betrachteten *Programmsysteme lösen.*

Eine umfassende Abhandlung der Wahrscheinlichkeitsrechnung und Statistik unter Verwendung von Computeralgebra- und Mathematikprogrammen muß aufgrund der großen Stoffülle einem gesonderten Buch vorbehalten bleiben.

Für das Tabellenkalkulationsprogramm EXCEL existieren vier [10, 12, 13, 14] und für DERIVE das Buch [16] zur Lösung von Aufgaben der Wahrscheinlichkeitsrechnung und Statistik.

♦

Es gibt eine Reihe *spezieller Programmsysteme* zur Lösung von Aufgaben der *Wahrscheinlichkeitsrechnung* und *Statistik* wie SAS, UNISTAT, STATGRAPHICS, SYSTAT, SPSS, die speziell für diese Probleme erstellt wurden und deshalb i.a. wesentlich umfangreichere Möglichkeiten bieten.

Dies bedeutet aber nicht, daß Computeralgebra- und Mathematikprogramme für diese Art Aufgaben untauglich sind. Wir werden im Verlauf der Kap. 19, 20 und 21 sehen, daß sich Standardaufgaben der Wahrscheinlichkeitsrechnung und Statistik mittels der im Buch betrachteten Programmsysteme ebenfalls erfolgreich lösen lassen.

♦

DERIVE, MAPLE und MATHEMATICA stellen zusätzlich integrierte *Zusatzpakete/Zusatzprogramme* für die *Wahrscheinlichkeitsrech-*

nung und *Statistik* zur Verfügung, die mittels der Kommandos/Menüfolgen

* **Transfer** $\Rightarrow$ **Load** $\Rightarrow$ **Utility** $\Rightarrow$ **file:** PROBABIL   bei DERIVE
* **with** (stats) ;   bei MAPLE
* **Needs** ["Statistics`Master`"]   bei MATHEMATICA

geladen werden.

Für MATHCAD gibt es *drei* zusätzliche *Elektronische Bücher* zur *Wahrscheinlichkeitsrechnung* und *Statistik*. Auf diese Bücher gehen wir im folgenden jedoch nicht ein, da diese nicht integriert sind, sondern extra gekauft werden müssen.

♦

In diesem Kapitel werden wir *Grundaufgaben* der *Wahrscheinlichkeitsrechnung* mit den Programmsystemen lösen. Aufgaben der Statistik betrachten wir in den Kap. 20 und 21.

Wir können im Rahmen dieses Buches nur die *wichtigsten Funktionen* zur *Wahrscheinlichkeitsrechnung* und *Statistik* besprechen.

Einen *Überblick* über *sämtliche integrierten Funktionen* zur *Wahrscheinlichkeitsrechnung* und *Statistik* erhält man in den *Programmsystemen* auf folgende Art:

MAPLE   Durch Aktivierung der *Menüfolge* für die *Hilfefunktion*

Help $\Rightarrow$ **Contents** $\Rightarrow$ **Mathematics** $\Rightarrow$ **Statistics**

kann man sich alle in MAPLE *integrierten Funktionen* zur *Wahrscheinlichkeitsrechnung* und *Statistik* erklären lassen. So erhält man z.B. durch Anklicken von *distributions* die Auflistung und Erklärung der integrierten *Verteilungsfunktionen*.

MATHCAD   MATHCAD bietet zwei Möglichkeiten, um sich Kenntnisse über die integrierten Funktionen zur Wahrscheinlichkeitsrechnung und Statistik zu verschaffen:

I. Durch Auslösung einer der folgenden Vorgänge

  * *Aktivierung* der *Menüfolge* **Math** $\Rightarrow$ **Choose Function...**
  * *Anklicken* des *Symbols*

in der *Symbolleiste*

erscheint eine *Dialogbox,* in der sämtliche in MATHCAD *integrierten Funktionen* aufgeführt sind und durch Mausklick an der gewünschten Stelle eingefügt werden können.

II. Durch *Aktivierung* der *Menüfolge* **Help** $\Rightarrow$ **Index...** erscheint ein *Fenster,* in dem man den Knopf (Button) *Statistics* anklickt. Daraufhin erscheint eine *Liste* von *Gebieten,* für die MATHCAD Funktionen zur Verfügung stellt. So liefert z.B. das anschließende Anklicken von *Density and distribution functions* Hilfen für *sämtliche* in MATHCAD integrierten *Verteilungsfunktionen.*

Wenn man den Namen der gesuchten Funktion nicht kennt, sollte man die Methode II anwenden. Bei der Methode I werden sämtliche integrierten Funktionen angezeigt, so daß es etwas mühsam ist, die gewünschten Funktionen herauszufinden.

EXCEL Durch *Anklicken* des *Funktions-Assistenten* und Auswahl des Gebiets *Statistik* im linken Fenster *Kategorie:* werden im rechten Fenster *Funktion:* alle in EXCEL integrierten Funktionen zur Wahrscheinlichkeitsrechnung und Statistik angezeigt. Durch Markieren der gewünschten Funktion kann man sich diese erklären bzw. in die gewünschte Zelle einfügen lassen.

♦

Bevor wir zu den eigentlichen Problemen der Wahrscheinlichkeitsrechnung kommen, müssen wir uns zuerst (im Abschn. 19.1) mit den Formeln der *Kombinatorik* beschäftigen, die man zur Berechnung klassischer Wahrscheinlichkeiten benötigt.

19.1 Kombinatorik

Die *Kombinatorik* befaßt sich damit, auf welche Art man eine vorgegebene Anzahl von *Elementen anordnen* bzw. wie man aus einer vorgegebenen Anzahl von Elementen Gruppen von *Elementen auswählen* kann. Dies benötigt man zur *Berechnung klassischer Wahrscheinlichkeiten.*

19.1.1 Fakultät und Binomialkoeffizient

Zur Berechnung der *Formeln* der *Kombinatorik* benötigt man

* die *Fakultät* $k! = 1 \cdot 2 \cdot 3 \cdot \ldots \cdot k$ einer *natürlichen Zahl* k,

* den *Binomialkoeffizienten*
$$\binom{a}{k} = \frac{a \cdot (a-1) \cdots (a-k+1)}{k!}$$

wobei a eine *reelle* und k eine *natürliche Zahl* darstellen. Im Falle, daß a = n ebenfalls eine natürliche Zahl ist, läßt sich die Formel für den *Binomialkoeffizienten* in der folgenden Form schreiben:

$$\binom{n}{k} = \frac{n!}{k! \cdot (n-k)!}$$

Für die *Berechnung* der *Fakultät* k! stellen die *Programmsysteme* folgende *Kommandos/Menüs* zur Verfügung:

DERIVE *Menüfolge* **Author:** k! $\Rightarrow$ **Simplify**

MAPLE *Eingabe* von k! ;

MATHCAD k! wird in das *Arbeitsfenster eingegeben* und mit einer *Selektionsbox umrahmt.*

Die abschließende Auslösung einer der folgenden *Aktivitäten* :

* *Aktivierung* der *Menüfolge*

  Symbolic $\Rightarrow$ **Evaluate Symbolically** (oder **Simplify**),

* *Eingabe* des *numerischen Gleichheitszeichens,*

* *Eingabe* des *symbolischen Gleichheitszeichens.*

berechnet die *Fakultät* k!.

MATHEMA-TICA *Eingabe* von k!

EXCEL EXCEL besitzt die *integrierte Funktion* FAKULTÄT (k) zur *Berechnung* der *Fakultät* k!, die man mittels des *Funktions-Assistenten*

aufrufen und in die entsprechende Zelle einfügen kann.

♦

Der *Binomialkoeffizient* kann mit allen Programmen durch Berechnung der angegebenen Formeln erhalten werden. Da diese Berechnungsart für den Anwender umständlich und aufwendig ist, stellen folgende Programmsysteme zur *direkten Berechnung* des

Binomialkoeffizienten $\binom{a}{k}$ *Kommandos/Menüs* zur Verfügung:

DERIVE Anwendung der *Menüfolge*

  Author: comb (a , k) $\Rightarrow$ **Simplify**

MAPLE   *Eingabe* von **binomial** (a , k) ;

MATHEMA-   *Eingabe* von **Binomial** [a , k]
TICA   ♦

Beispiel 19.2:

Der *Binomialkoeffizient* $\binom{12}{3}$ wird bei

*   DERIVE mittels **Author: comb** (12 , 3) $\Rightarrow$ **Simplify**
*   MAPLE mittels **binomial** (12 , 3) ;
*   MATHEMATICA mittels **Binomial** [12 , 3]

berechnet und als *Ergebnis* 220 erhalten.

♦

19.1.2 Permutationen, Variationen und Kombinationen

Zur Berechnung klassischer Wahrscheinlichkeiten benötigt man die
Formeln der *Kombinatorik*, d.h. für

*   *Permutationen* n!

    (*Anordnung von* n verschiedenen *Elementen mit Berücksichti-
    gung* der *Reihenfolge*)

*   *Variationen*

    (*Auswahl von* k *Elementen* aus n gegebenen Elementen *mit Be-
    rücksichtigung* der *Reihenfolge*)

    * $\dfrac{n!}{(n-k)!}$ *ohne Wiederholung*

    * n^{k} *mit Wiederholung*

*   *Kombinationen*

    (*Auswahl von* k *Elementen* aus n gegebenen Elementen *ohne Be-
    rücksichtigung* der *Reihenfolge*)

    * $\binom{n}{k}$ *ohne Wiederholung*

    * $\binom{n+k-1}{k}$ *mit Wiederholung*

Die *Formeln* der *Kombinatorik* lassen sich in allen *Programmsystemen* unter Verwendung der Kommandos zur Berechnung von Fa-

kultät und Binomialkoeffizient einfach *berechnen*. Benötigt man diese Formeln öfters, so empfiehlt es sich, diese als Funktionen zu definieren

♦

19.2   Wahrscheinlichkeiten und Zufallsgrößen

Bei *zufälligen Ereignisssen* benötigt man eine *Maßzahl* (die sogenannte *Wahrscheinlichkeit*), die die *Chance* für das *Eintreten* des *Ereignisses* beschreibt. Praktischerweise wählt man diese Zahl zwischen 0 und 1, wobei die Wahrscheinlichkeit 0 für das *unmögliche* und 1 für das *sichere* Ereignis stehen.

Die erste Begegnung mit dem Begriff *Wahrscheinlichkeit* für ein zufälliges Ereignis hat man bei der

* *klassischen Definition* der *Wahrscheinlichkeit* als *Quotient* aus *Anzahl* der *günstigen Fälle* und *Anzahl* der *möglichen Fälle*. Diese Wahrscheinlichkeiten lassen sich in allen Programmsystemen unter *Verwendung* der *Formeln* der *Kombinatorik* einfach *berechnen*.

* *relativen Häufigkeit* als *Quotient* aus dem m-maligen *Auftreten* eines *Ereignisses* bei n zufälligen Versuchen und der Anzahl der durchgeführten n *zufälligen Versuche* (n > m).

Diese anschaulichen Definitionen reichen für einfache Fälle aus. *Allgemein* verwendet man eine *axiomatischen Definition* der *Wahrscheinlichkeit*, die in allen Lehrbüchern zu finden ist.

♦

Der Begriff *Zufallsgröße* (*Zufallsvariable*) spielt in der *Wahrscheinlichkeitsrechnung* und *Statistik* eine *grundlegende Rolle*. Er wird eingeführt, um mit zufälligen Ereignissen rechnen zu können. Eine exakte Definition ist mathematisch anspruchsvoll. Für die *Anwendung* genügt es zu wissen, daß die *Zufallsgröße als* eine *Funktion definiert* ist, die den *Ereignissen* eines *Zufallsexperiments reelle Zahlen zuordnet*.

Kann eine *Zufallsgröße* nur *endlich* (oder *abzählbar unendlich*) *viele Werte* annehmen, so spricht man von einer *diskreten Zufallsgröße* andernfalls (d.h. Annahme von beliebig vielen Werten) von einer *stetigen Zufallsgröße*.

Wahrscheinlichkeiten und *Zufallsgrößen* gehören neben den *Verteilungsfunktionen* (Abschn. 19.3) zu den *grundlegenden Begriffen* der

Wahrscheinlichkeitsrechnung , die mit den Mitteln der Mathematik zufällige Ereignisse untersucht.

◆

Geben wir einfache *Beispiele* zur Erläuterung der Begriffe *Wahrscheinlichkeit* und *Zufallsgröße*.

Beispiel 19.3:

a) Betrachten wir das Standardbeispiel des Würfelns mit einem idealen Würfel. Die *Wahrscheinlichkeit*, eine bestimmte *Zahl* zwischen 1 und 6 zu *werfen*, bestimmt sich mittels der *klassischen Wahrscheinlichkeit* als *Quotient* der *günstigen Fälle* (1) und der *möglichen Fälle* (6) zu 1/6.

Als *diskrete Zufallsgröße* X für dieses *zufällige Experiment* verwenden wir die Funktion die dem zufälligen Ereignis des Würfelns einer bestimmten Zahl genau diese Zahl zuordnet, d.h., X ist eine Funktion, die die Werte 1 , 2 , 3 , 4 , 5 , 6 annehmen kann.

b) Die *täglichen Kasseneinnahmen* eines Warenhauses lassen sich als *stetige Zufallsgröße* auffassen, da sie alle Geldbeträge zwischen Null und einer oberen Grenze annehmen können.

c) Die *Anzahl* der *verkauften Produkte* einer Firma in einer festen Zeitperiode kann als *diskrete Zufallsgröße* aufgefaßt werden, da *nur ganzzahlige Werte* für die Anzahl in Frage kommen.

◆

19.3   Verteilungsfunktionen

Hat man eine Zufallsgröße gegeben, so stellt sich die Frage, mit welchen Wahrscheinlichkeiten die einzelnen Werte realisiert werden. Diese *Zuordnung* der *Wahrscheinlichkeiten* zu den *Werten* der *Zufallsgröße* wird durch die *Verteilungsfunktion* (*Wahrscheinlichkeitsfunktion*) gegeben.

Die *Verteilungsfunktion* F(x) einer *Zufallsgröße* X ist durch F(x) = P(X < x) *definiert* (manchmal auch durch F(x) = P(X $\leq$ x)), wobei P(X < x) die *Wahrscheinlichkeit* dafür angibt, daß die *Zufallsgröße* X einen Wert kleiner als die Zahl x annimmt.

◆

Die *Verteilungsfunktion* einer

* *diskreten Zufallsgröße* X mit Werten x_1 , x_2 , ... , x_n , ... ergibt sich zu

$$F(x) \; = \; \sum_{x_i < x} p_i$$

wobei $p_i = P(X = x_i)$ die *Wahrscheinlichkeit* dafür ist, daß X den Wert x_i annimmt.

* *stetigen Zufallsgröße* X ist durch

$$F(x) \; = \; \int_{-\infty}^{x} f(t) \; dt$$

gegeben, wobei f(t) die *Wahrscheinlichkeitsdichte* bezeichnet.

♦

In der Wahrscheinlichkeitsrechnung und Statistik spielen die *inversen Verteilungsfunktionen* F^{-1} eine große Rolle. Man bezeichnet den Wert x_s als *s-Quantil*, für den gilt $F(x_s) \; = \; P(X < x_s) \; = \; s$, d.h., x_s ermittelt sich aus $x_s \; = \; F^{-1}(s)$ wobei s eine gegebene Zahl aus dem Intervall [0,1] ist.

♦

Für praktische Anwendungen wichtige *diskrete Verteilungsfunktionen* sind:

* *Binomialverteilung* B (n , p) :

   Mit der *Wahrscheinlichkeit* $P(X = k) \; = \; \binom{n}{k} \cdot p^k \cdot (1 - p)^{n-k}$

   dafür, daß bei n unabhängigen Versuchen (*mit Zurücklegen*), die nur das *Ergebnis* A (mit *Wahrscheinlichkeit* p) oder $\overline{A}$ (mit *Wahrscheinlichkeit* 1–p) haben können, das *Ergebnis* A *k-mal* *auftritt* (k = 0, 1 ,..., n).

* *Hypergeometrische Verteilung* H (N , M , n) :

   Mit der *Wahrscheinlichkeit* $P(X = k) \; = \; \dfrac{\binom{M}{k} \cdot \binom{N - M}{n - k}}{\binom{N}{n}}$

   dafür, daß bei n ($\leq$N) *Versuchen* der zufälligen Entnahme eines Elements *ohne Zurücklegen* aus einer Gesamtheit von N Elementen, von denen M (1$\leq$M<N) eine gewünschte Eigenschaft E haben, k Elemente (k = 0, 1 ,..., min(n,M)) mit dieser Eigenschaft E auftreten.

* *Poisson-Verteilung* P(λ) : Mit der *Wahrscheinlichkeit*

$$P(X=k) \;=\; \frac{\lambda^k}{k!} \cdot e^{-\lambda} \qquad (\; k = 0,\, 1,\, 2,\dots \;)$$

Diese Verteilung kann als gute Näherung für die Binomialverteilung verwendet werden, wenn n groß und p klein sind und λ gleich n· p gesetzt wird.

Bei den *stetigen Verteilungsfunktionen* spielt die

- *Normalverteilung* $N(\mu,\sigma)$ mit der

  * *Dichte*

$$f(t) \;=\; \frac{1}{\sigma \cdot \sqrt{2 \cdot \pi}} \cdot e^{-\frac{1}{2}\cdot\left(\frac{t-\mu}{\sigma}\right)^2}$$

  * *Verteilungsfunktion*

$$F(x) \;=\; \frac{1}{\sigma \cdot \sqrt{2 \cdot \pi}} \cdot \int_{-\infty}^{x} e^{-\frac{1}{2}\cdot\left(\frac{t-\mu}{\sigma}\right)^2} \, dt$$

die dominierende Rolle, in denen μ den *Erwartungswert*, σ^2 die *Streuung/Varianz*, σ die *Standardabweichung* darstellen. Gelten $\mu = 0$ und $\sigma = 1$, so spricht man von der *standardisierten* (oder *normierten*) *Normalverteilung* $N(0,1)$.

Außerdem wird das

- *Fehlerintegral*

$$\mathrm{Fi}(x,y) \;=\; \frac{2}{\sqrt{\pi}} \cdot \int_{x}^{y} e^{-t^2} \, dt$$

benötigt.

- *Weitere* wichtige *Verteilungen* (vor allem für die Statistik) sind die *Chi-Quadrat-*, *Student-* und *F-Verteilung*.

Betrachten wir praktische *Beispiele* für die *Binomial–* und *Normalverteilung*.

Beispiel 19.4:

a) Beim *Produktionsprozeß* einer *Ware* ist *bekannt*, daß 80% *fehlerfrei*, 15% mit *leichten* (vernachlässigbaren) *Fehlern* und 5% mit *großen Fehlern* hergestellt werden. Wie groß ist die Wahrscheinlichkeit P, daß von den nächsten hergestellten 100 Exemplaren dieser Ware

a1) höchstens 3,   a2) genau 10,   a3) mindestens 4

große Fehler besitzen? Als *Zufallsgröße* X verwenden wir die *Anzahl* der *Waren* mit *großen Fehlern*. Unter Verwendung der *Binomialverteilung* B (100 , 0.05) mit der *Verteilungsfunktion* F, die mit den Programmsystemen berechnet werden kann, ergibt sich *folgende Lösung*:

a1) $P(X \leq 3) = F(3) = 0.258$

a2) $P(X=10) = P(X \leq 10) - P(X \leq 9) = F(10) - F(9) = 0.017$

a3) $P(X \geq 4) = 1 - P(X<4) = 1 - P(X \leq 3) = 1 - F(3) = 0.742$

b) Die *Lebensdauer* von *Fernsehgeräten* sei *normalverteilt* mit dem *Erwartungswert* μ = 10000 Stunden und der *Standardabweichung* σ = 1000 Stunden. Wie groß ist die *Wahrscheinlichkeit*, daß ein zufällig der Produktion entnommenes *Fernsehgerät*

b1) *mindestens* 12000 Stunden,

b2) *höchstens* 6500 Stunden,

b3) *zwischen* 7500 und 10500 Stunden

läuft?

Als *Zufallsgröße* X verwenden wir die *Lebensdauer* der *Fersehgeräte* und erhalten folgende Lösungen, wobei die *Verteilungsfunktion* F der *Normalverteilung* (mit μ = 10000 und σ = 1000) mit den Programmsystemen berechnet werden kann:

b1) $P(X \geq 12000) = 1 - P(X < 12000) = 1 - F(12000) = 0{,}023$

b2) $P(X \leq 6500) = F(6500) = 0{,}00023$

b3) $P(7500 \leq X \leq 10500) = F(10500) - F(7500) = 0{,}685$

c) Das *Gewicht* (in Gramm) von *Mehlpaketen* sei *normalverteilt* mit μ = 1000 und σ = 5. Man ermittle

c1) das Gewicht, das ein zufällig entnommenes Mehlpaket mit einer Wahrscheinlichkeit von 90% höchstens hat.

c2) das Gewicht, das ein zufällig entnommenes Mehlpaket mit einer Wahrscheinlichkeit von 95% mindestens hat.

Als *Zufallsgröße* X verwendet man das *Gewicht* der *Mehlpakete* und F bezeichnet die *Verteilungsfunktion* der *Normalverteilung* (mit μ = 1000 und σ = 5). Zur *Lösung* der gestellten *Aufgaben* muß man x derart *bestimmen*, daß

c1) $P(X \leq x) = F(x) = 0.9$

c2) $P(X \geq x) = 1 - P(X \leq x) = 1 - F(x) = 0.95$, d.h., $F(x) = 0.05$

Um diese Aufgaben mit den Programmsystemen lösen zu können, benötigt man *Kommandos* zur *Berechnung* von *Quantilen*, wie sie z.B. in MATHEMATICA enthalten sind (siehe Beispiel 19.13c).

♦

Kommandos/Menüfolgen für

- *diskrete Verteilungen* stellen folgende Programmsysteme zur Verfügung:

DERIVE   Nach dem Laden der *Zusatzdatei* PROBABIL.MTH mittels

Transfer ⇒ Load ⇒ Utility ⇒ file: PROBABIL

stehen u.a. folgende *Menüfolgen* zur Verfügung:

* **Author: binomial_density** (k , n , p) ⇒ **Simplify**

   zur Berechnung der *Wahrscheinlichkeit* P(X = k) für die *Binomialverteilung* B (n , p)

* **Author: binomial_distribution** (k , n , p) ⇒ **Simplify**

   zur Berechnung der *Verteilungsfunktion*

$$F(k) \;=\; P(X \le k) \;=\; \sum_{i=0}^{k} P(X=i)$$

   für die *Binomialverteilung* B (n , p)

* **Author: hypergeometric_density** (k , n , M , N) ⇒ **Simplify**

   zur Berechnung der *Wahrscheinlichkeit* P(X = k) für die *hypergeometrische Verteilung* H (N , M , n)

* **Author: hypergeometric_distribution** (k , n , M , N) ⇒ **Simplify**

   zur Berechnung der *Verteilungsfunktion*

$$F(k) \;-\; P(X \le k) \;-\; \sum_{i=0}^{k} P(X-i)$$

   für die *hypergeometrische Verteilung* H (N , M , n)

* **Author: poisson_density** (k , q) ⇒ **Simplify**

   zur Berechnung der *Wahrscheinlichkeit* P(X = k) für die *Poisson-Verteilung* mit $\lambda = q$

* **Author: poisson_distribution** (k , q) ⇒ **Simplify**

   zur Berechnung der *Verteilungsfunktion*

$$F(k) \; = \; P(X \leq k) \; = \; \sum_{i=0}^{k} P(X = i)$$

für die *Poisson-Verteilung* mit $\lambda = q$

Beispiel 19.5:

Der *Wert* der *Verteilungsfunktion* F(3)=0.258 für die *Binomialverteilung* B (100 , 0.05) aus Beispiel 19.4a1) wird *mittels* **Author: binomial_distribution** (3 , 100 , 0.05) $\Rightarrow$ **Simplify** *berechnet.*

♦

MAPLE   Nach dem Laden des Zusatzpakets *Statistik* mittels **with** (stats) ;

stehen u.a. die folgenden *diskreten Verteilungen* zur Verfügung:

* **statevalf** [pf , **binomiald** [n , p]] (k) ;

  zur Berechnung der *Wahrscheinlichkeit* P(X = k) für die *Binomialverteilung* B (n , p)

* **statevalf** [dcdf , **binomiald** [n , p]] (k) ;

  zur Berechnung der *Verteilungsfunktion*

$$F(k) \; = \; P(X \leq k) \; = \; \sum_{i=0}^{k} P(X = i)$$

  für die *Binomialverteilung* B (n , p)

* **statevalf** [pf , **hypergeometric** [M , N , n]] (k) ;

  zur Berechnung der *Wahrscheinlichkeit* P(X = k) für die *hypergeometrische Verteilung* H (N , M , n)

* **statevalf** [dcdf , **hypergeometric** [M , N , n]] (k) ;

  zur Berechnung der *Verteilungsfunktion*

$$F(k) \; = \; P(X \leq k) \; = \; \sum_{i=0}^{k} P(X = i)$$

  für die *hypergeometrische Verteilung* H (N , M , n)

* **statevalf** [pf , **poisson** [q]] (k) ;

  zur Berechnung der *Wahrscheinlichkeit* P(X = k) für die *Poisson-Verteilung* mit $\lambda = q$

* **statevalf** [dcdf , **poisson** [n , p]] (k) ;

  zur Berechnung der *Verteilungsfunktion*

$$F(k) \; = \; P(X \leq k) \; = \; \sum_{i=0}^{k} P(X = i)$$

für die *Poisson-Verteilung* mit $\lambda = q$

Beispiel 19.6:

Der *Wert* der *Verteilungsfunktion* F(3)=0.258 für die *Binomialverteilung* B (100 , 0.05) aus Beispiel 19.4a1) wird mittels

statevalf [dcdf , **binomiald** [100 , 0.05]] (3) ; *berechnet.*

◆

MATHCAD MATHCAD besitzt eine Reihe von *integrierten Funktionen* zu *diskreten Verteilungen,* von denen wir im folgenden die wichtigsten aufzählen:

* **dbinom** (k , n , p)

  zur Berechnung der *Wahrscheinlichkeit* P(X = k) für die *Binomialverteilung* B (n , p)

* **pbinom** (k , n , p)

  zur Berechnung der *Verteilungsfunktion*

$$F(k) \;=\; P(X \le k) \;=\; \sum_{i=0}^{k} P(X = i)$$

  für die *Binomialverteilung* B (n , p)

* **dpois** (k , q)

  zur Berechnung der *Wahrscheinlichkeit* P(X = k) für die *Poisson-Verteilung* mit $\lambda = q$

* **ppois** (k , q)

  zur Berechnung der *Verteilungsfunktion*

$$F(k) \;=\; P(X \le k) \;=\; \sum_{i=0}^{k} P(X = i)$$

  für die *Poisson-Verteilung* mit $\lambda = q$.

Die *Eingabe* des *numerischen Gleichheitszeichens* nach der entsprechenden Funktion berechnet den *gewünschten Funktionswert.*

Beispiel 19.7:

Der *Wert* der *Verteilungsfunktion* F(3)=0.258 für die *Binomialverteilung* B (100 , 0.05) aus Beispiel 19.4a1) wird *mittels*

pbinom (3 , 100 , 0.05) = 0.258 *berechnet.*

◆

MATHEMATICA Nach dem Laden des Zusatzpakets *Statistik* mittels

Needs ["Statistics`Master`"]

stehen folgende *Kommandos* zur Verfügung:

* **BinomialDistribution** [n , p]

    für die *Binomialverteilung* B (n , p)

* **HypergeometricDistribution** [n , M , N]

    für die *hypergeometrische Verteilung* H (N , M , n)

* **PoissonDistribution** [q]

    für die *Poisson-Verteilung* mit $\lambda \approx q$

* **CDF** [*Verteilung* , x]

    liefert die zu einer *Verteilung* gehörige *Verteilungsfunktion* F(x) (hier gilt $F(x) = P(X \le x)$)

Beispiel 19.8:

Der *Wert* der *Verteilungsfunktion* F(3)=0.258 für die *Binomialverteilung* B (100 , 0.05) aus Beispiel 19.4a1) wird mittels

CDF [**BinomialDistribution** [100 , 0.05] , 3] *berechnet.*

♦

EXCEL

EXCEL stellt u.a. die folgenden *Funktionen* für *diskrete Verteilungen* zur Verfügung:

* **BINOMVERT** (k ; n ; p ; FALSCH)

    zur Berechnung der *Wahrscheinlichkeit* $P(X = k)$ für die *Binomialverteilung* B (n , p)

* **BINOMVERT** (k ; n ; p ; WAHR)

    zur Berechnung der *Verteilungsfunktion*

$$F(k) = P(X \le k) = \sum_{i=0}^{k} P(X = i)$$

    für die *Binomialverteilung* B (n , p)

* **HYPERGEOMVERT** (k ; n ; M ; N)

    zur Berechnung der *Wahrscheinlichkeit* $P(X = k)$ für die *hypergeometrische Verteilung* H (N , M , n)

* **POISSON** (k ; q ; FALSCH)

    zur Berechnung der *Wahrscheinlichkeit* $P(X = k)$ für die *Poisson-Verteilung* mit $\lambda = q$

* **POISSON** (k ; q ; WAHR)

    zur Berechnung der *Verteilungsfunktion*

$$F(k) \;=\; P(X \le k) \;=\; \sum_{i=0}^{k} P(X = i)$$

für die *Poisson-Verteilung* mit $\lambda = q$

Beispiel 19.9:

Der *Wert* der *Verteilungsfunktion* F(3)=0.258 für die *Binomialverteilung* B (100 , 0.05) aus Beispiel 19.4a1) wird durch *Eingabe* (*als Formel*) von =**BINOMVERT** (3 ; 100 ; 0,05 ; WAHR) in eine freie Zelle berechnet.

◆

Falls man eine *diskrete Verteilung* in einem zur Verfügung stehenden Programmsystem nicht findet, so kann man hierfür ohne große Mühe mit den im Programm enthaltenen Befehlen eine *Prozedur schreiben*, wie im Kap. 5 (Beispiele 5.11, 5.12, 5.14) gezeigt wird.

◆

• *stetige Verteilungen* stellen folgende Programmsysteme zur Verfügung:

DERIVE Die *Menüfolge*

* **Author: normal** (x , m , s) $\Rightarrow$ **approX**

  berechnet den Wert der *Verteilungsfunktion* für die *Normalverteilung* N(m,s) an der Stelle x. Wenn man m und s wegläßt, so wird die *standardisierte Normalverteilung* berechnet.

* **Author: erf** (y) $\Rightarrow$ **approX**

  berechnet das *Fehlerintegral* Fi(0,y)

* **Author: erf** (x , y) $\Rightarrow$ **approX**

  berechnet das *Fehlerintegral* Fi(x,y)

Beispiel 19.10:

Der *Wert* der *Verteilungsfunktion* F(12000)=0.977 für die *Normalverteilung* N (10000 , 1000) aus Beispiel 19.4b1) wird *mittels* **Author: normal** (12000 , 10000 , 1000) $\Rightarrow$ **approX** *berechnet.*

◆

MAPLE Nach dem Laden des Zusatzpakets *Statistik* mittels **with** (stats); stehen u.a. die folgenden *Kommandos* für *stetige Verteilungen* zur Verfügung:

* **statevalf** [pdf , **normald** [m , s]] (x) ;

berechnet den Wert der *Dichte* der *Normalverteilung* N(m,s) an der Stelle x.

* **statevalf** [cdf , **normald** [m , s]] (x) ;

berechnet den Wert der *Verteilungsfunktion* für die *Normalverteilung* N(m,s) an der Stelle x. Wenn man m und s wegläßt, so wird die *standardisierte Normalverteilung* berechnet.

* **ChiSquare** (s , n) ;

berechnet das s-*Quantil* x_s für die *Chi-Quadrat-Verteilung* mit dem *Freiheitsgrad* n.

* **Fdist** (s , n , m) ;

berechnet das s-*Quantil* x_s für die *F-Verteilung* mit den *Freiheitsgraden* n und m.

* **StudentsT** (s , n) ;

berechnet das s-*Quantil* x_s für die *Student-Verteilung* mit dem *Freiheitsgrad* n.

Beispiel 19.11:

Der *Wert* der *Verteilungsfunktion* F(12000)=0.977 für die *Normalverteilung* N (10000 , 1000) aus Beispiel 19.4b1) wird *mittels* **statevalf** [cdf , **normald** [10000 , 1000]] (12000) ;

berechnet.

♦

MATHCAD   MATHCAD stellt u.a. folgende Funktionen zu den stetigen Verteilungen zur Verfügung:

* **dnorm** (x , m , s)

berechnet den *Wert* der *Dichte* der *Normalverteilung* N(m,s) an der Stelle x.

* **pnorm** (x , m , s)

berechnet den *Wert* der *Verteilungsfunktion* für die *Normalverteilung* N(m,s) an der Stelle x.

* **cnorm** (x)

berechnet den *Wert* der *Verteilungsfunktion* der *standardisierten Normalverteilung* N(0,1) an der Stelle x.

* **dchisq** (x , n)

berechnet den *Wert* der *Dichte* der *Chi -Quadrat -Verteilung* mit dem *Freiheitsgrad* n an der Stelle x.

* **pchisq** (x , n)

berechnet den *Wert* der *Chi -Quadrat -Verteilung* mit dem *Freiheitsgrad* n an der Stelle x.

* **dF** (x , m , n)

berechnet den *Wert* der *Dichte* der F-*Verteilung* mit den *Freiheitsgraden* n und m an der Stelle x.

* **pF** (x , m , n)

berechnet den *Wert* der *Verteilungsfunktion* der F-*Verteilung* mit den *Freiheitsgraden* n und m an der Stelle x.

* **dt** (x , n)

berechnet den *Wert* der *Dichte* der *Student-Verteilung* mit dem *Freiheitsgrad* n an der Stelle x.

* **pt** (x , n)

berechnet den *Wert* der *Verteilungsfunktion* der *Student-Verteilung* mit dem *Freiheitsgrad* n an der Stelle x.

Die *Eingabe* des *numerischen Gleichheitszeichens* nach der entsprechenden Funktion berechnet den *gewünschten Funktionswert*.

Beispiel 19.12:

Der *Wert* der *Verteilungsfunktion* F(12000)=0.977 für die *Normalverteilung* N (10000 , 1000) aus Beispiel 19.4b1) wird *mittels* **pnorm** (12000 , 10000 , 1000) = 0.977 *berechnet*.

♦

MATHEMA-TICA

Nach dem *Laden* des Zusatzpakets *Statistik* mittels

Needs ["Statistics`Master`"]

stehen u.a. folgende *Kommandos* zur Verfügung:

* **NormalDistribution** [m , s]

für die *Normalverteilung* N(m,s)

* **ChiSquareDistribution** [n]

für die *Chi -Quadrat -Verteilung* mit dem *Freiheitsgrad* n

* **FRatioDistribution** [m , n]

für die F-*Verteilung* mit den *Freiheitsgraden* n und m

* **StudentTDistribution** [n]

für die *Student-Verteilung* mit dem *Freiheitsgrad* n

* **PDF** [*Verteilung* , x]

berechnet die *Dichtefunktion* zur im Argument angegebenen *Verteilung* an der Stelle x,

* **CDF** [*Verteilung* , x]

berechnet die *Verteilungsfunktion* zur im Argument angegebenen *Verteilung* an der Stelle x,

* **Quantile** [*Verteilung* , s]

liefert das *Quantil* x_s zur im Argument angegebenen *Verteilung*,

* **Erf** [y]   berechnet das *Fehlerintegral* Fi(0,y),

* **Erf** [x , y]   berechnet das *Fehlerintegral* Fi(x,y),

* **InverseErf** [s]

berechnet die *Inverse* des *Fehlerintegrals* Fi(0,y), d.h., es wird r so bestimmt, daß s = **Erf** [r] gilt,

* **InverseErf** [x , s]

berechnet die *Inverse* des *Fehlerintegrals* Fi(x,y), d.h., es wird r so bestimmt, daß s = **Erf** [x , r] gilt.

Beispiel 19.13:

a) Die *Kommandofolge*

Verteilung = **NormalDistribution** [0 , 1] ;

Plot [**PDF** [Verteilung , x] , { x , −3 , 3 }] ;

Plot [**CDF** [Verteilung , x] , { x , −3 , 3 }]

zeichnet die *Dichte-* und *Verteilungsfunktion* der standardisierten Normalverteilung im Intervall [−3 , 3].

Faßt man die beiden *Plot*-Befehle

Plot [{ **PDF** [Verteilung , x] , **CDF** [Verteilung , x] }, { x , −3 , 3 }]

zusammen, so werden beide Kurven in dasselbe Koordinatensystem gezeichnet (siehe Abb. 19.1).

b) Der *Wert* der *Verteilungsfunktion* F(12000)=0.977 für die *Normalverteilung* N (10000 , 1000) aus Beispiel 19.4b1) wird mittels

CDF [**NormalDistribution** [10000 , 1000] , 12000]

berechnet.

c) Die *Kommandofolge* zur *Berechnung* von *Quantilen*

Needs [" Statistics`Master` "] ;

Verteilung := **NormalDistribution** [1000 , 5] ;

Quantile [Verteilung , 0.9] ; **Quantile** [Verteilung , 0.05]

liefert die *Lösungen* 1006.41 für Beispiel 19.4c1) und 991.78 für Beispiel 19.4c2).

♦

Abb.19.1.
Dichte- und *Verteilungsfunktion* der standardisierten Normalverteilung im Intervall [−3 , 3] mittels MATHEMATICA

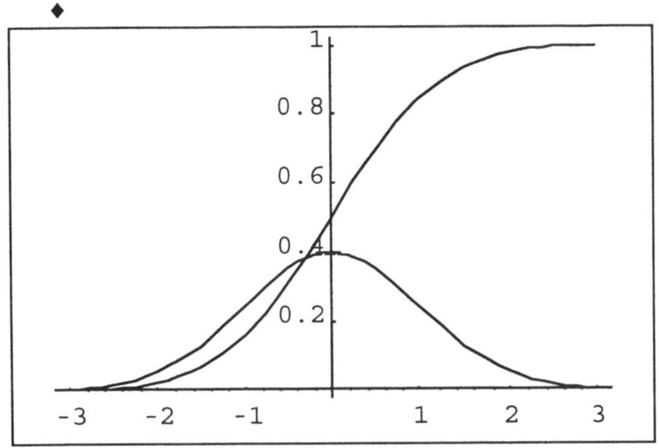

EXCEL

EXCEL stellt u.a. die folgenden *Funktionen* für *stetige Verteilungen* zur Verfügung:

* **NORMVERT** (x ; m ; s ; FALSCH)

  berechnet den *Wert* der *Dichte* der *Normalverteilung* N(m,s) an der Stelle x.

* **NORMVERT** (x ; m ; s ; WAHR)

  berechnet den *Wert* der *Verteilungsfunktion* für die *Normalverteilung* N(m,s) an der Stelle x.

* **CHIVERT** (x ; n)

  berechnet den *Wert* der *Verteilungsfunktion* für die *Chi - Quadrat - Verteilung* mit dem *Freiheitsgrad* n an der Stelle x.

* **FVERT** (x ; m ; n)

  berechnet den *Wert* der *Verteilungsfunktion* für die *F-Verteilung* mit den *Freiheitsgraden* n und m an der Stelle x.

* **TVERT** (x ; n ; 1)

  berechnet den *Wert* der *Verteilungsfunktion* für die *Student-Verteilung* mit dem *Freiheitsgrad* n an der Stelle x für einen einseitigen Test.

* **TVERT** (x ; n ; 2)

berechnet den *Wert* der *Verteilungsfunktion* für die *Student-Verteilung* mit dem *Freiheitsgrad* n an der Stelle x für einen zweiseitigen Test.

Beispiel 19.14:

Der *Wert* der *Verteilungsfunktion* F(12000)=0.977 für die *Normalverteilung* N (10000 , 1000) aus Beispiel 19.4b1) wird durch *Eingabe* (*als Formel*) von

= **NORMVERT** (12000 ; 10000 ; 1000 ; WAHR)

in eine freie Zelle berechnet.

♦

19.4   Momente von Verteilungen

Die *Verteilung* einer *Zufallsgröße* X ist durch die Kenntnis ihrer *Verteilungsfunktion* (bzw. *Dichtefunktion*) bestimmt.

Weitere *wichtige Informationen* über eine *Verteilung* geben die *Momente*, von denen wir nur *Erwartungswert* (*Mittelwert*) und *Streuung* (*Varianz*) als die beiden wesentlichsten betrachten:

- Der *Erwartungswert* einer *Zufallsgröße* X als wichtigstes Moment gibt an, welchen Wert die betreffende Zufallsgröße X im *Durchschnitt* realisieren wird. Für den *Erwartungswert* μ = E(X) einer

  * *diskreten Zufallsgröße* X mit den Werten x_1 , x_2 , ... und den *Wahrscheinlichkeiten* p_i = P(X=x_i) erhält man

  $$\mu \; = \; E(X) \; = \; \sum_{i=1}^{\infty} x_i \cdot p_i$$

  * *stetigen Zufallsgröße* X mit der *Dichte* f(x) erhält man

  $$\mu \; = \; E(X) \; = \; \int_{-\infty}^{\infty} x \cdot f(x) \; dx$$

  wobei man die Konvergenz der unendlichen Reihe bzw. des uneigentlichen Integrals voraussetzen muß.

- Die *Streuung* einer *Zufallsgröße* X gibt die durchschnittliche *Abweichung* ihrer Werte vom *Erwartungswert* ab. Mit einem gegebenen Erwartungswert E berechnet sich die *Streuung/Varianz* σ^2 aus $\sigma^2 \; = \; E(X - E(X))^2$

Der Wert σ wird als *Standardabweichung* bezeichnet.

Nur MATHEMATICA stellt folgende *Kommandos* zur Verfügung, um *Erwartungswert* und *Streuung* für eine Zufallsgröße mit einer gegebenen Verteilung zu berechnen:

MATHEMA-
TICA

Nach dem Laden des Zusatzpakets *Statistik* mittels

Needs [" Statistics`Master` "] stehen die *Kommandos*

* **Mean** [*Verteilung*]

  zur Berechnung des *Erwartungswertes*,

* **Variance** [*Verteilung*]

  zur Berechnung der *Streuung/Varianz*,

* **StandardDeviation** [*Verteilung*]

  zur Berechnung der *Standardabweichung* für die im Argument einzugebene *Verteilung* zur Verfügung.

Beispiel 19.15:

Das *Kommando*

* **Mean** [**BinomialDistribution** [100 , 0.05]]

  berechnet den bekannten *Erwartungswert* 5 für die *Binomialverteilung* B (100 , 0.05) aus Beispiel 19.4a),

* **Variance** [**BinomialDistribution** [100 , 0.05]]

  berechnet die *Streuung/Varianz* 4.75 für die gleiche *Binomialverteilung* B (100 , 0.05)

* **StandardDeviation** [**BinomialDistribution** [100 , 0.05]]

  berechnet die *Standardabweichung* 2.17945 für die gleiche *Binomialverteilung* B (100 , 0.05)

  ◆

Da nur MATHEMATICA Kommandos zur Berechnung von Erwartungswert und Streuung einer Zufallsgröße mit vorgegebener Verteilung besitzt, müssen diese in den anderen Programmsystemen durch Berechnung der gegebenen Formeln ermittelt werden.

Empirische Erwartungswerte und *Streuungen* für entnommene *Stichproben* werden mit allen Programmsystemen im Abschn. 20.2 berechnet.

◆

19.5   Erzeugung von Zufallszahlen

Bei einer Reihe von Methoden der Wirtschaftsmathematik (z.B. *Simulationsmethoden, Monte-Carlo-Methoden*) benötigt man *Zufalls-*

zahlen. Diese lassen sich mittels Computer erzeugen und werden als *Pseudozufallszahlen* bezeichnet.

Die Computeralgebra-Programme stellen die folgenden *Kommandos* zu Berechnung von *Zufallszahlen* zur Verfügung:

DERIVE

Die *Menüfolge* (n positive ganze Zahl)

Author: random (n) $\Rightarrow$ Simplify

liefert eine *gleichverteilte ganzzahlige Zufallszahl* z aus dem Intervall [0,n), d.h. $0 \leq z < n$.

Beispiel 19.16:

Author: random (10) $\Rightarrow$ Simplify liefert z.B. 3

♦

MAPLE

* **rand ( ) ;**

liefert eine zwölfstellige nichtnegative *gleichverteilte ganzzahlige Zufallszahl*

* **rand (a .. b) ;**

liefert eine Prozedur zur Erzeugung *gleichverteilter ganzzahliger Zufallszahlen* im Intervall [a,b] (siehe Beispiel 19.17b).

* **rand (n) ;**

stellt eine *abgekürzte Schreibweise* für die Funktion

rand (0 .. n–1) ;

dar, wobei n eine ganze positive Zahl darstellt.

Beispiel 19.17:

a) **rand( ) ;** erzeugt z.B.   297962718781

b) z:=**rand** (10 .. 100) ;

liefert eine *Prozedur* zur *Erzeugung gleichverteilter Zufallszahlen* aus dem Intervall [10,100], die mittels z( ) ; aufgerufen wird. So wird z.B. bei zweimaligem Aufruf folgendes geliefert:

z( ) ; 93

z( ) ; 20

c) z:=**rand**(10) ;

liefert eine *Prozedur* zur *Erzeugung gleichverteilter Zufallszahlen* aus dem Intervall [0,9], die mittels z( ) ; aufgerufen wird. So wird z.B. bei dreimaligem Aufruf folgendes geliefert:

z( ) ; 7

z( ) ; 0

$$z(\ )\ ;\ 1$$

♦

MATHCAD MATHCAD besitzt eine Reihe von *integrierten Funktionen* zur *Erzeugung* von *Zufallszahlen,* die *verschiedenen Verteilungen* genügen. Wir beschränken uns auf die *Funktionen* zur *Erzeugung gleichverteilter* und *normalverteilter Zufallszahlen* (a>0):

* **rnd** (a)

  erzeugt eine *gleichverteilte Zufallszahl* aus dem Intervall [0,a], wenn man nach Eingabe dieser Funktion das *numerische Gleichheitszeichen* eintippt.

* **runif** (n , a , b)

  erzeugt einen Vektor, dessen n Komponenten *gleichverteilte Zufallszahlen* aus dem Intervall [a,b] sind (a<b), wenn man nach Eingabe dieser Funktion das *numerische Gleichheitszeichen* eintippt.

* **rnorm** (n , m , s)

  erzeugt einen Vektor, dessen n Komponenten *normalverteilte Zufallszahlen* mit dem *Erwartungswert* $\mu = m$ und der *Standardabweichung* $\sigma = s$ sind, wenn man nach Eingabe dieser Funktion das *numerische Gleichheitszeichen* eintippt.

Den *Funktionen* zur *Zufallszahlenerzeugung* ist ein *Startwert* zugeordnet. Wenn man diesen *Startwert* (ganze Zahl) in der nach der Aktivierung der *Kommandofolge* **Math** ⇒ **Randomize...** erscheinenden *Dialogbox* durch Anklicken des Knopfes (Buttons) OK auf den aktuellen Wert *zurücksetzt,* werden bei jedem Aufruf die gleiche Zufallszahlen erzeugt. Man bezeichnet dies als *Zurücksetzen* des *Zufallszahlengenerators* von MATHCAD. Wenn man den Startwert (Zufallszahlengenerator) nicht zurücksetzt, werden bei jedem Aufruf i.a. andere Zufallszahlen erzeugt.

♦

Beispiel 19.18:

a) Möchte man z.B. *eine gleichverteilte Zufallszahl* aus dem Intervall [0,2] erzeugen, gibt man die Funktion **rnd** (2) ein, tippt abschliessend das numerische Gleichheitszeichen ein und erhält z.B. **rnd**(2) = 0.386646039783955.

   Dabei kann man Dezimalzahlen mit maximal 15 Stellen erzeugen (siehe Kap. 6).

b) Möchte man *zehn gleichverteilte Zufallszahlen* aus dem Intervall [0,2] erzeugen, so verwendet man die Funktion **runif** (10, 0, 2)

Als Ergebnis erhält man einen *Vektor* von *Zufallszahlen* z.B. in der folgenden Form:

$$\text{runif}(10,0,2) = \begin{bmatrix} 0.0025368388874221 \\ 0.386646039783955 \\ 1.170012198388577 \\ 0.700616206973791 \\ 1.6456754505634 31 \\ 0.348257990553975 \\ 1.420990815386176 \\ 0.607972105965018 \\ 0.182822536677122 \\ 0.294626824557781 \end{bmatrix}$$

c) Möchte man *zehn normalverteilte Zufallszahlen* mit dem *Erwartungswert* 0 und der *Standardabweichung* 1 erzeugen, so verwendet man die Funktion **rnorm** (10, 0, 1). Als Ergebnis erhält man einen Vektor von Zufallszahlen z.B. in der folgenden Form:

$$\text{rnorm}(10,0,1) = \begin{bmatrix} -0.951466279637632 \\ -1.685684758172269 \\ 0.043530277384995 \\ -0.120634875107932 \\ 0.556426276817238 \\ 2.191785643825165 \\ 0.808734634791109 \\ 0.985139824576182 \\ 0.862229788509138 \\ 0.915565685200762 \end{bmatrix}$$

◆

MATHEMA-TICA

* **Random** [*type* , *range* , *precision*]

erzeugt eine *gleichverteilte Zufallszahl* vom Type *type* im Bereich *range* mit der Genauigkeit *precision* (kann weggelassen werden).

* **Random** [ ]

erzeugt eine *gleichverteilte reelle Zufallszahl* im *Intervall* $[0,1]$

*   L = **Table** [**Random** [...] , { N }]

erzeugt eine *Liste* L von N *gleichverteilten Zufallszahlen*, wobei für *Random* eines der vorangehenden Kommandos einzusetzen ist.

Beispiel 19.19:

a) **Random** [Real , { −4.8 , 13.2 } , 7]

erzeugt eine reelle Zufallszahl aus dem Intervall [−4.8, 13.2] mit insgesamt sieben Ziffern: z.B. 12.32578

b) **Random** [Integer , { −543 , 819 } , 3]

erzeugt eine ganze Zufallszahl aus dem Intervall [−543, 819], die aus drei Ziffern besteht, z.B. −244, während

Random [Integer , { −543 , 819 }]

eine ganze Zufallszahl aus dem gleichen Intervall erzeugt, die auch aus weniger als drei Ziffern bestehen kann, z.B. −82

c) Das *Kommando*

L = **Table** [**Random** [Integer , { 0 , 200 }] , { 15 }]

liefert z.B. die *Liste* L = { 123, 101, 159, 145, 35, 99, 62, 165, 146, 55, 54, 197, 24, 17, 49 } von 15 *ganzzahligen Zufallszahlen* aus dem Intervall [0, 200].

♦

Falls man die obigen Beispiele zur Zufallszahlenerzeugung auf dem Computer nachvollziehen möchte, ist zu beachten, daß i.a. andere Zahlen erhalten werden. Dies ist auch bei mehrmaligen Anwendungen der Kommandos zu beobachten. Lediglich MATHCAD bietet die Möglichkeit, den Zufallszahlengenerator zurückzusetzen.

♦

Falls man *Zufallszahlen* benötigt, die einer *anderen Verteilung* genügen, so findet man entweder Zusatzpakete oder weitere Kommandos in den Programmsystemen, oder man verwendet Formeln, die z.B aus *gleichverteilten Zufallszahlen, Zufallszahlen* mit der *gewünschten Verteilung* erzeugen. So kann man die *Formel* von *Box-Jenkins* (siehe [2]) verwenden, um aus gleichverteilten normalverteilte Zufallszahlen zu erhalten.

20 Beschreibende Statistik

Die *beschreibende Statistik* besitzt einen großen Stellenwert in der Wirtschaftsmathematik, da sie *vorliegendes Datenmaterial*

* *aufbereitet* und in *anschaulicher Form* (durch *Grafiken, Diagramme* usw.) *darstellt* (siehe Abschn. 20.1),

* anhand *statistischer Maßzahlen charakterisiert* (siehe Abschn. 20.2).

Das vorliegende *Datenmaterial* wird mittels *Beobachtungen* (Zählungen, Messungen), *Befragungen* (von Personen) oder *Experimenten* gewonnen.

Dabei werden nur *Stichproben* (siehe Abschn. 21.1) aus der betrachteten *Grundgesamtheit* gezogen, da in der Praxis die *Erfassung* der *gesamten Daten* der Grundgesamtheit (*Totalerfassung*) nicht möglich oder nicht ökonomisch vertretbar ist. So wird z.B. bei der Erstellung einer Wahlprognose nicht die gesamte Bevölkerung eines Staates befragt, sondern nur ein repräsentativer Querschnitt von beispielsweise 1000 Personen.

Je nach Anzahl der betrachteten Merkmale (Zufallsgrößen) in einer Grundgesamtheit spricht man von *eindimensionalen/univariaten* (bei einem Merkmal), *zweidimensionalen/bivariaten* (bei zwei Merkmalen), *mehrdimensionalen/multivariaten* (ab drei Merkmalen) *Stichproben*.

◆

Die *beschreibende Statistik* gewinnt nur *Aussagen* über das *vorliegende Datenmaterial*, d.h. über die *vorliegende Stichprobe*.

Im *Unterschied* hierzu werden in der *schließenden Statistik* (siehe Kap. 21) aus einer Stichprobe *Aussagen* unter Verwendung der Wahrscheinlichkeitsrechnung über die übergeordnete *Gesamtheit* (*Grundgesamtheit*) gewonnen.

Ein *typisches Beispiel* für die *schließende Statistik* bildet die *Qualitätskontrolle* in einer Firma:

Aus den *Merkmalen* einer aus der *Tagesproduktion* entnommenen *Stichprobe* werden mittels der *schließenden Statistik Aussagen* über die *Merkmale* der *Gesamtproduktion (Grundgesamtheit)* erhalten.

Dagegen liefert die *beschreibende Statistik* nur *Aussagen* über die der Tagesproduktion entnommene *Stichprobe*.

♦

Da vorliegendes *Datenmaterial (Stichprobe)* meistens mehrmals benötigt wird, empfiehlt sich bei der Anwendung der Programmsysteme die *Zuweisung* in eine *Liste*, so daß die Daten nicht jedesmal neu eingegeben werden müssen.

♦

Beispiel 20.1:

a) Betrachten wir die beiden *eindimensionalen Stichproben*
   Stichprobe Nr.1: 50 , 49 , 59 , 61 , 48 , 54 , 59 , 53 , 45 , 51
   Stichprobe Nr.2: 55 , 51 , 47 , 53 , 48 , 57 , 56 , 52 , 51 , 48

   aus Beispiel 21.1a) für die Größe (in cm) von Neugeborenen. Für diese beiden Stichproben werden im Abschn. 20.2 *statistische Maßzahlen* berechnet.

b) Für die im Beispiel 21.1b) gegebene *zweidimensionale Stichprobe* vom *Umfang* 5 für den *Preis* X (in GE) und den *Absatz* Y (in ME) eines *Produkts* mit den *Stichprobenpunkten*

   (2 , 95) , (3 , 94) , (4 , 92) , (5 , 90) , (8 , 84)
   wird im Abschn. 20.1 die *grafische Darstellung* gegeben.

20.1 Grafische Darstellung von Datenmaterial

MAPLE, MATHCAD, MATHEMATICA und EXCEL gestatten die *direkte grafische Darstellung* der *Werte* einer *Stichprobe*, die *Stichprobenpunkte* heißen. Derartige Grafiken bezeichnet man als *Punktgrafiken*.

In den folgenden Programmsystemen gibt es *Kommandos* zur *Darstellung* von *Punktgrafiken*:

MAPLE Nach dem *Laden* des Grafikzusatzpakets *plots* mittels **with** (plots) ; stehen u.a. folgende *Kommandos* zur *Darstellung* von *Punktgrafiken* zur Verfügung:

- **pointplot** (L , *Optionen*) ;
  zeichnet zweidimensionale (ebene) Punktmengen,

- **listplot** (L , *Optionen*) ;

zeichnet zweidimensionale (ebene) Punktkmengen, wobei die Punkte zusätzlich durch Geraden verbunden werden,

* **pointplot3d** (L , *Optionen*) ;

  zeichnet dreidimensionale (räumliche) Punktmengen

* **listplot3d** (L , *Optionen*) ;

  zeichnet dreidimensionale (räumliche) Punktmengen, wobei die Punkte zusätzlich durch Geraden verbunden werden.

Die zu zeichnenden Punktmengen müssen sich in der Liste L befinden. Bei *Optionen* kann u.a. die Farbe der Darstellung gewählt werden.

Wie man vorhandene *Daten* von *Diskette* oder *Festplatte einliest* und einer *Liste zuordnet,* wird im Abschn. 4.2 behandelt.

◆

Betrachten wir die Wirkungsweise der gegebenen Kommandos im folgenden Beispiel.

Beispiel 20.2:

Stellen wir die *Stichprobenpunkte* der *zweidimensionalen Stichprobe* aus Beispiel 20.1b) *grafisch* dar, die sich in *einer strukturierten Datei* (ASCII-Datei) auf Festplatte oder Diskette befinden. Diese Datei wird eingelesen, wie im Abschn. 4.2 beschrieben ist und einer Liste L der Form

L := [[2 , 95] , [3 , 94] , [4 , 92] , [5 , 90] , [8 , 84]] ;

zugeordnet. Mittels

* **pointplot** (L) ;

  ergibt sich die *grafische Darstellung* aus Abb. 20.1.

* **listplot** (L) ;

  ergibt sich die *grafische Darstellung* aus Abb. 20.2.

  ◆

Abb.20.1.
Grafische
Darstellung
aus Beispiel
20.2 mittels
pointplot von
MAPLE

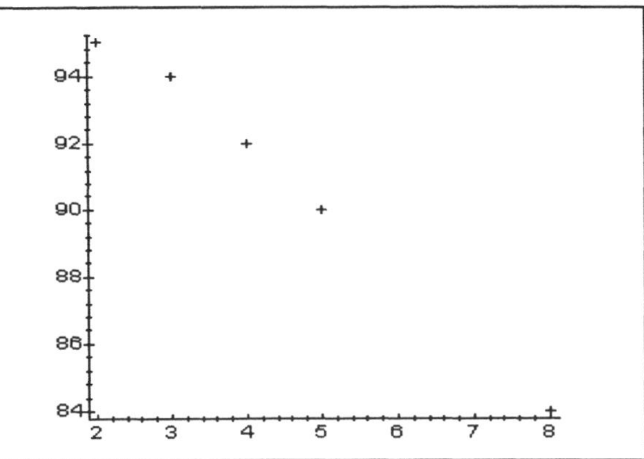

Abb.20.2.
Grafische
Darstellung
aus Beispiel
20.2 mittels
listplot von
MAPLE

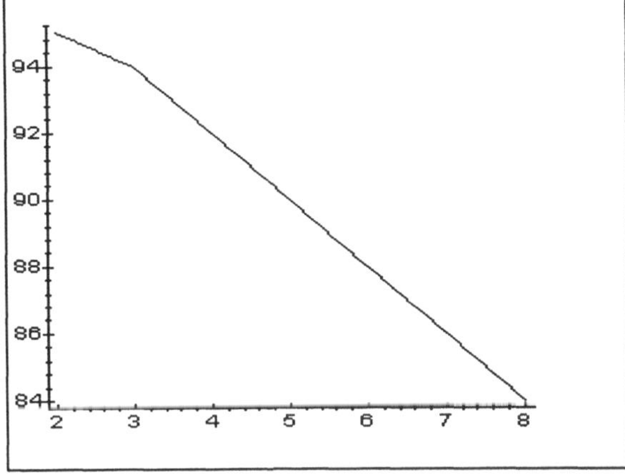

MATHCAD   MATHCAD gestattet die *graphische Darstellung zweidimensionaler (ebener) Punktmengen,* die sich in einer Matrix mit zwei Spalten be finden müssen. Die genaue Vorgehensweise ist aus dem folgenden Beispiel ersichtlich.

Beispiel 20.3:

Stellen wir die *Stichprobenpunkte* der *zweidimensionalen Stichprobe* aus Beispiel 20.1b) *grafisch* dar, die sich in *einer strukturierten Datei* (ASCII-Datei) auf Festplatte oder Diskette befinden.

Diese Datei wird eingelesen, wie im Abschn. 4.2 beschrieben ist und einer Matrix **A** vom Typ (5,2) zugeordnet. Danach wird die *grafische Darstellung* durch Öffnen eines *Grafikfensters* (siehe Abschn. 12.2) durchgeführt, wobei als *Abszisse* die Elemente der *ersten*

Spalte und als *Ordinate* die Elemente der *zweiten Spalte* der Matrix
A eingetragen werden, wie aus Abb. 20.3 ersichtlich ist.

◆

Abb.20.3.
Grafische
Darstellung
aus Beispiel
20.3 mittels
MATHCAD

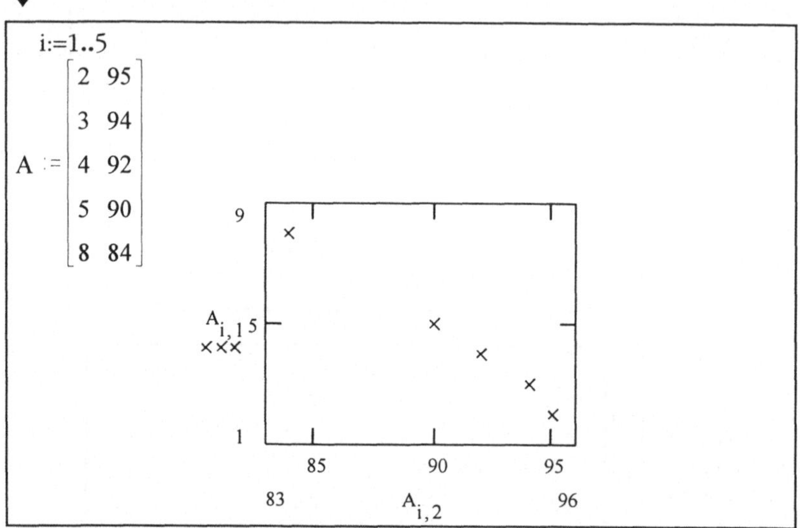

MATHEMA-TICA Mathematica besitzt folgende *Kommandos* zur *Darstellung* von
Punktgrafiken :

* **ListPlot** [L]

    zeichnet zweidimensionale (ebene) Punktmengen,

* **ListPlot3D** [L]

    zeichnet dreidimensionale (räumliche) Punktmengen

die sich in der Liste L befinden müssen.

Beispiel 20.4:

Stellen wir die *Stichprobenpunkte* der *zweidimensionalen Stichprobe*
aus Beispiel 20.1b) *grafisch* dar, die sich in einer *strukturierten Datei* (ASCII-Datei) auf Festplatte oder Diskette befinden.

Diese Datei wird eingelesen, wie im Abschn. 4.2 beschrieben ist
und einer *Liste* L in der Form L := { { 2 , 95 } , { 3 , 94 } , { 4 , 92 } , {
5 , 90 } , { 8 , 84 } } zugeordnet.

Mittels **ListPlot** [L , *Prolog–>PointSize*[0.01]] ergibt sich die grafische Darstellung aus Abb. 20.4, wobei die Option *PointSize* die
Größe der Punkte festlegt.◆

Abb.20.4.
Grafische
Darstellung
aus Beispiel
20.4 mittels
MATHEMA-
TICA

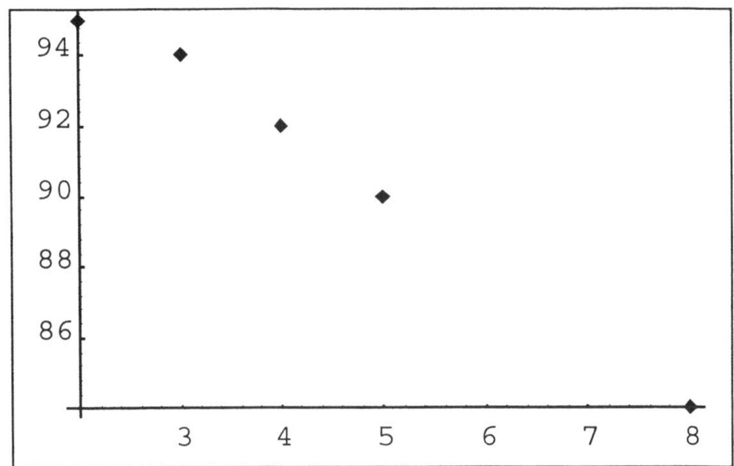

EXCEL   Aus den viele Möglichkeiten zur grafischen Darstellung von Datenmaterial, die EXCEL besitzt, geben wir nur die *grafische Darstellung*
einer *zweidimensionalen Stichprobe* in *Punktform* :

Dazu müssen sich die zu *zeichnenden Stichprobenpunkte* in zusammenhängenden *Zellen* der aktuellen *Tabelle* befinden (siehe Abb.
20.5). Wie man diese Punkte von *Diskette* oder *Festplatte einliest,*
wird im Abschn. 4.2 behandelt. Danach ist die Vorgehensweise analog wie im Abschn. 12.2.1 bei der grafischen Darstellung von Funktionen. Man muß nur im *Schritt 3* beim *Durchlauf* des *Diagramm-
Assistenten* das *Format* 1 wählen.

Andere grafische Darstellungen für gegebene Stichprobenpunkte
kann man im *Schritt* 2 beim *Durchlauf* des *Diagramm-Assistenten*
auswählen.

◆

Beispiel 20.5:

Stellen wir die *Stichprobenpunkte* der *zweidimensionalen Stichprobe*
aus Beispiel 20.1b) *grafisch* in *Punktform* dar, die sich in einer
strukturierten Datei (ASCII-Datei) auf Festplatte oder Diskette befinden:

Die *Stichprobenpunkte* werden in die aktuelle Tabelle in die Spalten
A und B *eingelesen* (A1:A5, B1:B5), wie im Abschn. 4.2 beschrieben
ist. Die weitere Vorgehensweise ist dann analog wie bei der grafischen Darstellung von Funktionen (siehe Abschn. 12.2.1), man muß

nur im *Schritt* 3 beim *Durchlauf* des *Diagramm-Assistenten* das *Format* 1 wählen. Das Ergebnis ist in Abb. 20.5 zu sehen.

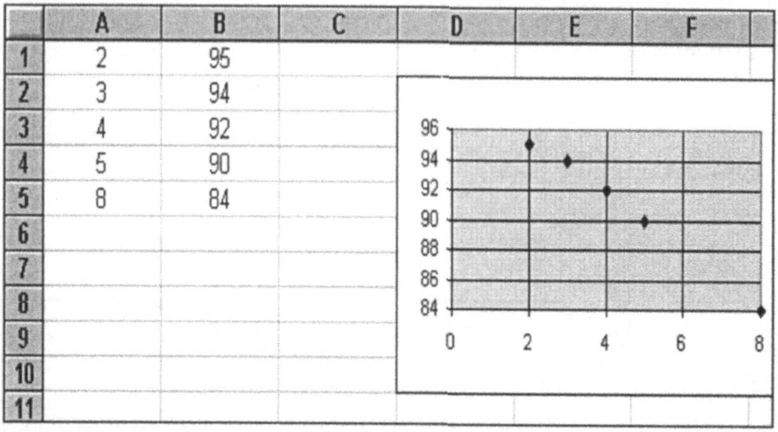

Abb.20.5.
Grafische
Darstellung
aus Beispiel
20.5 mittels
EXCEL

Die Programmsysteme (vor allem EXCEL) bieten *weitere Möglichkeiten* zur *grafischen Darstellung* gegebener Daten, wie *Säulen–, Stabdiagramme* und *Histogramme*.

20.2 Statistische Maßzahlen

Im folgenden betrachten wir wichtige *statistische Maßzahlen* für vorliegendes *Datenmaterial* einer eindimensionalen Stichprobe:

Für n gegebene *Zahlenwerte / Daten* einer *eindimensionalen Stichprobe* (siehe Abschn. 21.1) $x_1, x_2, ..., x_n$ berechnet sich

* das *arithmetische Mittel* (*empirischer Mittelwert*) $\bar{x}$ aus

$$\bar{x} = \frac{1}{n} \cdot \sum_{i=1}^{n} x_i$$

* der *Median* $\tilde{x}$ aus

$$\tilde{x} = \begin{cases} x_{k+1} & \text{falls } n = 2k + 1 \,(\text{ungerade}) \\ \dfrac{x_k + x_{k+1}}{2} & \text{falls } n = 2k \,(\text{gerade}) \end{cases}$$

wenn die Werte x_i der Größe nach geordnet sind, d.h.
$$x_1 \leq x_2 \leq ... \leq x_n$$

* das *geometrische Mittel* (alle $x_i > 0$) aus
$$x_g = \sqrt[n]{x_1 \cdot x_2 \cdots x_n}$$

* die *empirische Streuung/Varianz* aus

$$s^2 = \frac{1}{n-1} \cdot \sum_{i=1}^{n} (x_i - \bar{x})^2$$

wobei s als *empirische Standardabweichung* bezeichnet wird.

Zur Berechnung dieser *statistischen Maßzahlen* werden von den Programmsystemen folgende *Kommandos* zur Verfügung gestellt:

DERIVE   Die *Menüfolge*

* **Author: average** (*Daten*) $\Rightarrow$ **Simplify** (bzw. **approX**)

berechnet das *arithmetische Mittel* $\bar{x}$,

* **Author: var** (*Daten*) $\Rightarrow$ **Simplify** (bzw. **approX**)

berechnet die *Streuung / Varianz* in der *Form*

$$\frac{1}{n} \cdot \sum_{i=1}^{n} (x_i - \bar{x})^2 \quad \text{(hier wird durch n anstatt durch n–1 dividiert),}$$

wobei im Argument der Kommandos für *Daten* die Werte der *Stichprobe* $x_1, \ldots, x_n$ einzusetzen sind oder vorher die Zuweisung als Liste *Daten* := $[x_1, \ldots, x_n]$ erfolgen muß.

Beispiel 20.6:

Verwenden wir die eindimensionale *Stichprobe* Nr. 1 aus Beispiel 20.1a). Durch die *Zuordnung*

Daten1 := [50 , 49 , 59 , 61 , 48 , 54 , 59 , 53 , 45 , 51]

wird die Stichprobe der Liste *Daten1* zugeordnet.

Mittels der Menüfolge

* **Author: average** (*Daten1*) $\Rightarrow$ **Simplify**   wird 529/10

* **Author: average** (*Daten1*) $\Rightarrow$ **approX**   wird 52.9

für den *Mittelwert* der Stichprobe Nr.1 berechnet.

$\blacklozenge$

MAPLE   Nach dem Laden des Zusatzpakets *Statistik* mittels **with** (stats) ; stehen die folgenden *Kommandos* (integrierten Funktionen) zur Verfügung:

* **describe** [**mean**] (*Daten*) ;

   zur Berechnung des *arithmetischen Mittels* $\bar{x}$

* **describe** [**median**] (*Daten*) ;

   zur Berechnung des *Medians* $\tilde{x}$

* **describe** [**variance**] (*Daten*) ;

zur Berechnung der *Streuung/Varianz*

wobei im Argument der Kommandos für *Daten* die Werte der eindimensionalen *Stichprobe* $x_1, \ldots, x_n$ einzusetzen sind oder vorher die Zuweisung als Liste *Daten* := [$x_1, \ldots, x_n$] erfolgen muß.

Beispiel 20.7:

Verwenden wir die beiden *eindimensionalen Stichproben* aus Beispiel 20.1a). Durch die *Zuordnung*

Daten1 := [50 , 49 , 59 , 61 , 48 , 54 , 59 , 53 , 45 , 51] ;

Daten2 := [55 , 51 , 47 , 53 , 48 , 57 , 56 , 52 , 51 , 48] ;

werden die Stichproben den beiden Listen *Daten1* und *Daten2* zugeordnet.

Zur Berechnung des *Medians* müssen die *Stichproben* der *Größe* nach *geordnet* werden:

Daten1m := [45 , 48 , 49 , 50 , 51 , 53 , 54 , 59 , 59 , 61] ;

Daten2m := [47 , 48 , 48 , 51 , 51 , 52 , 53 , 55 , 56 , 57] ;

MAPLE berechnet hierfür mittels

* **describe** [**mean**] (*Daten1*) ;

    den *Mittelwert* 52,9 für die Stichprobe Nr.1

    describe [**mean**] (*Daten2*) ;

    den *Mittelwert* 51,8 für die Stichprobe Nr.2

* **describe** [**median**] (*Daten1m*) ;

    den *Median* 52 für die Stichprobe Nr.1

    describe [**median**] (*Daten2m*) ;

    den *Median* 51,5 für die Stichprobe Nr.2

* **describe** [**variance**] (*Daten1*) ;

    die *Streuung/Varianz* 25,49 für die Stichprobe Nr.1

    describe [**variance**] (*Daten2*) ;

    die *Streuung/Varianz* 10,96 für die Stichprobe Nr.2

    ◆

MATHCAD   MATHCAD stellt folgende *Kommandos* (integrierte Funktionen) zur Verfügung:

* **mean** (x)

    berechnet das *arithmetische Mittel* $\overline{x}$,

* **var** (x)

berechnet die *Streuung/Varianz*, wobei wie bei DERIVE durch n anstatt durch n−1 dividiert wird,

* **stdev** (x)

berechnet die *Standardabweichung*,

wenn nach der Eingabe des entsprechenden Kommandos das *numerische Gleichheitszeichen* eingetippt wird und die Werte der *eindimensionalen Stichprobe* $x_1,...,x_n$ vorher als Spaltenvektor **x** in der Form

$$x := \begin{pmatrix} x_1 \\ \vdots \\ x_n \end{pmatrix}$$

eingegeben oder eingelesen wurden.

Beispiel 20.8:

Verwenden wir die *eindimensionale Stichprobe* Nr. 1 aus Beispiel 20.1a). Durch die *Zuordnung*

$$\text{Daten1} := \begin{pmatrix} 50 \\ 49 \\ 59 \\ 61 \\ 48 \\ 54 \\ 59 \\ 53 \\ 45 \\ 51 \end{pmatrix}$$

wird die *Stichprobe* dem Spaltenvektor *Daten1* zugeordnet. Durch Eingabe von

mean (Daten1) = 52.9   **var** (Daten1) = 25.49

stdev (Daten1) = 5.049

werden *Mittelwert*, *Streuung/Varianz* bzw. *Standardabweichung* für die *Stichprobe* Nr. 1 *berechnet*.

♦

MATHEMA-TICA Nach dem Laden des Zusatzpakets *Statistik* durch

Needs [" Statistics`Master` "]

stehen folgende *Kommandos* (integrierte Funktionen) zur Verfügung:

*   **Mean** [*Daten*]   berechnet das *arithmetische Mittel* $\bar{x}$
*   **GeometricMean** [*Daten*]   berechnet das *geometrische Mittel* x_g

*   **Median** [*Daten*]   berechnet den *Median* $\tilde{x}$

*   **Variance** [*Daten*]   berechnet die *Varianz*

wobei im Argument der Kommandos für *Daten* die Werte der *eindimensionalen Stichprobe* $x_1,...,x_n$ als *Liste* { $x_1,...,x_n$ } einzusetzen sind oder vorher die Zuweisung *Daten* := { $x_1,...,x_n$ } erfolgt sein muß.

Beispiel 20.9 :

Verwenden wir die *eindimensionale Stichprobe* Nr. 1 aus Beispiel 20.1a). Durch die *Zuordnung*

Daten1 := { 50 , 49 , 59 , 61 , 48 , 54 , 59 , 53 , 45 , 51 }

wird die Stichprobe der Liste *Daten1* zugeordnet. Durch Eingabe von   **Mean** [*Daten1*]   bzw.   **Median** [*Daten1*]

werden der *Mittelwert* 529/10 bzw. der *Median* 52 für die *Stichprobe* Nr. 1 *berechnet.*

♦

EXCEL

EXCEL stellt folgende *Kommandos* (integrierte Funktionen) zur Verfügung:

*   **MITTELWERT** (Zahl 1 ; Zahl 2 ; ... ; Zahl n)

    berechnet das *arithmetische Mittel* $\bar{x}$

*   **GEOMITTEL** (Zahl 1 ; Zahl 2 ; ... ; Zahl n)

    berechnet das *geometrische Mittel* x_g

*   **MEDIAN** (Zahl 1 ; Zahl 2 ; ... ; Zahl n)

    berechnet den *Median* $\tilde{x}$

*   **STABWN** (Zahl 1 ; Zahl 2 ; ... ; Zahl n)

    berechnet die *Standardabweichung*

von einer *eindimensionalen Stichprobe* mit n Zahlen ($n \leq 30$). Statt der Zahlen der Stichprobe kann im Argument der Funktionen auch ein *Zellbezug* stehen, der angibt, in welchen zusammenhängenden Zellen der aktuellen Tabelle sich die Zahlen der Stichprobe befinden (siehe Beispiel 20.10).

Beispiel 20.10:

Verwenden wir die *eindimensionale Stichprobe* Nr. 1 aus Beispiel 20.1a), die wir in die zusammenhängenden *Zellen* A1 bis A10 der aktuellen Tabelle *eingeben* (bzw. einlesen). Durch *Eingabe* von (als Formel)   **=MITTELWERT** (A1:A10)   bzw.   **=MEDIAN** (A1:A10)

bzw.   **=STABWN** (A1:A10)

werden der *Mittelwert* 52,9 bzw. der *Median* 52 bzw. die *Standardabweichung* 5,049 für die *Stichprobe* Nr. 1 *berechnet*.

21   Schließende Statistik

Während man in der *beschreibenden* (*deskriptiven*) *Statistik* nur *Aussagen* über das *vorliegende Datenmaterial* gewinnt (siehe Kap. 20), beschäftigt sich die *schließende* (*induktive*) *Statistik* unter Verwendung der *Wahrscheinlichkeitstheorie* damit, aus *vorliegendem Datenmaterial* (durch *Stichprobe* gewonnen) allgemeine *Aussagen* über die zugrundeliegende *Grundgesamtheit* zu gewinnen.

Die *Grundidee* der *schließenden Statistik* besteht also kurz gesagt im *Schluß* vom *Teil* aufs *Ganze*.

Mathematisch bedeutet dies, daß in der *schließenden Statistik* anhand einer (Zufalls-)*Stichprobe Aussagen* über die *unbekannten Momente* (*Erwartungswert, Streuung,...*) bzw. die *unbekannte Verteilungsfunktion* der betrachteten *Grundgesamtheit* unter Verwendung der Wahrscheinlichkeitsrechnung gewonnen werden.

Die Methoden hierfür werden in der

* *Schätztheorie* (*Schätzungen* für die *Momente*),

* *Testtheorie* (Überprüfung von *Hypothesen* über *Verteilungsfunktion* und *Momente*)

gegeben, für die MATHEMATICA Kommandos zur Verfügung stellt, wie in den Abschn. 21.2 und 21.3 demonstriert wird.

Außerdem können die in den Programmsystemen vorhandenen Kommandos zur Berechnung von Verteilungsfunktionen, Quantilen usw. verwendet werden, falls keine speziellen Kommandos zu Schätzungen und Tests vorhanden sind.

◆

MATHCAD stellt in den *Elektronischen Büchern* zur *Statistik* Kommandos zur Verfügung. Diese Bücher müssen jedoch extra gekauft werden, so daß wir auf eine Besprechung verzichten.

◆

Mit EXCEL lassen sich ebenfalls Probleme der Schätz– und Testtheorie lösen, wie ausführlich in den beiden Büchern [12] und [14] erläutert wird.

♦

Ein *typisches Beispiel* für die *schließende Statistik* bildet die *Qualitätskontrolle* :

In einer Firma möchte man für eine hergestellte Ware aus den *Merkmalen* einer aus der *Tagesproduktion* entnommenen *Stichprobe Aussagen* über die *Merkmale* der *Gesamtproduktion (Grundgesamtheit)* der Ware erhalten.

♦

21.1 Stichproben

Beim *Sammeln* von *Daten*, die *Eigenschaften* (*Merkmale*) von *Dingen* betreffen, wie z.B. die Qualität eines Produkts (brauchbar oder defekt), ist es oft *unmöglich* oder *unpraktisch* (*ökonomisch nicht vertretbar*), die *gesamte Menge/Gruppe* zu *betrachten*. Anstatt die gesamte Menge/Gruppe zu untersuchen, die *Grundgesamtheit* heißt, betrachtet man nur einen kleinen Teil der Menge/Gruppe, der *Stichprobe* genannt wird:

- Die *Grundgesamtheit* kann aus endlich oder unendlich vielen Dingen bestehen.

- Eine mit Hilfe eines Auswahlverfahrens ermittelte endliche *Teilmenge* (mit n Elementen) einer *Grundgesamtheit* wird als *Stichprobe* vom *Umfang* n bezeichnet. Erfolgt die *Auswahl zufällig*, so spricht man von einer *Zufallsstichprobe*, die man in der *schließenden Statistik* benötigt, um mit Hilfe der *Wahrscheinlichkeitsrechnung* Aussagen über die zugrundeliegende *Grundgesamtheit* zu erhalten.

- Je nach Anzahl der betrachteten Merkmale (Zufallsgrößen) in einer Grundgesamtheit spricht man von

  * *eindimensionalen/univariaten Stichproben* (bei einem Merkmal),

  * *zweidimensionalen/bivariaten Stichproben* (bei zwei Merkmalen),

  * *mehrdimensionalen/multivariaten Stichproben* (ab drei Merkmalen). Bei N Merkmalen X_1, X_2, ..., X_N spricht man auch von einer N–*dimensionalen Stichprobe*.

- Für *ein–* und *zweidimensionale Stichproben* vom *Umfang* n ergibt sich folgendes:
  * Eine *eindimensionale Stichprobe* vom *Umfang* n für das Merkmal X besteht aus den n *Werten* (*Stichprobenwerten*)

    x_1 , x_2 , ... , x_n

  * Eine *zweidimensionale Stichprobe* vom *Umfang* n für die Merkmale X und Y besteht aus den n *Stichprobenpunkten*

    (x_1,y_1) , (x_2,y_2) , ... , (x_n,y_n)

  ♦

Beispiel 21.1:

a) Um Aussagen über die Größe von Neugeborenen zu erhalten, werden über zwei Zeiträume 10 *zufällige Messungen* durchgeführt und folgende zwei *eindimensionalen Stichproben* (Werte in cm) erhalten:

Stichprobe Nr.1: 50 , 49 , 59 , 61 , 48 , 54 , 59 , 53 , 45 , 51

Stichprobe Nr.2: 55 , 51 , 47 , 53 , 48 , 57 , 56 , 52 , 51 , 48

Als *Merkmal* X wird hier die *Größe* verwendet.

b) Im Beispiel 12.2 wurden für die *Merkmale* X (*Preis*) und Y (*Absatz*) die folgende *zweidimensionale Stichprobe* vom *Umfang* 5 ermittelt:

Preis x	2	3	4	5	8
Absatz y	95	94	92	90	84

Diese Stichprobe wird im Beispiel 21.5 dazu benutzt, um für den vermuteten *funktionalen Zusammenhang* zwischen dem Preis und dem Absatz einer Ware (*Preis-Absatz-Funktion*) mittels der *Regressionsanalyse* eine *Regressionsgerade* zu berechnen.

♦

21.2   Schätzung von Momenten

Die *wichtigsten Momente* der Wahrscheinlichkeitsverteilung einer Grundgesamtheit sind *Erwartungswert* und *Streuung/Varianz*.

Die *Schätztheorie* liefert Methoden, um aus den aus einer *Stichprobe* berechneten *empirischen Mittelwert* und *Streuung/Varianz* mittels einer *Punkt–* oder *Intervallschätzung* Werte für *Erwartunswert* und *Streuung/Varianz* der *Wahrscheinlichkeitsverteilung* der betrachteten *Grundgesamtheit* zu ermitteln.

Ohne tiefer in die Schätztheorie eindringen zu müssen, kann man die *Kommandos* von MATHEMATICA heranziehen, um Schätzungen von *Momenten* durchführen zu lassen:

MATHEMA-TICA

Zur *Schätzung* von *Momenten* benötigt man das Zusatzpaket *Statistik*, das mittels des *Kommandos* **Needs** ["Statistics`Master`"] geladen wird.

Wenn die als *normalverteilt* vorausgesetzten *Daten* einer konkreten eindimensionalen *Stichprobe* vom Umfang n als Liste *Daten* := { x_1 , x_2 , ... , x_n } *eingegeben* oder *eingelesen* wurden, sind folgende *Kommandos* anwendbar:

- **MeanCI** [*Daten* , *Optionen*]

  berechnet das *Konfidenzintervall* für den *unbekannten Erwartungswert* (Mittelwert), wobei eine Näherung für die ebenfalls unbekannte Streuung/Varianz über die Student-Verteilung gewonnen wird. Als *Standardwert* für das *Konfidenzniveau* verwendet das Programm 0.95.

  Im Argument des Kommandos sind die folgenden beiden *Optionen* möglich:

  * *KnownVariance* → s

    zur *Vorgabe* eines *Wertes* s für die *Streuung/Varianz* ,
  * *ConfidenceLevel* → k

    zur Vorgabe eines *Konfidenzniveaus* k, falls man nicht den Standardwert 0.95 verwenden möchte.

Beispiel 21.2:

Für die *eindimensionale Stichprobe* Nr. 1 aus Beispiel 21.1a), die wir der Liste *Daten1* zuweisen, d.h.

Daten1:={50,49,59,61,48,54,59,53,45,51},

berechnet **MeanCI** [*Daten1*]//**N** das *Konfidenzintervall*

[49.093 , 56.707] für den *unbekannten Erwartungswert.*

Gibt man z.B. für die *Streuung/Varianz* die im Beispiel 20.7 berechnete *empirische Varianz* 25.49 vor, so *berechnet*

MeanCI [*Daten1*, *KnownVariance* → 25.49]//**N**

das *Konfidenzintervall* [49.7708 , 56.0292].

Ändert man noch zusätzlich das *Konfidenzniveau* zu 0.9, so berechnet

MeanCI [*Daten1*, *KnownVariance* → 25.49, *ConfidenceLevel* → 0.9]//**N**

das *Konfidenzintervall* [50.2739 , 55.5261].

♦

- **VarianceCI** [*Daten* , *Optionen*]

  berechnet das *Konfidenzintervall* für die *unbekannte Streuung*, wobei als *Standardwert* für das *Konfidenzniveau* 0.95 verwendet wird. Mittels der *Option*

  ConfidenceLevel → k

  kann das *Konfidenzniveau verändert* werden.

  Beispiel 21.3:

  Für die Stichprobe *Daten1* aus Beispiel 21.2 *berechnet*

  VarianceCI [*Daten1*]//**N**

  das *Konfidenzintervall* [13.3997 , 94.3938] für die *unbekannte Streuung*. Ändert man das *Konfidenzniveau* zu 0.9, so *berechnet*

  VarianceCI [*Daten1* , *ConfidenceLevel* →0.9]//**N**

  das *Konfidenzintervall* [15.0659 , 76.6591].

  ♦

21.3   Tests von Hypothesen

Bei einem *statistischen Test* besteht die *Aufgabe* darin, aufgrund von Stichprobenergebnissen, *Annahmen* (*Hypothesen*) über bestimmte Eigenschaften (d.h. *Verteilungsfunktion* und *Momente*) einer Grundgesammtheit auf ihre Richtigkeit zu *überprüfen*.

Ohne tiefer in die *Testtheorie* eindringen zu müssen, kann man die *Kommandos* von MATHEMATICA heranziehen, um *Tests* von *Hypothesen* durchführen zu lassen:

MATHEMA-TICA   MATHEMATICA besitzt folgende *Kommandos* zur *Durchführung* von *Signifikanztests* :

- **MeanTest** [*Daten* , m , *Optionen*]

  führt den folgenden *Signifikanztest* durch:

  Für die Stichprobe *Daten* wird bei einem *Signifikanzniveau* von 0.95 die *Hypothese* geprüft, ob der *Erwartungswert* m beträgt.

  Für den *Signifikanztest* sind u.a. folgende *Optionen* möglich:

  * Das *Signifikanzniveau* kann mittels *SignificanceLevel* → s geändert werden. Wird diese Option verwendet, so erscheint im Ergebnis die zusätzliche *Meldung*, ob die *Hypothese* ange-

nommen (Accept null hypothesis at significance level→s) oder *abgelehnt (Reject null hypothesis at significance level→s)* wird.

* Ein *zweiseitiger Test* wird mittels der Option *TwoSided → True* durchgeführt.

Beispiel 21.4:

Für die Stichprobe *Daten1* haben wir im Beispiel 20.7 den *Stichprobenmittelwert* 52.9 erhalten. Der mittels

MeanTest [*Daten1*, 52., *SignificanceLevel* → 0.9 , *TwoSided* → True]

durchgeführte *Signifikanztest* liefert das *Ergebnis*:

{ *TwoSidedPValue* → 0.605757, *Reject null hypothesis at significance level* → 0.9 },

d.h., die *Hypothese* wird *abgelehnt*, während

MeanTest [*Daten1* , 53. , *SignificanceLevel* → 0.9 , *TwoSided* → True]

das folgende *Ergebnis* anzeigt:

{ *TwoSidedPValue* → 0.953916, *Accept null hypothesis at significance level* → 0.9 },

d.h., die *Hypothese* wird *angenommen*.

♦

* **VarianceTest** [*Daten* , s , *Optionen*]

führt den folgenden *Signifikanztest* durch:

Für die *Daten* einer *Stichprobe* wird bei einem *Signifikanzniveau* von 0.95 die *Hypothese* geprüft, ob die *Streuung* s beträgt.

Die gleichen *Optionen* wie beim Kommando *MeanTest* sind möglich.

21.4 Korrelation und Regression

Im Kap. 12 (Beispiele 12.1c und 12.2) sind wir bereits auf das in *der Wirtschaftsmathematik* wichtige Problem eingegangen, eine nur durch n *Punkte (Wertetabelle)* (x_1,y_1) , (x_2,y_2) , ... , (x_n,y_n) *gegebene Funktion* einer Variablen durch eine *analytisch gegebene Funktion* (z.B. Polynom) f(x) *anzunähern* und haben hierfür die beiden Methoden der *Interpolation* und *Methode der kleinsten Quadrate* genannt. Das *Prinzip* der *Interpolation* wird im Kap. 12 behandelt.

Im folgenden gehen wir näher auf die *einfache Korrelations-* und *Regressionsanalyse* ein, deren *Ausgangspunkt* wie bei der Interpolation n *Punkte* (*Stichprobenpunkte – Punktwolke*) einer *zweidimensionalen Stichprobe* (x_1, y_1), (x_2, y_2), ... , (x_n, y_n) bilden, die durch *Beobachtungen* (Zählungen, Messungen), *Befragungen* (von Personen) oder *Experimenten* aus zwei *Merkmalen* X und Y gewonnen wurde, zwischen denen man einen *Zusammenhang vermutet.*

Im *Unterschied* zur *Interpolation* wird bei der *Korrelations-* und *Regressionsanalyse* ein *funktionaler Zusammenhang* nur *vermutet.*

Deshalb wird zuerst die *Korrelationsanalyse* herangezogen, die unter Verwendung von Methoden der *Wahrscheinlichkeitsrechnung / Statistik* Aussagen über die *Stärke* des *vermuteten Zusammenhangs* zwischen den beiden *Merkmalen* X und Y liefert, wobei die Merkmale X und Y i.a. als *Zufallsgrößen* aufgefaßt werden.

Als *Maß* für den *linearen Zusammenhang* wird der *Korrelationskoeffizient* ρ_{XY} verwendet. Für $\left|\rho_{XY}\right| = 1$ besteht dieser *lineare Zusammenhang* mit der *Wahrscheinlichkeit* 1.

♦

Ehe man eine Korrelationsanalyse durchführt, empfiehlt sich die *grafische Darstellung* der *Stichprobenpunkte* (*Punktwolke*), um einen ersten Eindruck zu erhalten, ob ein *linearer Zusammenhang* vorliegen kann.

♦

Die *Regressionsanalyse untersucht* nach der Korrelationsanalyse die *Art* des *Zusammenhangs* zwischen den *Merkmalen* (*Zufallsgrößen*) X und Y mit den Mitteln der *Wahrscheinlichkeitsrechnung/Statistik*.

Eine große Bedeutung für die *Wirtschaftsmathematik* besitzt die *lineare Regression*, die sich damit befaßt, einen *linearen Zusammenhang* Y = a X + b zwischen den *Merkmalen* (*Zufallsgrößen*) X und Y herzustellen, falls der *Korrelationskoeffizient* in der Nähe von 1 liegt.

Für die vorliegende *Stichprobe* führt dies auf das Problem, die *Stichprobenpunkte* (x_1, y_1), (x_2, y_2), ... , (x_n, y_n) durch eine *Gerade* y = a x + b (*empirische Regressionsgerade*) *anzunähern*. Dazu wird meistens das *Gaußsche Prinzip der kleinsten Quadrate* verwendet:

$$F(a,b) = \sum_{i=1}^{n} (y_i - a \cdot x_i - b)^2 \rightarrow \underset{a,b}{\text{Minimum}}$$

d.h., die unbekannten *Parameter* a und b werden derart *bestimmt,* daß die *Summe* der *Quadrate* der *Abweichungen* der einzelnen *Punkte* von der *Regressionsgeraden minimal* wird.

Analog wie bei der *linearen Regression* verfährt man bei der *nichtlinearen Regression.* Es ist nur die *Geradengleichung* durch die gewünschte *Regressionskurve* zu *ersetzen.* Über die Form der zu wählenden Kurve erhält man Informationen aus der *grafischen Darstellung* der Stichprobenpunkte (Punktwolke).

Da in der *Wirtschaftsmathematik* häufig *lineare Zusammenhänge* auftreten, betrachten wir im folgenden nur die *lineare Regression.*

♦

Bevor man eine *lineare Regression* durchführt, muß man mittels *Korrelationsanalyse* feststellen, ob der Grad des *linearen Zusammenhangs* ausreichend ist, um eine *empirische Regressionsgerade* nach dem beschriebenen Prinzip für eine gegebene Stichprobe *konstruieren* zu können.

Da man nur die *zweidimensionale Stichprobe (Stichprobenpunkte)*

$$(x_1, y_1), (x_2, y_2), \ldots, (x_n, y_n)$$

für die beiden *Merkmale* X und Y besitzt, kann man mit Hilfe des hieraus berechneten *empirischen Korrelationskoeffizienten*

$$r_{XY} = \frac{\sum_{i=1}^{n} (x_i - \overline{x}) \cdot (y_i - \overline{y})}{\sqrt{\sum_{i=1}^{n} (x_i - \overline{x})^2} \cdot \sqrt{\sum_{i=1}^{n} (y_i - \overline{y})^2}}$$

über *statistische Tests* Aussagen zum linearen Zusammenhang gewinnen.

Für den *empirischen Korrelationskoeffizienten* gilt $-1 \leq r_{XY} \leq +1$ und er ist genau dann gleich ± 1, wenn alle Stichprobenpunkte auf einer Geraden liegen. Deshalb kann man ohne statistische Tests bei hinreichend großer Stichprobe die *empirische Regressionsgerade* konstruieren, wenn der *empirische Korrelationskoeffizient* in der Nähe von −1 oder +1 liegt.

♦

Betrachten wir ein *konkretes Beispiel,* in dem wir mittels *Regression* eine *Preis-Absatz-Funktion annähern,* die nur durch eine *Wertetabelle gegeben* ist. Im Beispiel 12.2 wurde diese Funktion durch ein Interpolationspolynom angenähert.

Beispiel 21.5:

Für eine *Preis-Absatz-Funktion* sind im Beispiel 12.2 die Werte aus folgender Tabelle (*Wertetabelle ~ zweidimensionale Stichprobe*) gegeben (siehe auch Beispiel 21.1b):

Preis x	2	3	4	5	8
Absatz y	95	94	92	90	84

Mathematisch bedeutet dies, daß für die *Funktion* fünf *Stichprobenpunkte* $(2,\ 95)$, $(3,\ 94)$, $(4,\ 92)$, $(5,\ 90)$, $(8,\ 84)$ im *xy-Koordinatensystem* gegeben sind, für die im Beispiel 12.2 ein *Interpolationspolynom* vierten Grades konstruiert wird.

Im folgenden wenden wir die *Korrelations*-und *Regressionsanalyse* an, um die gegebenen *Stichprobenpunkte* durch eine *Gerade anzunähern*.

Dafür berechnen wir zuerst den *empirischen Korrelationskoeffizienten*, um *Aussagen* über den *linearen Zusammenhang* zu erhalten. Dies ist mit allen Programmsystemen durch Berechnung der gegebenen Formel einfach möglich.

Zusätzlich enthalten die Systeme MAPLE, MATHCAD und EXCEL spezielle *Kommandos* zur *Berechnung* des *empirischen Korrelationskoeffizienten*, so daß man nur die *zweidimensionale Stichprobe* eingeben muß. Sie berechnen den Wert $-0{,}997$ für den *empirischen Korrelationskoeffizienten*.

In den folgenden Beispielen 21.6–21.9 wird mit den Programmsystemen die *empirische Regressionsgerade* konstruiert.

◆

Für die *Korrelations*- und *Regressionsanalyse* stellen die Programmsysteme folgende *Kommandos* zur Verfügung:

MAPLE Nach dem Laden des Zusatzpakets *Statistik* mittels **with** (stats) ; ergibt sich folgende *Vorgehensweise* für die *lineare Regression*:

- Zuerst werden die vorliegenden n *Stichprobenpunkte*
  (x_1,y_1) , (x_2,y_2) , $\ldots$, (x_n,y_n)

  den *Listen* X und Y zugewiesen, d.h.
  $X := [x_1 , x_2 , \ldots , x_n]\colon Y := [y_1 , y_2 , \ldots , y_n]\,;$

- Danach liefern die *Kommandos*

  * **describe** [**linearcorrelation**] (X,Y) ;

    den *empirischen Korrelationskoeffizienten,*

  * **fit** [**leastsquare** [[x , y]]] ([X , Y]) ;

die *empirische Regressionsgerade.*

Beispiel 21.6:

Für die *Stichprobenpunkte* aus Beispiel 21.5 wird folgendes berechnet:

> **with** (stats) :

> X:= [2 , 3 , 4 , 5 , 8]: Y:= [95 , 94 , 92 , 90 , 84] :

> **describe** [**linearcorrelation**] (X ,Y) ;

$$-\frac{10}{1007}\sqrt{10070}$$

> **evalf**(") ;

$$-.9965182681$$

> **fit** [**leastsquare**[[x,y]]]([X , Y]) ;

$$y = \frac{5263}{53} - \frac{100}{53}x$$

> **evalf** (");

$$y = 99.30188679 - 1.886792453\ x$$

d.h., der *empirische Korrelationskoeffizient* ist gleich −0,997 und die *empirische Regressionsgerade* hat die folgende Form:

$$y = -1.89 \cdot x + 99.30$$

♦

MATHCAD MATHCAD stellt folgende *Kommandos* zur *linearen Regression* zur Verfügung

* **corr** (x , y)

  berechnet den *Korrelationskoeffizienten,*

* **slope** (x , y)

  berechnet die *Steigung* a der *Regressionsgeraden* $y = a\ x + b$,

* **intercept** (x , y)

  berechnet den *Abschnitt* b der *Regressionsgeraden* $y = a\ x + b$ auf der y-*Achse,*

wenn nach der Eingabe des entsprechenden Kommandos ein Gleichheitszeichen eingetippt wird und die n *Stichprobenpunkte* (x_1,y_1) , (x_2,y_2) , ... , (x_n,y_n)

vorher unter Verwendung der *Operatorpalette* Nr. 4

als *Spaltenvektoren* $x := \begin{pmatrix} x_1 \\ \vdots \\ x_n \end{pmatrix}$ $y := \begin{pmatrix} y_1 \\ \vdots \\ y_n \end{pmatrix}$ eingegeben

wurden.

Beispiel 21.7:

Für die *Stichprobenpunkte* aus Beispiel 21.5 wird folgendes berechnet:

$$x := \begin{bmatrix} 2 \\ 3 \\ 4 \\ 5 \\ 8 \end{bmatrix} \qquad y := \begin{bmatrix} 95 \\ 94 \\ 92 \\ 90 \\ 84 \end{bmatrix}$$

$\text{corr}(x,y) = -0.99651827 \qquad \text{slope}(x,y) = -1.88679245$
$\text{intercept}(x,y) = 99.30188679$

d.h., der *empirische Korrelationskoeffizient* ist gleich $-0{,}997$ und die *empirische Regressionsgerade* hat die folgende Form:

$$y = -1.89 \cdot x + 99.30$$

♦

MATHEMA-TICA

Bei der *linearen Regression* geht man folgendermaßen vor:

* Die n *Stichprobenpunkte* $(x_1,y_1), (x_2,y_2), \ldots, (x_n,y_n)$

  werden mittels des *Zuweisungskommandos*

  daten $:= \{\{ x_1,y_1 \}, \{ x_2,y_2 \}, \ldots, \{ x_n,y_n \}\}$

  zu einer *Liste* zusammengefaßt, die hier mit *daten* bezeichnet wird.

* Die *empirische Regressionsgerade* wird mittels des *Kommandos*

  $y[x\_] := \mathbf{Fit}\,[\,daten\,, \{ 1\,, x \}\,, x\,]$

  berechnet und der Funktion y(x) zugewiesen. Die *Kommandofolge*

  p1 $:= \mathbf{ListPlot}\,[\,daten\,, DisplayFunction \to \text{Identity}\,]\,;$

  p2 $:= \mathbf{Plot}\,[\,y[x]\,, \{ x\,, a\,, b \}\,, DisplayFunction \to \text{Identity}\,]\,;$

  $\mathbf{Show}\,[\,p1\,, p2\,, DisplayFunction \to \$DisplayFunction\,]$

  zeichnet die gegebenen *Stichprobenpunkte*
  $(x_1,y_1), (x_2,y_2), \ldots, (x_n,y_n)$

und die berechnete *Regressionsgerade* in ein gemeinsames Koordinatensystem (siehe Beispiel 21.8).

Nach dem Laden des Zusatzpaketes *Statistik* kann anstatt des Kommandos *Fit* zusätzlich das Kommando *Regress* (mit gleichem Argument) verwendet werden. Dieses Kommando gibt noch zusätzliche Informationen aus.

◆

Beispiel 21.8:

Für die *Stichprobenpunkte* aus Beispiel 21.5 wird folgendes berechnet:

daten:= { { 2 , 95 } , { 3 , 94 } , { 4 , 92 } , { 5 , 90 } , { 8 , 84 } }

y[x_]:= **Fit** [*daten* , { 1 , x } , x] ; y[x]

99.3019 – 1.88679 x

p1:= **ListPlot** [*daten* , *DisplayFunction*–>Identity] ;

p2:= **Plot** [y[x] , { x , 1 , 9 } , *DisplayFunction*–>Identity] ;

Show [p1 , p2 , *DisplayFunction* –> \$DisplayFunction]

Die berechnete *empirische Regressionsgerade* $y = -1.89 \cdot x + 99.30$ wird zusammen mit den gegebenen *Stichprobenpunkten* in Abb. 21.1 *grafisch dargestellt.*

◆

Abb.21.1.
Empirische Regressionsgerade aus Beispiel 21.8 mittels MATHEMATICA

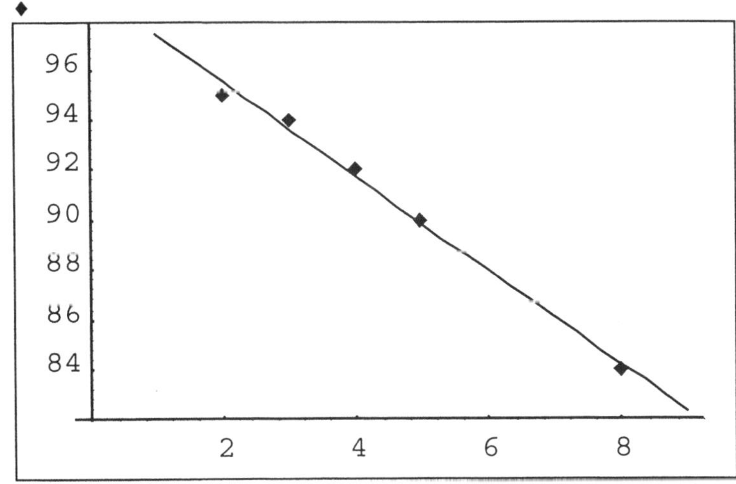

EXCEL

Bei der *linearen Regression* geht man folgendermaßen vor:

* Man gibt zuerst die x- und y-*Werte* der n *Stichprobenpunkte*
 (x_1, y_1) , (x_2, y_2) , ... , (x_n, y_n)

in zusammenhängende Zellen der aktuellen Tabelle ein (siehe Abb. 21.2)

* Den *empirischen Korrelationskoeffizienten* berechnet man mittels der integrierten *Funktion* **KORREL** (x-*Bereich* ; y-*Bereich*)

* Die *Steigung* a der *Regressionsgeraden* y = a x + b berechnet man mittels der integrierten *Funktion* **STEIGUNG** (y-*Bereich* ; x-*Bereich*)

* Den *Achsenabschnitt* b der *Regressionsgeraden* y = a x + b berechnet man mittels der integrierten *Funktion*

ACHSENABSCHNITT (y-*Bereich* ; x-*Bereich*)

Die genaue Vorgehensweise ist aus folgendem Beispiel ersichtlich.

Beispiel 21.9:

Für die *Stichprobenpunkte* aus Beispiel 21.5 wird folgendes berechnet:

* In die Zellen B2 bis B6 werden die x-Werte und in die Zellen C2 bis C6 die y-Werte eingetragen (siehe Abb. 21.2).

* Die Eingabe der *Funktion* KORREL (B2:B6 ; C2:C6)

  in eine freie Zelle (A8) berechnet den *empirischen Korrelationskoeffizienten* –0,997 (siehe Abb. 21.2).

* Die Eingabe der *Funktion* STEIGUNG (C2:C6 ; B2:B6)

  in eine freie Zelle (A9) berechnet die *Steigung* –1,887 der *empirischen Regressionsgeraden* (siehe Abb. 21.2).

* Die Eingabe der *Funktion* ACHSENABSCHNITT (C2:C6 ; B2:B6)

  in eine freie Zelle (A10) berechnet den *Achsenabschnitt* 99,302 der *empirischen Regressionsgeraden* (siehe Abb. 21.2).

Die *grafische Darstellung* der *Stichprobenpunkte* und der berechneten *Regressionsgeraden* geschieht wie im Abschn. 12.2 und 20.1 beschrieben. Das Ergebnis ist in Abb. 21.2 zu sehen.

Abb.21.2. Tabellenausschnitt für die Lineare Regression aus Beispiel 21.9 mittels EXCEL

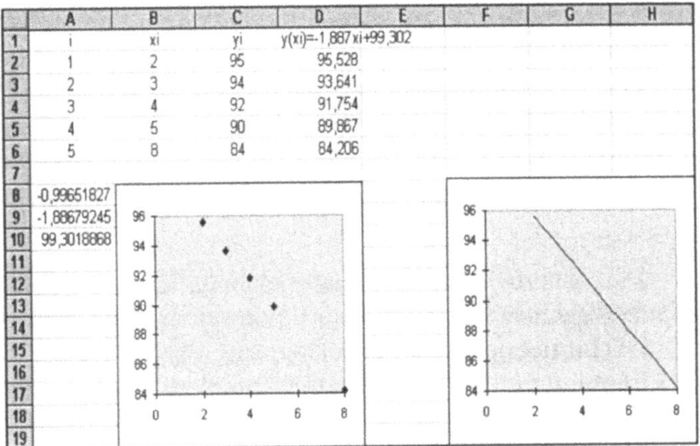

21.5 Zeitreihenanalyse

Wir geben im folgenden einen kurzen Einblick in das für die Wirtschaftsmathematik wichtige Gebiet der *Zeitreihen* und zeigen, wie man die *Programmsysteme* zur *Zeitreihenanalyse* heranziehen kann.

Zeitreihen sind *spezielle* eindimensionale *Stichproben*, bei denen die *Werte* eines *Merkmals* (*Zufallsgröße*) X zu *bestimmten Zeitpunkten* ermittelt (beobachtet) werden, wobei meistens gleichabständige Zeiten verwendet werden.

Beispiele für *Zeitreihen* sind

*   Die Jahresproduktion einer Firma an einem Produkt X über mehrere Jahre

*   Die Umsätze (in GE) einer Firma pro Quartal über mehrere Quartale

*   Der monatliche Strom– und Gasverbrauch einer Firma über mehrere Monate

*   Die monatlichen Einnahmen einer Kaufhalle über mehrere Monate

*   Der tägliche Kurs einer Aktie über mehrere Tage

*   Die monatlichen Arbeitslosenzahlen über mehrere Monate

In der Mathematik werden *Zeitreihen* durch die *ermittelten Werte* $x_1, x_2, \ldots, x_n$ des *Merkmals* X zu den *Zeitpunkten* $t_1, t_2, \ldots, t_n$ *definiert.*

◆

Die *grafische Darstellung* von *Zeitreihen* erfolgt durch die *grafische Darstellung* der *Punkte* (t_1,x_1), (t_2,x_2), ... , (t_n,x_n) und wird *Zeitreihendiagramm* genannt. Werden diese Punkte durch Geraden verbunden, so spricht man von einem *Zeitreihenpolygon*.

Diese *grafischen Darstellungen* lassen sich in den *Programmsystemen* einfach realisieren, wie im Abschn. 20.1 dargelegt wird.

♦

Die *Zeitreihenanalyse* befaßt sich mit der Aufzeigung von Regelmäßigkeiten in der zeitlichen Entwicklung der beobachteten Werte (Stichprobenpunkte). Das Hauptziel dieser Analyse besteht in der Erstellung einer *Prognose*. Dazu müssen die einzelnen Komponenten der Zeitreihe aufgedeckt werden, wobei der *Trend* die wichtigste Komponente ist. Der Trend ist diejenige Komponente, die die langfristige Entwicklung beschreibt.

Die Problematik der Bestimmung einer *Trendfunktion* ist analog wie in der Regressionsanalyse (siehe Abschn. 21.4). Bei einer Reihe von Fällen kann man eine *lineare Trendfunktion* analog zur Regressionsgeraden bestimmen. Dies gelingt auch bei nichtlinearen Zusammenhängen durch stückweise Annäherung durch Geraden.

♦

Die *Programmsysteme* können bei der *Berechnung* der *Trendgeraden* große Hilfe leisten, wenn man die *Kommandos* zur *Regression* heranzieht. Nur EXCEL stellt direkt eine Funktion zur Berechnung des Trends zur Verfügung.

♦

EXCEL   Von allen Programmsystemen besitzt nur EXCEL die *Funktion*

TREND (*x_Werte* ; *t_Werte* ; *neue t_Werte*)

die die *Berechnung* des *Trends* übernimmt. In dieser Funktion müssen für die *x_Werte* die ermittelten Werte x_1, x_2, ..., x_n des Merkmals X zu den Zeitpunkten (*t_Werte*) t_1, t_2, ..., t_n eingetragen werden, wobei zusammengehörige Werte durch geschweifte Klammern umschlossen und durch Semikolon getrennt werden. Statt der Werte können auch Zellbezüge angegeben werden. Für *neue t_Werte* sind die gewünschten *Zeitpunkte* für die *Prognose* durch Semikolon getrennt in geschweiften Klammern einzugeben. Fehlen in der Funktion TREND die *t_Werte*, so werden sie als Vektor { 1 ; 2 ; 3 ; ... } angenommen, der genauso viele Elemente enthält wie der Vektor der *x_Werte*.

Es ist zu beachten, daß TREND eine *Matrixfunktion* ist, so daß sie folgendermaßen anzuwenden ist:

I. Zuerst wird der *Ergebnisbereich* mit gedrückter Maustaste *markiert*. Der Ergebnisbereich nimmt die berechneten Prognosewerte auf, d.h., er muß aus der Anzahl freier zusammenhängender Zellen bestehen, die der Anzahl der eingegebenen neuen t-Werte entspricht.

Abschließend wird TREND *als Funktion*, d.h. mit vorangestelltem Gleichheitszeichen, *eingegeben* und mit der *Tastenkombination* [Strg] [⇧] [↵] abgeschlossen.

♦

Betrachten wir ein Beispiel für die Trendberechnung.

Beispiel 21.10:

Es soll der *Trend* der *Bevölkerungsentwicklung* in einem Land für die nächsten vier Jahre berechnet werden, wenn die Bevölkerungszahl (in Millionen) der letzten acht Jahre bekannt ist:

Jahr	1989	1990	1991	1992	1993	1994	1995	1996
Bevölkerung	61.08	61.50	62.06	63.25	64.11	64.73	65.12	65.67

Wenn sich die Bevölkerungszahlen in den Zellen B2:B9 der aktuellen Tabelle befinden und die berechneten Trendwerte in den Zellen C10:C13 stehen sollen, so ist wie oben beschrieben die TREND–Funktion in der folgenden Form einzugeben:

=TREND(B2:B9;{1989;1990;1991;1992;1993;1994;1995;1996};{1997;
1998;1999;2000})

Das *Ergebnis* der *Rechnung* ist aus der Abb. 21.3 zu ersehen.

♦

Abb.21.3.
Tabellenaus-
schnitt für
die Trendbe-
rechnung aus
Beispiel
21.10 mittels
EXCEL

	A	B	C
1	Jahr	Bevölkerung	Trend
2	1989	61,08	
3	1990	61,5	
4	1991	62,06	
5	1992	63,25	
6	1993	64,11	
7	1994	64,73	
8	1995	65,12	
9	1996	65,67	
10	1997		66,6060714
11	1998		67,3096429
12	1999		68,0132143
13	2000		68,7167857

22 Versicherungsmathematik

Wir können im Rahmen dieses Buches nicht das umfangreiche Gebiet der Versicherungsmathematik behandeln. Hier verweisen wir auf das Lehrbuch [63]. Wir betrachten im folgenden nur eine grundlegende Problemstellung der Berechnung des Barwertes einer Versicherung und weisen auf die Anwendung der Programmsysteme zur Berechnung der Formel für diesen Barwert hin.

Während in der *Finanzmathematik* alle *Größen*, wie das Kapital, die Zinsen, die Laufzeit usw., *fest vorgegeben* sind, kommen in der *Versicherungsmathematik zufällige Größen* hinzu, wie die *Lebensdauer* und die *Lebenserwartung* der versicherten Personen. Deshalb werden in der *Versicherungsmathematik* Methoden der *Wahrscheinlichkeitsrechnung* und *Statistik* benutzt.

◆

Grundlagen für die *Versicherungsmathematik* bilden

* *Sterbetafeln,*

* *Lebenserwartungen,*

die in den statistischen Jahrbüchern der einzelnen Länder veröffentlicht werden.

Wichtige Zahlungen der Versicherungsmathematik sind

* *Leibrenten,*

* *Lebensversicherungen.*

Die wichtigste Größe für diese Zahlungen stellt der *Barwert* dar, den wir aus den Abschn. 11.2 und 11.3 der Finanzmathematik kennen. Damit eine Versicherung rentabel arbeitet, muß sie für Leibrenten und Lebensversicherungen einen Beitrag erheben, der dem mittleren Rentenbarwert in Abhängigkeit vom Alter des Versicherten entspricht.

Die *Anzahl* der *Rentenauszahlungen,* die *gesamte Rente* und der *Rentenbarwert* werden durch Zufallsgrößen beschrieben, deren *Erwartungswerte* als Näherungen verwendet werden. Diese Erwartungswerte werden durch *unendliche Reihen* berechnet, die unter Verwendung der *Programmsysteme* berechnet werden können, wie im Kap. 10 behandelt wurde.

Literatur

Computeralgebra- und Mathematikprogramme

[1] Benker: Mathematik mit dem PC, Vieweg Verlag Braunschweig, Wiesbaden 1994,

[2] Benker: Mathematik mit MATHCAD, Springer Verlag Berlin, Heidelberg, New York 1996,

[3] Hörhager, Partoll: Mathcad 6.0/PLUS 6.0 für Windows, Addison-Wesley Bonn 1996,

[4] Koepf: Höhere Analysis mit Derive, Vieweg Verlag Braunschweig, Wiesbaden 1994,

[5] Koepf, Ben-Israel, Gilbert: Mathematik mit Derive, Vieweg Verlag Braunschweig, Wiesbaden 1993,

[6] Kofler: Mathematica, Addison-Wesley Bonn 1992,

[7] Kofler: Maple V Release 4, Addison-Wesley Bonn 1996

[8] Schwardmann: Computeralgebra-Systeme, Addison-Wesley Bonn 1995

[9] Wolfram: Mathematica, Addison-Wesley Bonn 1996,

Tabellenkalkulationsprogramm EXCEL

[10] Gäng: Excel 5 für Wissenschaft und Technik, DATA BECKER Düsseldorf 1994,

[11] Albrecht, Fehrenbach: Excel: Geldanlagen und Kredite, Addison-Wesley Düsseldorf 1995,

[12] Erben: Statistik mit Excel 5, Oldenbourg Verlag München 1995,

[13] Kronast: Excel 95 Lösungen für Naturwissenschaftler, Econ-Verlag 1996,

[14] Monka, Voß: Statistik am PC - Lösungen mit Excel -, Hanser Verlag München 1996,

Wirtschaftsmathematik mit dem Computer

[15] Everding, Grob: Finanzmathematik mit dem PC, Gabler Verlag 1992,

[16] Grabinger: Stochastik mit Derive, Dümmler Verlag 1994,

[17]   Huang, Crooke: Mathematics and Mathematica for Econo-
        mists, Blackwell Publishers Oxford 1996,

[18]   Varian : Economic and Financial Modeling with Mathematica,
        Springer/TELOS New York 1993,

[19]   Varian : Economic and Financial Modeling with Mathematica
        – Volume II, Springer/TELOS New York 1996,

Wirtschaftsmathematik

[20]   Alt: Finanzmathematik, Vieweg Verlag Braunschweig, Wies-
        baden 1986,

[21]   Ayres: Finanzmathematik, Mc Graw-Hill Düsseldorf, New
        York 1979,

[22]   Berliner, Bühlmann: Einführung in die Finanzmathematik,
        Verlag Paul Haupt Bern, Stuttgart, Wien 1992,

[23]   Bosch: Mathematik für Wirtschaftswissenschaftler, Olden-
        bourg Verlag München 1991,

[24]   Bosch: Finanzmathematik, Oldenbourg Verlag München 1991,

[25]   Breitung, Filip: Einführung in die Mathematik für Ökonomen,
        Oldenburg Verlag München 1989,

[26]   Bücker: Mathematik für Wirtschaftswissenschaftler, Oldenburg
        Verlag München 1991,

[27]   Bücker: Statistik für Wirtschaftswissenschaftler, Oldenburg
        Verlag München 1994,

[28]   Chiang: Elements of Dynamic Optimization, McGraw-Hill
        New York 1992,

[29]   Clausen, Kerber: Mathematische Grundlagen für Wirtschafts-
        wissenschaftler, BI Wissenschaftsverlag Mannheim 1991,

[30]   Feichtinger, Hartl: Optimale Kontrolle ökonomischer Prozes-
        se, Walter de Gruyter Berlin, New York 1986,

[31]   Gal u.a.: Mathematik für Wirtschaftswissenschaftler, Springer
        Verlag Berlin, Heidelberg, New York 1991,

[32]   Hass: Finanzmathematik, Oldenbourg Verlag München 1995,

[33]   Hauptmann: Mathematik für Betriebs- und Volkswirte, Ol-
        denburg Verlag München 1991,

[34]   Heinrich: Grundlagen der Mathematik, der Statistik und des
        Operations Research für Wirtschaftswissenschaftler, Olden-
        bourg Verlag München 1994,

[35]   Hillier, Lieberman: Einführung in Operations Research, Ol-
        denbourg Verlag München 1995,

[36]   Hoffmann: Mathematische Grundlagen für Betriebswirtschaft-
        ler, Verlag Neue Wirtschaftsbriefe Herne 1991,

[37]   Huang, Schulz: Einführung in die Mathematik für Wirtschaftswissenschaftler, Oldenburg Verlag München 1993,

[38]   Ihrig, Pflaumer: Finanzmathematik, Oldenbourg Verlag München 1995,

[39]   Kallischnigg, Kockelkorn: Mathematik für Volks- und Betriebswirte, Oldenbourg Verlag München 1995,

[40]   Kobelt, Schulte: Finanzmathematik, Verlag Neue Wirtschafts-Briefe Herne, Berlin 1977,

[41]   Köhler: Finanzmathematik, Hanser-Verlag München 1987,

[42]   Kolberg: Betriebswirtschaftliche Formeln und Verfahren, Markt und Technik Haar bei München 1995,

[43]   Kruschwitz: Finanzmathematik, Verlag Vahlen München 1989,

[44]   Lambert: Advanced Mathematics for Economics–Static and Dynamic Optimization, Blackwell 1985,

[45]   Locarek: Finanzmathematik, Oldenbourg Verlag München 1992,

[46]   Luderer, Würker: Einstieg in die Wirtschaftsmathematik, Teubner Verlag Stuttgart 1995,

[47]   Luh, Stadtmüller: Mathematik für Wirtschaftswissenschaftler, Oldenbourg Verlag München 1989,

[48]   Marinell: Mathematik für Sozial- und Wirtschaftswissenschaftler, Oldenbourg Verlag München 1979,

[49]   Nollau: Mathematik für Wirtschaftswissenschaftler, Teubner Verlag Stuttgart, Leipzig 1993,

[50]   Ohse: Mathematik für Wirtschaftswissenschaftler I, II, Verlag Vahlen München 1994,

[51]   Opitz: Mathematik für Wirtschaftswissenschaftler, Oldenburg Verlag München 1995,

[52]   Pfuff: Mathematik für Wirtschaftswissenschaftler I, II, III, Vieweg Verlag 1989,

[53]   Rommelfanger: Mathematik für Wirtschaftswissenschaftler I, II, BI Wissenschaftsverlag Mannheim 1994,

[54]   Schüffler: Mathematik in der Wirtschaftswissenschaft, Hanser Verlag München 1991,

[55]   Tietze: Einführung in die angewandte Wirtschaftsmathematik, Vieweg Verlag Braunschweig, Wiesbaden 1991,

[56]   Tietze: Einführung in die Finanzmathematik, Vieweg Verlag Braunschweig, Wiesbaden 1996,

[57]   Unsin: Wirtschaftsmathematik, expert-Verlag Sindelfingen 1991,

[58]   Vogt: Einführung in die Wirtschaftsmathematik, Physica Verlag 1988,

[59]   Volkmann: Grundlagen der Wirtschaftsmathematik, Springer Verlag Wien 1989,

[60]   Zehfuß: Wirtschaftsmathematik, Oldenbourg Verlag München 1987,

[61]   Ziethen: Finanzmathematik, Oldenbourg Verlag München 1992,

[62]   Zimmermann: Operations Research, Oldenburg Verlag München 1995,

[63]   Wolfsdorf: Versicherungsmathematik, Teil 1 und 2, Teubner Verlag Stuttgart 1986/88.

Sachwortverzeichnis

G

H